中国工程院重大咨询项目

三峡工程
试验性蓄水阶段评估报告

中国工程院三峡工程试验性蓄水阶段评估项目组　编著

内 容 提 要

“三峡工程试验性蓄水阶段评估”是国务院三峡工程建设委员会委托中国工程院开展的重大咨询项目。本书是在三峡工程试验性蓄水阶段评估工作的基础上，汇集综合报告和7个评估课题报告编写而成的，涵盖了水库调度、枢纽运行、生态环境、地质灾害与水库地震、泥沙、移民以及经济和社会效益等重大评估课题成果。全书资料翔实，结论明确，不仅对三峡工程试验性蓄水进行了科学分析和客观评估，而且还认真总结了三峡工程建设的基本经验，提出了需要进一步关注的问题和对今后工作的建议。

本书对大型水利水电项目的阶段评估以及相关部门决策具有重要的参考价值，也可供相关领域的科研人员和高等院校相关专业的师生参考阅读。

图书在版编目（CIP）数据

三峡工程试验性蓄水阶段评估报告 / 中国工程院三峡工程试验性蓄水阶段评估项目组编著. -- 北京 : 中国水利水电出版社, 2014.8
ISBN 978-7-5170-2440-8

Ⅰ. ①三… Ⅱ. ①中… Ⅲ. ①三峡水利工程－水库蓄水－评估－研究报告 Ⅳ. ①TV632.71

中国版本图书馆CIP数据核字(2014)第199235号

审图号：GS（2014）297号

书　　名	**三峡工程试验性蓄水阶段评估报告**
作　　者	中国工程院三峡工程试验性蓄水阶段评估项目组　编著
出版发行	中国水利水电出版社 （北京市海淀区玉渊潭南路1号D座　100038） 网址：www.waterpub.com.cn E-mail：sales@waterpub.com.cn 电话：(010) 68367658（发行部）
经　　售	北京科水图书销售中心（零售） 电话：(010) 88383994、63202643、68545874 全国各地新华书店和相关出版物销售网点
排　　版	中国水利水电出版社微机排版中心
印　　刷	北京鑫丰华彩印有限公司
规　　格	184mm×260mm　16开本　21.5印张　398千字
版　　次	2014年8月第1版　2014年8月第1次印刷
印　　数	0001—1000册
定　　价	**100.00**元

前言

三峡工程于1993年开始施工准备，1994年12月14日正式开工，2008年除升船机续建项目外比国家批准的初步设计报告所规定的工期提前一年全部完工。经国务院三峡工程建设委员会批准，2008年汛末，三峡工程开始实施正常蓄水位175m试验性蓄水。

2012年11月，时任国务院三峡工程建设委员会主任李克强副总理和副主任回良玉副总理就三峡工程试验性蓄水工作作出重要批示，要求组织开展三峡工程175m试验性蓄水阶段性总结分析。为贯彻落实国务院领导批示精神，国务院三峡工程建设委员会办公室委托中国工程院开展“三峡工程试验性蓄水阶段评估评价”工作。

为客观、科学评价三峡工程5年来试验性蓄水阶段工作，中国工程院予以高度重视，成立了由徐匡迪名誉主席、周济院长和潘云鹤常务副院长为顾问，沈国舫原副院长为组长的评估项目组，负责评估工作，并成立了项目办公室，负责具体的组织协调与管理工作。根据评估工作需要，评估项目组聘请了相关领域的19位院士和近150位专家，参加评估工作。根据评估内容分设水库调度、枢纽运行、生态环境、地质灾害与水库地震、泥沙、移民以及经济和社会效益7个评估课题组及1个综合组，分别负责相关专业领域的评估工作。

各课题组在有关部门和单位的大力支持下，通过查阅有关部委、单位等提供的总结报告和相关材料，认真研究、系统分析和充分讨论，并开展必要的实地调研、考察，进行全面评估。按照归纳主要工作、总结主要经验、分析主要影响和提出工作建议的评估要求，形成了各课题的评估报告。在此基础上，综合组起草了项目评估综合报告初稿，邀请了有关院士和专家反复交流讨论，经过多次修改和完善，并征求有关部门和单位的意见，形成了综合报告汇报稿。2013年5

月28日，评估综合报告汇报会在京召开，沈国舫院士代表评估项目组就评估综合报告的主要内容向中国工程院和国务院三峡工程建设委员会办公室有关领导作了汇报。会后，根据各方意见修改并正式定稿。

三峡工程175m试验性蓄水工作，遵照国务院确定的"安全、科学、稳妥、渐进"的原则，逐年有序推进。评估报告对2008—2012年175m试验性蓄水进行了科学客观的分析，系统阐述了开展175m试验性蓄水的必要性，并从气象、环保、卫生、航运、电网、地质灾害防治、水利、库区和枢纽工程等方面全面分析了实施试验性蓄水的各项保障工作。同时，对水库调度方案、枢纽运行性态、生态环境影响、地震地质情况、泥沙冲刷和淤积、水库移民安置及库区经济社会发展和综合效益发挥等进行了全面和综合评价，并提出了下一步蓄水工作的建议。

5年来，175m正常蓄水位试验性蓄水不但全面验证了三峡工程可行性论证的结论和初步设计的方案，而且证明了三峡工程通过优化调度可以进一步发挥其巨大的综合利用效益。实践表明，三峡工程提前实施175m试验性蓄水是完全必要的，将为三峡工程今后的安全高效运用奠定良好的基础。评估意见认为，三峡工程已具备转入正常运行期的条件。

本书汇集了"三峡工程试验性蓄水阶段评估"7个课题的评估意见以及综合评估意见和结论，是项目评估成果的综合集成，凝聚了参与评估工作各位院士、专家和工作人员的智慧与汗水。借此书的出版，向参与和关心三峡工程建设的各界人士表示敬意！

三峡工程是一项巨大的综合性工程，其运行效益和影响的显现还需一个较长的过程。本次评估只是一次阶段性的工作，还需继续开展观测、研究等工作。本次评估的成果可作为后续工作的基础。

中国工程院三峡工程试验性蓄水阶段评估项目组

2014年1月

目录

综合报告

课　题　报　告

综合报告

ZONGHE BAOGAO

引　言

三峡工程是治理长江和开发利用长江水资源的关键性骨干工程，具有防洪、发电、航运、供水等巨大的综合效益，是当今世界上最大的水利枢纽工程。

1994 年三峡工程正式破土动工。在党中央、国务院的正确领导和全国人民的大力支持下，经过数万名工程建设者、百万库区移民和重庆市、湖北省各级政府的共同努力，枢纽工程、移民工程和输变电工程建设进展顺利。2003 年三峡工程进入 135～139m 围堰发电期，2006 年比初步设计进度提前一年进入 156m 初期运行期。经国务院三峡工程建设委员会批准，2008 年汛末开始实施正常蓄水位 175m 试验性蓄水。

遵照国务院确定的“安全、科学、稳妥、渐进”的原则，175m 试验性蓄水工作顺利推进，2008 年和 2009 年最高蓄水位分别达 172.80m 和 171.43m，2010—2012 年连续 3 年实现 175m 蓄水目标，工程开始全面发挥防洪、发电、航运、供水等巨大综合效益。

2012 年 11 月，时任国务院三峡工程建设委员会主任李克强副总理和副主任回良玉副总理就三峡工程试验性蓄水工作作出重要批示，要求组织开展三峡工程试验性蓄水阶段性总结分析工作。为贯彻落实国务院领导批示精神，做好试验性蓄水阶段性总结分析工作，国务院三峡工程建设委员会办公室印发了《国务院三峡办关于开展三峡工程试验性蓄水阶段性总结分析工作的通知》（国三峡办发库字〔2012〕62 号），并以《国务院三峡办关于委托开展三峡工程试验性蓄水阶段性评估评价工作的函》（国三峡办函库字〔2012〕139 号）委托中国工程院开展三峡工程试验性蓄水阶段评估评价工作。

为了客观、科学评价三峡工程 5 年来试验性蓄水阶段工作，为国务院领导决策提供技术支持，中国工程院成立了由徐匡迪名誉主席、周济院长和潘云鹤常务副院长为顾问，沈国舫原副院长为组长的评估项目组，负责评估工作。同时成立了项目办公室，负责具体的组织协调与管理工作。根据评估工作需要，邀请了相关领域有造诣和熟悉三峡工程建设、运行的 19 位院士和近 150 位专家，参加评估工作。根据评估内容分设水库调度、枢纽运行、生态环境、地质灾害与水库地震、泥沙、移民以及经济和社会效益 7 个评估课题组及 1 个综合组，分别负责相关专业领域的评估工作。

2013 年 1 月 9 日，中国工程院召开项目启动会议，对评估工作进行了安排，确定了各课题组的组成、评估报告的内容和进度安排。为做好评估工作，评估项目组及各课题组分别召开多次会议，部署评估工作，研究有关事宜。

各课题组通过查阅有关部委、单位等提供的总结报告和相关材料，认真研究、系统分析和充分讨论，并开展必要的实地调研、考察，进行全面评估。按照归纳主要工作、总结主要经验、分析主要影响和提出工作建议的评估要求，形成了各课题组的分报告。

2013 年 3 月 5 日，召开了各课题组交流汇报会，在此基础上，综合组起草了项目评估综合报告初稿。

2013 年 4 月 1 日，召开了综合组会议，并邀请国务院三峡工程建设委员会办公室、水利部长江水利委员会、中国长江三峡集团公司有关领导参加了会议。会议听取并讨论了综合评估意见，重点对结论和建议中有争议或不同看法的部分进行了全面分析和深入讨论，并达成共识。4 月 24 日和 5 月 2 日，两次召开项目组组长碰头会，对综合报告修改稿进一步讨论修改。根据相关意见和要求，经有关院士和专家的多次交流讨论，并征求有关部门和单位的意见，综合报告不断修改和完善，形成了综合报告汇报稿。

2013 年 5 月 28 日，召开了评估综合报告汇报会，评估项目组组长沈国舫院士就评估综合报告的主要内容向中国工程院和国务院三峡工程建设委员会办公室领导作了汇报。会后，根据各方意见修改并正式定稿，形成了本报告。

第一章

三峡工程175m试验性蓄水基本情况

三峡工程水库设计正常蓄水位175m，相应库容393亿m^3，防洪限制水位145.00m，防洪库容221.5亿m^3，水库全长667km。

枢纽建筑物由拦河大坝、水电站厂房、通航建筑物和茅坪溪防护大坝等组成。拦河大坝为混凝土重力坝，坝顶总长2309.5m，最大坝高181.0m；茅坪溪防护坝为沥青混凝土心墙土石坝，坝顶高程185.00m，坝顶总长1840.0m，最大坝高104.0m。

水电站分左右岸两个坝后式厂房及右岸地下电站两部分，共装有32台700MW的水轮发电机组，加上电源电站2台50MW机组，三峡工程总装机容量为22500MW，设计多年平均年发电量为882亿kW·h。

通航建筑物由船闸和升船机组成。船闸为双线五级连续船闸，可通过万吨级船队；升船机可通过3000t级客货轮，主要为客轮提供快速过坝通道。

《长江三峡水利枢纽初步设计报告》确定三峡工程建设采用“一级开发，一次建成，分期蓄水，连续移民”的方案。分期蓄水按三期进行，逐步抬高至175m正常蓄水位。

初步设计确定的建设工期为：工程开工第11年（2003年），水库水位蓄至135m，工程开始发挥发电、通航效益；第15年（2007年）水库开始按初期蓄水位156m运行；初期蓄水若干年后，水库水位再抬高至最终正常蓄水位175m运行。初期蓄水位运用的历时，可根据水库移民安置进展情况、库尾泥沙淤积实际观测成果以及重庆港泥沙淤积影响处理方案研究等，届时相机确定，初步设计暂定安排6年，即第21年（2013年）水库可蓄至175m正常蓄水位运行。

三峡工程初步设计设定的175m正常蓄水期水库调度方式是：每年汛期6

月中旬至9月底，水库按防洪限制水位145m运行，汛后10月初开始蓄水，水库水位逐步上升至175m水位，枯期根据发电、航运的需求水库水位逐步下降至155m，汛前6月上旬末降至145m。

根据2003年三峡水库蓄水以来的库区泥沙观测成果和对今后来沙量的预测与水库淤积发展的分析，以及移民安置总体上已完成规划目标的实际情况，中国长江三峡集团公司认为2008年汛后蓄水至175m是可行的。鉴于枢纽工程、移民安置、库区地质灾害治理等方面已具备2008年汛后蓄水至175m的基本条件，中国长江三峡集团公司于2008年1月向国务院三峡工程建设委员会办公室报送了《关于三峡工程2008年试验蓄水至正常蓄水位（175m）的请示》（三峡枢〔2008〕20号），并随文报送了长江水利委员会设计院编制的《三峡水库试验性蓄水至正常蓄水位（175m）实施方案专题研究报告》。

国务院三峡工程建设委员会办公室随后征求了水利部、交通部、长江水利委员会、国家电网公司和湖北省、重庆市政府意见，赞同2008年汛后可开始175m水位的试验性蓄水。2008年8月，国务院三峡工程建设委员会第十六次全体会议批准实施三峡工程175m试验性蓄水。2008年9月26日，国务院三峡工程建设委员会办公室发出《关于开始三峡工程试验性蓄水的通知》（国三峡办发技字〔2008〕81号）。

三峡水库于2008年汛末开始175m试验性蓄水。5年来，按照“安全、科学、稳妥、渐进”的原则有序推进试验性蓄水工作。2008年和2009年最高蓄水位分别达172.80m和171.43m，2010—2012年连续3年蓄水至175m水位，实现了175m试验性蓄水目标。

2008—2012年试验性蓄水水位上升及消落过程中，三峡枢纽各建筑物监测成果的各项数据均在设计允许范围内，测值变化符合正常规律，建筑物工作性态正常，运行安全；电站机组运行稳定，2012年汛期，32台700MW和2台50MW水轮发电机组全部并网发电并实现22500MW满负荷运行711小时，5年累计发电量达4214.35亿kW·h；三峡船闸工作性态正常，持续保持了“安全、高效、畅通”的运行态势，过闸货运量总体上稳步增长，2011年通过船闸货运总量达到10033万t，提前达到设计水平年（2030年）的运量指标；输电系统保持安全稳定运行，未发生系统稳定性破坏等安全事故，保障了三峡电力外送安全。

库区地质灾害总体可控。175m试验性蓄水以来，库区新生地质灾害的发生已渐趋平缓，未因蓄水发生重大安全事故，实现了地质灾害人身“零伤亡”。库区地震处于工程前期预测的范围之内。库区水质总体稳定，与蓄水前期无类别差异，对长江干流中下游水质没有明显影响。上游来沙明显减少，水库泥沙

淤积量比初步设计预测值大幅减少，下游河道冲刷强度较初步设计预计值有所增大，局部河势调整仍比较剧烈，但至今总体河势基本稳定。

库区移民工程经受住了试验性蓄水和自然灾害的考验，运行总体安全，功能正常发挥；库区经济社会快速发展，社会总体和谐稳定。

试验性蓄水期间，三峡水库依据国家防汛抗旱总指挥部（以下简称国家防总）每年汛前和蓄水前批复的当年汛期调度运用方案及蓄水计划实施调度运用。实时调度中，根据长江流域防汛形势及水雨情预报，在确保防洪安全、风险可控、泥沙淤积许可的前提下，由长江防汛抗旱总指挥部下达调度令，进行防洪、蓄水和消落期供水调度，并开展了库尾减淤、生态和沙峰调度的试验。

一、汛期调度

2008—2012 年三峡工程试验性蓄水期间，长江上游发生多次较大洪水，根据长江中下游地方防汛部门的要求，利用实时水雨情预测预报，在确保防洪安全、风险可控、泥沙淤积许可的前提下，进行水库滞洪调度。

2009 年汛期是三峡工程具备正常运行条件以来的首次防洪运用，将最大入库洪峰流量 55000m^3/s 削减为出库流量 39000m^3/s，削减洪峰流量 16000m^3/s。

2010 年汛期，三峡水库多次发挥拦洪错峰作用，先后 3 次对入库大于 50000m^3/s 的洪水实施拦蓄调度，累计拦蓄水量 260 多亿 m^3。其中对最大入库流量 70000m^3/s 的洪水，控制出库流量为 40000m^3/s，削减洪峰流量 40% 以上，拦蓄水量约 80 亿 m^3。

2012 年汛期，先后 4 次对大于 50000m^3/s 洪水实施拦蓄调度，累计拦蓄水量 200.5 亿 m^3。其中对三峡水库建库以来最大入库流量 71200m^3/s 的洪水，控制出库流量为 45000m^3/s，削减洪峰流量比例达 38%，拦蓄水量 51.75 亿 m^3。

2012 年 7 月，在中小洪水调度期间实施了沙峰调度，利用三峡水库沙峰滞后洪峰 3 天左右的特点，在洪峰到来时拦蓄洪水，沙峰到达坝前时加大下泄流量，提高水库排沙比。2012 年 7 月排沙比达 28%，远超过试验性蓄水前几年同期，取得了较好的排沙效果。

通过滞洪调度使洪水流量较大的 2009 年、2010 年和 2012 年汛期荆江河段沙市水位控制在警戒水位以下，有效地缓解了长江中下游地区的防洪压力和大大减少了抗洪抢险的费用；避免了中下游干流重点站接近或超过保证水位及部分洲滩民垸扒口行洪的局面；减少了主汛期防汛人员上堤人数和时间，节省了大量防汛经费。同时，适时将水库下泄流量减少至满足部分船舶通航要求，缓解了大洪水碍航的压力；使得一部分洪水得到资源化利用，抬高了电站发电水头，增加了三峡电站的发电量；改变了水体理化环境，对控制库区支流藻类水华有利，取得了显著的生态经济和社会效益。

二、汛末蓄水

2008 年和 2009 年试验性汛末蓄水分别从当年 9 月 28 日和 9 月 15 日开始，由于上、下游持续干旱等原因，最高蓄水位为 172.80m 和 171.43m。

2010 年，根据预测当年 9 月、10 月长江上游来水偏少的情况，国家防汛抗旱总指挥部批复同意汛末三峡水库起蓄时间提前为 9 月 10 日，起蓄水位 150m，9 月 30 日可蓄至 162m，以及 10 月底蓄到 175m 的蓄水计划。同时，明确三峡水库可承接前期防洪调度的实际库水位开始蓄水。在实际调度过程中，成功拦蓄了 8 月下旬和 9 月上旬洪水，9 月 10 日水库起蓄水位 160.20m，9 月底蓄水至 162.84m，10 月 26 日 8 时首次成功蓄水至 175m。

2011 年和 2012 年，为充分利用汛末（8 月下旬至 9 月上旬）洪水资源，采用了汛期防洪与汛末蓄水相结合的调度方式，以预蓄部分汛期水量。2011 年和 2012 年 9 月 10 日，分别从 152.24m 和 158.92m 开始蓄水，根据来水情况进行防洪或蓄水调度，9 月底分别蓄至 166.16m 和 169.40m，10 月底均蓄水至 175m。

与初步设计相比，三峡水库 9 月、10 月来水明显减少，蓄水期下泄流量需求明显增大，只有提前蓄水水库才能蓄满。在保证防洪安全的前提下，采用预蓄的方式，在水量丰沛的洪水期预蓄部分洪水，可以减少 9 月、10 月蓄水期间，由于下泄流量减少产生的不利影响。

三、供水期和消落期运用

2009—2012 年三峡水库供水期累计向下游航运、生态和抗旱等补水 520.3 亿 m^3，累计补水 520 天，平均抬高下游航深 0.72m。其中，2008—2009 年枯水期，三峡水库为下游补水 192 亿 m^3；2009—2010 年枯水期补水 178.3 亿 m^3。2010 年蓄水至 175m 后，枯水期补水 215 亿 m^3。实施了消落期应急和抗旱调度，有效改善了中下游生活、生产、生态用水和通航条件，为缓解特大旱情发挥了重要作用。

试验性蓄水期间，还实施了库尾减淤调度试验，重庆主城区河段淤沙冲刷了 101.1 万 m^3，达到了预期效果。此外，开展的生态调度试验，促进了“四大家鱼”[1] 的自然繁殖。

---

[1] 四大家鱼系指青鱼、草鱼、鲢鱼和鳙鱼。

5 年试验性蓄水期的调度运行表明，三峡工程已全面实现了初步设计确定的防洪、发电、航运三大目标。根据蓄水以来出现的三峡水库来沙比初步设计值大幅减少，9 月、10 月来水与初步设计多年均值偏枯的新变化，下游防汛、抗旱、供水的新需求，上游已陆续建成一批具有调节能力的水利水电枢纽，以及长江上游水情遥测系统日趋完善和预测预报水平的逐步提高等新情况，在确保防洪安全的前提下，三峡水库采用了汛期水位动态浮动、中小洪水滞洪调度、汛末提前蓄水等优化调度措施，取得了宝贵的经验。同时，实施了供水、抗旱调度尝试，以及进行了库尾减淤调度、沙峰调度和有利于葛洲坝下游“四大家鱼”产卵的生态调度试验，取得了初步成效。

总之，三峡工程 5 年试验性蓄水过程全面实现了三峡工程设计的功能要求，并积累了宝贵的经验。

第二章

分课题评估意见

一、水库调度课题评估意见

（一）长江上游水文情势分析

2008—2012 年三峡工程试验性蓄水期间（以下简称试验性蓄水期间），长江上游总体处于降水量和年径流量偏少时期，其中 9 月、10 月来水量减少明显，10 月尤为明显；上游来沙量大幅减少，水库淤积发展较慢，多年平均年输沙量大幅减少。水沙形势变化对水库调度提出了新的要求。

1. 长江上游降水情势

试验性蓄水期间，2008 年、2009 年、2011 年降水与多年平均值相比分别偏少 23.8%、15%、10.3%，2010 年、2012 年则接近多年平均值。

2. 长江上游及入库径流情势

（1）年径流量。

20 世纪 90 年代以来，长江上游年径流量总体变化不大，1991—2002 年三峡上游（朱沱＋北碚＋武隆，下同）多年平均年来水量为 3733 亿 m^3，与 1990 年前均值相比减小 126 亿 m^3，减幅为 3%。试验性蓄水期间，长江流域水雨情总体平稳，局部地区洪涝严重，部分地区发生超保证或历史最高纪录洪水，但长江上游与中下游洪水未发生严重遭遇。2008—2012 年三峡水库多年平均年入库水量为 4023 亿 m^3（包括区间入流，下同），较多年平均值偏少 10.8%。除 2012 年来水与多年均值持平外，其余 4 年均不同程度偏枯，尤其 2011 年来水在 1878 年以来的历史水文资料系列中排倒数第四位。

（2）年内来水分配。

试验性蓄水期间，与多年平均值相比，来水呈枯期偏多，汛期、蓄水期和消落期偏少的趋势，其中，枯期偏丰 2.8%，消落期偏枯 11.2%，汛期偏枯

11.3%，蓄水期偏枯 22.3%。宜昌站 9 月、10 月平均流量分别减小为 22600m^3/s、14100m^3/s（考虑三峡水库蓄水影响的还原值），其中 9 月平均流量与多年均值相比偏枯 13.1%，径流量减少 87.6 亿 m^3，与 1878—1990 年（三峡工程初步设计采用的统计区间，下同）均值相比偏枯 15.0%；10 月平均流量与多年平均值相比偏枯 25.0%，径流量减少 128.3 亿 m^3，与 1878—1990 年均值相比偏枯 27.7%。9 月、10 月来水减少明显不利于水库正常蓄水运用。

3. 长江上游及入库泥沙情势

试验性蓄水期间，2009—2012 年间入库悬移质多年平均年输沙量为 1.83 亿 t，较 1990 年前减少 62%；较 1991—2002 年多年平均值减少 48%。在来沙量大幅减少的同时，入库泥沙颗粒明显偏细。三峡水库蓄水后的 2003—2012 年，沙质推移质多年平均年输沙量为 1.58 万 t，较 1991—2002 年减少 94%，2011 年、2012 年更分别减少至 0.2 万 t、0.6 万 t；2003—2012 年年均卵石推移质量为 4.4 万 t，较 1991—2002 年多年平均值减少 71%。

（二）试验性蓄水运行后长江中下游水文情势变化

试验性蓄水期间，三峡水库调度主要依据《三峡水库优化调度方案》运行，调度过程会对长江中下游水文情势产生不同程度的影响。

1. 三峡工程运用后坝下游河道冲淤变化

三峡工程蓄水运用后，清水下泄导致长江中游河床总体表现为冲刷态势，且冲刷逐渐向下游发展。长江中下游各水文站观测的年径流量变化不大，但年输沙量大幅减少，其中宜昌、汉口和大通水文站 2003—2012 年期间的年均输沙量分别为 0.482 亿 t、1.14 亿 t 和 1.45 亿 t，比 2003 年蓄水前分别减少 90%、71%和 66%。三峡下游河道输沙量沿程变化规律在三峡水库蓄水前后发生显著改变，2003 年蓄水前，输沙量沿程变化的总趋势是自上游往下游渐减，而蓄水后则是递增，说明沿程河床发生冲刷，下游河道水流含沙量有所恢复。

长江中游河床目前的冲刷规律与三峡工程可行性论证阶段和初步设计分析结论基本相符，但目前局部河段的冲刷程度比工程可行性论证和初步设计阶段预测要严重，主要原因是目前三峡水库上游来沙量比当初减少了一半以上。

2. 三峡工程运用后长江中下游主要水文站流量影响分析

三峡水库蓄水运用前，宜昌站 1950—2002 年多年平均年径流量为 4369 亿 m^3，其中主汛期 6—8 月径流量为 2005 亿 m^3，占年径流量的 45.9%；9—10 月径流量为 1140 亿 m^3，占年径流量的 26.1%；11 月至次年 5 月径流量为

1223亿m^3，占年径流量的28.0%。试验性蓄水期间，宜昌站多年平均年径流量为4019亿m^3，其中主汛期6—8月径流量为1841亿m^3，占年径流量的45.8%；9—10月径流量为796亿m^3，占年径流量的19.8%；11月至次年5月径流量为1382亿m^3，占年径流量的34.4%。三峡工程运用对长江中下游干流径流的影响主要特点表现如下：

（1）三峡水库运用对长江中下游年径流总量影响不大。试验性蓄水期间，下游河道宜昌、汉口和大通水文站实测径流量，与蓄水前相比，多年平均年径流量分别减少8.0%、6.2%、4.8%。径流量减少的主要原因是由于长江上游来水量与蓄水前相比平均减少8.01%，其中主汛期6—8月来水量同比减少8.17%；9—10月来水量同比减少30.2%，11月至次年5月来水量同比增加12.9%。

（2）三峡水库调度对坝下游宜昌站径流过程的年内分配有不同程度影响。试验性蓄水期间，9—11月三峡水库蓄水期宜昌站各月平均流量分别减少2800m^3/s、3470m^3/s、288m^3/s，减幅分别为−14.6%、−32.7%、−3.1%；12月至次年4月水库补水期，坝下游枯水流量增加，宜昌站各月平均流量分别增加200m^3/s、740m^3/s、1410m^3/s、958m^3/s、465m^3/s，增幅分别为3.4%、13.0%、27.4%、16.4%、6.4%。5—6月水库消落期，三峡水库下泄流量增加，宜昌站各月平均流量分别增加1775m^3/s、726m^3/s，增幅分别为14.3%、4.6%。7—8月洪水期，三峡水库拦洪削峰，上游中小洪水经三峡水库调节后，洪峰明显缩减，平水期时间延长。

（3）长江中下游各站径流所受三峡水库调节影响的程度，随着沿程区间各水系水量的汇入，呈现由上游向下游逐步减少的规律。

3. 三峡工程运用后对长江中下游主要断面水位影响分析

（1）三峡水库运行调节对长江中下游干流沿程水位有不同程度影响。试验性蓄水期间，长江中下游干流莲花塘、汉口、湖口、大通站9—11月实测水位与还原所得的天然水位相比，各站月平均水位最大降幅约为2.08m、1.99m、1.51m、1.22m；而12月至次年5月相应各站月平均水位最大涨幅约为1.09m、0.96m、0.57m、0.45m。

（2）三峡工程运用后因河床冲刷，坝下游主要水文站在平枯水期同流量下水位均有所降低，枯水流量水位下降幅度明显大于平水流量下降幅度。

（3）若综合考虑三峡水库流量调节和河床冲刷下降的双重影响，9—11月三峡水库蓄水时长江中下游干流沿程水位下降幅度会进一步加大，而12月至次年5月因三峡补水作用干流沿程水位抬升幅度则会减弱。

（三）水库调度效益评估

三峡水库在试验性蓄水阶段已产生了巨大的生态、经济和社会效益，主要是防洪、发电、航运等原设计预见的三大效益，此外还包括了原设计未充分涉及而实践中产生的明显的供水、节能减排及其他效益。这些效益将在经济和社会效益课题阶段评估报告中作扼要的阐述。

（四）水库调度若干关注问题分析

1. 关于中小洪水调度

三峡工程初步设计阶段，主要考虑保证有足够的防洪库容应对可能发生的特大洪水，确保荆江河段防洪安全，避免防洪风险，未提出对中小洪水进行调度。试验性蓄水期间，三峡水库多次对中小洪水进行拦洪。这些洪水如发生在三峡建库前，形成的长江干流洪水位均在堤防的防御标准内，经过比较紧张的防汛抗洪，正常情况下也能够安全度过，但三峡水库实施“中小洪水调度”，减轻了长江中下游堤防防汛面临的压力和负担，发挥了防洪效益，并利用汛期及汛末的一部分洪水资源，提高了水库蓄满率，也增加了发电效益，取得了显著的综合效益。因此，在“防洪风险可控，泥沙淤积可许”的前提下实施“中小洪水调度”是必要和可行的。但“中小洪水调度”也应妥善处理好以下问题：

（1）实施“中小洪水调度”拦蓄洪水，使汛期最高库水位曾达 163.11m，超过防洪限制水位运行的时间较长，但最高水位出现在洪峰过后的退水阶段，结合水文、气象预报，防洪风险可控。目前三峡水库尚未经受大洪水、特大洪水的考验，在当前气象水文预报还存在不确定性的情况下，如发生在长江并不鲜见的连续洪峰且主峰在后型大洪水、特大洪水，由于前期实施“中小洪水调度”蓄洪，加上泄洪腾空库容受下游防洪和航运等某些制约，在主峰到来前水位下降不及时，可能造成防洪库容不足而增加防洪风险。

（2）实施“中小洪水调度”，增加了水库淤积量，其中 2010 年、2012 年增加年淤积量约 2000 万 t 左右，与工程初步设计采用的“蓄清排浑”泥沙处理原则不完全符合。

（3）实施“中小洪水调度”，水库下泄流量长期控制在小于原设计的荆江河道安全泄量 $56700m^3/s$，洪水多年不上滩，可能造成长江中下游河道萎缩退化，洲滩被占用，而不利于大洪水时的泄洪安全，也不利于早期发现堤防实际存在的堤基、堤质、白蚁蚁穴等隐患。一旦发生大洪水、特大洪水必须加大泄量时，防汛能力就可能受到影响，发生意外事件的风险加大。

因此，今后的实时洪水调度需进一步针对长江洪水特征，深入研究中小洪水调度方式，分析存在的防洪风险和对策措施，明确有关的控制条件，拟定合理的运用库容和方式。并根据来沙趋势及上游干支流建库的实际进程，研究实施“中小洪水调度”增加淤积的长期影响，以确定可接受的程度。另外，建议研究三峡水库间隔一定年份，在条件允许的情况下，有组织有计划地选择适当时机下泄 50000～55000m^3/s 流量，全面检验荆江河段堤防防洪能力，以保持长江中下游河道泄洪能力及锻炼防汛队伍，及早发现堤防隐患并加以处置。

2. 关于三峡工程运用对长江中下游水资源利用的影响

试验性蓄水期间，在 12 月至次年 4 月枯水期，水库向下游补水，河道枯水流量较之前能增加 500～2000m^3/s，这对长江中下游沿江城镇供水总体上是有利的，尤其是遇到特枯年。5—6 月三峡水库加大下泄流量，也有利于城镇供水和农田灌溉取水。7—8 月水库处于汛限水位运行期，对中下游取用水影响不大。但 9—11 月汛末三峡水库蓄水期，导致下游沿程水位下降，对沿江城镇供水和农田灌溉取水有一定影响。

三峡工程运用以来，局部河段河床冲刷下切和河势调整，已影响到长江干流部分取引水工程的正常运行。宜枝河段河床下切但断面变化不大，需调整工程的取水高程以适应中枯流量下的低水位。荆江河段河势目前尚处在调整之中，局部河床断面冲淤变化较为剧烈，取引水口受到影响。

三峡工程运用以来，荆南三口（松滋口、太平口、藕池口）洪道河床出现了一定冲刷，2003—2012 年与 1992—2002 年相比，三口分流比减少 21%和分沙比减少 80%，分沙量减少对减轻洞庭湖区的泥沙淤积是有利的，分流量减少则导致三口断流天数有所增加。

三峡水库调度对洞庭湖、鄱阳湖（以下简称两湖）水资源利用的影响主要表现在汛后蓄水期间，长江干流水位下降，经荆南三口进入洞庭湖的水量减少，两湖出湖水量增加，枯水期提前，枯水位降低，对灌溉、供水及生态环境用水产生一定影响。其中，洞庭湖 9—11 月城陵矶月平均水位下降约 0.09～1.38m，月均最大降幅 2.08m；12 月至次年 5 月水库补水期，城陵矶月平均水位升幅约 0.11～0.75m，月均最大升幅约 1.09m；鄱阳湖 9—10 月湖口月平均水位下降约 0.57～0.88m，月均最大降幅 1.51m；12 月至次年 5 月湖口平均水位抬升约 0.09～0.45m，月均最大升幅约 0.64m。

洞庭湖区和湘江长沙水位主要受“四水”（指湘江、资水、沅江、澧水，下同）来水情势影响，其次是长江来水共同影响。当城陵矶水位低于 23m 时，长江干流来水变化对长沙水位影响很小；当城陵矶水位高于 23m 时，干流来水变化对长沙水位才有一定的顶托作用。因此，在 9—10 月三峡水库蓄水时，一定程度上将导致长沙水位比正常情况略低；而在 12 月至次年 5 月补水期城陵矶平均水位略有抬升，但水位抬升幅度较小，对洞庭湖出流顶托作用影响不大。

鄱阳湖在9—10月三峡水库蓄水期，湖口水位较天然情况下降，而此时正好也是鄱阳湖退水期，因此会导致鄱阳湖湖区水位下降速度加快，湖区枯水期较天然条件提前10～20天，一定程度上加剧了湖区生活取用水和农田灌溉困难。12月至次年5月湖口水位抬升较少，只有湖口水位在11m以上时，三峡补水对湖区水面才有一定的顶托抬升作用，而且顶托作用较小，对湖区水资源利用影响不大。

3. 关于三峡工程运用对水质的影响

（1）对库区水质和水华的影响。

试验性蓄水期间，库区干流水质以Ⅱ～Ⅲ类为主，丰水期（6—9月）水质明显劣于平水期（4—5月及10—11月）和枯水期（1—3月及12月），枯水期水质相对最好。干流水质由库尾至库首沿程趋好，近坝水体的水质明显好于库尾和库中。库区受回水影响的20多条主要支流水域和坝前库湾水域多次出现水华现象。

（2）对长江中下游及两湖水质的影响。

试验性蓄水期间，水库下游干流以Ⅱ～Ⅲ类为主，水质总体良好，水质最差的水域为吴淞口下23km断面，超Ⅲ类水质标准的项目主要为总磷；三峡试验性蓄水对长江中下游干流水质无明显影响。洞庭湖出口城陵矶断面水质以劣Ⅴ类为主，超标参数为总磷和总氮；鄱阳湖出口湖口断面以Ⅲ～Ⅴ类水为主，超标因子主要是总磷和氨氮；两湖水质在年际间并无明显差别。

4. 关于水位集中消落期调度对电网运行的影响

5月25日至6月上旬为三峡水库集中消落期，水位日降幅一般要求维持在0.5m左右，同时为满足地质灾害治理需要，水库水位日降幅不得超过0.6m。由于5月下旬至6月上旬水库来水变化较大，考虑到目前水文预报的精度，客观上造成了此时段三峡梯级发电出力变化大，需要频繁修改发电计划，造成送出直流系统计划的频繁修改，相关电网也必须频繁调整网内机组的发电计划，增加了调度成本和电网运行风险。建议在分析蓄水以来库区地质灾害监测数据的基础上，在保证库区地质灾害治理工程安全的前提下，进一步开展适当放开水库水位日下降变幅限制的研究。

（五）综合评估意见

1. 关于总体结论

三峡工程试验性蓄水期间，三峡水库的调度实践检验了正常调度的各项内容，具备全面发挥设计确定的防洪、发电、航运等巨大综合利用效益的能力，在完成《三峡水库调度规程》编制及审批，以及工程验收后，具备转入正常运行期的条件。

2. 关于调度成效

三峡工程试验性蓄水期间不仅实现了设计确定的防洪、发电、航运三大目标，而且增加了供水目标，针对长江中下游严重旱情进行了抗旱调度尝试，取得了巨大的补水效益；在防洪调度方案中，进行了对城陵矶补偿调度，有效减轻了长江中下游防汛抗旱压力，协调了发电与航运调度，提高和拓展了三峡水库的综合效益。

3. 关于调度影响

三峡水库汛后蓄水导致洞庭湖、鄱阳湖两湖水位下降，消落到枯水水位时间提前，对灌溉、供水及生态环境产生一定影响。但三峡水库蓄水只是造成两湖水位偏低的原因之一。通过其流域内采取相应的工程措施和非工程措施，可以缓解两湖水资源紧张问题。

4. 关于需进一步研究的问题

进入正常运行期，仍需充分重视长江中下游防洪体系的全面建设，加强江湖关系变化监测和研究，加强三峡水库综合利用及优化调度研究，加强三峡水库与长江上游干支流水库统一调度。

（六）建议

1. 关于转入正常运行期时机

鉴于三峡工程试验性蓄水期间已经检验了正常调度的各项内容，并已经具备全面发挥设计确定的防洪、发电、航运等巨大综合利用效益的能力，为充分发挥三峡水库的综合效益，最大限度降低影响，建议在目前三峡水库优化调度方案的基础上，尽快调整完善三峡水库优化调度方案，加快编制及审批正常运行期的《三峡水库调度规程》，尽快完成工程验收，尽早转入正常运行期。

2. 关于加强三峡水库优化调度方案的研究

试验性蓄水期间，2009 年国务院批准的《三峡水库优化调度方案》得到有效贯彻，并在实时调度中根据实际情况进行了修改调整，保证了水库运行按照“安全、科学、稳妥、渐进”的原则顺利实施，为正常运行期调度积累了经验。但目前三峡水库运行条件已较初步设计时发生了较大变化，诸如上游来沙显著减少、蓄水期来水有下降趋势、下游供水需求进一步加大、水文气象预报技术逐渐成熟、上游大型水利水电枢纽陆续建成运行等，因此试验性蓄水阶段性的水库调度运行经验不应原封不动用于未来正常期水库调度。建议针对上述变化，深入研究中小洪水调度方式、城陵矶补偿调度方式、汛后蓄水调度方式、汛前集中消落调度方式、补水调度方式、生态调度方式以及长江干支流水库群联合调度方式等。

3. 关于加强三峡水库调度保障条件的研究

（1）建议加快长江中下游防洪体系建设。

长江防洪是由防洪体系共同实现，要依靠综合措施，长江中下游防洪体系的全面建设需继续加强。堤防应进一步除险加固，加强管理和岁修，确保在设计水位下安全泄洪；蓄滞洪区仍将长期保留，安全建设应进一步完善；河道整治方面应进一步采取措施使干流全部河段得到有效控制；应抓紧时机结合兴利修建具有防洪作用的干支流水库；同时，需大力推行非工程防洪措施。

（2）建议加强泥沙和江湖关系演变动态观测。

江湖关系十分复杂，定量预测三峡工程蓄水运用后对江湖关系的影响，是长江中下游防洪中一项必不可少的而且是技术难度大的基础工作，必须加强泥沙和河势演变等的动态观察和研究。建议继续加强泥沙原型观测，增加库区大支流的泥沙观测，加大变动回水区和常年回水区上段泥沙淤积监测力度；加强重庆主城区以上河段观测；加强坝下游河道冲刷的监测，坝下游观测范围应从湖口下延至长江口；加强荆南五河和洞庭湖及鄱阳湖的监测。加强泥沙问题的分析与研究，开展泥沙预测预报、减淤调度试验。

（3）建议加强气象与洪水预报技术的研究。

三峡工程还未经受大洪水、特大洪水的考验。在当前气象水文预报仍存在不确定性的情况下，建议加强气象与洪水预报的耦合，提高预报精度和预见期，为完善防洪调度提供可靠依据。

（4）建议加强三峡水库与长江上游干支流水库统一调度协调机制的研究。

在目前三峡工程已经基本建成的情况下，需要着重研究与上游干支流水库群统一调度的问题，合理安排上游干支流水库群的蓄、泄水时机，充分发挥上游干支流水库群的整体效益。建议尽快加强开展以三峡水库为核心的长江干支流控制性水库群联合调度机制研究，提出水库群综合调度运用管理的总体思路，研究三峡工程与上游干支流水库群统一调度机制问题，从制度上保障上游干支流水库群能配合三峡工程充分发挥对长江中下游防洪和兴利的整体综合效益。

（5）建议建立风险调度基金。

为提高大洪水和特大洪水风险防范能力，建议从实施“中小洪水调度”所增发的电量收益中，划出部分建立风险调度基金，基金由中国长江三峡集团公司进行资本运作，使其保值增值，并接受国家防汛抗旱总指挥部和长江防汛抗旱总指挥部（以下简称长江防总）的监督。此基金可用于因各种原因造成调度失衡、发生额外损失时的补偿费用，补偿标准建议由国家防汛抗旱总指挥部、长江防汛抗旱总指挥部、相关省级人民政府和中国长江三峡集团公司等共同拟定。

二、枢纽运行课题评估意见

（一）概况

1. 枢纽工程

三峡枢纽工程包括大坝及电站建筑物、通航建筑物、电站机电设备。大坝为拦河大坝（包括非溢流、厂房、泄洪、升船机等坝段）及茅坪溪防护坝。拦河大坝采用混凝土重力坝，坝顶总长2309.5m，坝顶高程185.00m，最大坝高181.0m。泄洪建筑物包括22个泄洪表孔、23个泄洪深孔和3个泄洪排漂孔，最大泄洪能力达116000m^3/s。茅坪溪防护坝为沥青混凝土心墙土石坝，坝顶高程185.00m，坝顶总长1840.0m，最大坝高104.0m，坝顶宽度20.0m，迎水侧设混凝土防浪墙，墙顶高程186.50m。水库于2003年6月蓄水至135m水位，进入围堰挡水发电期（2003年6月—2006年9月）；2006年大坝完建，10月库水位蓄至156m水位，进入初期运行期（2006年10月—2008年9月）；2008年9月28日开始试验性蓄水，11月4日蓄水位至172.80m；2009年试验性蓄水位至171.43m；2010—2012年试验性蓄水位至175m，大坝挡水至试验性蓄水位运行。

通航建筑物包括船闸和升船机。船闸为双线五级连续布置，线路总长6442m，其中主体五级闸室长1621m，上游引航道长2113m，下游引航道长2708m。船闸于2003年6月投入试运行，2006年完建验收。升船机上闸首作为大坝挡水部分，于2002年建成挡水；船厢室段及下闸段列为缓建项目，2007年恢复施工。

电站建筑物分为左岸、右岸电站，地下电站及电源电站。左岸、右岸电站厂房采用坝后式，分别安装14台及12台水轮发电机组；地下电站厂房布置在右岸坝肩山体内，安装6台水轮发电机组，单机容量均为700MW。电源电站厂房位于左岸岩体内，安装2台单机容量50MW的水轮发电机组，2007年发电。左岸、右岸电站首批机组于2003年7月发电，2008年全部投产；地下电站2011年首批机组发电，2012年全部投产。

2. 输变电工程

输变电工程1997年开工，2007年完成主体工程建设，包括92个单项工程，其中，交流输变电设施88项，包括线路55项（线路总长度6519km），变电设施33项（变电总容量22750MVA）；直流输电设施4项，线路总长度2965km，换流站总容量18720MW。2010年，配合三峡地下电站建设，完成葛沪直流增容改造工作，新增林枫直流输电3000MW。

（二）评估内容

1. 大坝及电站建筑物

（1）运行情况。

1）大坝。试验性蓄水运行期间，对拦河大坝巡视检查未发现异常变化；泄洪深孔、表孔、排漂孔及其金属结构与机电设备均未出现异常情况，运行状态良好。茅坪溪防护坝坝坡外观检查正常，心墙基座廊道分缝处渗水点渗漏量无明显变化，防护坝运行状态良好。

2）电站建筑物。试验性蓄水运行期间，电站建筑物及其金属结构与机电设备均未出现异常情况，运行状态良好。

（2）监测资料分析。

1）大坝。试验性蓄水至175m水位，各项监测资料表明：拦河大坝变形、渗流、应力应变及水力学等观测值均在设计允许范围内，测值变化符合重力坝规律；茅坪溪防护坝坝体变形、渗压、渗流量、心墙应力应变等观测值均在设计允许范围内，测值变化符合土石坝规律。大坝工作性态正常，运行安全。

2）电站建筑物。试验性蓄水期各项监测资料表明：左岸、右岸电站厂房的变形、基础渗流、渗压、流道水力学测值均在设计范围内；地下电站围岩变形、渗流、锚索及锚杆应力、流道水力学测值均在设计范围内，洞室围岩稳定。电站建筑物工作性态正常，运行安全。

（3）问题及处理。

1）拦河大坝纵缝局部增开变形问题。泄洪坝段及厂房坝段纵缝中上部在灌浆之后有再张开现象。蓄水之后随时间延长，坝体温度变化趋于稳定，增开度有所减小并趋于稳定，试验性蓄水以来纵缝开度的变化规律和量值没有明显变化，纵缝大部分缝面已闭合，纵缝上、下游坝块由键槽传力，不影响大坝安全运行。

2）拦河大坝上游面裂缝处理问题。泄洪坝段施工期上游面高程80.00～36.00m出现温度裂缝，缝深小于3m，缝宽在1mm以内，均为竖向表层裂缝。采取对裂缝表面缝口凿槽回填柔性防渗材料封堵，缝内化学灌浆等综合处理措施。处理后的观测成果表明，裂缝未张开，处理效果良好。试验性蓄水以来实测135m以下库水温在10～28℃之间，比最低日平均气温高10℃以上，温度边界条件更有利于保持裂缝的稳定，裂缝处于闭合状态。

3）拦河大坝左厂1～5号坝段深层抗滑稳定问题。左厂1～5号坝段坝基岩体中存在倾向下游的长大缓倾结构面，针对其深层抗滑稳定问题，采取加强坝踵防渗帷幕、坝基岩体增设排水洞、降低建基岩面高程、并在坝踵设齿槽等综合处理措施。监测资料表明处理效果显著，基岩内渗压水位低于滑移控制结构面。复核两种控制的深层滑移面的抗滑稳定安全系数分别为3.37和4.23，均高于原设计的3.17和4.10，综合分析左厂1～5号坝段深层抗滑稳定满足规范和设计要求。

4）大坝抗震复核。汶川地震后，对三峡大坝进行了抗震复核，设计地震工况下，各坝段混凝土的抗拉强度、抗压强度和沿建基面的抗滑稳定均满足规范要求。对泄洪2号坝段作了纵缝张开情况下的损伤计算，结果表明：在10000年一遇地震（峰值加速度0.136*g*）的作用下，大坝的缝端以及下游折坡部位出现一定范围的损伤，但不致产生贯通损伤，不影响大坝挡水安全。

2. 通航建筑物

（1）运行情况。

试验性蓄水期间，船闸各水工建筑物运行状态良好，闸首"人"字门及启闭机、闸室输水系统阀门及启闭机等金属结构、机械及电气设备运行正常。过闸货运量总体上稳步增长，2011年通过船闸货运总量达到10033万t，提前达到设计指标；船闸运行效率逐步提高，年日均运行闸次数，从2008年的24闸次提高到2012年的29闸次；船闸通航率高于84.13%的设计指标，2012年扣除岁修影响后，两线船闸平均通航率已达到94.52%；过闸船舶向标准化、大型化方向发展，3000t级以上过闸的大型船舶比例，从2008年的9.21%上升到2012年的49.28%，其中大于5000t级船舶的比例为25.89%，平均每闸次货运量由2008年的6200t/闸次提高到2012年的8865t/闸次；主要过闸货种稳中有变，过闸货物前五大种类为煤炭、矿石、集装箱、矿建和钢材，在所有过闸物资中，煤炭曾多年占据第一的位置，但近年来占过闸货运量的比例由2008年的41.2%下降到2012年的15.9%，矿建材料则由2008年的3.3%上升到2012年的22.4%；船舶装载率进一步提高，试验性蓄水5年过闸船舶载重利用系数，下行从0.79逐年下降到0.45，上行从0.51逐年上升到0.738，与设计载重利用系数0.9相比，过闸船舶载重利用系数还有一定的提升空间；过坝运量货物的流向，2008—2010年仍与历史上的方向一致，即以下行为主；但在2011年货物的流向发生变化，出现了以上行为主的情况；试验性蓄水期间，船闸第一闸室首次进行了高水位运行和库水位在152.40～165.00m区段船闸按五级补水方式运行，船闸结构及相应的设备工作正常。

（2）监测资料分析。

试验性蓄水期各项监测资料表明：船闸变形、渗流、闸首及闸室墙结构锚杆应力、边坡锚索的锚固力、输水系统水力学等测值均在设计允许范围内，测值变化符合一般规律，工作性态正常，运行安全。

（3）问题及处理。

1）船闸南北线基础廊道渗流量增大问题。针对基排廊道渗漏量成倍增加的问题，南线船闸在2012年3月首次岁修处理后渗水量减小至635L/min，效果良好。2013年3月北线船闸也进行了相同的岁修处理。

2）关于过坝船舶待闸的问题。三峡工程试验性蓄水以来，在一定条件下船闸即会出现大批过坝船舶待闸，表现为三峡—葛洲坝航段通过能力不足的现象已很明显，而且随着今后过坝运量快速增长，船舶待闸数量可能还会增加，待闸时间可能还会延长，对此问题必须予以足够的重视，并尽快研究采取措施解决。

3. 电站机电设备

（1）机组运行。

2008—2012年试验性蓄水期间，电站机电设备运行正常，机组机械、电气、控制、保护、通信及其他设备等经受了考验，机组的平均等效可用系数较高，在93.34%以上；强迫停运率较低，在0.07%以下。5年试验性蓄水期间，三峡电站累计发电量为4214.35亿kW·h。

（2）机组试验。

试验性蓄水期间，遵照相关规程规范和合同的要求，对三峡电站32台700MW水轮发电机组、电源电站2台50MW机组和其他机电设备进行了出力和相对效率试验、稳定性试验、机组最大负荷试验、甩最大负荷试验等机组的试验。2012年进行了全电站满负荷（电站总出力22500MW）710.98小时的长时间运行考核，运行表现良好。在试验和满负荷运行期间对机组和其他机电设备进了全面跟踪监测，结果表明，水轮发电机组及其他机电设备的技术性能参数（如机组的振动摆度和各部瓦温、电气性能参数、机组和其他机电设备电气主回路的温度、水力机械辅助设施的性能等）均满足工程设计和合同的要求，能长期安全稳定运行。

（3）问题及处理。

地下电站29号、30号机组在运行中发现发电机定子有700Hz的谐波振动，其中30号机组定子铁芯振动的加速度双振幅达到5g（5倍重力加速度）。

经制造厂数次处理后，铁芯振幅已降至2g左右，但噪音未根本解决。目前厂家ALSTOM正在继续研究处理中。

4. 输变电工程

(1) 运行及监测资料分析。

输变电工程输电线路跨越华中、华东、川渝和南方电网，覆盖9省2市，面积超过182万km^2，人口超过6.7亿人。三峡输变电工程由三峡近区网络、主要输电通道以及各省电力消纳配套输变电工程构成，电能输送、消纳能力满足三峡电站32台机组共计22400MW装机满发的电力外送要求，并兼顾了西部水电外送的要求。2008—2012年，三峡电厂累计上网电量4169亿kW·h，跨区域直流输电通道累计输送电量2609亿kW·h，送华东电网1849亿kW·h（其中三峡电力1598亿kW·h），送南方电网760亿kW·h（其中三峡电力710亿kW·h），三峡电力送华中电网1861亿kW·h；电站送出线路合计最大电力潮流分别达到16150MW、18060MW、18160MW、20220MW、22330MW，直流输电线路最大潮流均达到满负荷，说明三峡输变电工程确保了三峡机组满发，并且输变电工程自身也得到了充分利用。

2008—2012年，输电系统保持安全稳定运行，未发生系统稳定性破坏等安全稳定事故，保障了三峡电力外送安全。直流输电系统可靠性水平处于世界先进行列，单极强迫停运次数均在0～4次/a，远低于国际同类工程；除新投产的林枫直流系统外，能量可用率均在90%以上。交流输变电系统可靠性水平高于全国平均水平。

(2) 问题及处理。

三峡近区电网出现短路电流超标现象，通过采取接线改造、分母运行、拉停部分线路等措施抑制了短路电流水平；宜昌地区部分年度出现供电紧张局面，2009年建设葛南变电站解决了缺电问题。

（三）综合评估意见

1. 枢纽建筑物

(1) 三峡工程2008—2012年试验性蓄水水位上升及消落过程中，拦河大坝（含泄洪设施）、茅坪溪防护坝、船闸、电站等枢纽建筑物运行状态良好，无出现异常情况，闸门及启闭机等水工金属结构及机械和机电设备运行正常。

(2) 2008—2012年5年试验性蓄水运行中，大坝、船闸、电站等枢纽建筑物各项监测资料表明，各枢纽建筑物变形、渗流、应力应变及水力学监测值均在设计允许范围内，测值变化符合正常规律，建筑物工作性态正常，运行安全。试验性蓄水运行表明库水位变化对船闸及上下游引航道没有产生明显的不利影响。

（3）近坝段干、支流库岸整体稳定性较好，2009年前局部岸坡出现了小范围的变形与调整，近两年变形基本上没有发展，水库蓄水位175m水位不影响该段库岸稳定和航运安全。

2. 通航建筑物航运评价

试验性蓄水期间库区航运条件有较大改善，对航运发展有明显的促进作用，通航建筑物提前达到设计通过能力。三峡—葛洲坝船闸受两坝间航道汛期水流条件等制约，尚存在船舶待闸现象，需要进一步地研究、改进。

3. 电站机电设备

（1）左岸、右岸电站26台700MW水轮发电机组在2008—2010年试验性蓄水过程中，在水位145～175m下，进行了出力、相对效率和稳定性等试验。进行了单机额定容量和最大容量、电站满负荷等不同运行工况的考核。并按照国际、国内相关标准和规范，对以水轮发电机组为重点全厂机电设备进行了较全面的试验监测。地下电站6台水轮发电机组在2011—2012年试验性蓄水过程中，也进行了同样的试验。试验结果表明，全厂机电设备可以在水位145～175m范围安全、稳定、高效的运行。

（2）三峡电厂发电设备保持了较高的安全可靠性，已连续安全运行2390天。2010年汛期，对26台机组进行了18200MW满负荷试验运行，累计运行时间1233小时、2012年汛期实现了34台机组22500MW安全满发711小时，机组及相关设备运行正常，机组运行平稳，机组各部的温度、振动、摆度正常。机电设备经受了满负荷连续运行的考验，满足规范和设计要求。

4. 输变电工程

（1）输变电系统适应性。

输电能力满足三峡电力输送要求，适应不同运行方式和电力潮流方向变化；直流输电在运行中发挥了远距离、大容量经济输电的技术特性和灵活、快速控制输送功率的优点，有利于电网的安全稳定控制；促使我国电网实现了华中、华北电网间同步联网，华中、华东、南方、西北电网间和华北、东北电网间的异步联网，形成了全国联网格局。

（2）输变电系统安全可靠性。

输变电系统保持安全稳定，系统运行平稳，试验性蓄水5年保障了三峡电力外送安全，实现了三峡电力“送得出、落得下、用得上”的建设目标，直流输电设施可靠性水平处于世界先进行列，交流输电设施可靠性水平高于全国平均水平。

（四）评估结论及建议

1. 评估结论

三峡工程自2003年6月投入运行至2012年已近10年，其中试验性蓄水运行5年，枢纽工程各建筑物运行安全；输变电工程将三峡电站分期投产机组发电量安全稳定外送。经过科学和优化调度，在防洪、发电、航运、供水、生态保护等方面的效益均较初步设计的目标进一步拓展。2008年汛末开始试验性蓄水，2010—2012年蓄水至设计正常蓄水位175m，各建筑物及金属结构和机电设备经受了全面检验，各项监测值和各种工况试验指标均在设计范围内，性态正常，运行安全，表明枢纽工程和输变电工程具备转入正常运行期运行的条件。

2. 建议

（1）加强对枢纽建筑物监测设施的维护，开展有关监控指标的研究和制定工作。对左厂房3号坝段增加强震动监测设施，与其他已设置强震动监测设施的坝段一同进行持续观测。并依据强震监测系统定期实施现场动力特性测试，测试大坝动力特性和关键部位传递函数的变化。

（2）强化枢纽的运行管理，对尚未开启运行的1号、4号、6号排沙孔择时安排试验运行，以观测闸门及启闭机的运行状况。加强对水工金属结构及机电设备、输变电设备及金属结构的检修维护，设备更新改造，保证设备运行的可靠性。

（3）抓紧编制三峡枢纽工程正常运行期调度规程，为转入正常运行创造条件。

（4）提请国家主管部门尽快组织力量，对长江三峡货运量的未来发展作出科学、合理的预测，并在预测的基础上，制定长江航运中长期发展规划。近期，为适应长江流域经济快速发展的需要，充分发挥三峡工程的航运效益，相关部门应尽快研究制定和实施提高三峡船闸、葛洲坝船闸以及两坝间河段通航能力的各项措施。

（5）三峡工程运行调度需建立水调与电调及航运协调机制，加大协同工作力度，防范电网运行和航运风险；深入研究三峡电站与上游梯级电站联合调度规律，充分发挥其综合效益。

三、生态环境课题评估意见

水利工程建设的生态环境（此处包括生态、环境与天气气候3个方面）效应一直是水利工程建设者关注的重要方面，同时也是社会各界关注的焦点和科

学评估的难点，对于三峡水利枢纽工程建设和运行尤其如此。课题组通过监测资料分析和现场调研，从生态影响、环境影响和天气气候影响3个方面进行了评估。

（一）生态影响

1. 对库区陆生生态系统的影响

由于试验性蓄水时间较短，对库区陆生植被类型和覆盖度影响较小。土地利用的比例虽然有了比较大的变化，但其组成结构的总体态势基本保持不变，对库区土地利用的可持续性尚未造成根本性的影响。试验性蓄水后淹没了部分森林植被，但由于同期加大了森林资源保护和培育力度，三峡库区森林面积和数量并没有减少，生态功能效益得到补偿。库区并不存在重要的陆生珍稀濒危物种，建库对部分物种有影响，雀形目鸟类受影响不大，而鸡形目的鸟类受影响相对较重。库区已成为水禽的重要越冬区。

2. 对消落带的影响

试验性蓄水前后，消落带植被的种类没有显著的变化。长期的水淹使消落带植被以草本为主，并且以一年生草本占优势。退水后消落带植被覆盖度均在50％以上，植被恢复目前处于一种比较稳定的状态。

消落带反复淹水导致库岸水文地质条件巨变，滑坡地质灾害活跃度明显高于蓄水前，但采取有效防治措施，加之库岸适应性趋稳，活跃程度呈逐年降低态势；土质消落带受涌浪侵蚀、降雨径流侵蚀、崩塌和蠕滑等多种侵蚀营力作用，土壤侵蚀异常剧烈，微地形变化显著。

消落带土壤重金属中全铅、全铜和全锌呈现富集的状态，全磷、全钾和有效磷呈现增加的趋势，而全氮、铵态氮和硝态氮则呈减少的趋势。试验性蓄水期间，未发现因蓄水引起消落带以及周边居民区的病媒生物密度的异常升高，在库周居民中也未发生病媒生物传播的疾病流行；仍存在一定数量的能传播疾病的鼠类，且退水后在缓坡地域可能会存在适合蚊虫孳生的生境，蚊虫密度在退水后呈现增高的趋势。

3. 对水生生物的影响

试验性蓄水后，中华鲟的繁殖群体数量和产卵规模仍处在较低水平，产卵时间推迟。长江上游干流江段的特有鱼类资源发生了较大变化，主要表现为种类减少、种群空间分布改变、种群数量变动。长江上游特有鱼类在渔获物中的比重和捕捞量较试验性蓄水前进一步减少，坝下天然捕捞产量处于较低水平，对洞庭湖渔业资源影响较大，但对鄱阳湖鲤、鲫产卵场的影响较小。长江河口区凤鲚体长和体重的变化无显著性差异，捕捞产量呈现明显的逐年下降态势，资源量呈显著衰退迹象。应当指出的是，造成这些影响有多方面的因素，试验性蓄水只是其中一个因素。生态调度对下游鱼类自然繁殖有明显促进作用。

4. 对江湖关系的影响

由于江湖关系错综复杂，对洞庭湖和鄱阳湖的影响还需要长期系统的科学观测。三峡水库蓄水过程对低洼湖区土壤盐渍化有一定影响，土壤表层盐分有上升趋势，较高含盐量区域有扩展趋势。水库蓄水运行调节了径流量在时间上的分配，水库调度改变了坝下长江的水文情势，对近岸地下水位产生一定影响，但对土壤潜育化的影响比较复杂。

（二）环境影响

1. 对库区干流水质的影响

试验性蓄水期间，库区干流水质基本保持在Ⅱ～Ⅲ类水平，主要污染物浓度稳中有降，重金属浓度没有增加，粪大肠菌群浓度持续下降，五日生化需氧量（BOD_5）浓度部分断面有所降低，差异减小，但总磷、总氮超标现象依然存在。

2. 对长江中下游水质的影响

试验性蓄水期间，长江中下游各主要城市断面水质没有明显变化，尚不能判断与水库拦蓄的关系，长江口上海断面的高营养物浓度的状况没有改变。如果按湖库标准衡量，长江中下游的总磷、总氮污染已经比较严重，大部分断面均超过Ⅲ类水质标准，也就是说，如果长江水输入湖库，本身就已经是Ⅳ类水质或者更差。

3. 对库区主要支流水质与营养状况的影响

试验性蓄水期间，库区38条主要支流监测项目存在超标现象，其中总磷、总氮污染持续加重，粪大肠菌群污染有所改善。对于干流库湾和支流回水区，水体流速缓慢，已经出现富营养化情况，库区试验性蓄水后38条主要支流回水区水体处于富营养的断面占20.1%～34.0%，年际间的富营养化程度变化不大，但与试验性蓄水前的2005年相比有所上升，总磷、总氮浓度持续升高。试验性蓄水期间，库区主要支流回水区仍有水华出现，频次较2003年蓄水后4年（2004—2007年）有所下降，但水体的富营养物质基础并没有改善，局部水域具备出现水华的条件，仍需高度关注并加以防范，但全库区出现富营养化甚至水华的可能性不大。

4. 上游来水水质的可能影响

由于《长江三峡水利枢纽生态与环境专题论证报告》及《长江三峡水利枢

纽环评报告》中，并没有针对库区上游干支流来水对三峡水库水质的影响进行评估，因此在过去相当长一段时间内，上游区及影响区各有关省市的小流域污染防治力度远小于库区。监测结果显示，上游区及影响区支流水污染重于干流，特别是水量较大的岷江、沱江水质多为Ⅳ类至劣Ⅴ类，主要污染物是总磷、氨氮和石油类。

5. 库区水污染物排放情况

试验性蓄水期间，三峡地区工业污染物排放量有一定的减少，而生活污染物排放迅速增加，且排放总量已经超过工业排放量，而且城市污水的治理能力建设远滞后于城市化的速度，特别是上游区、影响区的生活污水对支流的污染相对库区干流更为突出。此外，农村面源污染和船舶流动源排污也需引起重视。

6. 库区人群健康状况

试验性蓄水期间，三峡库区监测点无甲类传染病鼠疫和霍乱病例报告，无暴发性疫情发生。传染病发病率为449.47～663.74人/(10万人·a)，较2003年蓄水后4年（2004—2007年）有所下降。试验性蓄水期间，库区监测点鼠密度平均值为2.51%，处于相对较低水平，户外鼠密度则保持下降趋势；畜圈蚊密度较2003年蓄水后4年有所上升，但低于2003年蓄水前几年的平均水平。

（三）天气气候影响

1. 对气温和降水变化的影响

三峡库区气温变化具有明显的年代际变化，呈现与长江流域变化一致的暖—冷—暖的阶段性变化。20世纪90年代增暖较为明显，但增暖时间滞后于全国其他地区。

三峡库区年平均气温近50年来整体呈升温趋势，近10年增幅最大，但增幅明显低于长江流域。

20世纪90年代至今三峡库区降水呈现减少趋势，近10年三峡库区年降水量和减少幅度较大，和长江上游东部降水变化趋势较为一致，总体上属于正常气候年际变化波动范围。

2. 对局地天气气候的影响

蓄水以来监测分析表明，试验性蓄水仅对库区局地气温有弱的影响，对降水等其他气候要素暂无明显影响。

试验性蓄水以来三峡地区年平均气温都有不同程度的升高，但升温幅度小于长江流域和西南地区，三峡大坝附近地区气温没有明显变化；蓄水后受水域扩大的影响，三峡库区近水域地区冬季有增温效应，夏季有弱的降温效应。但蓄水对气温的影响，小于气候变暖影响。

利用区域气候模式模拟分析表明，三峡水库对附近局地天气气候会有一定影响，特别是对水面上方的气温有较为明显降低作用，但对库周的气温影响不大，影响范围不超过 20km。

3. 对极端天气气候事件的影响

据对近年来发生在三峡库区及周边地区的极端天气气候事件成因分析，这些事件与水库蓄水未发现直接联系，它们的发生与东亚大气环流、海表温度变化以及青藏高原热力异常等因素的关系密切。

从三峡水库蓄水在目前几年的监测资料分析和数值模拟试验中，认为三峡水库蓄水对水库附近局地的天气气候会有一定影响，但这几年重大洪涝、干旱事件是由大气环流变化所致。

（四）总体结论与相关建议

通过详细的资料分析和现场调研，并结合相关研究成果，可以认为：三峡工程试验性蓄水对库区及其附近区域的生态环境有一定程度的影响，但是总体来看这种影响处于可控范围之内，三峡工程可以转入正常运行。不过应特别注意的是，由于水库蓄水对生态环境的影响是一个长期的、缓慢的过程，需要相当长的时间才能显现出来，需要加强库区及附近地区的生态环境长期监测，定期开展生态环境影响的阶段性评估。为此，建议如下。

1. 加强长期生态环境监测，提高生态环境与天气气候监管与预警能力

长期、科学、系统的监测工作是一切生态评估工作的基础，也是制定合理保护对策、做好所有保护管理工作的前提。建议对三峡工程建成后必须进行长期生态环境监测与研究，加强消落带各方面的长期监测，建立生态环境综合监测点，施行多方面的综合监测；在群落水平上对库区陆生动物进行连续监测；对公众较为关注的珍稀濒危物种加强监测及相关研究；对动物主要栖息地的恢复或破坏状况进行监测研究。

由环保行政主管部门牵头制定适应不同环境功能区的环境质量标准、水质标准及与之相配套的排放标准。总结三峡生态与环境监测系统多年来积累的成果和经验，优化监测网络和结构，加强三峡环境监测能力建设，提高科学分析能力和自动化水平，强化环境预警和应急监测能力，建立水环境监测和运行保障长效机制。

进一步加强三峡库区局部气候与立体气象专项的监测，增加库区综合气象

监测，完善库区大气环境监测体系，由评价性监测拓展到预报功能性监测，扩大监测范围，提高监测、预警技术水平，加强监测、预警能力建设，实现在线实时监测、预警和信息共享。从近5年三峡工程调蓄水的运行对影响流域下垫面水环境的变化来看，更多的是体现在三峡工程更大的范围内。因此，仅研究三峡水库下垫面变化的气候影响评估是远不够的，有关部门尽早组织力量，联合攻关。

2. 合理利用土地资源，积极推广高效生态农业技术

实现农业人口人均拥有一定量的稳产高产农田，大于25°的坡耕地逐步退耕还林，小于25°的坡耕地实行坡改梯工程。尽可能申请更多的退耕面积，山、水、田、林、路进行统一规划，综合治理，采取改良土壤、科学种田措施，使农田生态改善。推广高效生态农业优化模式，如农林复合模式、生态庭院经济模式、水体生态养殖模式等。抓好高效生态农业，发展库区优势产业，减少农业化肥和农药用量，通过使用有机化肥和复合肥等方式，调整和改变目前的化肥和农药使用结构，切实减轻农业面源污染。全面取缔三峡库区次级河流的网箱水产养殖，严格控制畜禽养殖污染物排放，遏制水体富营养化趋势。加强库区消落带土地合理利用和保护治理的试验研究。

3. 重点地区优先实施水土保持，做好小流域水土流失防治

全面启动小流域综合治理，实施三峡地区水土保持重点防治工程，控制水土流失。加强水库支流及库湾周边的水土保持措施体系的建设，在长江、嘉陵江、乌江干流沿岸、中型以上水库区域、县级以上城镇周边和高等级公路沿线，优先实施水土保持。以小流域为基本单元，有计划、有步骤地兴建一批中小型水利骨干工程和水保工程，在丘陵缓坡地段建成石坎梯田，减缓坡面坡度，减轻地表径流，防治水土流失，建成高产稳产农田。

4. 严格污染源头控制，加快污染减排步伐

继续强化工业点源和生活点源源头控制和全过程控制，加快工业污染物减排步伐，加大水污染源排放控制和污染治理力度。加快落实水污染防治任务，深入推进循环经济和清洁生产，切实实现节能降耗。加强城镇污水处理设施和垃圾处理厂的建设与管理，提高运行效率和处理率。开展植被恢复，应用已经研究培植成功的适合消落带的植物物种，并实施生态工程，稳定消落带岸坡，发挥加固稳定、截污控污、优化景观的作用；合理调控在消落带进行农业生产活动，减少和控制因农业活动而引发的水土流失和施肥引起的污染；控制污染源，包括消落带以外区域的工业、农业及生活污染源。

5. 创新三峡工程的运行管理机制，优化生态调度

在全球气候变化的大背景下，除加强污染源治理和生态环境保护的工程措施外，高度重视调度的作用和潜力，通过加强长、中、短期天气预报对三峡工程调度中的作用，综合考虑发挥水库的生态作用也是重要的途径之一。因此，积极开展三峡工程运行管理机制创新，把水能开发和未来可能出现的天气气候变化以及生态与环境保护之间相互协调起来，加大管理力度，加强库区水资源的科学调度，即在三峡工程综合优化调度过程中应考虑其综合效益和生态环境。积极探讨利用三峡水库能灵活调控水位、流量的特点，实施以保护和改善环境及生态的调度，考虑局地强对流对航运交通的影响，消除或缓解兴建水库对生态与环境带来的不利影响，同时更好地改善水库上下游生态环境。

四、地质灾害与水库地震课题评估意见

（一）地质灾害评价

1. 蓄水前库区为地质灾害多发区

三峡地区地形地质条件复杂，加之受暴雨等因素的影响，历史上就是地质灾害的多发区。其地质灾害类型主要是滑坡、崩塌泥石流。历史记载的大型崩塌滑坡就有10余处之多。

从1982年以来，库区两岸发生严重的滑坡、崩塌、泥石流近百处，规模较大的有数十处，主要如下。

1982年7月18日，云阳宝塔滑坡西侧发生的鸡扒子滑坡，体积约2000万m^3，其中约230万m^3进入长江，使长江水面宽度由120m减至40m，严重碍航。

1985年6月12日，秭归县新滩滑坡再次复活，体积3000万m^3，其中约340万m^3进入长江。高速下滑的土体，将400余年的新滩古镇全部推入长江。江中涌浪高达39m，造成长江断航12天。

1998年，重庆巴南区麻柳嘴滑坡，体积3000万m^3，500余人的家园、田地被摧毁。

2. 库区地质灾害防治初见成效

2001年以来，近300个勘察、设计、施工队伍约3万多名工程技术人员参加了二期、三期地质灾害防治工程。已经实施完成了430个滑坡、崩塌治理工程项目、21个县级以上城市和69座乡镇302段库岸防护工程项目，初步经受住了三峡水库175m试验性蓄水和2010年特大暴雨洪水（最大入库流量70000m^3/s）的考验，保障了库区移民迁建工程安全和枢纽工程的运行。

自2003年135m蓄水以来，三峡库区建成了专业监测和群测群防相结合

的监测预警体系，完成了28个县（区）级监测站的专业能力建设和县（区）、乡、村组三级群测群防监测体系建设。通过控制全库区的三级GPS控制网、综合立体监测和遥感监测，开展了255处重大地质灾害点的专业监测，并对3049处地质灾害隐患点进行群测群防监测，覆盖人口达59.5万。

2008年175m试验性蓄水以来，三峡库区加强了专业监测队伍的建设，近300名专家驻守库区现场，及时指导当地开展地质灾害巡查、勘察和应急处置。已成功预报和处置了湖北秭归卧沙溪滑坡等300多起地质灾害险情。

以三峡移民县、区为重点的地质灾害综合防治，确保了新建移民小区的地质环境安全，且将防灾与兴利结合，通过开发性治理将滑坡体改造成可建设的用地，在一定程度上缓解了当地对用地需求的矛盾。库区2008年175m试验性蓄水以来地质灾害为“零伤亡”。

3. 2008年175m试验性蓄水以来地质灾害状况

（1）试验性蓄水期间地质灾害发生率与蓄水位关系。

2008年9月175m试验性蓄水以来，截至2012年8月31日，三峡工程库区共发生新生地质灾害灾险情405起（表1），其中，湖北库区112起，重庆库区293起。滑坡崩塌总体积约3.5亿m^3（并非都是由蓄水引起的），塌岸约60段总长约25km。紧急转移群众10561人，其中湖北转移4661人，重庆转移5900人。表1表明试验性蓄水第一年新生滑坡地质灾害与蓄水关系非常明显，但第二年开始地质灾害频次锐减，渐趋平缓，且主要发生在每年水位上升和下降期。

表1　2008年试验性蓄水以来新生地质灾害次数统计

地段 \ 年份	2008	2009	2010	2011	2012	合计
重庆库区	243	16	12	11	11	293
湖北库区	90	5	12	1	4	112
全库区	333	21	24	12	15	405

（2）2008—2011年三次175m试验性蓄水期间地质灾害与水位变幅度关系。

2008年首次175m试验性蓄水期间，水位平均升幅为0.744m/d，为滑坡高发阶段。2009年（平均0.322m/d）和2010年（平均0.311m/d）的水位升幅降低了50%，滑坡明显减少，显示地质灾害与水位变幅度的相关性。通过研究2009—2011年两次175m试验性蓄水期间5日最大上升幅度和最大下降幅度，以及对应10天之内发生的滑坡关系表明，每天水位上升幅度小于1.5m时，滑坡相对较少；每天水位下降幅度小于1.15m时，滑坡较少，但发生规律不明显。

表2给出试验性蓄水期间多次实测的库水位在单日、5日和10日3个时间窗工况下最大的升降变幅。从中可见，2012年的5日时间窗工况下，库水位升降的最大变幅均比2009年和2010年大，而库区地质灾害的发生率却减小。因此，可以初步推断，经过4年来试验性蓄水的库岸再造过程，库区新生地质灾害的发生已渐趋平缓。

表2　试验性蓄水期水位升降日均最大变幅和新生地质灾害次数统计

年　份	单日		5日		10日		新生地质灾害次数
	上升/m	下降/m	上升/m	下降/m	上升/m	下降/m	
2008			8.36				333
2009			7.90	4.07			21
2010			11.9	5.75			24
2011	2.55			2.56	13.87		12
2012	3.21	1.67	9.44	5.77	11.87	10.65	15

4. 2008年175m试验性蓄水以来的评估结论

（1）2008年开始175m试验性蓄水以来，库岸再造过程诱发了约400处滑坡等灾情险情，第一年新生滑坡地质灾害与蓄水关系非常明显，但第二年开始地质灾害发生率锐减，并渐趋平缓，主要发生在每年水位上升和下降期，属于可控的范围。

（2）库区地质灾害防治初见成效并建立了群专结合的地质灾害全天候监测预警体系，通过灾险情应急处置、工程治理和避让搬迁等手段，库区无因蓄水滑坡导致人员的伤亡。

（3）水库正常蓄水运的后，仍有一个较长时间的库岸再造过程。鉴于地质勘察精度有限、防治标准偏低；地质灾害具有隐蔽性和突发性。两岸高陡岸坡危岩崩塌险情难以发现预测，治理难度大，崩塌后果可能严重威胁长江航运安全；特别是库区近年来城镇规模和人口过度扩张，土地开发建设致灾危险性不容忽视。因此，对地质灾害防治仍需高度重视。水位骤然升降叠加暴雨期，是地质灾害防范重点。

5. 建议

（1）建立水库调度与库区地质灾害预警联动制度。

进一步健全水库调度与库区地质灾害预警行政主管部门和专业队伍定期与

不定期沟通机制，尽快建立信息平台，实现库区监测信息实时共享，进行蓄水前趋势会商，圈定重点加强防范的地段。并根据需要，可对重大地质灾害险情开展联合现场会商。开展水位变化与库岸变形失稳关系研究。

（2）制定三峡工程库区城镇发展相关法规，合理限制建设规模。

库区应列为“控制性”、“保护性”发展区域，制定严格限制库区城镇规模无序盲目扩张的条例，并与库区生态屏障的建设、库区城市规划和市政建设、消落带治理等有机结合，适当提高城镇的防治标准和治理安全等级，在治理的基础上，稳妥利用滑坡体，并将防灾与兴利相结合，确保库区地质安全。

（3）以坐落在顺向坡上的城镇作为防治的重点，加强峡谷区高陡滑坡涌浪灾害监测预警。

加大对三叠系巴东组、须家河组，侏罗系红层分布区，特别是发育有堆积层的顺向坡地段的巡查力度，开展大型堆积体局部失稳的研究，科学判断滑坡的复活特征和危险程度。设立专门研究课题，总结三峡和国内外已有经验，科学合理评估涌浪及所造成的灾害损失。

（二）水库地震评价

1. 初步设计阶段三峡水库地震论证基本结论

（1）三峡工程水库蓄水后有诱发地震的可能，可能的主要发震地段为庙河至奉节白帝城的第二库段。

（2）从坝前至庙河的第一库段为结晶岩库段，段内无区域性大断裂通过，历史及现今地震活动微弱，岩体完整坚硬，透水性弱，地应力水平不高，预计只能发生浅表微破裂型地震，最大震级 3 级左右。

（3）奉节以上为第三库段，主要分布侏罗、白垩系砂页岩红层，除干流局部灰岩峡谷段和乌江、嘉陵江碳酸盐岩河谷段有可能发生岩溶型水库地震外，一般不会发生水库地震。

（4）从庙河至奉节白帝城的第二库段，有大面积碳酸盐岩出露，有仙女山、九湾溪、高桥等地区性断裂分布，有渔阳关—秭归和黔江—兴山两个弱震带横穿库区。1979 年秭归龙会观 5.1 级地震就处于黔江—兴山地震带内。初步设计阶段分析认为，该库段有发生构造型和岩溶型水库地震的可能。最可能发生构造型水库地震的地段为九湾溪—仙女山两断裂展布区和高桥断裂沿线一带，最大震级 5.5 级左右；而干流巫峡、瞿塘峡和支流神农溪、大宁河等大面积碳酸盐岩分布区，则会发生岩溶型水库地震，最大震级在 4 级左右。

2. 175m 试验性蓄水水库地震状况

三峡工程水库诱发地震问题的分析研究，依据对库区坚实的基础地质工作及从 1958 年开始在预计主要发震段建立的工程专用地震台网及 2001 年启用的高精度遥测数字台网监测数据。

监测数据表明，三峡水库蓄水后确实引发了水库地震，水库地震发生率随各个蓄水期水位的升高而增大。2008 年试验性蓄水第一年至 172.8m 水位后，水库地震的发生率达最高峰，其后逐年明显下降。自 2011 年 8 月—2012 年 7 月期间，即使在 2011 年 10 月水库蓄水到达 175m 时，水库地震活动并没有增加，地震的月频次值仍持续保持低值，且与库水位的升降涨落无明显相关性，显示水库地震活动已渐趋平缓。

蓄水期间水库地震活动以微震和极微震为主，蓄水后记录到的地震以初期 2008 年 11 月的 $M4.1$ 级（相当于 $M_L4.6$ 级）为最大，远小于初步设计论证报告中给出的"可按 $M5.5$ 级考虑"的预测值。库区水库地震大多属震源深度小于 1km 的浅震，主要由岩溶、矿洞浸水引发。

整个蓄水期间绝大多数水库地震均发生在庙河至白帝城的水库中段，基本验证了三峡工程初步设计论证中关于发震库段的结论。

2011 年 7 月在库段水库地震已渐趋平息、且其发生频次与水位不再相关约一年后，在库水位并不高的 2012 年 8 月开始出现频次升高现象。2012 年 10 月 30 日—11 月 4 日间在秭归县郭家坝镇连续出现 7 次 $M_L3.1$～3.8 级的地震，后再未记录到 3 级以上的地震，且至 2013 年初频次已明显下降。这些地震震中分布范围已超出库区范围，且其规律也有别于已有的水库地震。远在三峡工程兴建前的 1979 年，水库中段曾发生过龙会观 $M5.1$ 级的天然地震。因此，初步判断，此次在库段水库地震已渐趋平缓后短暂频发的地震似属有别于水库地震的本底天然地震的波动，目前正继续监测和分析中。

3. 地震监测成果主要结论

175m 蓄水后，地震活动与库水位变化具有明显的相关性；蓄水期间水库地震以微震和极微震为主，均小于初步设计论证报告中的预测值；水库地震发生主要地段与初步设计中预测的位置基本一致。

三峡水库地震总体趋势渐趋平缓，不会出现超过"论证"期间预测的震级。虽仍可能有在本底天然地震范围内的一定波动，但不影响 175m 水位正常蓄水运行。

4. 建议

在正常运行期需继续监测，为正常运行管理提供科学保障。三峡工程水库

地震监测的成功经验和技术可推广应用。

五、泥沙课题评估意见

（一）三峡工程5年试验性蓄水期泥沙问题评估

1. 入库水沙量

5年试验性蓄水期三峡水库上游来沙减小趋势仍然持续。2009—2012年的多年平均年入库径流量和悬移质输沙量分别为3591亿m^3和1.83亿t，约分别为1990年前多年平均值的93%和38%，占论证和设计阶段采用水沙值的86%和36%。自三峡水库开始蓄水以来（2003—2012年），多年平均年入库水量和沙量分别为3606亿m^3、2.03亿t，分别约为1990年前多年平均值的93%和42%，占论证和设计阶段水沙值的86%和40%。

2. 水库淤积

水库淤积继续发展，但水库淤积量比初步设计预计的要少，泥沙淤积尚未对航道产生明显影响。水库泥沙淤积主要特点如下。

（1）淤积量继续增加，淤积比例升高，排沙比降低。

5年试验性蓄水期间三峡水库干流淤积泥沙6.35亿t，多年平均年淤积泥沙1.59亿t，水库排沙比为16.1%，低于围堰蓄水期的37%和初期蓄水（156m水位）的18.8%。自三峡水库开始蓄水至2012年年底，干流库区共淤积泥沙14.37亿t，多年平均年淤积泥沙1.44亿t，水库排沙比为24.4%。由于上游来沙明显偏少，水库淤积量比初步设计预计的要少，排沙比也较初步设计降低。

（2）淤积部位上延，变动回水区开始发生累积性淤积。

三峡水库蓄水至今水库泥沙淤积主要发生在宽河段和深槽。宽谷段淤积量占总淤积量的90%以上，深泓最大淤积厚度为64.8m（位于大坝上游5.6km处）。

试验性蓄水后，泥沙淤积分布上移，奉节以上库段淤积量占全库区总淤积量的比率由初期蓄水时的57%增加到78%（2008年11月—2011年11月）。变动回水区开始发生累积性淤积。由于水库运行年限较短，淤积尚在初期，水深增加较多，至今常年回水区和变动回水区中下段（铜锣峡以下）通航条件良好。但部分开阔或弯曲分汊河段累积性淤积发展较快，如黄花城等河段，其左槽深泓最大淤高接近50m。局部地段经疏浚或改槽后未出现碍航现象，但其发展趋势需密切注意。

3. 重庆主城区河段冲淤变化

5年试验性蓄水期，随着坝前水位的抬升，重庆主城区河段开始受水库壅水影响，航道条件得到较大改善，但河道冲淤规律发生了变化。该河段由试验性蓄水前（2002 年 12 月—2008 年 10 月）年均冲刷约 148 万 m^3，转为少量淤积，自 2008 年 10 月—2012 年 10 月重庆主城区河段累积淤积量为 60.1 万 m^3（含河道采砂）。在水位消落期，当坝前水位降至 165m 以下、而来流量又较小时，部分河段的局部地带曾出现航深不足、航槽移位等现象，发生过十几次搁浅事故。目前，通过采取适时疏浚和加强运营管理与水库调度等应对措施，保证了航道畅通。

4. 坝区泥沙淤积

5 年试验性蓄水期，坝前的淤积继续发展，淤积速度有所减缓。坝前段淤积泥沙 3841 万 m^3。淤积面高程低于电站进水口与通航建筑物进口底板允许高程。但是，地下电站引水渠泥沙淤积明显，取水口前淤积面高程达 104.5m，已高于排沙洞进口底板高程，其发展趋势应予以重视。目前过机泥沙的颗粒比较均匀，平均中值粒径约为 0.007～0.008mm。

上下引航道内淤积较少，未造成碍航问题。淤积后上下引航道底板高程分别在 132.50m 以下和 57.10m 以下，下引航道出口未形成拦门沙坎。

坝下近坝段河床发生局部冲刷，未危及枢纽建筑物安全。

5. 宜昌站枯水位

试验性蓄水后，宜昌站枯水位一度出现明显下降，依靠水库补水满足了通航水位的要求。2012 年汛后宜昌站 5500m^3/s 流量时水位为 39.24m（冻结吴淞基面），较 2002 年下降 0.46m，较 1973 年的设计线累积下降了 1.76m。航运要求的庙嘴水位 39.0m 为采用吴淞基面高程系统，换算为水文站采用的冻结吴淞基面后，相应的宜昌站水位为 39.29m。三峡水库现已具有补水能力，枯季下泄流量增大，宜昌站最小流量多数时间在 5500m^3/s 左右，实际最低水位虽略低于上述所要求的值，但尚能基本满足该河段通航水深的需要。今后应继续采取措施遏制宜昌水位的进一步下降，以免其抵消枯水流量增加的效果。

6. 坝下游河道冲刷演变及对航道的影响

试验性蓄水以来，坝下游河道继续保持冲刷态势，冲刷强度较大。在此期间，宜昌—湖口河段平滩河槽总冲刷量为 4.22 亿 m^3，多年平均年冲刷量 1.40 亿 m^3，多年平均年冲刷强度 14.7 万 m^3/(km·a)（含河道采砂影响，下同)。与围堰蓄水期和初期蓄水相比，河道冲刷在逐渐向下游发展。

自三峡水库蓄水以来（2002 年 10 月—2011 年 10 月）宜昌—湖口河段平滩河槽总冲刷量为 10.62 亿 m^3，多年平均年冲刷量为 1.18 亿 m^3，多年平均年冲刷强度为 12.4 万 m^3/(km·a)。其中，宜昌—城陵矶河段冲刷量为 7.09

亿 m^3，多年平均年冲刷强度为 19.3 万 $m^3/(km \cdot a)$；城陵矶—湖口河段冲刷量为 3.53 亿 m^3，多年平均年冲刷强度为 7.2 万 $m^3/(km \cdot a)$。河床的冲刷深度随时间和地点而异，宜昌—枝城河段、上荆江、下荆江、城陵矶—汉口河段、汉口—湖口河段的深泓最大冲刷深度分别为 18.0m、13.8m、11.9m、16.4m 和 15.4m。

试验性蓄水期荆江河段的水位流量关系随着河床冲刷继续有所下降，2008—2011 年，10000m^3/s 流量的枝城水位下降 0.29m、沙市水位下降 0.71m。坝下游河床的床沙发生粗化，宜昌至枝城河段河床粗化最明显，沙质河床略有粗化，粗化程度沿程逐渐减小。

伴随着河道冲刷，下游河势发生调整。迄今为止，虽然长江中游宜昌至湖口河段总体河势基本稳定，河床平面形态、洲滩格局大体未变，但局部河段（特别是沙质河床）的河势调整比较剧烈。如七弓岭河弯八姓洲狭颈段，若不采取措施，一旦遇上不利水文条件，有可能发生河势恶化或剧变。

随着河势调整，崩岸时有发生。据统计，自三峡水库蓄水以来（2003—2012 年）长江中下游干流总计崩岸 655 处，崩岸总长度 495.9km。其中，试验性蓄水期（2009—2012 年）总计崩岸 255 处，崩岸总长度 144.6km。崩岸发生后，经过修护和加固，岸坡基本稳定；加之三峡水库汛期削峰调度，汛期最大下泄流量控制在 45000m^3/s 以内，长江中游未经历大的洪水。因此，长江中下游汛期一直安全度过，未因河道冲刷发生重大险情。

河势调整过程中的洲滩冲淤变化、主流摆动、岸线崩退等对航道造成一定的不利影响。由于蓄水以来长江航道局在重点河段修建了一系列航道整治工程，发挥了固滩稳槽的作用；对淤积碍航的地点进行了及时疏浚；加之蓄水后，特别是试验性蓄水后，依靠水库调节，枯季流量增大。因而在 5 年试验性蓄水期间实现了长江中下游航道的畅通。

总之，坝下游河道冲刷继续向下游发展，局部河段河势调整较为剧烈，崩岸时有发生，但至今总体河势基本稳定，堤防护岸工程基本安全，未出现重大险情；洲滩冲淤变化对航运造成的不利影响，通过航道整治工程、疏浚和水库调节加以克服或缓解，实现了航道的畅通。

7. 荆江三口分流分沙

5 年试验性蓄水期间，荆江三口分流量和分流比继续保持下降趋势。三口年均分流量由 1999—2002 年的 625.3 亿 m^3 减少至 2003—2012 年的 493.2 亿 m^3 和 2009—2012 年的 485.4 亿 m^3；分流比由 14%减小至 12%和 11.6%。三口断流天数也有所增加。

三峡水库蓄水拦沙，枝城站来沙量大幅减小，致使三口入湖分沙量大量减少。三峡水库蓄水后（2003—2012年）三口的年均分沙比为19%，与1981—2002年分沙比18.7%基本相同，但三口入湖年均沙量由三峡水库蓄水前（1999—2002年）的5670万t减少为蓄水后（2003—2012年）的1126万t和试验性蓄水期（2009—2012年）的784万t。洞庭湖区淤积明显减缓，其年均淤积量由4790万t（1999—2002年）降为325万t（2003—2010年）。

8. 总体评价

试验性蓄水后三峡工程上下游泥沙的冲淤变化，继续保持2003年蓄水以来的相同态势。蓄水（包括试验性蓄水）以来三峡工程的泥沙问题及其影响未超出原先的预计，局部问题经精心应对，处于可控之中。今后，随着三峡上游新建的各大水库的蓄水拦沙和上下游水库的联合调度，三峡水库的泥沙淤积总体上会进一步缓解。从泥沙专业角度讲，三峡水库正式进入正常运行期是可行的。泥沙问题是一个长期积累的结果，对今后可能发生的泥沙问题，仍应继续高度重视，深入研究，加强预防和应对措施。

（二）若干重点泥沙问题分析

1. 2008年汛后实施175m试验性蓄水运用的可行性

经实际观测和分析研究，进入三峡水库的沙量在21世纪后显著减少。在实体模型中按照新研究推荐的1990—2000年水沙系列进行试验，结果表明，水库175m蓄水后，九龙坡港口和金沙碛港口的碍航淤积量将分别小于25万m^3和17万m^3；泥沙数学模型和实测资料分析也得到类似的结论。中国长江三峡集团公司认为这是一个可以接受的疏浚量，不会影响港口的正常作业。而提前实施试验性蓄水有利于提早发挥三峡水库的综合效益。因此，三峡工程泥沙专家组建议，2008年汛后开始实施175m试验性蓄水运用是可行的。三峡水库5年试验性蓄水运行泥沙问题基本态势进一步检验了提前至2008年汛后实施试验性蓄水的做法是正确的。

2. 汛后提前蓄水问题

在初步设计中规定，三峡水库每年从10月1日起开始蓄水，10月底蓄至175m，需要蓄水221亿m^3。从近几年水库的运行情况看，10月的来水量有减少的趋势，而长江下游地区的需水量却有所增加。因此，为保证汛后能蓄满水库和兼顾长江中下游的用水，要求水库提前到9月开始蓄水，但会增加三峡水库的泥沙淤积。研究结果表明：汛末提前蓄水的不同方案对水库的总淤积量影响不大，水库运行到10年末，提前蓄水方案比原方案的库区总淤积量增加0.24%～0.86%，而变动回水区的淤积量增加12.7%～31.4%。由于变动回水区的淤积在水库消落期可能成为航道的碍航淤积量，需要增加航道的疏浚工作。因此，三峡工程泥沙专家组建议：三峡水库采用淤积量增加较少的方案，从9月11日开始蓄水，并在9月底蓄至155～160m水位，5年试验性蓄水的实践证明，汛末提前蓄水到9月10日的方案是正确的。

3. 汛期中小洪水调度

三峡工程初步设计原定主要对较大洪水（来流量大于55000m³/s左右）进行控制。为了有效地利用洪水资源和提高发电、航运效率等，2010年和2012年汛期三峡水库开展了中小洪水调度的运用尝试。

2010年控制三峡水库最大下泄流量为40000m³/s，整个汛期平均库水位为151.69m；2012年控制最大下泄流量为41000～45000m³/s，平均水位为152.78m。由于汛期实际水位比初步设计拟定的库水位要高，因此，库内的泥沙淤积量有所增多，排沙比有所下降。据有关单位研究表明，2010年汛期三峡水库实施中小洪水调度后，库区多淤积泥沙2000万t左右，约占同期库区泥沙淤积量的10%；2012年中小洪水调度较初设规定方式，水库多淤积泥沙约2300万m³，增幅为15%，且淤积分布上移，寸滩—清溪场段泥沙淤积量多增142%，清溪场—万县段淤积多增30%，万县—大坝段淤积则减少12%。

除了增加水库淤积外，中小洪水调度对水库下游河道演变趋势的影响也应高度重视。如水库下泄洪水长期控制在远小于原设计的荆江河道安全泄量56700m³/s，有可能使长江中下游洪水河槽萎缩与退化，缩减河道泄洪能力。汉江丹江口水库下游河道行洪能力的衰减，已为此提供了实例。就长江中游的防洪而言，试验性蓄水5年来，荆江大堤和长江干堤的护岸工程尚未经受原设计的河道安全泄量的考验，不能明确回答现在荆江河段实际可承受的河道安全泄量究竟多大，这是试验性蓄水的一个不足之处。三峡工程泥沙专家组建议，目前不宜将试验性蓄水期中小洪水调度列入正常运行的调度规程，对其利弊还应深入分析论证。

4. 重庆主城区河段泥沙冲淤规律和对航运的影响

在5年试验性蓄水期，重庆主城区河段通航条件总体改善，但泥沙冲淤规律发生了变化。在水位消落期，当坝前水位降至165m以下及来流量较小时，部分重点河段的局部地带曾出现航深不足、航宽变窄、航槽移位等碍航现象。虽然目前这些碍航问题经过开展适时疏浚、加强运营管理和水库调度等措施后得到解决，但由于试验性蓄水运行仅5年，对重庆主城区河段的冲淤规律认识尚不够清晰，局部累积性淤积与碍航问题还没有充分显现，采砂活动对主城区河段冲淤的影响也较大。鉴于重庆主城区河段的重要性，对该河段的泥沙冲淤规律及其影响仍需加强研究。

5. 水库下游河道冲刷加剧及其影响

三峡水库试验性蓄水以来，坝下游河道冲刷继续向下游发展，局部河段河势调整较为剧烈，崩岸时有发生，但至今总体河势基本稳定，未出现重大险情；典型河段洲滩冲淤变化对航运造成的不利影响（含宜昌站枯水位降低问题），通过航道整治工程、疏浚和水库补水增大枯季流量加以克服或缓解，实现了航道的畅通。但是，由于三峡水库运行后下游河道冲刷发展较可行性论证和初步设计阶段要快，且随着水库运行方式的正常化和下游河道泥沙冲淤的不断累积，下游河道的河势、崩岸塌岸等仍将会发生较大的变化，一些潜在问题将不断暴露，对河道航运、堤防安全和取水安全等产生严重的影响，对此仍需开展持续监测和深入研究。

6. 关于江湖关系变化

三峡水库蓄水以后，长江和洞庭湖之间的江湖关系的变化有明显和渐进两个方面：一方面入湖泥沙大量减少，明显有利于减缓洞庭湖的淤积；另一方面，三口分流量和分流比继续缓慢下降。三口分流能力的缩减，对长江中下游河道的防洪安全是不利的，其发展趋势应予重视。三峡水库蓄水后，鄱阳湖2003—2012年湖区各站月平均水位，与1980—2002年相比，均有不同程度的下降，使枯水期提前，对湖区水资源利用产生了明显的影响。但三峡水库蓄水及清水下泄引起的河床下切并不是引起鄱阳湖旱季水位下降的唯一原因，近年来的降水偏少及流域内用水增多也是重要的原因。江湖关系的变化还涉及水资源和生态环境影响等多方面问题，需要进一步综合研究。

7. 泥沙问题是长期积累的过程，应继续高度重视

泥沙冲淤变化是一个长期积累的过程，具有累积性，许多问题将随着时间的推移而显现和加剧；另外也具有偶发性和随机性，如局部河段的岸坡滑移、堤岸崩塌、主流摆动、河床剧烈调整等。三峡水库试验性蓄水以来，已经暴露了一些问题，这些问题事关长江防洪与航运安全，直接影响三峡工程的综合功能和长远效益的发挥。在三峡工程转入正常运行以后，对上下游的泥沙问题依然必须时刻予以关注，深入研究，加强预防和应对措施。

（三）建议

1. 加强三峡工程上下游水文泥沙原型观测与研究工作

除原审定的观测计划内容外，下一步应补充或加强较大支流库区、重庆以上河段、地下电站进水口前等的泥沙观测，加强坝下游河道水文泥沙观测，坝下游河道观测范围应延至河口段；组织有关单位开展实测资料分析与专题研究。今后，三峡工程的泥沙原型观测工作应有长远（2019—2039年）计划，

并坚持实施。

2. 深入开展有关重点泥沙问题的研究

随着上游来沙的减少和人类活动影响的加剧，今后除密切注意重庆主城区河段与变动回水区河段的冲淤变化外，还应加强坝下游河道冲淤演变及其影响的研究，对长江中下游河道未来的演变趋势、泄洪能力、堤防影响、通航条件、江湖关系、环境影响等做出科学预测。此外，还要十分重视河道采砂、沿岸开发、岸线利用等对上下游河道演变叠加的影响。关于包括三峡工程在内的上游大型水库群建设对长江河口段的影响，也应开展前期研究。

3. 抓紧实施水库上下游有关整治工程

在已有研究和论证的基础上，不断改进和优化原有的各项泥沙问题应对措施，抓紧库区和坝下游河道整治工程的实施，如九龙坡等库尾河段的河道整治工程、宜昌至杨家脑河段的综合治理工程、芦家河等重点滩段的浅滩治理工程、荆江河势控制和航道整治工程、荆江三口控制与分流道治理工程、簰洲湾裁弯工程等。

4. 优化三峡水库运行调度减少泥沙不利影响

从充分利用水资源和尽量减少淤积出发，三峡水库要严格遵循“蓄清排浑”的运行原则，兼顾当前利益与长期效果。研究三峡水库运行调度方式对上下游河道冲淤演变的长远影响，从泥沙角度优化调度方式。同时，为尽快完善长江中下游地区防洪、抗旱、减灾体系，应抓紧制定和实施长江上游水库群联合调度方案，这是当务之急。

六、移民课题评估意见

根据中国工程院对三峡工程试验性蓄水阶段评估工作的总体安排，移民课题组于2013年1月9日—3月20日开展了三峡工程试验性蓄水对库区移民群众生产生活影响的评估工作。课题组采取制定工作大纲、收集分析资料、实地查勘座谈和咨询研讨相结合的方法，对试验性蓄水对库区移民群众生产生活的影响情况及其处理情况等内容进行了科学分析和客观评价，并从移民安置工作的角度研究提出改进蓄水工作、促进移民安稳致富的措施和建议，形成了《三峡工程试验性蓄水阶段评估移民课题报告》。

（一）库区移民安置基本情况

1. 移民搬迁安置情况

三峡工程移民搬迁安置从1993年开始，到2009年12月底全面完成。累计完成移民搬迁安置129.64万人（重庆市111.96万人，湖北省17.68万人），其中农村移民搬迁安置55.77万人。完成县城（城市）迁建12座，搬迁安置57.91万人；集镇迁建106座，搬迁安置15.96万人；工矿企业处理1632家。累计安排移民投资856.53亿元。

移民搬迁后的居住条件、基础设施和公共服务设施明显改善。城镇移民、农村移民人均住房分别达33.1m²和42.12m²，均高于移民搬迁前和湖北省、重庆市平均水平；水电路等基础设施配套基本完善，学校、卫生、文化等公共服务设施基本齐全；移民生产扶持措施初见成效，移民收入水平逐步提高，2011年农村移民人均纯收入6429元，城镇居民（移民）年人均可支配收入1.87万元，2008—2011年，年平均增长率分别为12.8%、6.83%；库区经济社会快速发展，社会总体稳定。

2. 2008年阶段性评估相关建议落实情况

2008年三峡工程论证和可行性研究结论的阶段性评估（以下简称“2008年阶段性评估”）提出了4条建议：一是加快解决移民安置遗留的突出问题。二是建立健全库区经济社会快速发展的政策机制。三是大力开发旅游资源，营造库区强势旅游产业。四是实施以劳动力转移为主要途径的库区人口转移战略。

2011年国务院第155次常务会议审议通过了《三峡后续工作总体规划》，对移民安稳致富、库区生态环境建设与保护、库区地质灾害防治等6个方面做了统筹安排，所需资金从重大水利工程建设基金中安排。规划自2011年开始实施，取得了初步成效。

（1）加快解决移民安置遗留的突出问题。一是认真落实好移民后期扶持政策，促进了移民生产生活水平不断提高。二是养老保险政策已对库区移民实现全覆盖，库区城镇移民困难人群已纳入困难扶助。三是建立健全库区地质灾害监测预警系统和应急处置机制，保障了移民群众生命财产安全。

（2）大力开发旅游资源和发展旅游产业。一是库区建成了一批知名旅游景区景点，库区旅游持续向好。二是加强库区生态环境建设保护工作，采取有力措施集中整治污染消落区的行为，实施生态环境保护试点示范项目，切实保护水库水质。

（3）积极促进库区劳动力转移。加大培训力度，引导和帮助库区劳动力有序外出就业，劳务输出规模不断加大，带动了库区人口转移。目前，库区人口密度有所下降，库区旅游业持续发展，但库区人口转移力度有待进一步加大，旅游业在带动库区经济社会发展方面贡献不足。

（二）试验性蓄水安全监测与防范工作情况

（1）加强组织领导，切实落实责任。

国务院三峡工程建设委员会办公室每年都专题研究部署蓄水安全监测和防范工作，湖北、重庆两省（直辖市）自上而下都成立了由政府主管领导任组长的三峡水库管理领导小组，逐级细化分解蓄水安全责任，并实行目标考核制。库区各县（区）强化安全宣传和专业培训，不断增强群众安全防范意识和自我保护能力。

（2）建立健全工作机制，强化安全监测防范。

一是建立蓄水安全监测预警工作机制，强化监测预警。二是建立蓄水安全排查巡查工作机制，强化隐患排查。三是建立蓄水安全信息发布制度，强化信息共享。

（3）多方筹措资金，狠抓措施落实。

国务院三峡工程建设委员会办公室和湖北、重庆两省（直辖市）各级地方政府积极多渠道筹措安排蓄水应急处置专项资金，据统计蓄水期间共安排资金11.63亿元；坚持深入库区开展巡查，加强协调指导，狠抓措施落实；库区各县（区）制订和完善了蓄水应急处置预案，成立了应急抢险救援队伍，强化应急处置。

（三）试验性蓄水对库区移民群众生产生活影响情况

三峡工程试验性蓄水以来，库区移民工程经受了蓄水的初步检验，运行总体安全，功能正常发挥。但是，三峡工程试验性蓄水也对库周移民群众生产生活带来一些影响。

1. 库岸再造及其影响情况

三峡工程试验性蓄水期间（2008年9月28日—2012年12月31日，下同），库区共发生库岸坍塌344处、发生次数381次，崩滑体变形342处、发生变形414次。库岸再造发生处数和规模总体呈逐年下降趋势。

库岸再造带来以下几个方面影响：一是居住安全受影响情况，涉及两省（直辖市）20个县（区）124个乡镇367个行政村13230人（其中湖北2531人，重庆10699人），房屋66.97万m^2。二是交通安全受影响情况，交通设施受损293处，包括道路242处、62.51km，桥梁8处，码头31处和渡口停靠点12处；设施受损总体规模不大，影响范围较小。三是耕园地受影响情况，毁损淹没线上耕园地2607.08亩[1]，毁损总体呈逐年下降趋势。四是饮水安全

[1] 1亩=0.067公顷。

受影响情况，15处供水设施受损。五是其他设施受影响情况，138处电力、通信、广播线路和污水处理、航道设施、临水构筑物等管道设施受损或受到影响。

2. 库区少数支流回水区发生水体富营养化情况

三峡工程高水位（170m以上）运行时，受蓄水顶托水体流速变缓影响，水体自净能力减弱，少数支流回水区局部库段、局部时段水体富营养化，其中部分河段涉及饮用水源地取水点，造成部分人畜饮水不安全。

3. 库区部分支流发生群众交通困难情况

一是蓄水期间，因水位抬升、水面变宽、库汊延伸，造成支流周边部分群众过河耕作、物资运输、学生上学等出行受到影响。同时，水上交通工具也存在安全不达标等问题，给库周移民群众生命财产安全留下隐患。二是蓄水初期，42处跨支流的电力、通信、广播线路净空高度不能满足通航要求。

4. 2008年首次试验性蓄水期间因移民工程未完工带来的影响

一是库区16处供水设施因未完工，功能不配套，居民依赖的淹没线下饮水设施被淹没，造成少数居民饮水困难。二是89处淹没线下的交通设施受到影响。

5. 水库蓄水带来的其他影响

一是水库高水位运行时，库尾一些土地征收线上的耕园地受库水浸润影响局部时段土壤含水量高，影响农作物生长。二是受长江上游持续大范围降雨和上游大型水库泄洪影响、部分支流来水量超过5年一遇洪水等影响，2539.63亩耕园地临时淹没。

（四）试验性蓄水对库区群众生产生活影响处理情况

1. 库岸再造影响处理情况

（1）居住安全受影响处理情况。

一是搬迁安置8292人，其中湖北省1618人、重庆市6674人，还建房屋42.73万m^2；参照三峡库区移民的搬迁补偿补助标准实施搬迁安置，居住区基础设施、公共服务设施基本配套。二是周转过渡安置3750人，其中湖北省698人、重庆市3052人，这些人口与乡镇政府签订了周转过渡协议，由当地政府定期发放过渡期租房补助、生活补助费。三是原址监测居住1188人，其中湖北省215人、重庆市973人，这些人口在蓄水期短暂避险撤离或定期周转过渡后，已返回原址居住。地方政府制定了应急处置预案，落实了监测防范措施。未完成搬迁安置主要是三峡后续工作地质灾害避险搬迁安置补偿补助标准尚在研究中，不具备实施依据和条件。

(2) 交通安全受影响处理情况。

地方政府通过工程措施对261处变形严重、功能受影响的交通设施及时实施了修复处理，确保了受影响群众出行安全。对32处轻微变形、使用功能影响不大的交通设施，通过实施交通管制、落实监测措施、设置警示牌等措施，保障了正常使用。

(3) 耕园地受影响处理情况。

2008年损毁的耕园地已经用移民资金实施了补偿补助和兑付。2009—2011年毁损的耕地已纳入后续三峡工作2012年计划任务，补偿资金来源已落实。

(4) 饮水及其他设施受影响处理情况。

受损的供水设施已全部实施了修复、加固处理，恢复了正常供水。受影响的电力、通信、广播电视、管道等设施已进行了相应处理。

2. 库区少数支流回水区发生水体富营养化处理情况

一是清理水面漂浮垃圾，库区各县（区）加大水面漂浮物打捞频率，基本保证了库区干支流水面清洁。二是开展库区卫生环境整治，库区各县（区）严格控制水源保护区的污染源，整治水库网箱投饵养殖行为，切实保护水质。三是研究水华治理方式，库区开展了支流水华应急处置和干支流增殖放流等生态环境建设与保护试点示范工作，探索通过生物处理方式改善水体环境，降低水华发生。

3. 库区部分支流群众交通困难处理情况

一是地方政府通过每年设置临时渡口、发放渡运补贴、改造不合标的船只等措施，缓解了水库蓄水后因库汊延伸、水面变宽造成的库区群众出行困难问题。二是2008年发生的不满足通航净空要求的跨支流电力、广播、通信等线路，已全部拆除重建。三是主管部门对库区干支流桥梁净空进行了测量，完善了航道重点部位设标工作，切实加强航道安全管理。

4. 2008年首次蓄水期间因移民工程未完工带来的影响处理情况

受影响的供水、交通等设施，通过采取临时功能恢复措施，解决了在移民工程未完工期间的居民用水、出行等问题。此外，2008年临时淹没的耕园地已使用移民资金进行了补偿处理。

（五）当前存在的困难和问题

(1) 居住安全受影响人口中有4938人尚未完成永久搬迁安置，实行周转过渡和回原址监测居住，其中少数居民的房屋已垮塌，大部分房屋均出现不同程度的变形、裂缝，存在安全隐患。特别是部分居民已周转过渡2～3年，生产发展受限，是潜在的不稳定因素。

（2）部分受蓄水影响的生产生活设施需进一步修复、加固和完善，部分应急处理项目为简易处理，待沉降、变形稳定后，还需进一步修复或加固处理。

（3）土地浸润损失的补偿补助问题，目前尚无统一的判定标准和补偿补助依据，未能得到妥善处理。

（4）部分桥梁存在船舶碰撞的安全隐患尚未消除，长江干流上部分跨江桥梁的桥墩未考虑防撞措施，影响桥梁安全。

（5）库区部分集镇垃圾污水处理设施尚未正常运行。这些设施运行维护比较依赖国家投入，在“以补促提”和水污染防治规划项目专项补助政策到期以后，将因缺乏资金影响正常运行。

（6）水库安全运行维护与管理机制不完善。水库安全运行维护与管理联席会议制度虽已启动，但部门联合执法工作机制不健全、联合执法能力有待提高；库区群测群防和专业监测及预警网络仍不健全；水库安全运行维护与管理资金来源仍未完全落实。

（7）移民安稳致富任务仍然繁重。目前库区农村移民人多地少的矛盾仍未得到有效解决；少部分城镇纯居民移民、占地移民和进城农村移民收入增速缓慢；少数自谋职业安置农村移民经济来源缺乏。营造三峡库区强势旅游产业和推进库区人口转移战略力度不够，影响了库区经济社会可持续发展。

（六）评估结论

（1）三峡工程库区移民安置总体上实现了规划目标。移民搬迁后的居住条件、基础设施和公共服务设施明显改善；移民生产扶持措施初见成效，收入水平逐步提高；库区移民工程经受住了试验性蓄水和自然灾害的考验，运行总体安全，功能正常发挥；库区经济社会快速发展，社会总体和谐稳定。

（2）三峡库区安全监测和防范工作为试验性蓄水提供了保障。国务院三峡工程建设委员会办公室和湖北、重庆两省（直辖市）高度重视试验性蓄水工作，加强组织领导，及时协调指导和强化监督检查。库区各县（区）党委、政府切实落实责任，建立健全监测预警和应急处置机制，统筹协调各方力量及时妥善处理了试验性蓄水对库区移民群众的影响问题，保障了受影响移民群众生命财产安全和试验性蓄水顺利进行。

（3）蓄水对库区移民群众生产生活的影响总体可控。由于规划要求移民搬迁至182.00m高程以上，实施了“两个调整”和“两个防治”，并及时调整优化水库蓄水调度方案，试验性蓄水虽对库区移民群众生产生活造成了一定的影响，但总体上影响程度不大，且呈现逐年下降趋势，蓄水对库区移民群众生产生活的影响总体在可控范围之内。水库蓄水运行后库岸再造将经历一个较长的过程，库区各级党委政府应高度重视、加强监测防范，及时妥善处置蓄水影响问题。

（4）2008年阶段性评估建议正在逐步落实。国务院有关部门和湖北、重庆两省（直辖市）高度重视，正通过编制和实施三峡后续工作总体规划，继续推进对口支援和招商引资工作、加大水库移民后期扶持力度等措施，逐步落实建议，并取得了初步成效。

（七）建议

（1）加快完成三峡库区居住安全受蓄水影响人口的搬迁安置工作。

居住安全受蓄水影响人口搬迁安置事关群众生命财产安全，早日完成搬迁安置有利于库区社会和谐稳定。建议国家有关部门抓紧研究完善三峡工程居住安全受蓄水影响人口的搬迁安置政策，保障水库蓄水受影响人口搬迁安置工作顺利进行。

（2）抓紧处理试验性蓄水对库区移民群众生产生活影响问题。

一是抓紧解决库区移民群众饮水和交通安全问题。二是抓紧研究制定土地浸润和临时淹没损失补偿补助办法，妥善解决库区土地征收线以上耕园地淹没损失问题。三是抓紧研究完善船舶通过方案和桥梁防撞、防护措施，加强航运安全管理，确保通航和桥梁安全。

（3）进一步加强水库蓄水安全监测防范和应急处置工作。

一是库区各级政府继续高度重视，加强组织领导，落实工作责任。二是进一步健全群测群防和专业监测预警体系，完善应急处置预案。三是国务院有关部门和湖北、重庆两省（直辖市）应抓紧研究落实蓄水安全监测防范工作经费、蓄水影响应急处理经费和水库运行维护管理日常经费。四是加快水库管理法规建设，推动依法治库。

（4）进一步加强三峡库区生态环境建设与保护。

一是抓紧制定生态屏障区人口转移政策，加快三峡水库生态屏障区建设。二是继续推进水库消落带综合治理工作，及时推广库区生态环境保护试点示范项目的成功经验。三是延长“以补促提”政策，落实库区部分集镇垃圾处理和污水处理设备设施的运行维护资金。四是加快水华治理研究工作，积极探索生物处理方式降低水华发生。

（5）加强水库运行科学调度。

三峡工程运行管理单位加强水文长期预报，科学合理调度水库蓄水，保持蓄退水过程的平稳，避免因快速抬升、降低水位而加剧库岸再造，尽最大可能降低对库周群众生产生活的影响。

(6) 加快《三峡后续工作总体规划》的实施进度。

国家有关部门和两省（直辖市）加大投入力度，加快规划实施进度，优先安排涉及移民和库区受蓄水影响群众的安全、生态和民生项目，及时妥善解决移民安置存在的突出问题和水库蓄水影响问题，促进库区移民安稳致富，保障三峡工程正常运行。

(7) 切实推进库区旅游产业发展和人口转移战略的实施。

一是国家有关部门抓紧研究制定促进库区旅游产业发展和人口转移战略政策措施。二是湖北、重庆两省（直辖市）继续大力发展库区旅游产业，加大库区移民群众职业教育和劳动力技能培训投入，促进劳务输出，坚持不懈地推进库区人口转移战略的实施。

七、经济和社会效益课题评估意见

（一）经济效益评估

1. 防洪效益

三峡工程能控制荆江河段以上洪水来量的95%以上、武汉以上洪水来量的2/3左右，特别是能够有效地控制上游各支流水库以下至三峡坝址约30万km^2暴雨区产生的洪水，因而提高长江中下游特别是荆江河段防洪标准，是保障两岸经济社会和人民生命财产安全的一项关键性工程措施。2008—2012年，长江发生了多次中小洪水，其中2010年、2012年三峡最大入库洪峰流量均超过了70000m^3/s，三峡水库通过科学调度，利用防洪库容对发生的中小洪水进行拦蓄，充分发挥了削峰、错峰作用，累计拦蓄洪量768亿m^3，年最大洪水削峰率高达29.1%～42.9%，有效降低了长江中下游干流的水位，使荆江河段沙市水位控制在警戒水位以下、城陵矶站水位未超过保证水位，有效缓解了中下游地区的防洪压力，避免了一部分洲滩民垸被扒口行洪，防止了洪水可能造成的灾害，减少了防汛人员上堤人次和时间，节省了大量防汛经费，为中下游地区的人民生活和经济发展提供了安全保障，三峡工程的防洪效益得到了体现。

2. 发电效益

三峡工程试验性蓄水期间累计发电量4214.35亿kW·h，多年平均年发电量为842.9亿kW·h；累计完成上网电量4169亿kW·h，多年平均年上网电量833.8亿kW·h，有效缓解了华中、华东地区及广东省用电紧张局面，为我国国民经济发展作出了重大贡献。

为提高电站的综合发电效益，三峡根据电站运行状况及上游实际来水情况，采取了一系列节水调度、中小洪水调度等优化措施，增加发电量。2008—2012 年三峡工程实施优化调度，与初步设计的调度方式相比节水增发电量为 221.5 亿 kW·h，水能利用提高率达 5.55%，其中汛期累计滞洪调度增发电量 140.1 亿 kW·h。此外，三峡电站具有快速启停机组、迅速自动调整负荷的良好调节性能，为电力系统的安全稳定运行提供了可靠的保障。

3. 航运效益

2010—2012 年实现 175m 蓄水目标后，三峡大坝至重庆段航道等级由建库前的Ⅲ级航道提高为Ⅰ级航道，航道单向通过能力由建库前的 1000 万 t 提高到 5000 万 t，2011 年三峡船闸通过货运量突破亿吨（双向），为蓄水前的 5.6 倍，提前实现原设计 2030 年单向 5000 万 t 的通过能力指标；通过供水使中下游航运条件也得到了大幅改善，促进了长江运力的快速增长。三峡水库蓄水后，库区的船舶运输安全性显著提高，船舶运输成本和油耗也明显降低，为上游地区的经济发展提供了良好的基础条件，同时，为航运节能发挥了重要作用。

4. 供水效益

三峡工程试验性蓄水期间累计为下游补水总量达到 693.4 亿 m^3，有效改善了长江中下游生活、生产、生态用水条件和通航条件，为缓解旱情发挥了重要作用。如 2010 年 12 月 29 日—2011 年 6 月 10 日，三峡水库累计向下游补水 215.0 亿 m^3，补水天数 164 天，平均增加下泄流量 $1520m^3/s$，平均增加航运河道水深约 1.0m；2011 年 5 月，长江中上游来水偏枯，三峡水库月均入库流量较多年平均偏少约 40%，坝下游地区降雨量严重不足，三峡水库 5 月 7 日—6 月 10 日实施抗旱补水，补水总量 54.7 亿 m^3。

5. 节能减排

2008—2012 年，三峡电站累计发电量为 4214.35 亿 kW·h，相当于替代火电标准煤 1.409 亿 t，减少 CO_2 排放量 3.14 亿 t，减少 SO_2 排放量 385.74 万 t，减少 NO_x 排放量 185.42 万 t，并减少了大量废水、废渣的排放，减轻了环境污染。试验性蓄水阶段，三峡电站为我国提供了大量的廉价电量，为我国能源结构优化调整，提高非化石能源占比，节约化石能源作出了重要贡献，2012 年三峡电站发电 981.07 亿 kW·h，相当于替代标准煤 2974 万 t，占本年度全国一次能源消费总量的 0.82%，为我国节能减排发挥了重要作用。

三峡工程还具有旅游、养殖、促进区域经济发展等效益。三峡工程的建设对宜昌和三峡旅游起到了积极促进作用。2008—2012年三峡工程试验性蓄水期间，三峡大坝旅游区游客接待数量累计达到705万人，总体上呈现逐年增长态势。三峡蓄水至175m后，水库水面面积约10.84万hm^2，为发展水库渔业创造了有利条件，2008年以后库区各县水产品产量逐年增长，养殖效益显著。

试验性蓄水阶段，三峡工程通过推动区域电网互联，促进华中电网丰水期电能合理利用，提高了水电比重，发展了清洁能源和低碳经济。三峡工程发电不仅为库区和坝区增加了财政收入，其输电到华中、华东和南方电网，有效地降低了受电地区的用电成本，提高企业竞争力，带动了相关产业，促进了区域经济发展。

（二）投资和经济效益评估

1. 工程投资评估

截至2012年年底，三峡移民工程、输变电工程和地下电站工程均已全部完成，枢纽工程除升船机工程外，其余工程也已基本完工。累计完成动态总投资（即按现价计的投资额）2109.62亿元，完成静态投资1395.52亿元。2013年至三峡工程全部竣工，预计动态总投资还将投入44.39亿元。

三峡工程总体投资实现良好控制。根据预测分析，至工程竣工时，工程静态投资较批准概算节省约5亿元（1993年价格，不包含地下电站工程），节省率约为0.4%；由于三峡工程施工高峰期正值国内物价指数低位稳定期，又提前一年并网发电，动态投资节省约540亿元，节省率约为20%。地下电站工程实际投资较批准概算节省3.27亿元。

2. 财务评估

经济评估结果表明，三峡工程经济内部收益率为10.1%，大于现行社会折现率7%，经济净现值远大于零，经济效益费用比大于1，国民经济效益良好。本次评估三峡工程时仅考虑了工程防洪、发电、航运等三方面效益，若考虑供水、旅游、养殖等方面效益，三峡工程国民经济评估各项指标将更优。

财务评估结果表明，仅以电力收入作为财务收益，三峡工程在经济上是合理的。试验性蓄水阶段，每年都实现盈利，工程全部投资内部收益率（所得税后）为7.37%，大于基础收益率，财务净现值（所得税后）为51.1亿元，工程全部投资回收期为23.8年，财务投资效益指标良好；工程贷款偿还年限为22年，债务偿还能力强，在目前所确定的属三峡工程投资范围内不存在较大的财务风险。

（三）社会影响和效益评估

1. 三峡地区财政收入大幅增长，就业结构逐渐优化

试验性蓄水阶段，三峡库区财政收入年均增长45.63%，增长幅度远高于工程建设阶段，超过了重庆市的增长水平，明显高于全国和湖北省的平均增幅。

试验性蓄水阶段，三峡库区就业人数年均增长2.09%。高于全国、湖北省和重庆市的增幅。库区第二产业就业人数比重上升较快，第三产业就业比重缓慢增加，第一产业就业比重大幅下降。

2. 居民收入水平大幅提高，居民生活水平显著提高

试验性蓄水阶段，三峡库区城镇居民人均可支配收入（年均增长7.88%）和农村居民人均纯收入（年均增长13.88%）增长明显，特别是农村居民人均纯收入增幅超过全国、湖北省和重庆市的平均增长水平。三峡库区各区县间人均居民收入的绝对额差距较大。

三峡库区居民的人均住房面积普遍增加，居民消费支出快速增长，居民生活水平显著提高。

3. 基础设施和公共服务设施不断完善

试验性蓄水阶段，三峡地区固定资产投资规模持续增加，库区交通、电力、邮政通信、广播电视网络等基础设施和学校、医疗、文化等公共服务设施得到进一步的完善，库区受损设施得以复建和恢复。

4. 移民收入提高，社会保障水平提升，生产条件逐步改善

城镇移民和城镇占地移民人均可支配收入大幅增长，绝对贫困人口比例有所下降；农村移民人均纯收入快速增加，但收入水平不高；移民之间的收入差距较大，且有扩大的趋势。城镇移民和城镇占地移民就业能力相对较弱，就业率不高，农村移民劳动力转移就业效果明显。移民社会保障水平有所提升，低保覆盖面进一步扩大，基本生活得到保障。生产扶持措施得力，农村移民生产条件逐步改善，生活水平逐步提高。

5. 三峡库区移民工作取得阶段性成果，但距离“移民安稳致富”目标还有一定差距

目前库区的发展还存在一些突出的问题：一是三峡库区经济基础薄弱，经济发展水平整体偏低，支柱产业尚未形成产业链，市场竞争力较弱。二是人多地少矛盾突出，部分后靠农村移民耕地资源严重不足且质量不高。三是城镇失业率高，移民劳动力就业困难，尤其是迁建企业的下岗职工、进城农村移民就

业转移难度大，社会保障问题突出。四是库区内部各区县出现了地区发展不平衡和收入差距有所扩大的趋势。

(四) 建议

1. 优化调度方案

进一步优化三峡水库调度运行方式，在不增加防洪风险的前提下，开展汛期限制水位动态管理、增加通航能力等研究工作，着力解决好三峡工程防洪、发电、航运之间的水库调度矛盾。同时需考虑三峡上游大中型水库蓄水时序，以及长江流域水库群联合运用调度，以使三峡工程在防洪、发电、航运、供水等方面发挥更好的综合效益。

2. 建立流域梯级调度体系

在三峡工程上游的金沙江、大渡河、雅砻江等河流上陆续建成了多座大中型水库，与三峡水库一起形成了长江流域的水库群，其庞大的调节库容提供了优化调度长江水资源的基础。建立长江流域梯级水库统一调度体系，着力解决全流域防洪、发电、航运的矛盾，以及上、下游水库蓄放水矛盾，有利于防洪、发电、航运整体效益有效发挥和全流域水资源的更好调配。

3. 加快落实后续工作，加大帮扶力度，切实解决移民安置中遗留的突出问题

在三峡后续工作规划实施中，要加大对农村移民中、低收入群体的帮扶和教育培训力度，提高其家庭劳动力文化素质和劳动技能，增强移民就业的市场竞争力；进一步完善公共服务设施，优化库区移民安置区商贸服务业布局，完善配套功能；通过税收优惠和低息贷款等措施，鼓励移民自主创业，支持符合规定条件的中小企业吸纳移民就业；积极引导和帮助移民有序外出就业，通过劳动力转移带动库区的人口转移；扩大移民的社会保障覆盖面，切实解决库区困难群众的社会保障问题。

4. 统筹规划建立长效机制，促进库区城乡统筹发展与和谐稳定，使库区移民共享三峡工程带来的综合效益

要积极研究和制定扶持三峡地区经济社会发展的政策措施，完善三峡库区移民安稳致富和库区发展的长远规划；要通过调整土地、改造中低产田、加强水利建设、移土培肥及配套工程等措施，改善农村移民的生产条件；要继续加大库区的对口支援力度，充分发挥库区产业基金、就业培训的优惠政策，发展劳动密集型产业，增加移民就业渠道；要继续加强移民后期生产扶持力度，通过对重点项目的资金和技术支持，促进库区高效农业和第二、第三产业进一步发展，培育支柱产业，促进产业结构调整，提高库区经济发展水平。

第三章

试验性蓄水阶段综合评估意见和结论

一、开展 175m 试验性蓄水的必要性

在三峡工程的初步设计中，提出的是分期蓄水的方案，即在 2007 年实施初期蓄水至 156m 水位，暂定 2013 年最终蓄水至 175m 水位，在此 6 年期间，观察重庆港区的泥沙淤积情况和研究治理对策。但是由于工程建设进展顺利，2006 年即提前一年实现初期蓄水至 156m；2007 年双线五级船闸完建，枢纽工程已具备全线挡水 175m 条件；2008 年汛前所有泄水建筑物均已投入运行，完全具备 2008 年汛末蓄水至 175m 的条件。此外，移民迁安、水污染防治、文物保护、库底清理等均已通过专项验收；地质灾害防治已完成二期工程和三期应急工程。根据入库的沙量大幅减少和泥沙实体模型试验预测，经泥沙专家组评估，重庆港的泥沙淤积将不是水库蓄水至 175m 的制约因素。

在这种情况下，是仍然维持初步设计的“分期蓄水”，待 2013 年再蓄水至 175m 水位，还是提前于 2008 年蓄水至 175m 水位，并开展试验研究？对此中国长江三峡集团公司进行了认真的研究，并委托长江水利委员会勘测规划设计研究院进行了专题论证。研究和论证结果表明，提前实施试验性蓄水至 175m 水位，不仅可以直接观测重庆河段在水库正常蓄水位 175m 条件下的泥沙冲淤状况，而且还可以使枢纽工程、移民迁安工程、地质灾害治理工程和水环境保护措施等提前接受正常蓄水位的考验，更可以为优化水库调度进而拓展水库综合利用效益提前积累经验。因此，中国长江三峡集团公司于 2008 年 1 月向国务院三峡工程建设委员会报送了《关于三峡工程 2008 年试验蓄水至正常蓄水位（175m）的请示》（三峡枢〔2008〕20 号），并随文报送了委托长江水利委

员会勘测规划设计研究院编制的《三峡水库试验性蓄水至正常蓄水位（175m）实施方案专题研究报告》。国务院三峡工程建设委员会办公室随后征求了水利部、交通部、长江水利委员会、国家电网公司和湖北省、重庆市政府意见，均同意于2008年汛后开始175m水位的试验性蓄水。2008年8月，国务院三峡工程建设委员会第十六次全体会议批准实施三峡工程175m试验性蓄水。同年9月初，国务院三峡工程建设委员会办公室组织了以潘家铮院士为组长的专家组，对试验性蓄水175m方案进行了深入的论证。9月26日，国务院三峡工程建设委员会办公室发出《关于开始三峡工程实验性蓄水的通知》（国三峡办发技字〔2008〕81号），试验性蓄水正式启动。

试验性蓄水迄今已持续进行了5年。5年来，试验性蓄水工作按照国务院要求的“安全、科学、稳妥、渐进”的原则有序推进。2008年、2009年的蓄水方案（主要是最高蓄水位）报国务院三峡工程建设委员会批准；2009年12月起执行国务院批准的《三峡水库优化调度方案》（水建管〔2009〕519号）；每年的具体蓄水实施计划报国家防总审批。2008年和2009年最高蓄水位分别为172.80m和171.43m，2010—2012年连续3年实现了175m蓄水目标。试验项目包括水库调度运用方式试验研究，枢纽建筑物安全监测，水轮发电机组试验考核，水文泥沙观测验证，移民迁安设施检查，水库地震监测和库区地质灾害防治监测，生态环境监测和评价等。

试验性蓄水不但全面验证了三峡工程的可行性论证和初步设计，而且证明了三峡工程通过优化调度可以进一步发挥其巨大的综合利用效益。实践表明，三峡工程提前实施试验性蓄水是完全必要的，将为今后工程的安全高效运用奠定良好基础。

二、试验性蓄水的保障工作

三峡水库试验性蓄水175m，枢纽工程、移民迁安工程、地质灾害治理工程、水环境保护工程、电力送出工程等都要接受正常蓄水位的考验，要进行大量的监测、试验、考核、检查和研究工作，是一项庞大的系统工程，其中安全问题尤其重要。为此，在国务院三峡建设委员会办公室的统筹协调下，相关部委、省（直辖市）、流域机构、电力企业和设计单位大力协同，都做了大量的工作，积累了丰富的经验。

（一）气象

根据蓄水期气象服务需求，中国气象局建立了三峡库区局地气候监测系统，纳入常规业务运行。库区增加了自动观测站监测和酸雨、雷暴、电导率要

素的监测，并且开展2次三峡立体剖面气象观测。在宜昌、重庆、万州等地建立了新一代多普勒天气雷达，提高了库区灾害性、突发性天气监测预警能力。在易出现强降水的时段（4—10月），以《三峡气象保障服务专报》向三峡工程梯调中心提供长、中、短期3种时效的气象预报服务。此外，针对试验性蓄水期间出现的干旱、暴雨等极端天气气候事件，组织专家进行分析和模拟研究，并通过新闻发布会、电视访谈等多种形式，科学地回答了社会上对三峡大坝诱发极端天气气候事件的质疑。

（二）卫生

卫生部组织中国疾病预防控制中心和湖北省卫生厅、重庆市卫生局为试验性蓄水提供卫生保障。在重庆和湖北选取9个区、县作为传染病、突发公共卫生事件和病媒生物的监测点，选取4个区、县的消落带作为病媒生物和生活饮用水的监测点，开展卫生安全监测工作。中国疾病预防控制中心在库区初步建立了乙脑、疟疾、钩体病、出血热和鼠疫等5种传染病的潜在流行风险指标体系。连续3年在库区进行巡察，排查卫生安全隐患。

（三）环境保护

环境保护部加大了对《三峡库区及其上游水污染防治规划（修订本）》实施的监管力度，逐年对相关省市进行年度考核，重点考核断面水质和规划项目的建设进展情况。在支流回水区和干流库湾共布设77个监测断面，开展库区水华预警和应急监测。2009年“三峡水库水污染防治与水华控制技术及工程示范”科技重大专项启动，目前已取得阶段性成果。

（四）地质灾害防治

国土资源部于2001年10月编制的《三峡库区地质灾害防治总体规划》，其实施进度计划是与三峡工程初步设计的“分期蓄水”安排相一致的。蓄水175m水位从原定的2013年提前至2008年实施，是对三峡库区地质灾害防治工作的严峻考验。为保障试验性蓄水安全，在三峡库区地质灾害防治工作领导小组的统一领导下，湖北省和重庆市于2008年9月试验性蓄水前抢出了175m水位以下的治理工程。截至试验性蓄水前，库区二期、三期（应急）已建治理工程536处（段），其中移民迁建区崩塌滑坡治理工程309处，库岸227段156.24km，共保护约120万人和82个城集镇、复建公路、桥梁、码头、学校、医院等；2009年三期治理工程完成并于2011年全部通过最终验收。规划安排的二期、三期共计搬迁646处69965人，截至试验性蓄水前，已迁317处（占57.4%）、30463人（占43.5%）；对于尚未实施搬迁的崩塌滑坡上的居民点实施风险管理，落实地质灾害应急专项预案。建立了覆盖全库区的专业监测与群测群防相结合的监测预警体系，对3113处崩塌滑坡库岸实施了监测预警，一旦发现险情，立即实施搬迁或应急转移，确保崩滑体上群众生命财产的安全。

（五）库区

库区的湖北省和重庆市，高度重视试验性蓄水的各项保障工作。湖北省成立了由副省长任组长的水库管理领导小组，制定和落实了应对地震、地质灾害的应急预案，县（区）成立了抢险救灾分队。2008年11月22日的秭归县4.1级地震，无人员伤亡。地质灾害监测实行专业监测和群测群防相结合，蓄水期间共发生地质灾害126起，转移群众4689人，无一伤亡事故。针对部分桥梁、码头出现险情，增设6处义渡码头，保证了交通畅通。积极开展库底固废清理和水面清漂工作，清理库底固废225万t，打捞处理漂浮物近13万t。开展以消落带环境治理等7个方面的试点示范工作；实施小造纸等"九小"专项治理，关闭污染企业89家；取缔网箱1059只。重庆市制订了无重特大灾害事故、无人员伤亡、无疫情发生、长江航道畅通、库区社会稳定的"三无一畅一稳"的工作目标，建立了部门间的水库管理联席会议制度，制订了地质灾害防治、卫生安全等各类应急处置预案，成立了军地、专群结合的应急救援抢险队。地质灾害防治建立了区县、乡镇、村组和隐患点的4级群测群防监测网络，并有近200名专业技术人员和专家常驻库区指导。持续开展水环境保护专项行动，建成污水处理厂58座、垃圾处理场41座，实现了县城以上的污水、垃圾处理能力全覆盖，沿江城镇生活污水处理率和垃圾无害化处理率分别达到86%和96%；取缔关闭58家、停产整治45家重金属排放企业；取缔网箱16585只，清理水面漂浮物113.63万t。加快库周交通建设，新建码头渡口362座，新增渡船239艘，解决群众的"出行难"问题。

（六）航运

在交通运输部的组织下，长江航务管理局确立了"畅通、安全、平稳、有序"的工作目标，成立了三峡坝区现场工作组，强化蓄水通航保障的组织领导。提前制订航标搬迁调整、航道维护、水上安全监管及搜救、坝区通航、治安消防等各项工作预案并逐项落实。在坝区和库区分别设置6个和36个巡航救助执法点；主要港口落实150余艘"川江人道救生船"，使船舶飘移等险情及时得到救助。区分汛期、消落期、枯水期的不同水情和库尾变动回水区、三峡—葛洲坝两坝间等不同水域，有针对性地强化各项安全监管、航道维护等措施，妥善处置了发生在两坝间的2009年"8·10"集装箱落水、2010年"9·10"船队倾覆等事故。

（七）电网

国家电网公司总部会同华东、华中分部以及相关省公司，积极制定和落实各项保障措施。2008 年第一次蓄水前，即针对不同的水情和控制水位测算了 50 余套方案。每年汛期，将保证三峡电能可靠送出和全额消纳作为迎峰度夏的重点来抓。国家电力调度控制中心统筹“三华”电网的电力电量平衡，优化电网检修和发电计划，每年举行联合反事故演习，滚动更新事故处置预案，不断提高故障应急处置能力，不但实现了三峡发电调度“零”弃水和“送得出、落得下、用得上”目标，2012 年丰水期实现 32 台机组满发，而且保证了三峡近区电网和互联电网的安全稳定运行。与有关各方密切沟通协调，优化水库蓄水期和消落期的发电计划，经济调度效益显著。

（八）水利

水利部根据国务院三峡工程建设委员会的部署，分别于 2008 年 8 月、2009 年 9 月和 2011 年 9 月，组织验收组对枢纽三期工程蓄水至 175m 的条件进行了检查、验收及地下电站厂房工程与首批机组启动的验收。根据国务院三峡工程建设委员会第十六次会议的要求，水利部牵头组织《三峡水库优化调度方案》的编制工作，2009 年 10 月经国务院批准印发实施。试验性蓄水期间，国家防汛抗旱总指挥部和水利部先后共 10 次批复了三峡工程的年度汛期调度运用方案和试验性蓄水实施计划。目前正在积极组织正常运行期的《三峡—葛洲坝水利枢纽梯级调度规程》的编制和审查工作。长江水利委员会作为流域管理机构、长江防汛抗旱总指挥部和三峡工程设计总成单位，高度重视试验性蓄水的水库调度工作：根据水情预报，逐年编制并组织审核年度蓄水实施计划，上报国家防总审批；根据国家防总批准的蓄水实施计划，依据水雨情预测预报及实时监测水文数据滚动会商，制定调度方案，对水库实时蓄水实施科学调度，有效地保障了水库试验性蓄水顺利进行。

（九）枢纽工程

为保障试验性蓄水的安全、有序进行，中国长江三峡集团公司在试验性蓄水开始前，即按照设计单位提出的《试验性蓄水期间枢纽建筑物监测大纲》的要求，详细制订了枢纽各建筑物的安全监测实施计划；按照相关规程规范和合同规定要求，制订了机组和双线五级船闸等的试验考核计划。水情遥测系统建成并投入运行。牵头建立信息沟通机制。逐年编制了枢纽工程安全度汛计划和各类应急预案，及时组织防汛和反事故演练。实践证明，中国长江三峡集团公司在试验性蓄水期间对枢纽工程进行了统一、精细的管理，为试验性蓄水的成功起到了重要的保障作用。

综上所述，参与三峡工程试验性蓄水的各个单位和省（直辖市），在国务院三峡建设委员会办公室的统筹协调下，大力协同，保障有力，较好地贯彻落实了国务院的“安全、科学、稳妥、渐进”的要求，保证了试验性蓄水有序、高效地进行，并积累了丰富的经验。

三、试验性蓄水阶段综合评估意见

（一）水库调度

三峡工程初步设计设定的水库调度方式是：每年汛期6月中旬至9月底，水库按防洪限制水位145m运行，汛后10月初开始蓄水，库水位逐步上升至175m水位，枯期根据发电、航运的需求库水位逐步下降至155m，汛前6月上旬末降至145m。但是自21世纪初以来，情况与初步设计阶段比较发生了明显的变化：一是长江上游转为少雨期，来水明显偏枯；二是上游干支流陆续开工建设一批大型水电工程，其蓄水期将与三峡水库蓄水重叠；三是随着经济社会的快速发展，长江中下游的供水需求不断增长。因此，迫切需要通过试验性蓄水，对初步设计的调度方案进行调整和优化。此外，上游入库泥沙的大幅减少（上游梯级水库投入后将会进一步减少），库区水情遥测系统的建成投运，也为调度方案的试验研究提供了有利条件。

三峡水库试验性蓄水阶段水库调度方式试验研究的主要内容有：从2009年开始，为明确对城陵矶的防洪补偿任务和提高水库的蓄满率，根据《三峡水库优化调度方案》，开展对城陵矶防洪补偿调度和汛末提前蓄水调度的试验研究；从2010年开始，为了合理利用洪水资源，提高防洪和发电效益，开展了中小洪水滞洪调度、汛期限制水位浮动调度的试验研究；从2011年开始，为了发挥三峡水库的生态效益，促进长江中下游“四大家鱼”的繁殖，开展了生态调度试验。为了控制重庆主城区泥沙淤积，提高水库排沙比，还分别在2012年5月和7月先后开展了库尾减淤调度和沙峰调度的试验研究。

通过水库调度方式的试验研究，在保证长江防洪安全和控制水库泥沙淤积的前提下，对初步设计的水库调度方式进行了较全面的优化，明确兼顾对城陵矶的防洪补偿调度，对中小洪水进行滞洪调度，汛期限制水位浮动调度，提前汛末蓄水以提高水库的蓄满率，拓展了水库的供水效益和生态保护功能。各项试验成果卓有成效，不但充分证明三峡工程已具备全面发挥其最终规模的防洪、发电、航运、枯期供水等巨大综合利用效益的能力，而且为编制水库正常运用的调度规程奠定了良好的基础。鉴于三峡水库综合调度的复杂性，在转入正常运行期以后，要考虑上游梯级水库陆续建成投运的新形势，在确保防洪安全、控制水库淤积的条件下，继续加强水库调度方式的优化研究，进一步深入分析有关的试验研究资料，必要时补充相关的专题论证，为加快编制水库正常运用的调度规程并按程序报审创造条件。

（二）枢纽运行

三峡枢纽工程由拦河大坝及泄水建筑物、茅坪溪防护坝、双线五级船闸、升船机（在建）、左右岸电站和地下电站等组成。电站装机 32 台单机容量为 700MW 的水轮发电机组，加上电源电站 2 台 50MW 水轮发电机组，三峡电站总装机容量为 22500MW。

试验性蓄水期间的连续加密监测表明，枢纽各建筑物运行正常，其变形、渗流、应力应变等监测成果变化规律合理，测值均在设计允许范围。重点监测的大坝纵缝局部增开变形问题，泄洪坝段上游面的温度裂缝问题，左厂 1～5 号坝段深层抗滑稳定问题，监测成果均表明其工作性态正常，处理效果良好，不影响大坝安全。大坝抗震复核满足设计要求。

电站机组和其他机电设备经受了满负荷连续运行的考验，各种工况下的试验、测试、考核成果满足规程规范和合同规定的性能要求，可以在水库水位 145～175m 范围安全、稳定、高效的运行。

三峡船闸保持安全、高效运行，设备完好率、船闸通航率均高于设计指标。

三峡工程的建设促进了全国联网格局的形成。试验性蓄水期间，输变电系统经受了三峡 34 台机组满发外送的考验，表明其输电能力满足三峡电力的输送要求，并且具有较高的安全可靠性，其中直流输电设施可靠性水平处于世界先进行列，交流输变电系统可靠性水平高于全国平均水平。曾经存在的三峡近区电网短路电流超标现象和宜昌地区部分年度出现供电紧张局面的问题，已经得到妥善解决。

综上所述，三峡工程自 2003 年 6 月围堰发电期开始投入运行至 2012 年已近 10 年，实施试验性蓄水 175m 运行也已达 5 年，枢纽工程各建筑物、金属结构和机电设备经受了全面检验，性态正常、运行安全；输变电工程将三峡电站分期投产机组的发电量安全稳定外送，表明枢纽工程和输变电工程具备转入正常运行期运行的条件。

（三）生态环境

1. 生态影响

试验性蓄水以来，库区的陆生生态系统中，植被类型和覆盖度受影响较小，库区土地永续利用未受到根本性影响；库区森林面积和数量没有减少，生态功能效益得到补偿；对陆生动植物影响不大。在上下游的水生生物中，中华鲟的繁殖群体数量和产卵规模仍处在较低水平，产卵时间推迟；长江上游干流江段的特有鱼类资源发生了较大变化，特有鱼类在渔获物中的比重和捕捞量进一步减少；坝下天然捕捞产量处于较低水平；对洞庭湖渔业资源影响较大，但对鄱阳湖鲤、鲫产卵场的影响较小；长江河口捕捞产量呈现明显的逐年下降态势，资源量呈显著衰退迹象。应当指出的是，造成这些影响有多方面的因素，试验性蓄水只是其中一个因素。生态调度对下游鱼类特别是“四大家鱼”的自然繁殖有明显促进作用。在库区的消落带，植被的种类没有显著的变化，退水后消落带植被覆盖度均在50%以上；消落带土壤重金属中全铅、全铜和全锌呈现富集的状态，全磷、全钾和有效磷呈现增加趋势，而全氮、铵态氮和硝态氮则呈减少趋势，未发现因蓄水引起消落带以及周边居民区的病媒生物密度异常升高，在库周居民中也未发生病媒生物传播的疾病流行。

2. 环境影响

库区干流水质基本保持在Ⅱ～Ⅲ类水平，主要污染物浓度稳中有降，重金属浓度没有增加，粪大肠菌群浓度持续下降，部分断面的五日生化需氧量（BOD_5）浓度有所降低，差异减小，但总磷、总氮超标现象依然存在。38条主要支流监测项目存在超标现象，其中总磷、总氮污染持续加重，但粪大肠菌群污染有所改善。干流库湾和支流回水区由于水体流速减缓，已经出现富营养化现象，富营养化断面占20.1%～34.0%，总磷、总氮浓度持续升高。库区上游的来水水质，由于过去在《长江三峡水利枢纽环评报告》中没有就其对三峡水库水质的影响进行评估，因此在上游区及影响区内的小流域污染防治力度远小于库区。库区主要支流回水区仍有水华出现，但全库区出现富营养化甚至水华的可能性不大。长江中下游的水质，各主要城市断面没有明显变化，上海断面的高营养物浓度的状况没有改变。在库区水污染物排放方面，工业污染物排放量有一定的减少，但生活污染物排放在迅速增加，且排放量已经超过工业排放量。目前城市治污能力建设仍远滞后于城市化的速度，特别是上游区、影响区的生活污水对支流的污染相对库区干流更为突出。此外，农村面源污染和船舶流动源的排污也需引起重视。

3. 天气气候影响

三峡库区气温变化具有明显的年代际变化特征，50年来库区年平均气温整体呈升温趋势，近10年增幅最大；相应地近10年来库区的年降水量减幅也较大，但总体上属于正常气候年代际变化波动范围。监测资料表明，蓄水仅对库区局地气温有所影响，小于气候变暖影响。近年来发生在库区及周边地区的极端天气气候事件，与水库蓄水没有直接联系，而是与东亚大气环流、海表温度变化以及青藏高原热力异常等因素关系密切。

综上所述，通过对生态环境的监测资料分析和现场调研表明，三峡工程在试验性蓄水期间，水库蓄水对库区及其附近区域的生态环境有一定程度的影响，但是从总体上看，其影响基本上处于可控状态。2011年和2012年的生态调度试验效果显著。因此，从生态环境保护来看，三峡工程可以转入正常运行。鉴于水库蓄水对生态环境的影响是一个长期、缓慢的过程，需要相当长的时间才能显现出来，故在水库转为正常运用以后，仍需坚持库区及附近地区生态环境的长期监测，加强库区上游区和影响区的水污染防治，并定期开展生态环境影响的阶段性评估。

（四）地震地质

1. 地质灾害

三峡地区地形地质条件复杂，加之受暴雨等因素的影响，历史上就是地质灾害的多发区。2008年开始175m试验性蓄水以来，因库水位进一步抬升和周期性涨落，诱发了新生地质灾害灾险情约400处，滑坡崩塌总体积约3.5亿m^3，塌岸约60段总长约25km，造成了水库淹没线以上部分房屋和基础设施损坏、损毁。蓄水第一年新生滑坡地质灾害与蓄水关系非常明显，发生灾险情333起，但第二年的灾险情即锐减为21起，2012年为15起，灾险情趋于平缓。在5年的试验性蓄水期间，库区地质灾害防治工程初见成效，并建立起了“群专”结合的地质灾害全天候监测预警体系，加上通过灾险情应急处置、工程治理和及时避让搬迁等手段，5年试验性蓄水中库区未出现因蓄水滑坡导致的人员伤亡。从总体上看，地质灾害的防范重点是水位骤然升降叠加强降雨，在合理控制水位升降速率的条件下新生地质灾害的发生频次趋缓将会持续保持。

2. 水库地震

经三峡工程初步设计阶段的论证，水库蓄水后有诱发地震的可能，主要发震地段为庙河—奉节白帝城的第二库段，最大震级为*M*5.5级左右。为监测水库地震，2001年建成水库诱发地震监测系统并投入运行，记录了本底地震资料；2011年对系统进行了更新改造，运行正常。2008年开始试验性蓄水以来，监测资料表明，水库地震发生的主要地段与初步设计中预测的位置基本一致。地震以微震和极微震为主，最大震级为*M*4.1级，于2008年11月22日发生在秭归屈原镇。地震活动与库水位变化具有明显的相关性，发震频次随每年蓄水期的水位升高而增加；第一年的地震发生频次为最高峰，此后逐年下降，2011年8月—2012年7月的地震月频次值仍持续保持低值，且与库水位的升降涨落无明显相关性，显示水库地震已渐趋平缓。2012 年 10 月 30 日—11 月 4 日间在秭归县郭家坝镇连续出现 7 次 M_L3.1～3.8 的地震，震中分布范围已超出库区范围，初步判断为本底天然地震的波动。

综上所述，经过 5 年试验性蓄水检验，三峡库区的地质灾害经三期治理已初见成效，新生地质灾害的发生已明显趋缓，群专结合的监测预警体系已较为完善，其灾险情处于可控状态；水库地震发生地段符合预测，最大震级低于预测值，发震频次总体渐趋平缓，监测系统运行正常。从地质灾害防治和水库地震趋势来看，三峡水库已具备转入正常运用的条件。鉴于水库库岸再造有一个较长过程，而地质灾害又具有隐蔽性和突发性，故在正常运用期仍需加强地质灾害的防治和监测工作。

（五）泥沙

三峡水库在 5 年试验性蓄水期间，上游来沙减少趋势仍在持续。2009—2012 年的年均悬移质输沙量为 1.83 亿 t，仅为 1990 年前均值的 38%，仅为可行性论证和初步设计阶段入库沙量采用值的 36%。水库干流淤积泥沙 6.35 亿 t，年均淤积泥沙 1.59 亿 t，水库排沙比为 16.1%，与初步设计比较，呈现出淤积比例升高和排沙比降低的趋势。重庆主城区河段开始受水库壅水影响，航道条件得到较大改善，但河道冲淤规律有所变化，主要走沙期由 9—10 月变为消落期 4—6 月，局部航道曾出现航深不足、航槽移位等现象，需采取适时疏浚和加强运营管理等应对措施。坝前的淤积继续发展，但淤积速度有所减缓，地下电站引水渠泥沙淤积明显，其取水口前淤积面已高于排沙洞进口底板高程；坝下近坝段河床发生局部冲刷，但未危及枢纽建筑物安全。下游宜昌站枯水位一度出现明显下降，依靠水库补水满足庙嘴水位 39.0m 的通航水位要求。坝下游河道保持冲刷态势，并向下游继续发展，且冲刷强度较大，宜昌至湖口河段平滩河槽总冲刷量为 4.22 亿 m^3，多年平均年冲刷量 1.40 亿 m^3，多年平均年冲刷强度 14.7 万 m^3/(km・a)（含河道采砂影响）；荆江河段在同流量下的水位随着河床冲刷继续下降，河床粗化明显；宜昌—湖口河段总体河势基本稳定，河床平面形态、洲滩格局大体未变，荆江大堤和长江干堤护岸工程保持基本稳定，但局部河段（特别是沙质河床）的河势调整比较剧烈，崩岸时有发生，试验性蓄水期间总计崩岸 255 处，崩岸总长度 144.6km，经抢护未发生重大险情；局部河势调整曾对航道造成一定程度的不利影响，通过实施整治工程和及时疏浚，加之通过水库调度加大枯季流量，保证了长江中下游航道畅通。荆江三口分流量和分流比继续保持下降趋势，多年平均年分流量由 625.3 亿 m^3（1999—2002 年）减少至 485.4 亿 m^3（2009—2012 年），分流比由 14%

减小至 11.6%，三口断流天数也有所增加；三口分沙比变化不大，但入湖分沙量大量减少，年均入湖沙量由蓄水前（1999—2002 年）的 5670 万 t 锐减为 784 万 t（2009—2012 年），洞庭湖区淤积明显减缓。

综上所述，三峡工程试验性蓄水期间上下游泥沙的冲淤演变，继续保持 2003 年围堰发电期蓄水以来的相同态势，泥沙问题及其影响未超出原先的预计，局部问题经精心应对，处于可控之中。今后，随着三峡上游新建的各大水库的蓄水拦沙和水库群的联合调度，三峡水库的泥沙淤积总体上会进一步缓解。从泥沙角度看，三峡水库正式进入正常运行期是可行的。鉴于泥沙冲淤变化是一个长期积累的过程，同时也具有偶发性和随机性，为保证三峡工程的综合功能和长远效益的充分发挥，特别是长江的防洪与航运安全，在转入正常运行以后，对上下游的泥沙问题需要继续予以高度关注，加强原型观测，开展重点泥沙问题的深入研究，及时采取预防和应对措施。同时，应对河床无序采砂活动予以高度关注并加大整顿力度。

（六）移民

三峡工程移民搬迁安置工作从 1993 年开始，到 2009 年 12 月底全面完成，累计完成移民搬迁安置 129.64 万人（重庆市 111.96 万人，湖北省 17.68 万人），其中农村移民搬迁安置 55.77 万人。完成县城（城市）迁建 12 座，搬迁安置 57.91 万人；集镇迁建 106 座，搬迁安置 15.96 万人；工矿企业处理 1632 家。移民搬迁后的居住条件、基础设施和公共服务设施明显改善。

试验性蓄水期间，库区移民收入水平逐步提高，2011 年农村居民人均纯收入 6429 元，城镇居民（移民）年人均可支配收入 1.87 万元，2008—2011 年的年平均增长率分别为 12.8%和 6.83%，增速超过同期湖北省、重庆市和全国的平均水平。库区经济社会快速发展，社会总体稳定。

库区移民工程经受了蓄水的初步检验，运行总体安全，功能正常发挥，但蓄水也对库周移民群众的生产生活带来一些影响，主要有：①库岸再造引发的地质灾害，影响了部分移民的住房和耕园地安全，一些交通、供水、电力、通信等设施受损，但影响范围较小并呈下降趋势。②水库高水位运行时，一些支流回水区出现水体富营养化现象，在相关的饮用水水源地影响人畜饮水安全。③水库蓄水时库汊延伸、水面变宽，给其周边群众的出行带来不便，部分水上交通工具存在安全风险，部分支流的电力、通信、广播线路净空高度也不能满足通航要求。对于上述影响，已在实施应急处置预案，加强监测防范的同时，对住房存在安全隐患的移民，分别采取搬迁安置、周转过渡安置、原址监测居住逐步加以解决；对受损的耕园地实施了补偿补助；对受损的交通、供水等设施及时进行了修复或重建；对于支流回水区的水质问题，采取了严控污染源、加强水面清漂、整治水库网箱投饵养殖和水华应急处置等措施。当前存在的困难和问题主要有：居住安全受影响人口中尚有4938人未完成永久搬迁安置，部分受蓄水影响的生产生活设施需要进一步修复、加固和完善，部分桥梁存在船舶碰撞的安全隐患尚未消除，部分集镇垃圾污水处理设施尚未正常运行。

综上所述，三峡工程库区移民安置工作总体上经受了5年试验性蓄水和自然灾害的考验，经济社会保持了快速发展的良好势头，社会总体和谐稳定；试验性蓄水期间的安全保障工作，包括组织领导、安全监控、应急防范等，均为今后的水库正常运用提供了宝贵经验；水库蓄水对库区移民群众生产生活的影响已呈现逐年下降趋势，总体可控。因此，移民迁安工作不影响三峡工程转入正常蓄水运用。目前移民安置中遗留的少量问题和实现库区经济社会可持续发展、移民长期安稳致富问题，应结合《三峡后续工作总体规划》的实施进一步解决。

（七）综合效益

1. 防洪效益

三峡工程是提高长江中下游特别是荆江河段防洪标准，保障两岸经济社会发展和人民生命财产安全的一项关键性工程措施。试验性蓄水期间，长江上游发生了多次洪水，其中2010年、2012年最大入库洪峰流量分别为70000m^3/s、71200m^3/s，还原至宜昌站的洪峰流量分别为60200m^3/s、62000m^3/s，接近1998年大水时宜昌站的最大洪峰流量（63300m^3/s），但三峡水库通过科学调度，利用防洪库容对洪水进行拦蓄，发挥了削峰、错峰作用，累计拦蓄洪量768亿m^3，年最大洪水削峰率高达29.1%～42.9%，有效降低了长江中下游干流的水位，使荆江河段沙市水位控制在警戒水位以下，城陵矶站水位超警戒水位的天数也明显减少，有效缓解了中下游地区的防洪压力，防洪效益显著。

2. 发电效益

三峡电站是世界上装机容量最大的水电站，总装机容量22500MW，设计年发电量882亿kW·h。电站建设促进了全国电网的联网进程。试验性蓄水5年来，三峡电站累计发电量达4214.35亿kW·h，累计完成上网电量4169亿kW·h，年均833.8亿kW·h，有效缓解了华中、华东地区及广东省用电紧张局面，为我国调整能源结构和经济社会发展做出了重大贡献。2012年三峡电站发电981.07亿kW·h，占当年全国一次能源消费总量的0.82%，年发电量与居世界首位的巴西伊泰普水电站（982.87亿kW·h）基本持平。三峡电站还利用自身的良好调节能力，参与电网的调峰运行，2012 年最大调峰容量达 7080MW，调峰效益显著。

3. 航运效益

2010—2012 年实现 175m 蓄水目标后，三峡大坝至重庆段航道等级由建库前的Ⅲ级航道提高为Ⅰ级航道，航道单向通过能力由建库前的 1000 万 t 提高到 5000 万 t，提前 19 年达到并超过 2030 年单向 5000 万 t 的设计通过能力指标。2008—2012 年三峡船闸累计通过货物 3.8 亿 t，通过三峡枢纽总货运量 4.4 亿 t，年平均货运量约为蓄水前年最大货运量的 5 倍。2011 年三峡船闸通过货运量突破亿吨大关，为蓄水前葛洲坝最大年货运量的 5.6 倍。通过水库在枯期补水，使下游航运条件也得到了大幅改善，促进了长江运力的快速增长。蓄水后库区的船舶运输安全性显著提高，船舶运输成本和油耗也明显降低，为上游地区的经济发展提供了良好的基础条件，同时也为航运节能发挥了重要作用。

4. 供水效益

在枯水期结合发电向长江中下游补水，实行抗旱调度，是三峡工程建成后新拓展的重要功能。试验性蓄水以来，枯水期的出库流量一般大于入库流量 $1000\sim2000m^3/s$，最小下泄流量标准提高至 $6000m^3/s$，为下游航运补水总量达 693.4 亿 m^3，平均增加航道水深 0.7m，有效地改善了下游航运条件。2011 年长江中下游部分地区遭遇了数十年不遇的大面积干旱，三峡水库实行应急抗旱调度方式，抗旱补水总量 54.745 亿 m^3，日均向下游补水 $1500m^3/s$，有效改善了中下游生活、生产、生态用水和通航条件，为缓解特大旱情发挥了重要作用。此外，在蓄水期为满足长江中下游的供水需要，在 2010 年以来的蓄水调度中，保证 9 月的下泄流量不小于 $10000m^3/s$，10 月的下泄流量不小于 $8000m^3/s$。

5. 节能减排和其他效益

水电属清洁能源，按 2008—2012 年全国火电平均单位煤耗计算，三峡电站在试验性蓄水期间的上网电量扣除线损后相当于替代燃烧标准煤 1.41 亿 t，可减少 3.14 亿 t CO_2、386 万 t SO_2 及 185 万 t NO_x 的排放，节能减排效益十分显著，被世界著名科普杂志《科学美国人》列入世界十大可再生能源工程。2011—2012 年实施 3 次生态调度，根据中国长江三峡集团公司中华鲟研究所的监测结果，宜昌下游河段“四大家鱼”有较大规模产卵。在试验性蓄水期间，库区旅游业和养殖业也得到长足发展，库区水产品产量逐年增长。

综上所述，三峡工程通过试验性蓄水，提前发挥了工程最终规模的防洪、发电、航运效益，并拓展了供水、生态功能，综合利用效益显著。

（八）综合评估结论

综合水库调度、枢纽运行、生态环境、地质灾害与水库地震、泥沙、移民及经济和社会效益等7个课题的评估意见，三峡工程在5年的试验性蓄水期间，开展了大量的监测、试验、考核和研究工作，各项成果充分表明：水库的调度方式取得宝贵经验并已基本成熟，枢纽工程和输变电工程运行正常，生态环境受到一定影响但总体可控，水库地震最大震级低于预测并渐趋平缓，库区地质灾害发生频次趋缓且防治有效，泥沙问题及其影响未超出设计预期，移民安置经受蓄水和自然灾害考验总体稳定，工程的综合效益充分发挥并有所拓展，三峡工程已具备转入正常运行期的条件。

鉴于长江上游干支流正在陆续兴建梯级水库，而泥沙冲淤、库岸再造、生态环境、移民安稳致富等问题又都有一个长期发展或累积的过程，三峡水库在转入正常运行期以后，其调度运用方式将在一个很长的时期内需持续进行动态优化或调整。因此，通过试验性蓄水实践总结出来的许多重要经验，包括坚持遵循“安全、科学、稳妥、渐进”的工作方针，建立完善大力协同、统一调度的工作机制，全面落实地方政府库区安全管理责任，加强安全监测与灾害防范工作，不断总结深化对蓄水规律的认识等，应该为正常运行期作很好借鉴并继续发扬。

第四章

对三峡工程下一步蓄水工作的建议

三峡工程试验性蓄水阶段评估，7个课题组的有关领域高层专家作出了科学客观的评价，并分别对下一步蓄水工作提出了具体建议。以此为依据，归纳成对下一步蓄水工作的建议。

一、试验性蓄水达到预期目标，可以转入正常运行期

5年试验性蓄水成功达到预期目标，其阶段性总结评估结果表明，三峡工程达到了设计的预期目标，具备转入正常运行期和竣工验收的条件。建议国家有关部门抓紧推进三峡工程竣工验收，并依据5年试验性蓄水的经验，加快编制和审批正常运行期的《三峡水库调度规程》。

二、深入研究充分发挥三峡水库综合效益的优化调度方案

三峡工程蓄水以来，长江恰处于少水期，年来水量低于多年平均值。同时，长江下游供水需求进一步加大、水文气象预报技术进展较快、上游大型水利水电枢纽陆续建成运行等一系列情况与原设计条件有较大变化。为适应社会经济发展需求、最大限度地充分发挥和拓展三峡工程的综合效益，应与时俱进地研究三峡水库优化调度方案并实施，包括：汛期中小洪水调度、城陵矶补偿调度、汛末蓄水调度、向下游供水调度、生态调度、库尾减淤调度以及长江干支流水库群联合调度等。要完善三峡通航发展规划，尽快研究落实三峡—葛洲坝河段航道整治、三峡通航船舶标准化、优化航运调度等提高通航能力的各项措施，落实通航建筑物的最终管理体制。

三、完善三峡工程安全高效运行的体制建设

为保障三峡工程的可持续安全高效运行，要切实按设计要求加快长江中下

游防洪体系建设；提高气象与洪水预报预警的预见期和准确性，并建立相应研究机制，“特别是极端暴雨发生的监测和分析与暴雨评估和预警机制”；加强生态环境监测网络；完善对库区库岸再造、泥沙淤积及重要生态环境影响的长期监测机制；加强对下游河道冲刷动态及其对河势演变、江湖关系、堤防安全、通航条件、电网运行、生态环境等影响和趋势分析；确立三峡水库与长江上游干支流水库统一调度的体制，建设强大的、统一的水库调度信息数据库，建立有关部门之间常态信息共享和协调会商制度；建议研究建立汛期中小洪水调度过程应对低概率极端性灾害的风险调度基金或其他保险制度的运行。

四、进一步完善监测设施、深化监测资料分析研究、制定监控指标

三峡工程各项枢纽建筑物和设备已经有了较为完善的监测设施和体系。工程整体运行安全的监测成果，是保障三峡工程安全运行必需的重要科学依据，要随着监测技术的进步，不断提高监测体系的技术和管理水平，运用现代信息技术对各项观测资料及时进行系统化和智能化的整理、监控指标制定和综合分析研究，并快速反馈其结果、及时采取有效应对措施。

五、落实库区生态环境保护，严格污染物总量控制和达标排放

试验性蓄水期库水水质监测资料表明：库区干流水质保持在Ⅱ～Ⅲ类的良好状态，支流水质因干流顶托而变差。但有些问题短期内可能尚未显现。为加快三峡工程库区生态文明建设、确保水库水质安全，要严格管理库区土地资源开发活动，科学改造利用荒山草坡，加大生物资源和森林资源保护力度，加快造林绿化进度；要推广高效生态农业技术，实施农业生态工程，防治农村面源污染；必须严格控制污染源头及其排放总量，落实污染减排和综合防治达标的要求；建立漂浮物清理的长效运行机制；加强小流域水土流失防治，优先实施重点地区的水土保持，做好退耕还林还草工程；加强库区消落带土地合理利用和保护治理的试验研究，重点开展消落带生态环境监测与评估工作；加强库区生态环境保护的管理条例、安全指标体系、评价方法和控制措施的研究。

六、加强库岸再造过程中地质灾害的监控、防治，继续水库地震监测

三峡工程库区地质条件复杂，峡谷陡峻、且受暴雨影响，历史上属地质灾

害多发区。蓄水以来库岸再造活动虽呈逐年下降趋势，但仍将持续较长时间才能稳定。库区地质灾害防治虽已初见成效，群专结合的地质灾害全天候监测预警体系的建立作用显著，但地质勘察精度有限、防治标准偏低，且地质灾害具有隐蔽性和突发性。因此，对地质灾害防治仍需高度重视。应将坐落在顺向坡上的城镇作为防治的重点，并加强峡谷区高陡滑坡涌浪灾害监测预警和水位下降变幅率的研究。特别是亟须制定条例，严格限制库区城镇规模和沿岸高层建筑的无序盲目扩展以及人为不合理工程活动，适当提高城镇的防治标准和治理安全等级。库区在非水库水位影响的本底天然地震仍然存在，因此必须坚持长期的库区地震监测。

七、继续加强上下游泥沙及下游河道冲淤演变监测研究及其重点河段整治

三峡工程蓄水（包括试验性蓄水）以来，入库沙量锐减，泥沙问题及其影响较设计预期大为减轻，不影响三峡工程进入正常运行期。今后随上游新建的各大水库的蓄水拦沙和上下游水库的联合调度，三峡水库的泥沙淤积总体上还会进一步缓解。泥沙问题不影响进入正常运行期，但仍需要继续高度关注、加强观测研究，并编制泥沙原型观测长远规划。由于泥沙量的减少，清水下泄对下游河道的冲刷作用增强，这既可增大下游河道的行洪能力，也会影响下游河岸的稳定和取水系统的功能。同时不规则的人工采砂也改变了下游河道。因此，应加强下游河道的整体规划，建设相应的配套工程，对下游河段无序采砂采取必要的调控措施。

八、切实妥善解决蓄水对库区群众影响的问题，落实库区经济社会发展模式定位，推进库区生态文明建设

目前，三峡工程实现了移民安置规划目标。库区移民群众生活安定，经济社会快速发展，社会总体和谐稳定。水库蓄水对库区群众生产生活的影响总体可控。三峡库区属于高山狭谷地区。土地资源贫乏，自然资源和环境承载能力有限，应遵循科学发展观，推进库区生态文明建设，以人和自然的协调发展为原则，将其列为“控制性”、“保护性”发展区域，严格控制人口规模，达到“零增长”，并调整库区产业结构，落实库区现代化中小城镇发展规模的定位。要加大移民区地质安全监测防范力度，最大限度降低库岸再造对群众生活生产的影响，完善库区维护与管理的长效机制，妥善解决由于蓄水影响造成的少量移民安置遗留问题，切实做好三峡后续工作规划中涉及库区安全、民生和生态保护项目，继续做好移民稳定致富工作。

附件：

三峡工程试验性蓄水阶段评估
项目设置及主要成员

一、评估项目组

顾　问： 徐匡迪　第十届全国政协副主席，中国工程院主席团名誉主席，中国工程院院士

周　济　中国工程院院长，中国工程院院士

潘云鹤　中国工程院常务副院长，中国工程院院士

组　长： 沈国舫　中国工程院原副院长，中国工程院院士

副组长： 陈厚群　中国水利水电科学研究院教授级高级工程师，中国工程院院士

陆佑楣　中国长江三峡集团公司原总经理，中国工程院院士

高安泽　水利部原总工程师，教授级高级工程师

二、评估课题组

1. 综合评估课题组

组　长： 沈国舫（兼）

副组长： 陈厚群（兼）

陆佑楣（兼）

高安泽（兼）

2. 水库调度课题组

顾　问： 陈志恺　中国水利水电科学研究院教授级高级工程师，中国工程院院士

组　长： 王　浩　中国水利水电科学研究院教授级高级工程师，中国工程院院士

副组长： 雷志栋　清华大学教授，中国工程院院士

3. 枢纽运行课题组

组　长： 郑守仁　水利部长江水利委员会总工程师，中国工程院院士

副组长： 周孝信　中国电力科学研究院名誉院长，中国科学院院士

梁应辰　交通运输部技术顾问，中国工程院院士

4. 生态环境课题组

组　长： 李文华　中国科学院地理科学与资源研究所研究员，中国工程院院士

副组长： 魏复盛　中国环境监测总站研究员，中国工程院院士

李泽椿　国家气象中心研究员，中国工程院院士

5. 地质灾害与水库地震课题组

组　长： 陈厚群（兼）

副组长： 王思敬　中国科学院地质与地球物理研究所研究员，中国工程院院士

6. 泥沙课题组

顾　问： 张　仁　清华大学教授

韩其为　中国水利水电科学研究院教授级高级工程师，中国工程院院士

组　长： 胡春宏　中国水利水电科学研究院副院长，中国工程院院士

副组长： 戴定忠　水利部科技司原司长，教授级高级工程师

7. 移民课题组

组　长： 敬正书　水利部原副部长，中国水利学会理事长

副组长： 唐传利　水利部水库移民开发局局长，教授级高级工程师

李赞堂　中国水利学会秘书长，教授级高级工程师

刘冬顺　水利部水库移民开发局副局长，研究员

8. 经济和社会效益课题组

组　长： 傅志寰　原铁道部部长，中国工程院院士

副组长： 陆佑楣（兼）

张超然　中国长江三峡集团公司总工程师，中国工程院院士

晏志勇　中国电力建设集团有限公司总经理，教授级高级工程师

三、项目办公室

主　任： 高中琪　中国工程院二局副局长

阮宝君　中国工程院二局副局长

成　员： 唐海英　中国工程院二局土木、水利与建筑工程学部办公室调研员

王　波　中国工程院咨询服务中心，博士

王中子　中国工程院二局土木、水利与建筑工程学部办公室

课题报告

KETI BAOGAO

报 告 一

水库调度课题评估报告

一、引言

水库调度课题的评估任务是在科学分析三峡工程5年试验性蓄水阶段的水文观测和调度运行资料基础上，全面总结2008—2012年三峡水库试验性蓄水调度发挥的防洪、发电、航运、水资源利用和生态等方面的作用，客观评价三峡水库蓄水调度对库区、下游长江干流河段、洞庭湖、鄱阳湖地区和长江河口等造成的影响，认真分析由试验性蓄水期转入正常运行期的条件和时机，提出改进水库调度工作的合理化建议。

水库调度组按照项目组要求编制了评估工作大纲，组成了由15位院士和专家组成的课题评估专家组。专家组认真研究了有关部委和单位编制的三峡工程试验性蓄水阶段性总结报告，主要包括：水利部长江水利委员会编写的《三峡工程试验性蓄水（2008—2012年）阶段性总结报告》及其附件、中国长江三峡集团公司编写的《2008—2012年三峡工程175m试验性蓄水阶段性总结报告》，以及卫生部、环境保护部、交通运输部、中国气象局、国家电网公司、湖北省、重庆市等分别报送的《三峡工程试验性蓄水阶段性总结分析报告》等，并参考了三峡枢纽工程质量检查专家组在2008—2011年间历年编写的《三峡枢纽工程质量检查报告》以及《三峡工程试验性蓄水（2008—2010年）综合评价报告》等材料。课题组按照项目要求的归纳主要工作、总结主要经验、分析主要影响和提出工作建议的评估内容，提出课题评估意见，并在充分听取各方面的意见和建议的基础上，形成本报告。

二、水文情势分析与水库调度运用情况

2008—2012年三峡工程试验性蓄水期间（以下简称试验性蓄水期间），长江上游总体处于降水和年径流偏少时期，9月、10月来水减少明显，10月尤

为明显，给蓄水调度增加了难度；上游来沙量大幅减少，水库淤积发展较慢，年均输沙量大幅减少，下游河道冲刷程度比可行性论证和初步设计阶段预计的要大，水沙形势的变化对水库运行调度提出了新的要求。

试验性蓄水期间，三峡水库调度主要依据《三峡水库优化调度方案》运行，调度对长江中下游年径流总量基本没有影响，对坝下游宜昌站径流过程的年内分配有不同程度影响。长江中下游各水文站径流受三峡水库调节的影响程度，随着沿程区间各水系水量的汇入，呈现由上游向下游逐步减少的规律。受三峡水库流量调节和河床冲刷下降的双重影响，下游干流莲花塘站、汉口站、湖口站、大通站9—11月各站月平均水位和天然情况相比有不同程度的下降，降幅约为2.08m、1.99m、1.51m、1.22m，12月至次年5月则有不同程度的抬升，涨幅约为1.09m、0.96m、0.57m、0.45m。

（一）长江上游来水来沙情势变化

1. 长江上游来水情势变化

三峡工程试验性蓄水期间，长江上游总体处于降水偏少时期。2008年、2009年、2011年降水与多年均值相比分别偏少23.8%、15%、10.3%，2010年、2012年降水接近多年均值。2008—2011年，上游降水在空间分布上均呈现出北多南少的形势，2012年则为西多东少形势，其中乌江流域2008—2011年连续4年异常偏少。

20世纪90年代以来，长江上游年径流量总体变化不大，1991—2002年三峡上游（朱沱+北碚+武隆，下同）年均来水量为3733亿m^3，与1990年前均值（3859亿m^3）相比，减小126亿m^3，减幅为3%。2008年以来，长江流域水雨情总体平稳，局部地区洪涝严重，部分地区发生超保证或历史最高纪录洪水，但长江上游与中下游洪水未发生严重遭遇。2008—2012年三峡水库年平均入库水量为4023亿m^3，平均入库流量为12800m^3/s，较多年平均值（14300m^3/s）偏少10.8%；最大流量为71200m^3/s，出现时间为2012年7月24日；最小流量为3320m^3/s，出现时间为2010年2月17日。5年中除2012年来水与多年均值持平外，其余4年都不同程度的偏枯，尤其2011年的年入库水量在1878年以来的历史水文资料系列中排倒数第四位。表1为三峡水库2008—2012年间的来水统计表。

从年内来水分配来看，自20世纪90年代以来，9月和10月长江上游来水有持续偏枯的现象发生，且10月的偏枯程度高于9月。9月来水除金沙江屏山站基本与多年均值相当外，其余各站基本偏枯10%以上；10月来水除金沙江屏山站与多年均值基本相当、嘉陵江北碚站21世纪初略丰之外，其余各站均偏枯。

表 1　　三峡水库 2008—2012 年来水统计表

年份	来水总量/亿 m^3	平均流量/（$m^3 \cdot s^{-1}$）	来水频率/%	与多年平均值比较/%	年最大流量/（$m^3 \cdot s^{-1}$）（日期）	年最小流量/（$m^3 \cdot s^{-1}$）（日期）
2008	4289.75	13600	66.1	−4.9	41000（8 月 15 日）	3900（1 月 21 日）
2009	3881.29	12300	90.3	−14.0	55000（8 月 6 日）	4050（3 月 22 日）
2010	4066.57	12900	81.2	−9.8	70000（7 月 20 日）	3320（2 月 17 日）
2011	3395.43	10800	99.2	−24.5	46500（9 月 21 日）	3500（2 月 22 日）
2012	4480.77	14200	51.1	−0.7	71200（7 月 24 日）	3450（2 月 17 日）

试验性蓄水期间，与多年平均相比，来水呈枯期偏多，汛期、消落期和蓄水期偏少的趋势。近 5 年各月均值距平比较，1—4 月来水偏丰，5—12 月来水偏枯，其中，枯期偏丰 2.8%，消落期偏枯 11.2%，汛期偏枯 11.3%，蓄水期偏枯 22.3%。枯期除 2010 年来水略偏少，其余年份基本持平或偏多；消落期、汛期除 2012 年略偏多，其余年份均偏少；蓄水期均不同程度地偏少。

2003—2012 年，宜昌站 9 月、10 月平均流量分别为 23100m^3/s、14600m^3/s（考虑三峡水库蓄水影响的还原值，以下简称还原值），与多年平均值（1878—2012 年）相比，径流量分别减少 72.8 亿 m^3、112.5 亿 m^3，偏枯 11.2%、22.3%，与 1878—1990 年间相比偏枯 13.2%、25.1%。特别是三峡工程试验性蓄水以来的 5 年，宜昌站 9 月、10 月平均流量进一步分别减小为 22600m^3/s、14100m^3/s（还原值），其中 9 月平均流量与多年平均值 26000m^3/s 相比，偏枯 13.1%，径流量减少 87.6 亿 m^3，与 1878—1990 年（三峡工程初步设计采用的统计区间，下同）多年平均值 26600m^3/s 相比，偏枯 15.0%；10 月平均流量与多年平均值 18800m^3/s 相比，偏枯 25.0%，径流量减少 128.3 亿 m^3，与 1878—1990 年多年平均值 19500m^3/s 相比，偏枯 27.7%，9 月、10 月来水减少明显不利于三峡水库的正常蓄水运用。表 2 为 2008—2012 年历年来水的分时期距平值。

2. 长江上游来沙情势变化

20 世纪 90 年代以来，尽管长江上游年径流量总体变化不大，但受降水条件变化、水利工程拦沙、水土保持减沙和河道采砂等影响，来沙量减少趋势明显。1991—2002 年三峡上游年均来沙量 3.506 亿 t，与 1990 年前均值相比，减少 1.30 亿 t，减幅为 27%。进入试验性蓄水期后，2009—2012 年间入库悬移质输沙量年均 1.83 亿 t，较 1990 年前多年平均值减少 62%；较 1991—2002 年多年平均值减少 48%。在来沙量大幅减少的同时，入库泥沙颗粒明显偏细。三峡水库蓄水后的 2003—2012 年，沙质推移质量年均 1.58 万 t，较 1991—2002 年减少 94%，2011 年、2012 年分别减少至 0.2 万 t、0.6 万 t；2003—2012 年年均卵石推移质量为 4.4 万 t，较 1991—2002 年均值减少 71%。表 3 为三峡上游干支流各主要水文站的年均径流量和输沙量变化对比情况统计。

表 2　　2008—2012 年来水分时期距平值　　%

年　份	枯期（11 月 1 日—4 月 30 日）	消落期（5 月 1 日—6 月 10 日）	汛期（6 月 11 日—9 月 10 日）	蓄水期（9 月 11 日—10 月 31 日）
2008	1.5	−15.3	−12.9	−11.4
2009	23.3	−4.9	−12.5	−30.8
2010	−14.1	−9.7	−3.3	−23.3
2011	−1.3	−35.8	−32.2	−34.0
2012	4.5	9.5	4.6	−12.2
5 年平均	2.8	−11.2	−11.3	−22.3

表 3　　三峡上游干支流主要水文站年均径流量和输沙量变化

项　目	系　列	金沙江	岷江	长江	嘉陵江	长江	乌江	三峡上游
		屏山	高场	朱沱	北碚	寸滩	武隆	朱沱＋北碚＋武隆
流域面积/万 km²		45.9	13.5	69.5	15.6	86.7	8.3	93.4
径流量/亿 m³	1990 年前	1440	882	2660	704	3520	495	3859
	1991—2002 年	1506	815	2672	529	3339	532	3733
	2003—2012 年及其	1379	789	2524	660	3279	422	3606
	与 1990 年前相比	−4%	−10%	−5%	−6%	−7%	−15%	−7%
输沙量/万 t	1990 年前	24600	5260	31600	13400	46100	3040	48040
	1991—2002 年	28100	3450	29300	3720	33700	2040	35060
	2003—2012 年及其	14059	2926	16776	2915	18666	570	20261
	与 1990 年前相比	−43%	−44%	−47%	−78%	−60%	−81%	−58%

续表

项　目	系　列	金沙江	岷江	长江	嘉陵江	长江	乌江	三峡上游
		屏山	高场	朱沱	北碚	寸滩	武隆	朱沱＋北碚＋武隆
含沙量/(kg·m^{-3})	1990年前	1.71	0.596	1.19	1.9	1.31	0.61	1.24
	1991—2002年	1.99	0.432	1.14	0.75	1.06	0.411	0.939
	2003—2012年及其与1990年前相比	1.019	0.371	0.665	0.442	0.569	0.135	0.562
		－40%	－38%	－44%	－77%	－57%	－78%	－55%

由于上游来沙明显偏少，水库淤积量比三峡工程初步设计预计的要少，淤积发展也较慢；淤积体主要分布在开阔河段和深槽中，坝前段淤积较多，但淤积面高程仍然较低，不影响电站与通航建筑物的正常运行；三峡工程下游河道冲刷强度较以前增大，但至今总体河势基本稳定；局部河段河势调整较剧烈，但荆江大堤和长江干堤护岸工程保持基本稳定，未发生重大险情。三峡水库蓄水运用以来的水库泥沙淤积、变动回水区航道、枢纽建筑物运行和坝下游河道冲刷等泥沙问题尚在初步设计预计的范围内。

（二）三峡工程试验性蓄水阶段水库调度运行情况

1. 调度依据

2008—2012年试验性蓄水期调度运行的主要依据是《三峡（初期运行期）—葛洲坝水利枢纽梯级调度规程》（2007年修订）和《三峡水库优化调度方案》（2009年10月）及国务院批复意见，以及国家防汛抗旱总指挥部（以下简称国家防总）批复的各年度三峡水库汛期调度运用方案以及试验性蓄水实施计划等。

(1)《三峡（初期运行期）—葛洲坝水利枢纽梯级调度规程》（2007年修订）。

该调度规程原用于三峡蓄水至156m水位，2007年修订后指导2008年汛期调度。其要点为：防洪调度主要考虑荆江河段的防洪要求，即汛期实时调度中防洪限制水位可在145m以下0.1m至146m间浮动，汛期当发电、航运调度与防洪调度发生矛盾时服从防洪；蓄水期的下泄流量按当年批准的蓄水计划结合实施。11月至次年4月，水库水位根据发电需要逐步消落，4月末一般年份库水位不低于枯水期消落最低水位155m；5月可加大出力运行，逐步降低水位，5月底消落至枯水期消落最低水位，6月10日消落到防洪限制水位。

(2)《三峡水库优化调度方案》（2009年10月）。

《三峡水库优化调度方案》是水利部根据国务院三峡工程建设委员会第16

次会议要求组织编制，于2009年10月经国务院批准实施。该调度方案主要适用于试验性蓄水期，其要点如下：三峡水库防洪调度方式为对荆江河段进行防洪补偿，达到100年一遇标准；运用145～155m之间库容兼顾对城陵矶河段进行防洪补偿；汛期原则上按防洪限制水位145m控制运行，实时调度时可在144.9～146.5m间浮动。水库汛末提前蓄水时间不早于9月15日；蓄水期间库水位按分段控制原则抬升，一般情况下，9月25日水位不超过153.0m，9月30日水位不超过156.0m（特殊情况经防汛部门批准后可蓄至158.0m），10月底可蓄至汛后最高水位，并规定水库每年的汛后最高蓄水位由国务院三峡工程建设委员会办公室商有关部门提出，报国务院批准。与初步设计相比，增加了供水任务，进一步明确水资源（水量）调度要求：在提前蓄水期（9月），控制水库下泄流量不小于8000～10000m^3/s；10月蓄水期间，水库下泄流量按不小于8000～6500m^3/s控制；枯水期1—2月水库下泄流量按6000m^3/s左右控制；5月25日库水位降至枯水期消落最低水位155.0m，6月10日消落到防洪限制水位145.0m。枯水年份，实施水资源应急调度时，可不受以上水位、流量限制。其他运行水位及其运用条件可在充分研究论证的基础上，经过有批准权限的部门批准后，进行适当调整。考虑到三峡水库调度运用问题复杂，同时提出，该方案主要适用于试验蓄水期。要根据调度运用实践总结和各项观测资料的积累以及运行条件的变化，逐步修改完善优化调度方案。

（3）国家防总批复的各年度调度运用方案及实施计划。

国家防总按国务院批准的《三峡水库优化调度方案》，调度中根据长江流域防汛形势及水雨情预报，在确保防洪安全、风险可控、泥沙淤积许可的前提下，合理确定各阶段的调度目标。在2008—2012年期间，国家防总每年汛前及蓄水前均批复当年汛期调度运用方案及蓄水计划，对调度权限、汛期防洪目标、库水位控制、蓄水时机等方面作出规定，充分发挥其拦洪、削峰、错峰作用，有效减轻长江中下游防洪压力，对长江中下游持续干旱进行补水调度，协调发电调度与航运调度，提高三峡水库的综合效益。

2. 汛期调度

按照三峡工程初步设计，考虑在满足防洪的同时，要尽可能减少水库淤积，三峡水库的防洪对象主要针对较大洪水，对中小洪水不拦蓄，汛期（6—9月）采用对荆江河段防洪补偿调度方式。2009年10月国务院批准的《三峡水库优化调度方案》，则运用145～155m之间库容兼顾对城陵矶河段进行防洪补偿调度方式，主要适应于长江上游洪水不大，并将蓄水时间由初步设计规定的10月1日提前至9月15日。

2008—2012年三峡工程试验性蓄水期间，除2008年由于汛期来水较小，其余年份均对入库洪水进行了蓄洪调度（表 4 为试验性蓄水期间三峡水库入库洪水次数统计，表 5 为防洪调度情况）。5 年累计进行蓄洪调度 18 次，蓄洪量达 738.6 亿 m^3，最高蓄洪水位高于汛限水位较多。

表 4　　试验性蓄水期间三峡水库入库洪水次数统计

入库流量/($m^3 \cdot s^{-1}$) \ 年份	2008	2009	2010	2011	2012	5 年累计
≥30000	8	3	5	5	7	28
≥40000	1	1	3	1	7	13
≥50000	0	1	3	0	4	8
≥60000	0	0	1	0	1	2

表 5　　试验性蓄水期间防洪调度情况

年份	最大入库洪峰流量/($m^3 \cdot s^{-1}$)	最大下泄流量/($m^3 \cdot s^{-1}$)	蓄洪次数	总蓄洪量/亿 m^3	最大削峰流量/($m^3 \cdot s^{-1}$)	最高蓄洪水位/m	降低下游水位/m
2008	41000	39000				145.96	
2009	55000	39000	2	56.5	16300	152.89	沙市 2.4
2010	70000	40000	7	264.3	30000	161.02	沙市 2.3
2011	46500	29100	4	247.2	25500	153.84	汉口 2.6
2012	71200	45800	5	200.0	26200	163.11	沙市 1.5～2.0

其中：2009 年汛期，实时调度控制汛限水位在 144.9～146.5m 范围内浮动。汛期最大入库洪峰流量为 55000m^3/s，为减轻荆江河段及荆南四河的防洪压力，水库实施了防洪运用，控泄出库流量 39000m^3/s，削减洪峰 16000m^3/s，削峰率 29.1%，拦蓄洪量 42.7 亿 m^3，控制荆江河段未超警戒水位，沙市站水位较不控泄降低约 2.4m。

2010 年汛期，洪水过程较常年多，入库洪峰大于 30000m^3/s 的洪水出现 5 次，洪峰大于 50000m^3/s 的洪水出现 3 次，最大入库洪峰流量为 70000m^3/s（7 月 20 日）。根据实时水雨情及预测预报，三峡水库先后进行了多次中小洪水调洪运用，对 3 次入库流量大于 50000m^3/s 的洪水，最大下泄流量均按 40000m^3/s 左右控制，削减洪峰流量 40%，使荆江河段沙市水位在警戒水位 43.0m 以下，最高库水位达 161.02m，累计拦蓄洪量 264.3 亿 m^3。汛期平均运行水位 151.54m，9 月上旬最高水位达到 160.20m。

2011 年汛期，洪水过程较常年明显偏少，三峡坝址来水总量为 1881.4 亿 m^3，与多年平均值相比少29.1%，与2010年同期相比减少26.5%。入库洪峰流量大于30000m³/s的出现5次，大于35000m³/s的出现4次，大于40000m³/s的出现一次，最大入库洪峰流量为46500m³/s，出现在9月21日。根据实时水雨情预测预报，三峡水库实施4次中小洪水调度，累计拦蓄洪量247.2亿m³，由于最大洪水过程出现在9月下旬的蓄水期，按照《三峡水库优化调度方案》规定，停止了蓄水调度，而实施防洪调度。

2012年汛期，洪水过程较常年为多，水量偏丰，三峡坝址来水总量为2806.4亿m³，与多年平均值相比多3.6%，入库洪峰流量大于40000m³/s的出现5次，大于50000m³/s的洪峰出现4次，最大入库洪峰流量为71200m³/s，出现在7月24日，是三峡工程成库以来遭遇的最大洪峰。根据实时水雨情预测预报，三峡水库实施中小洪水调度共4次，最大下泄流量45000m³/s，最高蓄洪水位163.11m，累计拦蓄洪水200亿m³。

3. 汛末蓄水调度

三峡工程初步设计考虑9月仍属汛期，来水、来沙仍较大，按照“蓄清排浑”的运用方式，规定三峡水库于10月1日开始蓄水，蓄水期间下泄流量按发电和下游航运要求控制，不小于保证出力的对应流量，从而减少水库泥沙淤积和防洪风险。三峡工程投入运行后，9月、10月的上游来水明显减少，而且发电、航运部门要求下泄量的减少有一个渐变过程，以及长江中下游经济社会用水要求9月、10月的三峡下泄流量不能过低。而三峡水库在汛后蓄水到正常蓄水位175m是保障其综合效益的基础，为提高蓄满率，在国务院批准的《三峡水库优化调度方案》中，明确将兴利蓄水时间提前，但一般不早于9月15日，蓄水期间分段控制库水位：一般情况下，9月25日水位不超过153.0m，9月30日水位不超过156.0m，经防汛部门批准后可蓄至158.0m，10月底可蓄至汛后最高蓄水位。试验性蓄水期间，国家防总在上述方案的基础上，研究了9月洪水的历史资料，自2010—2012年进一步优化汛末蓄水调度方式，明确利用9月汛期洪水资源，确定了9月10日水库开始蓄水，9月底最高蓄水位为162m的蓄水调度方案。上述调度方式使2010年在来水不丰富的情况下，实现兼顾三峡水库下游（两湖）用水，蓄水175m的调度目标。表6为试验性蓄水期间三峡水库的实际蓄水过程。

三峡水库实施试验性蓄水期间，2008年和2009年水库蓄水时间分别为9月28日和9月15日，起蓄水位分别为145.27m和145.87m，由于下游各省干旱等多种原因，均未蓄至175m。2010年9月、10月预测长江上游来水偏少，为有效利用汛末洪水资源，最大限度满足三峡水库蓄水期间各方面用水需求，充分发挥三峡工程综合利用效益，国家防总下达《关于三峡工程2010年

175m 试验性蓄水实施计划的批复》（国汛〔2010〕10 号），同意 2010 年三峡水库蓄水的起蓄时间为 9 月 10 日，起蓄水位 150.00m，9 月 30 日蓄水位 162.00m，10 月底蓄至 175.00m。同时明确三峡水库可按起蓄时前期防洪调度的实际库水位开始蓄水。长江防总在保证防洪安全的前提下，精心调度成功拦蓄了 8 月下旬和 9 月上旬两次洪水，9 月 10 日水库起蓄水位 160.20m，采取分阶段控制水库蓄水位的调度方式逐步蓄水，最终于 2010 年 10 月 26 日 8 时首次成功蓄至 175.00m。2011 年和 2012 年也采用了汛期防洪与汛末蓄水相结合的方式，充分利用汛末（8 月下旬）水资源，在准确预报的前提下，预蓄部分水量，提前于 9 月 10 日开始蓄水，根据来水情况进行防洪或蓄水调度，分期控制蓄水位，至 10 月蓄至 175.00m。

表 6　试验性蓄水期间三峡水库实际蓄水过程

年份	正式蓄水期		各节点水位/m				
	起蓄时间	结束时间	8 月底	起蓄水位	9 月底	10 月底	最高蓄水位
2008	9 月 28 日	11 月 4 日	145.85	145.27	150.23	165.47	172.80
2009	9 月 15 日	11 月 24 日	146.45	145.87	157.50	170.91	171.43
2010	9 月 10 日	10 月 26 日	158.58	160.20	162.84	174.83	175.00
2011	9 月 10 日	10 月 31 日	150.02	152.24	166.16	175.00	175.00
2012	9 月 10 日	10 月 30 日	150.08	158.92	169.40	174.80	175.00

试验性蓄水期间，考虑 9 月洪水成因与量级较主汛期有明显差别，分析了 1877—2012 年 136 年实测资料，9 月 10 日以后坝址没有出现洪峰大于 55000m^3/s 的洪水过程，提出了将 9 月 10 日作为汛末期的分界点，为开始蓄水的时间。同时，与蓄水相结合，8 月中下旬防洪运用库水位应维持较高水位 150m 运行，以满足 9 月 10 日的起蓄水位，进而提高水库的蓄满率。9 月上旬水位上浮至 160m，9 月底水位按 169m 控制的蓄水调度方式，不会淹没移民线，防洪风险可控。经分析，9 月 10 日开始蓄水、泥沙淤积不会产生大的影响。

4. 供水期和消落期调度

（1）运行情况统计。

2009—2012 年三峡水库供水期累计向下游实施航运、生态和抗旱等补水 520.3 亿 m^3，累计补水 520 天，4 年平均抬高下游航深 0.72m，4 年平均庙嘴水位 39.40m；2009—2012 年每年消落期最大日降幅都超过 0.6m，4 年最大日降幅发生在 2012 年达 0.94m，2009—2011 年每年只有 1 天日降幅超 0.6m，2012 年则出现了 13 天之多，主要是由于 5 月初为了后期库尾减淤调度试验维持高水位的原因。表 7 为试验性蓄水期间三峡水库历年供水期调度情况，表 8 为试验性蓄水期间三峡水库历年消落期调度情况。

表 7　　试验性蓄水期间三峡水库历年供水期调度情况

年份	补水开始时间	补水开始库水位/m	补水期结束时间	补水结束库水位/m	补水量/亿 m³	补水天数	平均增大航道水深/m	补水期间庙嘴平均水位/m	庙嘴最低水位/m
2009	2008 年 12 月 19 日 0 时	169.60	2009 年 4 月 11 日 0 时	159.84	56.5898	101	0.4	39.16	38.88
2010	2009 年 11 月 25 日 0 时	171.43	2010 年 4 月 20 日	154.10	139.6701	141	0.7	39.13	38.92
2011	2010 年 12 月 29 日 0 时	174.77	2011 年 6 月 10 日 24 时	145.82	215.12	164	1.0	39.87	39.14
2012	2011 年 12 月 28 日 0 时	174.95	2012 年 4 月 30 时 11 时	162.91	108.9	114	0.78	39.42	38.99

表 8　　试验性蓄水期间三峡水库历年消落期调度情况

年份	5 月初库水位	6 月初库水位	消落期结束时间	消落结束库水位/m	5 月 1 日—6 月 10 日平均日降幅/m	最大日降幅/m
2009	159.43	149.93	2009 年 6 月 8 日	146.5 以下	0.32	0.64
2010	156.35	149.90	2010 年 6 月 10 日 24 时	146.34	0.24	0.63
2011	156.56	149.62	2011 年 6 月 10 日 24 时	145.82	0.26	0.64
2012	163.04	152.82	2012 年 6 月 10 时 8 时	146.35	0.41	0.94

（2）应急调度和抗旱补水。

2010 年底至 2011 年 1 月，为缓解重庆市、湖北省电力供应紧张局面，三峡电站加大出力运行，出库流量相应加大，1 月平均下泄流量增大至 7020m³/s。2011 年 5 月长江中上游来水偏枯，三峡水库月均入库流量较多年平均值偏少约 40%，坝下游地区降雨量严重不足。三峡水库 5 月 7 日开始从满足生态、航运、电网供电为目标的运用方式调整为全力抗旱为目标的应急调度方式，抗旱补水一直维持至 6 月 10 日，补水总量 54.7 亿 m³。

（3）库尾拉沙减淤调度试验。

2012年5月7日0时，三峡水库开始进行库尾拉沙减淤调度试验，库水位按每日0.5m均匀消落控制，至5月18日24时，三峡库水位从161.97m降至156.76m，减淤调度试验结束。5月初三峡库水位163.04m，库尾减淤调度试验前期，为满足开展库尾减淤调度试验库水位不低于162m要求，三峡库水位尽量偏高控制在162m以上，为减淤调度试验创造了有利条件。

（4）生态调度试验。

为促进"四大家鱼"的自然繁殖，三峡水库于2011年和2012年实施了生态调度试验，通过4～7天持续增加下泄流量的方式，人工创造了适合"四大家鱼"繁殖所需水文、水力学条件的洪峰过程。两年的生态调度试验对"四大家鱼"的产卵繁殖产生了积极的促进作用。

2011年6月16—19日，三峡水库首次开展了生态调度试验。期间，三峡水库通过控制下泄流量为下游创造一个持续涨水过程，日均出库流量分别为14000m^3/s、16000m^3/s、17500m^3/s和19000m^3/s。

2012年5—6月，三峡水库实施了两次生态调度。5月25—31日，实施了第一次生态调度，调度期间，出库流量分别为18500m^3/s、14800m^3/s、11900m^3/s、13800m^3/s、18900m^3/s、21800m^3/s、22400m^3/s，先逐步减少后持续加大；6月20—27日，实施了第二次生态调度，6月20—21日出库流量由12600m^3/s减少至12100m^3/s，6月22—23日出库流量维持在12100m^3/s左右，6月24日出库流量开始增加，6月24—27日逐日出库流量分别为12800m^3/s、15300m^3/s、17400m^3/s、18600m^3/s，对"四大家鱼"的产卵繁殖产生了积极的促进作用。

（三）三峡工程试验性蓄水运行后长江中下游水文情势变化

1. 三峡工程运用后坝下游河道冲淤变化

（1）三峡工程蓄水运用后，长江中下游各水文站观测的年径流量变化不大，但年输沙量大幅减少，其中宜昌站、汉口站和大通站2003—2012年期间的年均输沙量分别为0.482亿t、1.14亿t和1.45亿t，比2003年蓄水前分别减少90%、71%和66%。三峡下游河道输沙量沿程变化规律在三峡水库蓄水前后发生显著改变，2003年蓄水前，输沙量沿程变化的总趋势是自上游往下游渐减，而蓄水后则是递增。说明蓄水后沿程河床发生了冲刷，下游河道水流含沙量有所恢复。

悬移质粒径的变化比较明显。三峡水库蓄水后，出库泥沙粒径明显变细，不过2011—2012年宜昌站粒径有所恢复。宜昌以下，由于河床沿程冲刷，悬移质得到补给，粒径沿程变粗，尤以荆江河段最为明显，监利站变化最大，中值粒径由蓄水前的0.009mm变为2003—2010年的0.042mm，2011年中值粒径变粗为0.065，2012年中值粒径变粗为0.211mm，见表9和图1。

表9　　长江中下游主要水文站年均径流量和悬移质输沙量

项目		宜昌站	枝城站	沙市站	监利站	螺山站	汉口站	大通站
径流量/亿 m^3	2002年前	4369	4450	3942	3576	6460	7111	9052
	2003—2006年	3920	3981	3708	3538	5857	6734	8258
	2007—2008年	4095	4231	3836	3726	5886	6589	8000
	2009—2012年	3978	4085	3769	3676	5900	6703	8685
	与蓄水前相比	−9%	−8%	−4%	3%	−9%	−6%	−4%
	2003—2012年	3978	4072	3758	3631	5880	6693	8377
	与蓄水前相比	−9%	−8%	−5%	2%	−9%	−6%	−7%
输沙量/万t	2002年前	49200	50000	43400	35800	40900	39800	42700
	2003—2006年	7020	8510	9750	10400	11900	13300	16300
	2007—2008年	4240	5360	6220	8500	9340	10800	13400
	2009—2012年	2920	3420	4460	6250	7600	9880	13200
	与蓄水前相比	−94%	−93%	−90%	−83%	−81%	−75%	−69%
	2003—2012年	4821	5845	6928	8358	9648	11426	14516
	与蓄水前相比	−90%	−88%	−84%	−77%	−76%	−71%	−66%
悬移质泥沙中直粒径/mm	2002年前	0.009	0.009	0.012	0.009	0.012	0.010	0.009
	2003—2006年	0.006	0.009	0.018	0.036	0.015	0.013	0.007
	2007—2008年	0.003	0.008	0.017	0.078	0.016	0.014	0.0013
	2009—2010年	0.004	0.007	0.012	0.027	0.009	0.012	0.0013
	2003—2010年	0.005	0.008	0.016	0.042	0.014	0.013	0.009
	2011年	0.007	0.008	0.018	0.065	0.014	0.021	0.009
	2012年	0.007	0.009	0.012	0.211	0.012	0.021	0.011

（2）三峡工程蓄水运用前，长江中下游河道在自然条件下的河床冲淤变化虽较为频繁，但宜昌至湖口河段总体上接近冲淤平衡。三峡工程蓄水运用后，清水下泄导致长江中游河床总体表现为冲刷态势，且冲刷逐渐向下游发展。2002年10月—2011年10月宜昌至湖口河段平滩河槽（宜昌站流量30000m^3/s所对应的水面线以下的河槽内）的总冲刷量为10.62亿m^3，多年平均年冲刷量1.18亿m^3，多年平均年冲刷强度12.4万$m^3/(km \cdot a)$。三峡水库试验性蓄水期间（2008年10月—2011年10月）河床冲刷强度有所增大，宜昌—湖口河

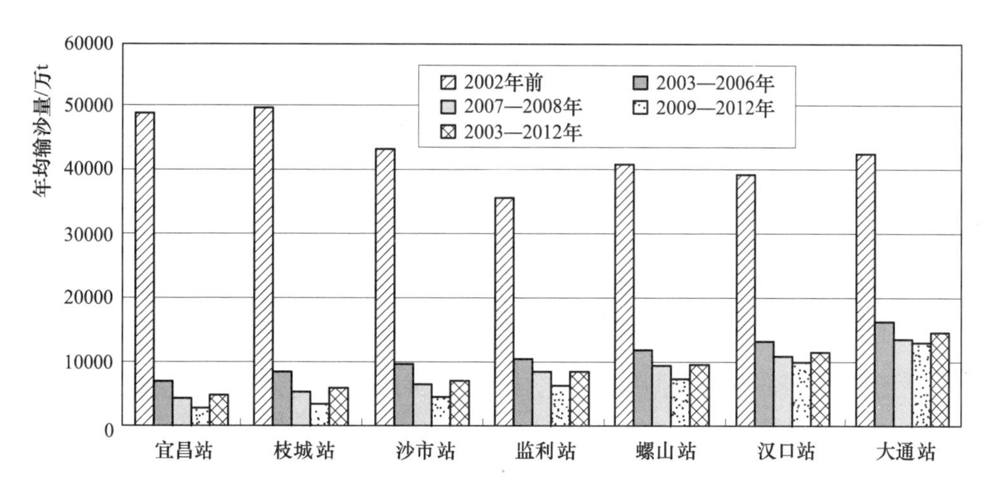

图1　三峡工程蓄水运用前后长江中下站各站年均输沙量变化

段总冲刷量为4.22亿m^3，多年平均年冲刷量1.40亿m^3，多年平均年冲刷强度14.7万$m^3/(km \cdot a)$。

(3) 三峡工程蓄水运用后，长江中游河道平面形态目前仍保持总体稳定，但河床深槽发展和主流线摆动引起的局部河势演变尚处于调整之中。长江中游河床纵向总体上以冲深为主，2002年10月—2011年10月期间，宜昌至枝城河段河床深泓累计平均冲刷下切3.6m，最大冲深18.0m；荆江河段平均冲刷深度为1.4m，最大冲深13.8m，部分河床横断面变化较为剧烈；城陵矶—汉口河段平均冲刷下切0.75m，最大冲深13.8m；汉口—湖口河段平均冲刷下切0.75m，最大冲深15.4m。

(4) 受三峡水库蓄水运行影响，荆江三口洪道河床出现了一定冲刷，2003—2012年与1992—2002年相比，三口分流比减少21%和分沙比减少80%，分沙量减少对减轻洞庭湖区的泥沙淤积是有利的，分流量减少，则导致三口断流天数有所增加。

(5) 长江中游河床目前的冲刷规律与三峡工程论证阶段和初步设计分析结论基本相符，但目前局部河段的冲刷程度比工程论证和初步设计阶段预测要严重。主要是目前三峡水库上游来沙量比当初减少了一半以上。今后长江中游河床冲刷和河势调整将如何变化，尚需根据变化的水沙条件进行监测、研究分析。

2. 三峡工程运用后长江中下游主要水文站流量影响分析

三峡水库蓄水运用前，宜昌站1950—2002年多年平均年径流量为4369亿m^3，其中主汛期6—8月径流量为2005亿m^3，占年径流量的45.9%；9—10月径流量为1140亿m^3，占年径流量的26.1%；11月至次年5月径流量为1223亿m^3，占年径流量的28.0%。三峡水库试验性蓄水期间，宜昌站年平均径流量为4019亿m^3，其中主汛期6—8月径流量为1841亿m^3，占年径流量的45.8%；9—10月径流量为796亿m^3，占年径流量的19.8%；11月至次年5月径流量为1382亿m^3，占年径流量的34.4%。三峡工程运用对长江中下游干流径流的影响主要特点表现为：

（1）三峡水库运用对长江中下游年径流总量影响不大。

试验性蓄水期间，下游河道宜昌站、汉口站和大通站实测径流量，与蓄水前（2003年前）相比，多年平均年径流量分别减少8.0%、6.2%、4.8%。宜昌站年径流量减少的主要原因是由于长江上游来水量减少，试验性蓄水阶段长江上游年来水量与蓄水前相比平均减少8.01%，其中主汛期6—8月来水量同比减少8.17%；9—10月来水量同比减少30.2%，11月至次年5月来水量同比增加12.9%。

（2）三峡水库调度对坝下游宜昌站径流过程的年内分配有不同程度影响。

试验性蓄水期间，9—11月宜昌站各月平均流量分别减少2800m^3/s、3470m^3/s、288m^3/s，减幅分别为-14.6%、-32.7%、-3.1%；12月至次年4月水库补水期，坝下游枯水流量增加。试验性蓄水阶段，宜昌站各月平均流量分别增加200m^3/s、740m^3/s、1410m^3/s、958m^3/s、465m^3/s，增幅分别为3.4%、13.0%、27.4%、16.4%、6.4%。5—6月，为三峡水库消落期，三峡水库下泄流量增加。试验性蓄水阶段，宜昌站各月平均流量分别增加1775m^3/s、726m^3/s，增幅分别为14.3%、4.6%。7—8月，为洪水期，三峡水库处于汛限水位运行，拦洪削峰。试验性蓄水阶段，上游中小洪水经三峡水库调节后，洪峰明显缩减，平水期时间延长。

（3）长江中下游各站径流所受三峡水库调节影响的程度，随着沿程区间各水系水量的汇入，呈现由上游向下游逐步减少的规律。

汉口站：2008—2012年与蓄水前（2003年前）相比，多年平均年径流量减少6.2%，其中12月至次年5月径流量同比分别增加5.8%、28.1%、24.8%、17.0%、1.4%；5—8月则分别减少6.4%、2.1%、13.7%、3.9%；9—11月则分别减少13.8%、32.0%、2.6%。

大通站：与蓄水前相比，试验性蓄水以来，多年平均年径流量减少4.8%，其中12月至次年3月来水量同比分别增加8.4%、17.5%、19.1%、21.5%，4—5月分别减少3.5%、7.8%，6月增加0.4%，7—8月分别减少10.6%、2.0%，9—11月分别减少10.0%、26.0%、11.3%。

3. 三峡工程运用后对长江中下游主要断面水位影响分析

总体来看，2008—2012年三峡工程试验性蓄水阶段，9—11月水库蓄水时，水库下泄流量减少，中下游干流及两湖出口控制站水位有所降低，枯水提

前出现；在12月至次年4月，三峡水库发挥蓄丰补枯作用，中下游各站枯水流量增大，水位相应抬升。

（1）三峡水库运行调节对长江中下游干流沿程水位有不同程度影响。在2008—2012年试验性蓄水阶段，长江中下游干流莲花塘站、汉口站、湖口站、大通站9—11月实测水位与还原所得的天然水位相比，各站月平均水位最大降幅约为2.08m、1.99m、1.51m、1.22m；而12月至次年5月相应各站月平均水位最大涨幅约为1.09m、0.96m、0.57m、0.45m。

（2）三峡工程运用后因河床冲刷，坝下游主要水文站在平枯水期同流量下水位均有所降低，枯水流量水位下降幅度明显大于平水流量下降幅度。

宜昌站：三峡工程蓄水后（2003—2011年）水位流量关系变化明显，20000m^3/s流量以下水位均有所降低，其中10000m^3/s流量下水位降低幅度最大，2003—2011年累计降低0.62m；枯水流量5500m^3/s时水位累计下降0.55m。

枝城站：上距宜昌站58km，2003年三峡水库蓄水以来，随着宜都及枝江河段河床的持续冲刷，枝城站流量同为6000m^3/s时，水位累计下降0.31m；当流量为10000m^3/s时，水位累计下降0.74m。

沙市站：位于上荆江中段，2003年三峡水库蓄水以来，受下游河床中枯水河槽冲刷的影响，流量为6000m^3/s时，水位累计下降1.07m；流量为10000m^3/s时，水位累计下降0.67m。

新厂站：位于上荆江下段，2003年三峡水库蓄水以来，流量为6000m^3/s时，水位累计下降0.81m；当流量为10000m^3/s时，水位累计下降0.33m。

螺山站：上距洞庭湖出口30.5km，是洞庭湖出流与荆江来水汇合后的控制站。2003年三峡水库蓄水以来，当流量为10000m^3/s时，水位累计下降0.27m；当流量为20000m^3/s时，下降0.63m；当流量为30000m^3/s时，下降0.18m。

汉口站：2003年三峡水库蓄水以来，当流量为10000m^3/s时，水位累计下降0.86m；当流量为20000m^3/s时，下降0.35m。

大通站：该站距长江入海口642km，低水位时潮汐有所影响，中高水位时潮汐影响较小。截至2011年，实测水位流量表明，三峡水库蓄水对该站的水位流量关系尚无影响。

（3）若综合考虑三峡水库流量调节和河床冲刷下降的双重影响，9—11月三峡水库蓄水时长江中下游干流沿程水位下降幅度会进一步加大，而12月至次年5月因三峡补水作用干流沿程水位抬升幅度将会减弱。对于冲刷较为严重的荆江河段，由于该河段冲淤及河床断面变化目前尚处于不断调整之中，建议进一步研究三峡水库流量调节和河床冲刷双重作用下的沿程水位变幅。

三、水库调度效益评估

试验性蓄水期间，水库调度全面提高和拓展了设计的综合利用效益，其中："中小洪水调度"显著降低了长江中下游洪水位；累计发电量4214.35亿kW·h，有效缓解了华中、华东地区及广东省用电紧张局面；累计航运货运量4.4亿t，有力促进了沿江经济的协调与可持续发展；累计为下游补水总量达到了693.4亿m^3，有效改善了中下游生活、生产、生态用水条件和通航条件，为缓解旱情发挥了重要作用。

（一）防洪效益

防洪是三峡工程的首要任务，随着三峡工程建成并投入使用，长江中下游防洪已逐步形成以三峡水库为骨干，堤防为基础，其他干支流水库、分蓄洪工程、河道整治工程及非工程防洪措施为内容的综合防洪体系，长江中下游防洪能力得到较大提高。

三峡工程建成投入使用后，荆江地区防洪形势发生了根本变化。遇小于100年一遇洪水，可使沙市水位不超过44.5～45m，不需要启用荆江分洪区；遇1000年一遇或1870年的历史特大洪水，配合荆江地区分洪区的运用，可使沙市水位不超过45m，从而保证荆江两岸的安全。湖南城陵矶附近地区，一般年份可以基本上不分洪；遇特大洪水，可考虑分洪。

2009年国务院批准的《三峡水库优化调度方案》，明确提出对城陵矶河段进行防洪补偿调度的方式，即三峡水库155m以下预留的56.5亿m^3防洪库容（库水位145～155m）适时蓄洪，用于城陵矶地区防洪，对荆江防洪补偿控制水位（100年一遇调洪高水位）从166.7m抬高到171.0m。实施这一调度方式，荆江河段防洪标准仍可达到100年一遇，能保证遇特大洪水时的行洪安全。在长江上游来水不大、荆江河段没有防洪要求的情况下，对城陵矶进行补偿调度能减少城陵矶地区分洪量。

试验性蓄水期间，长江上游发生多次洪水，其中2010年最大入库洪峰70000m^3/s（还原后宜昌流量60200m^3/s），2012年最大入库洪峰71200m^3/s（还原后宜昌62000m^3/s），其余洪水入库洪峰在41000～56000m^3/s间。如果按照三峡工程初步设计规定的防洪调度方式，除2010年、2012年最大洪峰将少量蓄洪外，其余洪水基本上不拦蓄，即来多少泄多少，特别是两次70000m^3/s以上的洪水，则中下游将普遍超过警戒水位，有些站还将接近或超过保证水位，一部分洲滩民垸要被扒口行洪。

三峡水库调度以《三峡水库优化调度方案》为指导，根据实时水雨情及预测预报，在确保防洪安全、风险可控、泥沙淤积许可的前提下，合理确定各阶段的调度目标。在2009年汛期调度中，8月6日8时三峡水库遇入库流量55000m^3/s的洪水，若不进行拦洪调度，荆江干流河段将超过警戒水位，湖北长江宜昌至监利段和荆南四河水位将全线超警戒，共有1500多km堤段要按照警戒水位布防巡查。经三峡水库控泄后，控制荆江河段未超警戒水位，沙市站水位较不控泄降低约2.4m；仅长江干流监利段20.7km和荆南四河649.8km水位超设防。在2009年中小洪水滞洪调度成功实践的基础上，2010年，进一步完善了三峡水库中小洪水滞洪调度研究成果，对中小洪水调度的防洪风险进行了分析，在不考虑水文预报的条件下，三峡水库对中小洪水进行滞洪调度到155m后，再遇100年一遇洪水时，最高调洪水位达到171m，防洪风险可控。

在《三峡—葛洲坝水利枢纽2010年汛期调度运用方案》中正式提出了利用水库适当进行机动性滞洪调度的建议：当预报未来72小时内三峡入库洪峰流量55000m^3/s左右或出现超过56700m^3/s但退水流量已小于55000m^3/s且72小时内处于退势时，考虑到中下游防洪减灾的要求，根据防汛主管部门的指令，三峡水库可为沙市和城陵矶进行防洪、拦洪削峰等补偿调度。该方案得到了长江防总和国家防总的认可，方案的批复意见中提出了中小洪水滞洪调度的调度原则：当长江上游发生中小洪水，根据实时雨水情和预测预报，三峡水库尚不需要对荆江或城陵矶河段实施防洪补偿调度，且有充分把握保障防洪安全时，三峡水库可相机对中小洪水进行滞洪调度。三峡水库按照该调度原则实施了中小洪水调度试验进行了2010—2012年的汛期调度。5年蓄洪量达738.6亿m^3，汛期三峡水库汛期平均水位150.15m。近5年三峡水库汛期6—9月运行特征值见表10。

表10　　近5年三峡水库汛期6—9月运行特征值

项　目	单位	2008年	2009年	2010年	2011年	2012年
来水总量	亿m^3	2428.07	2316.02	2591.03	1881.43	2806.40
平均入库流量	m^3/s	23000	22000	24600	17800	26600
最大洪峰流量	m^3/s	41000	55000	70000	46500	71200
峰现时间		8月15日	8月6日	7月20日	9月21日	7月24日
平均水位	m	145.66	147.23	153.16	150.19	154.53
最高水位	m	145.96	152.89	161.02	153.84	163.11

续表

项　目	单位	2008年	2009年	2010年	2011年	2012年
蓄洪调度次数	次	0	2	7	4	5
蓄洪量	亿m^3	0	56.5	264.3	247.2	200.0
最大削峰量	m^3/s	0	16300	30000	25500	26200
水位降低	m		沙市2.4	沙市2.3	汉口2.6	沙市1.5～2.0
弃水量	亿m^3	243.07	178.56	280.28	0.42	279.96

注　最高水位统计时段为6月10日—9月10日。

通过实施“中小洪水调度”显著降低了长江中下游洪水位，使得荆江河段沙市洪水位未超过警戒水位，城陵矶河段超过警戒水位的时间也大大缩短，从而显著减轻了防汛压力，节省了大量的防汛经费，减少了防汛人员上堤人数和时间。此外，由于实施“中小洪水调度”而蓄洪，使得一部分洪水得到资源化作用，并抬高了电站发电水头，从而增发了大量清洁电能。

试验性蓄水期间，长江上游发生了两次大于70000m^3/s的洪水，这两次洪水如不进行调度，则中下游将普遍超过警戒水位，有些站还将接近或超过保证水位，一部分洲滩民垸要被扒口行洪。试验性蓄水实时调度中，为减轻其下游的防汛压力，根据水文预报，利用三峡水库适度地对中小洪水进行拦蓄，实施“中小洪水调度”，降低了长江中下游干流沿江河段汛期水位，减轻了中下游防洪压力，并取得了显著的综合效益，是充分发挥三峡工程效益的有益尝试。

（二）发电效益

三峡工程试验性蓄水期间累计发电量4214.35亿kW·h，有效缓解了华中、华东地区及广东省用电紧张局面，为我国国民经济发展作出了重大贡献。

三峡电站是世界上装机容量最大的水电站，总装机容量22500MW，设计年发电量882亿kW·h。三峡工程初步设计中确定三峡工程的发电目标是2008—2012年按初期运行水位156.0m，相应年均发电量700亿kW·h。通过5年试验性蓄水实践，全面完成了实现汛末蓄水175m目标、确保全部机组满发和送出等任务。三峡工程试验性蓄水期间，电厂累计发电量为4214.35亿kW·h，多年平均年发电量为842.9亿kW·h；累计完成上网电量4169亿kW·h，年均833.8亿kW·h。

试验性蓄水期间，若与初步设计规定的2008—2012年按初期运行水位156.0m（相应年均发电量700亿kW·h）运行相比，试验性蓄水5年共增加发电量522.2亿kW·h，平均每年增发电量104.5亿kW·h（表11）。

表 11　试验性蓄水期间三峡电站发电效益表

年份	年入库水量/亿 m^3	三峡机组台数（除电源电站）	全厂年发电量/亿 kW·h	年耗水率/$[m^3 \cdot (kW \cdot h)^{-1}]$
2008	4289.75	21～26	808.12	4.80
2009	3881.29	26	798.53	4.61
2010	4066.57	26	843.70	4.40
2011	3395.43	26～30	782.93	4.31
2012	4480.77	30～32	981.07	4.27

为提高电站的综合发电效益，三峡根据电站运行状况及上游实际来水情况，采取了一系列节水调度、中小洪水调度等优化措施，增加发电量。2009年8月的防洪调度，三峡电站增发电量5.32亿kW·h，洪峰到达坝址期间，三峡电站总出电力增加约2770MW。2010年“7·20”洪水防洪运用期间，三峡电站实现了18200MW满负荷连续运行168小时试验。2010年全年增加发电量约63亿kW·h。2011年汛期通过中小洪水调度运用，累计增加发电量约28.9亿kW·h。2012年，是三峡电站机组全部投运的第一年。汛期累计22500MW满出力运行711小时（近1个月）。汛期梯级电站日发电量大于等于5亿kW·h的天数为65天。通过估算，2012年汛期因库水位抬高及减少弃水，累计增加发电量约89.7亿kW·h，实现了洪水资源的有效利用。2008—2012年三峡工程实施优化调度，与初步设计的调度方式相比节水增发电量为221.5亿kW·h，水能利用提高率达5.55%，其中汛期累计滞洪调度增发电量140.1亿kW·h，为国家经济建设提供了大量清洁能源（表12）。

表 12　2008—2012年三峡电站节水增发电量统计表

年　份	2008	2009	2010	2011	2012	累计
节水增发电量/(亿 kW·h)	37.8	39.6	40.8	37.9	65.3	221.5
水能利用提高率/%	4.96	5.23	5.09	5.17	6.97	5.55
蓄洪效益/(亿 kW·h)	0.0	4.4	41.0	30.0	64.7	140.1

三峡电站具有快速启停机组、迅速自动调整负荷的良好调节性能，为电力系统的安全稳定运行提供了可靠的保障。2008—2012年，三峡电站结合自身能力积极参与电网系统调峰运行，缓解了电力供需矛盾，改善了调峰容量不足的局面，促进了电网安全稳定运行。三峡电站调峰容量5年间提高了3250MW，

增幅85%（表13）。

表13　2008—2012年三峡电站调峰情况统计表

年　　份	2008	2009	2010	2011	2012
平均调峰容量/MW	890	1000	910	1640	1910
最大调峰容量/MW	3830	5240	4520	5500	7080

除直接发电效益外，三峡电站可以产生替代火电的巨大环境效益。根据中国电力企业联合会发布的有关资料2008—2012年全国火电平均单位煤耗计算，2008—2012年总发电量4214.35亿kW·h相当于替代燃烧标准煤1.409亿t，大大节约了一次化石能源消耗。同时，可减少3.14亿t CO_2、385.74万t SO_2及185.42万t氮氧化合物的排放，为“节能减排”和提高我国非化石能源比重作出了重要贡献（表14）。

表14　2008—2012年三峡电站节能减排效益统计

年份	全厂年发电量/(亿kW·h)	替代标准煤/亿t	减少CO_2排放/亿t	减少SO_2排放/万t	减少氮氧化物排放/万t
2008	808.12	0.284	0.61	76.32	36.69
2009	798.53	0.276	0.60	74.38	35.75
2010	843.70	0.288	0.62	76.95	36.99
2011	782.93	0.264	0.57	70.53	33.90
2012	981.07	0.297	0.74	87.56	42.09
累计	4214.35	1.409	3.14	385.74	185.42

注　根据中国电力企业联合会发布的有关资料，2008—2012年全国火电平均单位煤耗以345g/(kW·h)、340g/(kW·h)、333g/(kW·h)、329g/(kW·h)和326g/(kW·h)为标准计算。

试验性蓄水期间，为充分利用洪水资源多发电，采取有效措施保持机组长时间满发、稳发，2010年和2012年三峡电厂全部投产机组满发时间分别长达53天和34天。据统计，5年试验性蓄水期间，蓄洪增发电量153.93亿kW·h。

2008—2012年三峡工程试验性蓄水5年防洪、发电、航运主要指标见表15。

（三）补水效益

三峡工程试验性蓄水期间累计为下游补水总量达到693.4亿m^3，有效改善了长江中下游生活、生产、生态用水条件和通航条件，为缓解旱情发挥了重要作用。

表 15　三峡工程试验性蓄水 5 年防洪、发电、航运主要指标汇总表

年份	坝址年径流量/(亿 m³)	防洪				发电		航运	
		汛期水情							
		入库最大洪峰流量/(m³·s⁻¹)	出库最大流量/(m³·s⁻¹)	坝前最高洪水位/m	坝前最低水位/m	投产机组数量/台	年发电量/(亿 kW·h)	过闸货物/万 t	旅客/万人次
2008	4290	41000	39000	147.35	144.66	26	808.12	5370	85.5
2009	3881	55000	39000	152.89	144.77	26	798.53	6089	74.0
2010	4067	70000	40000	161.02	145.04	26	843.70	7880	50.8
2011	3395	46500	28000	153.84	145.06	29	782.93	10033	40.0
2012	4481	71200	44100	163.11	145.05	32	981.07	8861	24.4

试验性蓄水期间，社会各界对三峡水库调度方式提出了比工程初步设计更高的要求，包括合理调配水资源，改善下游地区枯水时段的供水条件，维系优良生态等。为了应对长江中下游干流以及洞庭、鄱阳两湖地区水位快速下降的局面，优先保障城乡居民生活用水，统筹考虑生活、生产、生态用水需求，试验性蓄水期间对全流域水资源进行了统一调度，在加大洞庭湖四水和鄱阳湖五河上游水库下泄流量的同时，调整三峡水库蓄水进程，加大下泄流量。并在保证防洪安全的前提下，通过合理调度，降低了三峡—葛洲坝两坝间的流量，提高了两坝间及长江中下游的通航能力。

2008—2009 年试验性蓄水，三峡水库水位分别蓄至 172.80m 及 171.43m；2010—2012 年试验性蓄水水库水位连续 3 年蓄至设计水位 175.00m，从而使三峡工程在枯水期对下游的补水能力大大增强；在枯水期结合发电对下游补水，使出库流量一般大于入库流量 1000～2000m³/s，缓解了枯水期下游低水位的局面。此外，在蓄水期间，还根据下游来水形势，适时调整下泄流量。如 2009 年 10 月，入库流量较多年均值少约 35%，因洞庭湖、鄱阳湖来水偏枯，要求三峡水库加大泄量，10 月上、中、下旬平均出库流量分别为 8780m³/s、7560m³/s、9060m³/s，11 月继续加大泄量，至 11 月 24 日，使试验性蓄水最高水位达到 171.43m，未能蓄至 175m。2010 年 12 月 29 日—2011 年 6 月 10 日，三峡水库累计向下游补水 215.0 亿 m³，补水天数 164 天，平均增加下泄流量 1520m³/s，平均增加航运河道水深约 1.0m。其中在 2011 年 5 月，长江中上游来水偏枯，三峡水库月均入库流量较多年平均偏少约 40%，坝下游地区降雨量严重不足，三峡水库 5 月 7 日—6 月 10 日实施抗旱补水，补水总量 54.7 亿 m³；2011 年 4 月，长江中下游来水甚枯，三峡工程及时加

大泄量，对缓解长江中下游旱情起到了较好的作用。

（四）航运效益

三峡工程试验性蓄水期间累计航运货运量4.4亿t，其中2011年三峡船闸通过货运量突破亿吨，为蓄水前的5.6倍，提前实现原设计2030年单向5000万t的通过能力指标，有力促进了沿江经济的协调与可持续发展。

长江是我国内河运输的大动脉，是联结我国东、中、西部经济的纽带，三峡水库蓄水后，库区通航条件得到显著改善，航运运能提高、运价降低、运距加长的优势得到充分发挥，从而大幅度降低了长江上游地区的物流成本，改变了原有的物流结构，大大促进了长江中上游航运业和地区经济的发展。

2008—2012年三峡船闸累计通过货物3.8亿t，通过三峡枢纽货运量4.4亿t，多年平均年货运量约为蓄水前年最大货运量的5倍。2011年三峡船闸通过货运量突破亿吨（双向），提前20年达到2030年单向5000万t的设计通过能力指标（表16）。三峡枢纽航运效益充分发挥，有力促进了长江航运的快速发展和沿江经济的协调与可持续发展。通过水库合理和优化调度有力保障了库区和下游航道的航运畅通。

表16　2003—2012年三峡枢纽客货通过情况统计

项　目	2003年（6月18日—12月31日）	2004年	2005年	2006年	2007年	2008年	2009年	2010年	2011年	2012年
运行闸次/闸次	4386	8719	8336	8050	8087	8661	8082	9407	10347	9713
通过船舶/万艘	3.5	7.5	6.4	5.6	5.3	5.5	5.2	5.8	5.6	4.4
通过货物/万t	1377	3431	3291	3939	4686	5370	6089	7880	10033	8611
通过旅客/万人次	108	173	188	162	85	85.5	74	50.8	40	24.4
翻坝转运旅客/万人次	6.6	22.3	17	71.3	109	—	2.7	—	—	22.5
翻坝转运货物/万t	98	879	1103	1085	1371	1477	1337	914	964	878

续表

项　目	2003年（6月18日—12月31日）	2004年	2005年	2006年	2007年	2008年	2009年	2010年	2011年	2012年
三峡枢纽通过旅客/万人次	115	195	205	233.3	194	85.5	76.7	50.8	40	46.9
三峡枢纽通过货物/万t	1475	4309	4394	5024	6057	6847	7426	8794	10997	9489

改善了三峡库区和长江中游宜昌至武汉的航道条件。三峡工程蓄水后，消除了坝址至重庆间139处滩险、46处单行控制河段和25处重载货轮需牵引段，重庆至宜昌航道维护水深从2.9m提高到3.5～4.5m，航行船舶吨位从1000t级提高到3000～5000t级，长江干流宜昌—重庆660km河段的航道等级从三级提高至一级，实现了全年全线昼夜通航。通过三峡水库补水，使葛洲坝枯水期出库最小通航流量由2700m^3/s提高到5500m^3/s以上，比天然情况下增加2000～2500m^3/s，葛洲坝下游最低通航水位提高到39m。枯水期航道维护水深达到3.2m，比蓄水前提高了0.3m。

促进了船舶标准化和大型化。由于水库蓄水、地区经济发展、水运优势发挥等原因，库区船舶的标准化、大型化得到了快速发展。在水库蓄水156m水位后，库区已经出现了7000t级货船，10000t级船队和6000t级自航船已经可从宜昌直达重庆港。

提高了船舶运输的安全性。试验性蓄水以来，库区江面明显变宽，水深大幅增加，水流流速减缓、流态稳定、比降减小，航道条件大幅改善，运输安全性显著提高，水上交通安全事故指标明显下降。库区长江干线水上交通事故数量平均每年较蓄水前减少了约2/3，重大交通事故数量降至蓄水前的1/17。

降低了船舶运输成本和油耗。试验性蓄水以来，由于库区水流流速减缓、流态稳定、比降减小，船舶载运能力明显提高，油耗明显下降。据测算，库区船舶单位千瓦拖带能力由建库前的1.5t提高到4～7t，每千吨公里的平均油耗由蓄水前的7.6kg下降到2.9kg，宜渝航线单位运输成本下降了37%左右。

促进了库区经济的发展。目前重庆地区水运直接从业人员达15万人，其中近8万人来自三峡库区，依赖水运业的三峡库区煤炭、旅游、公路货运等产业的从业人员达50万人以上，水运业及其关联产业吸纳了库区200多万剩余劳动力，为库区经济社会发展发挥了重要支撑作用。由于蓄水后水位明显升高，三峡库区大部分码头作业条件得到根本改变，一批现代化的新码头陆续兴建，改善了库区港口货物运转环境，为构建现代化的库区水运体系创造了基础条件。

四、若干关注问题分析

试验性蓄水期间，水库调度保证了三峡工程安全度汛、平稳蓄水和枯水期供水安全，充分发挥了工程的综合效益。从 5 年的调度运用看，由于调度规则和三峡工程初步设计相比有所调整，在增加工程效益的同时也带来一些问题，为总结经验，对这 5 年的调度影响进行了初步分析，主要有："中小洪水调度"取得了显著的综合效益的同时，增加了水库淤积量，并可能增加防洪风险和带来长江中下游河道洪水河槽萎缩等问题；在连续枯水及水库汛后蓄水期间出流减少、河床冲刷双重影响，长江干流水位下降，两湖出湖水量增加，湖水位持续走低；三峡水库蓄水以来，库区受回水影响的部分主要支流水域和坝前库湾水域多次出现水华现象等；以及汛期调度指令的频繁下发、水位集中消落期的相关限制增加了发电调度的成本和电网运行风险等。

（一）关于中小洪水调度

2009—2012 年汛期，防汛调度根据水文气象预报，多次对中小洪水进行拦洪。这些洪水如发生在三峡建库前，形成的长江干流洪水位基本在堤防的防御标准内，经过比较紧张的防汛抗洪，正常情况下能够安全度过。三峡水库实施"中小洪水调度"，取得了显著的综合效益，在"防洪风险可控，泥沙淤积可许"的前提下是可行的。但"中小洪水调度"也应妥善处理好以下问题。

（1）试验性蓄水期间，三峡水库由于实施"中小洪水调度"拦蓄洪水，使汛期最高库水位曾达 163.11m，超过防洪限制水位运行的时间较长，增加了防洪风险。目前三峡水库尚未经受大洪水、特大洪水的考验，当前气象水文预报还存在不确定性的情况下，如发生在长江并不鲜见的连续洪峰且主峰在后型大洪水、特大洪水，由于前期实施"中小洪水调度"蓄洪，加上目前泄洪腾空库容尚受下游防洪和航运等某些制约，在主峰到来前水位下降不及时，可能造成防洪库容不足增加防洪风险。

（2）由于实施"中小洪水调度"使汛期库水位抬高较多，增加了水库淤积量。据初步测算，2010 年、2012 年由于实施中小洪水调度，增加的年淤积量约为 2000 万 t 左右，与三峡工程初步设计采用的"蓄清排浑"泥沙处理原则不完全符合。

（3）实施"中小洪水调度"，水库下泄流量长期控制在小于原设计的荆江

河道安全泄量 56700m³/s，洪水多年不上滩，可能造成长江中下游河道萎缩退化，洲滩被占用，而不利于大洪水时的泄洪安全，也不利于早期发现堤防实际存在的堤基、堤质、白蚁等隐患，一旦发生大洪水、特大洪水必须加大泄量时，防汛能力就可能受到影响，发生意外事件的风险加大。

因此，在今后的实时洪水调度中，需进一步针对长江洪水特征，深入研究中小洪水调度方式，分析存在的防洪风险和对策措施，明确有关的控制条件，拟定合理的运用库容和方式，并根据来沙趋势及上游干支流建库的实际进程，研究实施“中小洪水调度”增加淤积的长期影响，以确定可接受的程度。另外，建议研究三峡水库间隔一定年份，在条件允许的情况下，有组织有计划地选择适当时机下泄 50000～55000m³/s 流量，全面检验荆江河段堤防防洪能力，以保持长江中下游河道泄洪能力及锻炼防汛队伍，及早发现堤防隐患并加以处置。

（二）关于三峡工程运用对长江中下游水资源利用的影响

试验性蓄水期间，在 12 月至次年 4 月枯水期，水库向下游补水，河道枯水流量较之前能增加 500～2000m³/s，这对长江中下游沿江城镇供水总体上是有利的。尤其是遇到特枯年份，如 2011 年长江中下游大部分地区发生严重春旱，三峡水库加大补水，一定程度上能缓解中下游城市旱季供水紧张局面。5—6 月三峡水库加大下泄流量，也有利于城镇供水和农田灌溉取水。7—8 月三峡处于汛限水位运行期，对中下游取用水影响不大。9—11 月汛末水库蓄水期，下游沿程水位下降，对沿江城镇供水和农田灌溉取水有一定影响，因此需控制河道水位日降幅度，避免降幅过大导致取用水困难。

三峡工程运用以来，局部河段河床冲刷下切和河势调整，已影响到长江干流部分取引水工程的正常运行。宜枝河段河床下切但断面变化不大，需调整工程的取水高程以适应中枯流量下的低水位。荆江河段河势目前尚处在调整之中，局部河床断面冲淤变化较为剧烈，取引水口受到影响。试验性蓄水阶段，荆南三口断流天数有所增加，松滋河、虎渡河和藕池河沿岸居民生活饮用水和农田灌溉取水在干旱季节存在困难。

三峡水库运行调节对洞庭湖、鄱阳湖两湖水资源利用的影响主要表现在汛后蓄水期间，长江干流水位下降，经荆南三口进入洞庭湖的水量减少，两湖出湖水量增加，消落到枯水水位时间提前，枯水位降低，对灌溉、供水及生态环境用水产生一定影响。

洞庭湖：三峡水库试验性蓄水期间，9—11 月受水库蓄水影响，城陵矶月平均水位下降约 0.09～1.38m，月均最大降幅 2.08m；12 月至次年 5 月水库补水期，城陵矶月平均水位升幅约 0.11～0.75m，月均最大升幅约 1.09m。

总的来看，三峡工程运行对洞庭湖水资源利用有一定影响，但湖区和湘江长沙水位主要受四水来水情势影响，其次是长江来水共同影响。当城陵矶水位低于 23m 时，长江干流来水变化对长沙水位影响很小；当城陵矶水位高于 23m 时，干流来水变化对长沙水位才有一定的顶托作用，比如当城陵矶水位由 27m 降到 26m（相应干流来水减少 1000m^3/s 左右），长沙水位下降约 0.25m。因此，在 9—10 月三峡水库蓄水时，一定程度上将导致长沙水位比正常情况略低；而在 12 月至次年 5 月补水期城陵矶平均水位略有抬升，但水位抬升幅度较小，对洞庭湖出流顶托作用影响不大。

鄱阳湖：三峡工程试验性蓄水期间，湖口实测水位与还原后的天然水位进行比较，9—10 月受三峡水库蓄水影响，湖口月平均水位下降约 0.57～0.88m，月均最大降幅 1.51m。12 月至次年 5 月受三峡水库径流补偿作用，湖口平均水位抬升约 0.09～0.45m，月均最大升幅约 0.64m。

三峡工程运行对鄱阳湖水资源利用有一定影响。其中 9—10 月三峡水库蓄水期，湖口水位较天然情况下降，而此时正好也是鄱阳湖退水期，因此会导致鄱阳湖湖区水位下降速度加快，湖区枯水期提前来到。相关研究认为湖区枯水期较天然条件提前 10～20 天，一定程度上加剧了湖区生活取用水和农田灌溉困难。12 月至次年 5 月湖口水位抬升较少，只有湖口水位在 11m 以上时，三峡补水对湖区水面才有一定的顶托抬升作用，而且顶托作用较小，对湖区水资源利用影响不大。

由于两湖水系复杂、湖区水位影响因素众多，建议进一步定量研究确定三峡工程运用对两湖水位的影响程度和范围。

（三）关于三峡工程运用对水质的影响

三峡水库蓄水以来，库区受回水影响的部分主要支流水域和坝前库湾水域多次出现水华现象，但对长江中下游干流及两湖水质无明显影响。

1. 对库区水质和水华的影响

试验性蓄水期间，库区干流水质总体稳定，主要断面的年度水质类别为Ⅱ～Ⅲ类。库区干流的水质的主要超标因子为总磷，且超标比例呈逐年增加趋势。干流水质具有明显的季节变化特征，丰水期（6—9 月）水质明显劣于平水期（4—5 月及 10—11 月）和枯水期（1—3 月及 12 月），枯水期水质相对最好。干流水质由库尾至库首沿程趋好，近坝水体的水质明显好于库尾和库中。

库区 29 条支流共计 180 个断面的水质分析结果表明，支流水质总体较差，各断面水质以Ⅳ类水为主，主要超标因子为总磷。2009—2012 年，出现Ⅲ类水质的频率基本稳定，出现Ⅳ类水质的频率逐渐减少，出现Ⅴ类水质的频率逐渐增多。

三峡水库蓄水以来，库区受回水影响的部分主要支流水域和坝前库湾水域多次出现水华现象，涉及20多条主要支流。2009—2012年的监测资料显示，虽然水华发生的频次有所减少，但水华发生的支流条数和藻密度呈明显增加趋势。

水库调度过程中对典型支流水华的监测结果表明，汛期水位抬升直接导致水体颗粒悬浮物的增加，水体透明度下降，抑制了藻类的光合作用；水位抬升加速了氧气溶解，有助于改善水环境。因此，汛期适时抬升库水位有助于抑制藻类水华的发生。

2. 对长江中下游及两湖水质的影响

试验性蓄水期间，水库下游干流以Ⅱ～Ⅲ类为主，水质总体良好，水质最差的水域为吴淞口下23km断面，超Ⅲ类水质标准的项目主要为总磷；三峡试验性蓄水对长江中下游干流水质无明显影响。

洞庭湖出口城陵矶断面水质以劣Ⅴ类为主，超标参数为总磷和总氮；鄱阳湖出口湖口断面以Ⅲ～Ⅴ类水为主，超标因子主要是总磷和氨氮；两湖水质在年际间并无明显差别。

（四）关于水位集中消落期调度对电网运行的影响

5月25日至6月上旬为三峡水库集中消落期，水位日降幅一般要求维持在0.5m左右，同时为满足地质灾害治理需要水库水位日降幅不得超过0.6m。由于5月下旬至6月上旬三峡水库来水变化较大，考虑到目前水文预报的精度，客观上造成了此时段三峡梯级发电出力变化大，需要频繁修改发电计划。2009年5月25日—6月10日共有9天临时调整三峡电站发电计划，一天内最多调整计划4次，调整最大出力幅度330万kW。2012年5月25日—6月10日共有11天临时调整三峡电站发电计划，调整最大出力幅度571万kW。三峡发电计划的频繁修改，势必造成送出直流系统计划的频繁修改，相关电网也必须频繁调整网内机组的发电计划，总体上增加了调度的成本和电网运行风险。建议在分析蓄水以来库区地质灾害监测数据的基础上，在保证库区地质灾害治理工程安全的前提下，进一步开展适当放开水库水位日下降变幅限制或适当延长集中消落期的研究。

（五）关于协调防洪调度和发电调度

按照发电服从防洪的原则，试验性蓄水期间发电调度在汛期严格执行长江防洪调令，配合做好三峡防汛调度，但也存在防洪调度和发电调度协调不够的问题。如：2012 年 8 月 19—21 日 3 日内防洪调度下达 3 份调令，要求三峡出库流量由 8 月 19 日 14 时按 25000m^3/s、20 时按 27500m^3/s、8 月 20 日 8 时按 30000m^3/s 增加，8 月 21 日 21 时起至 8 月 22 日 0 时减少至 23000m^3/s，8 月 22 日 21 时起按日均 19000m^3/s 下泄。由于调令要求 3 日出库流量变化高达 11000m^3/s，在当时水位下引起发电出力变化达 800 万 kW，不仅造成三峡电厂开停机变化大，同时也造成各电网特别是华中电网火电机组开停变化大，电网调整困难，电网安全运行压力和风险陡增。建议加强防汛调令的统筹性研究，统筹考虑电网调度的难度和风险，尽量减轻因短时间内频繁下达调令对发电出力频繁剧烈变化的影响，降低电力调度风险。

五、综合评估意见

（一）关于总体结论

试验性蓄水期间三峡水库调度运行实践检验了正常调度的各项内容，具备全面发挥设计确定的防洪、发电、航运等巨大综合利用效益的能力，在完成《三峡水库调度规程》编制及审批，以及工程验收后，具备转入正常运行期的条件。

三峡工程试验性蓄水期间，遵照“安全、科学、稳妥、渐进”的原则，以国务院批准的《三峡水库优化调度方案》为指导，根据长江流域防汛形势及水雨情预报和蓄水过程中出现的具体情况，针对各用水部门在提高综合利用效益、保障供水安全和维护河流生态方面等新的高要求，合理确定各阶段的调度目标，相机调整试验性蓄水位。在确保长江防洪安全和减少水库泥沙淤积的前提下，相机实施了兼顾对城陵矶防洪补偿调度、中小洪水调度和水库蓄水提前至汛末，拦蓄利用一部分洪水资源，提高了水库蓄满率，充分发挥了三峡工程综合效益，2010—2012 年连续 3 年实现蓄水至 175.0m 水位的目标，标志三峡工程具备全面发挥其最终规模的防洪、发电、航运、枯期补水等巨大综合利用效益的能力。

但三峡工程试验性蓄水期间改变了工程初步设计规定的水库调度方式，如防洪对象原设计主要针对大洪水、特大洪水，试验性蓄水期间三峡水库对汛期中小洪水进行拦蓄，对防洪调度提出了更高的要求，如将现在的中小洪水调度作为常态的汛期调度，还有必要深入研究拦蓄中小洪水的合理方案，达到既能保大洪水、特大洪水的防洪安全，又对中小洪水发挥一定防洪效益；如目前利用 9 月汛期水资源，确定 9 月 10 日水库开始蓄水，9 月底最高蓄水位为 162m 的汛期防洪与汛末蓄水相结合的蓄水调度方案能否作为常态调度也须进一步研究明确。5 年试验性蓄水运行期调度实践为三峡工程正常运行期调度积累了基础，需深入研究如何将试验性蓄水期间采用的调度方案调整成为今后正常运行的规程。

综上，在抓紧调整、完善现有的三峡水库调度方案的基础上，尽快完成《三峡水库调度规程》编制及审批，以及工程验收后，三峡工程具备转入正常运行期的条件。

（二）关于调度成效

三峡工程试验性蓄水期间不仅实现了设计确定的防洪、发电、航运三大目标，而且增加了供水目标，针对长江中下游严重旱情进行了抗旱调度尝试，取得了巨大的补水效益；在调度方案中，进行了对城陵矶防洪补偿调度，有效减轻了长江中下游防汛抗旱压力，协调了发电与航运调度，提高和拓展了三峡水库的综合效益。

三峡工程试验性蓄水期间，针对极端气候、旱情多发、下游用水需求提高等多种状况，三峡水库面临蓄满率下降的局面，在《三峡水库优化调度方案》的基础上，谨慎利用三峡防洪库容对中小洪水进行拦蓄，提出了进一步利用汛末水资源，采用了汛期防洪与汛末蓄水相结合的方式，提前至9月10日蓄水，实现兼顾下游（两湖）用水，蓄水175m的调度目标。表明三峡工程不仅实现了初步设计确定的防洪、发电、航运三大目标，而且增加了供水目标，针对长江中下游严重旱情进行了抗旱调度尝试，取得了巨大的补水效益；在防洪调度方案中，进行了对城陵矶补偿调度，有效减轻了长江中下游防汛抗旱压力，协调了发电与航运调度，提高了三峡水库的综合效益。水库蓄满是三峡水库发挥枯水期兴利效益的前提，汛期防洪与汛末蓄水相结合的调度方式是试验性蓄水的尝试，还应逐步完善成为今后正常调度的规则。

（三）关于调度影响

三峡水库汛后蓄水导致洞庭湖、鄱阳湖两湖水位下降，枯水期提前，对灌溉、供水及生态环境产生一定影响。但三峡水库蓄水只是造成两湖水位偏低的原因之一。通过其流域内采取相应的工程措施和非工程措施，可以缓解两湖水资源紧张问题。

三峡水库蓄水运用后，下游河道继续保持冲刷态势，冲刷强度较前明显增大；由于9月、10月、11月为三峡水库蓄水期，不同程度地减少了河道下泄流量，长江中下游干流及两湖出口控制站水位有所降低，枯水时间提前，对干流沿岸及两湖地区的灌溉、供水及生态环境产生一定影响。

但造成近年来两湖枯水期水位偏低的原因是多方面的，主要是受近年来洞庭湖四水流域、鄱阳湖五河流域来水减少，以及长江上游本身来水9月、10

月持续偏枯等因素引起，三峡水库蓄水加剧了两湖水位偏低。而试图通过增加蓄水期间下泄流量的方式抬高下游长江干流水位进而抬高洞庭湖、鄱阳湖水位的效果是有限的。这是由于湖区水面已有一定坡降，少量抬高长江干流水位其影响湖区的范围有限，对抬高湖区水位作用不明显。同时增加蓄水期间下泄流量也增加了三峡水库蓄不满的风险，会进一步导致降低枯水期向下游供水、航运补水等方面的能力和发电效益，因此，补水调度应与三峡工程主要调度目标结合，要量力而行。解决两湖水资源问题应主要依靠其流域内采取相应的工程措施和非工程措施抓紧加以解决。

（四）关于需进一步研究的问题

进入正常运行期，仍需充分重视长江中下游防洪体系的全面建设，加强江湖关系变化监测和研究，加强三峡水库综合利用及优化调度研究，加强三峡水库与长江上游干支流水库统一调度。

六、建议

试验性蓄水期间的调度实践为水库正常运行期调度积累了经验，建议加快编制和审批正常运行期的《三峡水库调度规程》，尽快完成工程竣工验收，尽早转入正常运行期；建议进一步加强三峡水库优化调度方案研究；建议进一步加强三峡水库调度保障条件研究。

（一）关于转入正常运行期时机

鉴于三峡工程试验性蓄水期间已经检验了正常调度的各项内容，并已经具备全面发挥设计确定的防洪、发电、航运等巨大综合利用效益的能力，为充分发挥三峡水库的综合效益，最大限度降低影响，建议在目前三峡水库优化调度方案的基础上，尽快调整完善三峡水库优化调度方案，加快编制及审批正常运行期的《三峡水库调度规程》，尽快完成工程验收，尽早转入正常运行期。

（二）关于加强三峡水库优化调度方案的研究

三峡水库试验性蓄水阶段依据国务院批准的《三峡水库优化调度方案》（2009 年 10 月）已在试验性蓄水期得到贯彻，并在实时调度中根据实际情况进行了修改调整，保证了试验性蓄水期间按照“安全、科学、稳妥、渐进”的原则顺利实施，5 年试验性蓄水运行期调度实践为三峡工程正常运行期调度积累了经验。但这几年三峡水库防洪、发电、航运和水资源配置等调度是每年汛前及蓄水前根据国家防总批复的汛期调度运用方案和蓄水计划实施。

目前三峡水库运行条件已较设计时发生了较大变化，诸如上游来沙显著减少、蓄水期来水有下降趋势、下游供水需求进一步加大、水文气象预报技术逐渐成熟、上游大型水利水电枢纽陆续建成运行等，因此试验性蓄水阶段性的水库调度运行经验不应原封不动用于未来正常期水库调度。

建议针对上述一系列变化，深入研究中小洪水调度方式、城陵矶补偿调度方式、汛后蓄水调度方式、汛前集中消落调度方式、补水调度方式、生态调度方式，以及长江干支流水库群联合调度方式等。

关于中小洪水调度方式，从减轻长江中下游堤防防汛压力和提高三峡水库蓄满率出发，实施中小洪水调度是总的发展趋势，但鉴于“防洪风险可控，泥沙淤积可许”的前提，建议：①研究选择适当时机，三峡水库有组织有计划地下泄 50000～55000m^3/s 流量，全面检验荆江河段的过洪能力；②研究适时利用沙峰滞后洪峰的时机，提高水库排沙效果，减少水库淤积，并对其效果作出定量分析加以论证；③研究充分利用现代水情测报系统，加强气象与洪水预报的耦合，提高洪水预报的精度和预见期，为完善中小洪水调度提供可靠依据，降低中小洪水拦蓄调度的风险；④研究长江上游干支流控制性水利枢纽防洪库容运用对减小三峡水库防洪风险的作用。

（三）关于加强三峡水库调度保障条件的研究

建议进一步加强三峡水库调度保障条件研究，包括：加快长江中下游防洪体系建设；加强泥沙和江湖关系演变动态观测；加强气象与洪水预报技术研究；加强三峡水库与长江上游干支流水库统一调度协调机制研究；加强建立风险调度基金研究等。

1. 加快长江中下游防洪体系建设

长江防洪是由防洪体系共同实现，要依靠综合措施，长江中下游防洪体系的全面建设需继续加强。堤防应进一步除险加固，加强管理和岁修，确保在设计水位下安全泄洪；蓄滞洪区仍将长期保留，安全建设应进一步完善；河道整治方面应进一步采取措施使干流全部河段得到有效控制；应抓紧时机结合兴利修建具有防洪作用的干支流水库；同时，需大力推行防洪非工程措施。

2. 加强泥沙和江湖关系演变动态观测

江湖关系十分复杂，定量预测三峡工程蓄水运用后对江湖关系的影响，是长江中下游防洪中一项必不可少的而且是技术难度大的基础工作，必须加强泥沙和河势演变等的动态观察和研究。

三峡水库蓄水运用以来，上游来沙条件发生明显变化，来沙量较初设减少达 60%，中下游清水下泄使冲刷河段逐渐下延，出现新问题，如库容淤损、变动回水区局部淤积、坝下游河道冲刷和局部河段河势变化导致的河岸崩塌对堤防安全构成威胁、洲滩冲淤变化对航道畅通造成不利影响等。建议继续加强泥沙原型观测，增加库区大支流的泥沙观测，加大变动回水区和常年回水区上段泥沙淤积监测力度；加强重庆主城区以上河段观测；加强坝下游河道冲刷的监测，坝下游观测范围应从湖口下延至长江口；加强荆南五河和洞庭湖及鄱阳湖的监测。加强泥沙分析与研究，开展泥沙预测预报、减淤调度试验。

三峡工程蓄水运用以来，上游来水来沙减少以及四水来沙减少，实测的洞庭湖区泥沙淤积减少比论证阶段预测值更大，下游河床冲刷发展的速度也比预测快，有必要坚持对江湖关系变化的观察和研究，为三峡工程调度提供依据。

3. 加强气象与洪水预报技术的研究

三峡工程还未经受大洪水、特大洪水的考验。在当前气象水文预报仍存在不确定性的情况下，建议加强气象与洪水预报结合耦合，提高预报精度和预见期，为完善防洪调度提供可靠依据。加强物联网、大数据、云计算等IT新技术在三峡工程预报与调度管理中的应用，建设“智慧三峡”。

4. 加强三峡水库与长江上游干支流水库统一调度协调机制的研究

在目前三峡工程已经基本建成的情况下，需要着重研究与上游干支流水库群统一调度的问题，合理安排上游干支流水库群的蓄水、泄水时机，充分发挥上游干支流水库群的整体效益。

三峡工程是长江流域综合性、系统性的战略性特大工程，在目前三峡工程即将转入正常运行的情况下，上游一批综合利用水利水电枢纽正在逐步建成并发挥作用。为保障三峡水库的设计效益，充分发挥水库群综合利用效益，协调水库群在防洪、发电、航运、供水和生态与环境保护等方面的关系，有效避免各梯级水库调度可能产生的上下游水库蓄泄矛盾，保障流域防洪安全，有序统筹安排汛末蓄水、供水期联合补水，实现水资源优化配置。建议尽快加强开展以三峡水库为核心的长江干支流控制性水库群联合调度研究工作，提出水库群综合调度运用的总体思路，研究三峡工程与上游干支流水库群统一调度机制问题，从制度上保障上游干支流水库群能配合三峡工程充分发挥对长江中下游防洪和兴利的整体综合效益。

5. 建立风险调度基金

为提高大洪水和特大洪水风险防范能力，建议从实施“中小洪水调度”所增发的电量收益中，划出部分建立风险调度基金，基金由中国长江三峡集团公司进行资本运作，使其保值增值，并接受国家防总和长江防总的监督。用于因各种原因造成调度失衡，发生额外损失时的补偿费用，补偿标准建议由国家防总、长江防总、相关省级人民政府和中国长江三峡集团公司等共同拟定。

附件：

课题组成员名单

专　家　组

顾　问： 陈志恺　中国水利水电科学研究院教授级高级工程师，中国工程院院士

组　长： 王　浩　中国水利水电科学研究院教授级高级工程师，中国工程院院士

雷志栋　清华大学教授，中国工程院院士

成　员：（按姓氏笔画为序）

王　俊　长江水利委员会水文局局长，教授级高级工程师

许继军　长江水利委员会长江科学院教授级高级工程师

杨大文　清华大学教授

邱瑞田　国家防汛抗旱总指挥部办公室教授级高级工程师

张超然　中国长江三峡集团公司总工程师，中国工程院院士

高安泽　水利部原总工程师，教授级高级工程师

黄真理　国家水电可持续发展研究中心主任，教授级高级工程师

蒋云钟　中国水利水电科学研究院教授级高级工程师

韩亦方　水利部南水北调规划设计管理局教授级高级工程师

裴哲义　国家电力调度通讯中心教授级高级工程师

谭培伦　长江勘测规划设计研究院教授级高级工程师

滕炜芬　水利部水利水电规划设计总院教授级高级工程师

报 告 二

枢纽运行课题评估报告

概 况

一、枢纽工程

三峡工程是治理长江和开发利用长江水资源的关键性骨干工程。具有巨大的防洪、发电、航运、供水等综合效益。坝址控制流域面积100万km^2，多年平均年径流量为4510亿m^3，多年平均年流量为14300m^3/s。三峡工程按1000年一遇洪水流量98800m^3/s设计，相应设计洪水位175.0m；按10000年一遇加大10%的洪水流量124300m^3/s校核，相应校核洪水位180.4m，水库总库容450.0亿m^3。正常蓄水位175.0m，相应库容393.0亿m^3；汛期防洪限制水位145.0m，防洪库容221.5亿m^3；枯水期最低消落水位155.0m，兴利库容165.0亿m^3。

（一）枢纽工程概况

枢纽工程包括大坝及电站建筑物、通航建筑物、电站机电设备，枢纽布置见图1。

1. 大坝及电站建筑物

大坝包括拦河大坝和茅坪溪防护坝，拦河大坝为混凝土重力坝，坝顶高程185.00m，坝顶总长2309.5m，顶宽15.0～41.6m，最大坝高181.0m。泄洪建筑物为布置在泄洪坝段的泄洪表孔和泄洪深孔，以及设在其他坝段的3个排漂孔。泄洪坝段位于河床中部，前缘总长483.0m，分为23个（泄1～泄23号）坝段，共设22个表孔和23个深孔。每个坝段中部设泄洪深孔，进口底高程90.00m，压力段出口尺寸7m×9m（宽×高）；两个坝段之间跨缝布置泄洪

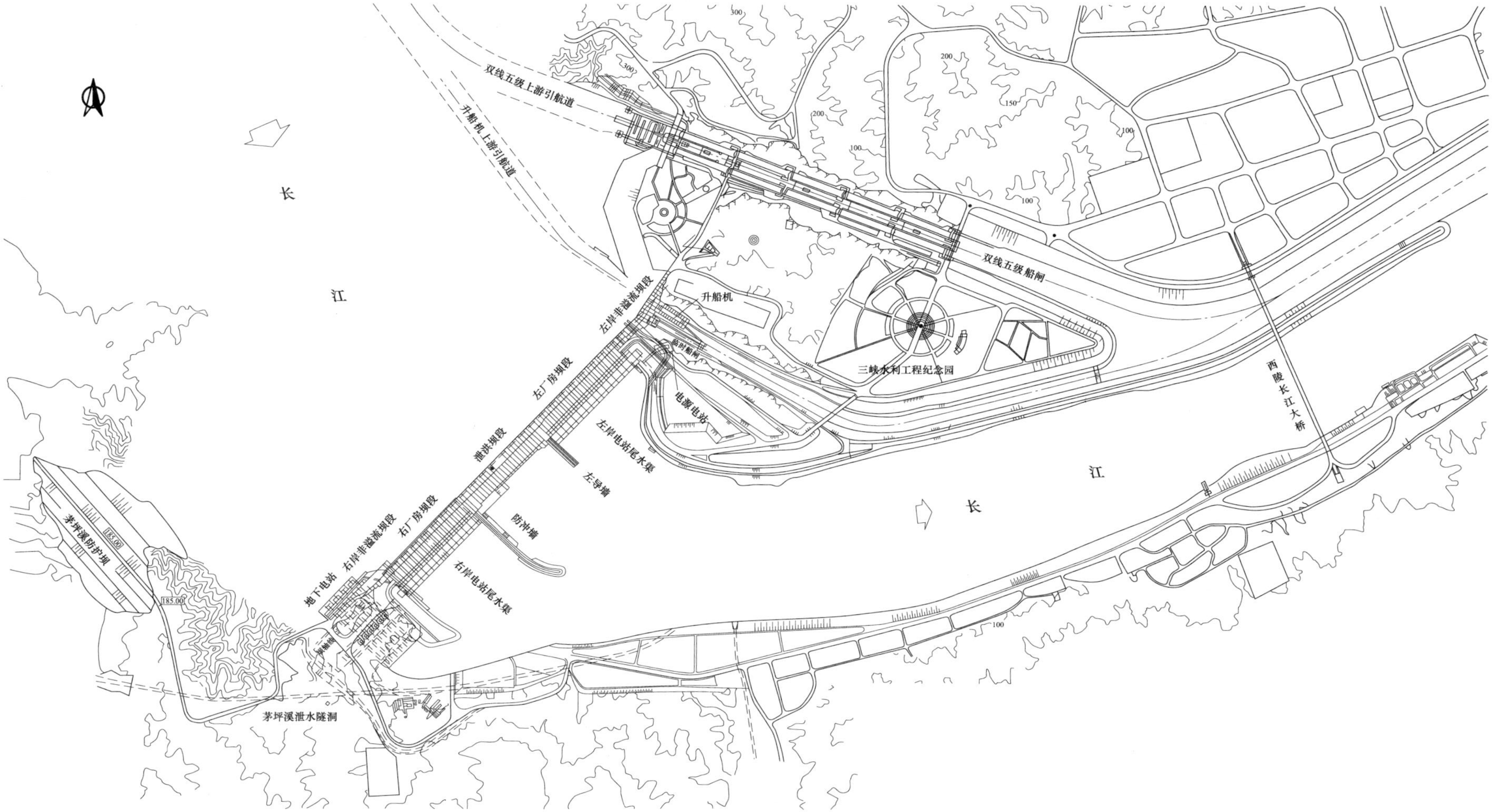

双线五级上游引航道
升船机上游引航道
长
江
双线五级船闸
升船机
三峡水利工程纪念园
西陵长江大桥
左岸非溢流坝段
左厂房坝段
电源电站
左岸电站尾水渠
泄洪坝段
左导墙
江
长
防冲墙
右厂房坝段
右岸非溢流坝段
地下电站
右岸电站尾水渠
茅坪溪防护坝
茅坪溪泄水隧洞

图1　三峡枢纽布置图

表孔，净宽 8m，堰顶高程 158.00m。为满足施工导流及截流要求，在表孔下方对应布置 22 个导流底孔，全部底孔已于 2007 年 3 月回填混凝土封堵。泄洪坝段两侧设导墙坝段与左、右岸厂房坝段相接，左导墙坝段布置 1 号泄洪排漂孔，进口底高程 133.00m，孔口尺寸 10m×12m（宽×高）；纵向围堰坝段分为 2 个坝段（右纵 1～2 号），在右纵 1 号坝段布置 2 号泄洪排漂孔，进口底高程 133.00m，孔口尺寸 10m×12m（宽×高）；在右岸非溢流坝段 1 号坝段布置 3 号排漂孔，进口底高程 130.00m，孔口尺寸 7m×10m（宽×高）。在纵向围堰坝段与右厂房之间设右厂排沙孔坝段（右厂排坝段）左、右厂房坝段共布置 26 条引水压力管道，进水口底高程 108.00m，压力管道直径 12.4m。左厂房坝段分为 15 个坝段（左厂 1～14 号及左安Ⅲ坝段），右厂房坝段分为 13 个坝段（右厂 15～26 号及右安Ⅲ坝段），共布置 7 个排沙孔，直径 5.0m，进口底高程为 75.00m 及 90.00m。左非 18 号坝段布设 1 号排沙孔，左安Ⅲ坝段布置 2 号、3 号排沙孔，右厂排坝段布设 4 号排沙孔，右安Ⅲ布置 5 号、6 号排沙孔，右厂 26 号坝段布设 7 号排沙孔，在左岸非溢流坝段（左非 1～18 号）内布置升船机坝段（上闸首）和临时船闸坝段，并在左非 11 号及 12 号坝段前布置电源电站进水塔，2 条直径 6.2m 的引水钢管穿过坝体经竖井进入地下厂房。升船机坝段分为 3 个坝段（升上 1～3 号），临时船闸坝段 2006 年封堵并续完建 2 孔冲沙闸。

茅坪溪防护坝位于拦河大坝右岸上游约 1km 的茅坪溪出口处，采用沥青混凝土心墙土石坝。防护坝用于保护茅坪溪流域的土地和居民。防护坝坝顶高程 185.00m，顶宽 20.0m，迎水侧设混凝土防浪墙，墙顶高程 186.50m；坝顶总长 1890.0m，最大坝高 104.0m；沥青混凝土心墙顶高程 184.00m，墙底最低高程 91.00m，心墙厚度由顶部 0.5m 渐变至墙底部 1.2m，心墙底部设混凝土基座，布置廊道进行坝基帷幕灌浆及排水。

电站建筑物包括厂房和进水口、压力管道、尾水管及尾水渠等。分为左岸、右岸电站，地下电站及电源电站。

左岸、右岸电站均为坝后式厂房，主厂房沿坝轴线长度分别为 643.7m 和 584.2m，主厂房净宽 34.8m，安装 14 台和 12 台 700MW 水轮发电机组。电站引水压力管道进水口位于大坝上游面、进口底高程 108.00m，压力管道直径 12.4m。左、右岸电站水轮机安装高程均为 57.00m，水轮机层高程 67.00m，发电机层高程 75.30m。上游副厂房布置在主厂房与大坝之间下游副厂房布置在主厂房下游；尾水平台宽 19.5m，高程 82.00m。左岸电站设 3 个排沙孔，其中安Ⅱ段布置 1 个（1 号）排沙孔，进口底高程 90.00m，出口底高程 60.50m；在安Ⅲ段布置 2 个排沙孔，进口底高程均为 75.00m，出口底高程 57.50m。右岸电站设 4 个排沙孔，其中在 15 号机组左侧的右厂排坝段内布置 1 个（4 号），在安Ⅲ段布置 2 个（5 号、6 号）排沙孔，进口底高程均为 75.00m，出口底高程为 57.50m；在安Ⅱ段布置 1 个（7 号）排沙孔，进口底高程 90.00m，出口底高程 60.50m。排沙孔为圆形，直径均为 5m。

地下电站位于白岩尖山体中，与右岸坝后式厂房相毗邻，共安装 6 台单机容量 700MW 水轮发电机组。主要建筑物包括引水渠及进水塔、引水隧洞、排沙洞、主厂房、母线洞（井）、尾水洞及阻尼井、尾水平台及尾水渠、进厂交通洞、通风及管道洞、管线及交通廊道、地面 500kV 升压站和厂外排水系统等。主厂房尺寸为 311.3m×32.6m×87.3m（长×宽×高）。

电源电站是三峡枢纽工程两岸坝后式电站及地下电站、大坝和过坝设施等建筑物运行的主供电源和保安电源，电站厂址位于升船机与左岸坝后式电站之间山体内，为地下式厂房，由拦污塔、引水箱涵、进水塔、过坝钢管段、镇墩、引水隧洞、地下厂房、82m 平台交通竖井、尾水隧洞、尾水闸门竖井、尾水塔及出口等水工建筑物组成。电站装 2 台 50MW 混流式水轮发电机组，总装机容量 100MW，引水系统进水口设在升船机上游引航道隔流堤上，通过引水箱涵位于左非 15 号和 16 号坝段坝前的进水塔，引水钢管穿坝体后经竖井进入地下厂房，尾水系统出口设在左岸电站尾水渠。

2. 通航建筑物

通航建筑物包括船闸和升船机。

（1）船闸。

船闸为双线五级连续梯级船闸，线路总长 6442m。上游引航道 2113m，左侧边坡开挖形成，右侧设土石隔流堤，航道底高程 130.00m，正常段宽 180.0m，口门宽 220.0m；下游引航道长度 2708m，左侧边坡开挖形成，右侧设土石隔流堤，航道底高程 56.50m，正常段宽 180.0m，口门宽 200.0m；船闸主体段长度 1621m，设置 6 个闸首、5 个闸室，单级闸室有效尺寸为长 280.0m、宽 34.0m，坎上水深 5.0m。双线船闸均布置在左岸深切开挖槽内，中间为宽 60.0m、高 50～70m 表面有钢筋混凝土衬砌的岩体作为隔墩。闸首和闸室采用分离结构，其边墙为钢筋混凝土衬砌式，部分边墙上部为重力式、下部为衬砌式。船闸采用从 1 闸首上游引航道底部正向进水，输水主廊道布置在两侧山体和中隔墩内的充（泄）水隧洞，经闸室底部 4 区段 8 支管顶部出水加消能盖板进入闸室，下游的泄水由末级闸首的泄水隧洞，下接箱涵横穿下游引航道和隔流堤，从下游隔流堤外侧入长江。船闸设计船舶（队）通过船闸主体段的历时约 2.4 小时，从上游引航道口门至下游引航道口门历时约 3.1 小时。按设计水平年 2030 年规划运量要求，设计年单向通过能力为 5000 万 t。

（2）升船机。

升船机位于左岸坝后式电站厂房与双线五级船闸之间。由上游引航道及靠船设施、上闸首、船厢室段、下闸首、下游引航道及靠船设施组成，全长约6000m，其上、下游引航道与船闸共用。上、下闸首之间为船厢室段，其内布置有装载船舶过坝的承船厢。上闸首与大坝共同挡上游水位，下闸首为船厢室运行挡下游水位。

3. 电站机电设备

三峡电站由左、右岸坝后式电站、右岸地下电站及左岸位于升船机右侧山体内的电源电站等组成，装机34台，其中32台单机容量为700MW，分设于左岸电站厂房14台，右岸电站厂房12台，地下电站厂房6台；电源电站装设2台单机容量为50MW机组，电站总装机容量为22500MW，多年平均发电量882亿kW·h。

三峡电站用交流500kV电压等级向电网输电，工程设计交流500kV架空线出线18回，后由于电力系统输电网架的变更，左岸电站500kV出线由8回变为6回，右岸电站500kV出线7回，地下电站500kV出线3回。目前三峡电站交流500kV出线共16回，向龙泉、江陵、葛换、宜都、团林等变电站或换流输送电力，通过华中电网用±500kV直流或500kV交流向华东、华中、南方、川渝、等电网输电。电源电站作为三峡工程的厂用和坝区供电电源和保安电源，接入厂用电系统。

从有利电力系统稳定运行出发，三峡左、右岸电站，视电站出力大小允许一个电站分为2个电厂运行，即左岸电站分为左一（装机8台）、左二（装机6台）电厂运行，右岸电站分为右一（装机6台）、右二（装机6台）电厂运行，地下电站作为一个电厂运行。为减小电站短路电流，三峡枢纽内在500kV电压等级上，各电厂之间无电气直接联系。

三峡电站32台水轮发电机组中，最先安装的左岸电站14台机组由国外VGS和ALSTOM制造厂承包，国内哈尔滨电机厂和东方电机厂分包，实际分包份额达50%。通过引进技术、消化、吸收、再创新，三峡其余机组中的12台，实现了完全国产化，并达到世界先进水平。机组主要参数见表1。32台机组水轮机均为混流式，发电机为半伞式。发电机的冷却方式有3种，采用定子水冷的发电机有24台；定子采用空冷6台，由哈尔滨电机厂（哈电）设计制造，且具有自主知识产权，是当时世界最大容量的全空冷水轮发电机组；定子采用蒸发冷却2台，由东方电机股份有限责任公司（东电）制造，这是中科院电工所和东电自主研发的全新定子冷却方式。水轮发电机主要参数见表2。国内厂家从右岸电站开始也逐步实现了700MW水轮发电机组调速器和励磁装置的国产化。

表 1　三峡电站水轮发电机组主要参数表

项目		单位	左岸电站		右岸电站			右岸地下电站		
机组号		—	1～3号 7～9号 (VGS)	4～6号 10～14号 (ALSTOM1)	15～18号 (东电1)	19～22号 (ALSTOM2)	23～26号 (哈电1)	27号、28号 (东电2)	29号、30号 (ALSTOM3)	31号、32号 (哈电2)
台数		台	6	8	4	4	4	2	2	2
型式		—	立轴混流式		立轴混流式			立轴混流式		
有无尾水洞			无		无			有长尾水洞		
额定出力		MW	710		710			710		
额定转速		$r \cdot min^{-1}$	75	75	75	71.43	75	75	71.43	75
额定流量		$m^3 \cdot s^{-1}$	995.6	991.8	947.105	913.556	985.994	947.105	913.556	985.994
运行水头	最大水头	m	113.0		113.0			113.0		
	额定水头	m	80.6	80.6	85.0	85.0	85.0	85.0	85.0	85.0
	最小水头	m	61.0		61.0			71.0		
设计水头		m	103	101	101.63	113	105	102.99	113	107.9
转轮名义直径(出口直径)		mm	9525.0	9800.0	9880.0	9600.0	10248.0	9880.0	9600.0	10248.0
最大连续运行出力		MW	767.0		767.0			767.0		
最高效率		%	96.26	96.26	96.20	96.50	96.34	96.42	96.50	96.14
加权平均效率		%	94.10	93.89	94.20	94.90	93.81	94.21	94.74	93.02
比转速		m·kW	261.7	261.7	244.86	233.2	244.9	244.86	233.2	244.9
比速系数		—	2349.0	2349.0	2257.5	2150.0	2257.9	2257.5	2150.0	2257.9
吸出高度		m	−5		−5			−5		
装机高程		m	57.0		57.0			57.0		
旋转方向		—	俯视顺时针		俯视顺时针			俯视顺时针		
供货商			VGS联营体	ALSTOM	东方电机	ALSTOM	哈尔滨电机厂	东方电机	ALSTOM	哈尔滨电机厂

表 2　　水轮发电机主要参数表

项　　目	单位	左岸电站		右岸电站			右岸地下电站		
		1～3 号 7～9 号 （VGS）	4～6 号 10～14 号 （ALSTOM1）	15～18 号 （东电 1）	19～22 号 （ALSTOM2）	23～26 号 （哈电 1）	27 号、 28 号 （东电 2）	29 号、30 号 （ALSTOM3）	31 号、32 号 （哈电 2）
型式	—	立轴半伞式、凸机同步发电机							
冷却方式	—	半水内冷		半水内冷	半水内冷	全空冷	蒸发冷却	半水内冷	全空冷
机组额定功率	MW	700		700			700		
额定容量	MVA	777.8		777.8			777.8		
机组最大功率	MW	756		756			756		
最大容量	MVA	840		840			840		
最大容量时进相容量	Mvar	366		366			366		
额定电压	kV	20		20			20		
最大容量时电流	A	24249		24249			24249		
最大容量时功率因数		0.9		0.9			0.9		
额定频率	Hz	50		50			50		
额定转速	$r \cdot min^{-1}$	75		75	71.43	75	75	71.43	75
飞逸转速	$r \cdot min^{-1}$	150		150	143	150	150	143	150
GD^2	$t \cdot m^2$	450000		450000			450000		
定子绕组出水温度	℃	65	65	65	65	112	68	65	112
定子铁芯温升	K	60	60	60	60	70	60	60	60
励磁绕组温升	K	75	85	75	75	80	75	75	75
最大容量时效率	%	98.74	98.76	98.74	98.83	98.74	98.74	98.83	98.74
加权平均效率	%	98.75	98.76	98.75	98.82	98.69	98.72	98.81	98.68
转子重量	t	1710	1777.5	1735	1850	1851	1735	1850	1784
供货商	—	VGS 联营体	ALSTOM	东方电机	ALSTOM	哈尔滨电机厂	东方电机	ALSTOM	哈尔滨电机厂

注　发电机按最大容量 840MVA 设计，表中列出的温升等参数均为 840MVA 下的值。

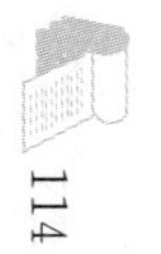

500kV 840MVA 三相升压变压器，左岸由西门子提供，右岸由重庆 ABB 供货，通过分包和引进技术，保定变压器厂为地下电站提供完全国产化的 6 台 500kV 840MVA 三相变压器。

三峡电站 500kV 配电装置采用开断电流为 63kA、SF_6 气体绝缘介质金属外壳封闭式高压开关设备（简称 GIS），左岸电站由 ABB 供货。西安开关厂和沈阳高压开关厂通过分包和引进技术，实现了右岸电站和地下电站 GIS 设备的国产化。

（二）枢纽工程建设及分期蓄水概况

根据 1993 年 7 月国务院三峡工程建设委员会批准的《长江三峡水利枢纽初步设计报告（枢纽工程）》（以下简称《初步设计》）确定，三峡工程采用“一级开发，一次建成，分期蓄水，连续移民”的建设方案。即长江从宜昌葛洲坝至重庆河段以三峡三斗坪坝址为一级开发，大坝按坝顶高程 185.00m 一次建成，水库分期蓄水，分期分批连续移民。《初步设计》将三峡水库蓄水划分为三期：第一期从 2003 年开始水库蓄水至 135m 水位，由右岸三期碾压混凝土围堰和左岸已完建的大坝共同挡水，左岸电站水轮发电机组发电、双线五级船闸通航，右岸大坝在围堰保护下施工，称为围堰挡水发电期；第二期从 2007 年开始水库蓄至 156m 水位，三期围堰拆除，右岸大坝与左岸大坝全线挡水运行，左岸电站 14 台机组全部投产，右岸电站部分机组投产，进入初期运行期；三峡工程施工进度计划 2009 年枢纽工程完建，水库具备蓄水至正常运行水位 175m 的条件，仍按初期蓄水位运行。初期运行的历时，可根据库区移民安置情况，库尾泥沙淤积实际观测成果以及重庆港泥沙淤积影响等情况，届时相机确定，暂定 6 年，即 2013 年水库蓄水至设计水位 175m，进入正常运行期。《初步设计》采用三期导流、明渠通航、碾压混凝土围堰挡水发电的施工方案。设计总工期 17 年。其中施工准备及一期工程施工 5 年（1993—1997 年），主要施工主河床右侧导流明渠，碾压混凝土纵向围堰，左岸双线五级船闸，以大江截流为标志；二期工程施工 6 年（1998—2003 年），主要施工左岸大坝及电站厂房和地下电站进水塔、升船机上闸首，双线五级船闸完建，以碾压混凝土围堰挡水，水库蓄水至 135m 水位，左岸电站开始发电、双线五级船闸通航为标志；三期工程施工 6 年（2004—2009 年），主要施工右岸大坝及电站厂房，以枢纽工程完建（升船机船厢室段和下闸首经国务院三峡工程建设委员会批准列为缓建项目）为标志，地下电站列为后期扩机项目。

枢纽工程于 1993 年开始施工准备，1994 年 12 月正式开工，1997 年 11 月 6 日大江截流成功，左岸大坝及电站厂房在二期围堰保护下进行施工。升船机上闸首为大坝挡水前缘的一部分，与左岸大坝于2002年同时建成挡水，船厢室段与下闸首列为缓建项目。2002年11月导流明渠截流，修筑三期碾压混凝土围堰和左岸已完建的大坝共同挡水，2003年6月水库蓄水至135m水位，船闸试运行，枢纽工程进入围堰挡水发电运行期（2003年6月—2006年9月），在三期围堰保护下施工右岸大坝及电站厂房。船闸于2004年6月正式运行；左岸电站2003年7月首批机组发电，2005年14台机组全部投产；2006年5月右岸大坝混凝土施工至坝顶高程185.00m，6月三期碾压混凝土围堰爆破拆除，拦河大坝全线挡水，10月蓄水至156m水位，进入初期运行期（2006年10月—2008年9月）。右岸电站2007年7台机组投产，2008年12台机组全部投产。电源电站2007年两台机组发电，右岸大坝及电站厂房于2008年完建。国务院批准三峡水库2008年汛末实施175m试验性蓄水，9月28日开始试验性蓄水，至11月4日蓄水至172.80m水位，枢纽工程进入试验性蓄水运行；2009年试验性蓄水位为171.43m，2010—2012年试验性蓄水位为175m。右岸地下电站2011年4台机组投产，2012年5月6台机组全部投产。升船机船厢室段及下闸首于2007年9月恢复施工，计划2014年进行调试，2015年试运行。

二、输变电工程

三峡输变电工程是三峡工程三大组成部分之一，担负着三峡枢纽电站电力送出的重任，关系到三峡电站经济效益和社会效益的发挥。同时，该工程作为我国西电东送三大通道的中通道，位于全国互联电网的核心，对形成和促进全国电网互联，实现能源资源优化配置，都有着举足轻重的作用。

三峡输变电工程包括三峡近区网络、主要输电通道以及各省电力消纳配套工程三部分。三峡近区网络起着接受和分配三峡电力的作用，见图2。送华东电网输电通道包括龙泉—政平、宜都—华新、团林—枫泾及原有葛换—南桥4回直流；送南方电网输电通道为江陵—鹅城直流系统，见图3。

输变电工程分为92个单项工程，其中，交流输变电设施（表3、表4）88项，包括线路55项（线路总长度6519km）；变电设施33项，变电总容量2275万kVA；直流输电设施（表5）4项，线路总长度2965km，换流站总容量18720MW（含灵宝背靠背工程）。1997年开工，2003年配合三峡左岸电站首批机组发电外送，2004—2006年配合左岸电站14台机组投产电力外送，2007—2008年配合右岸电站12台机组投产电力外送，主体工程全部建成投产。2010年配合三峡地下电站机组发电外送，完成葛沪直流增容改造工作，新增林枫直流输电3000MW。

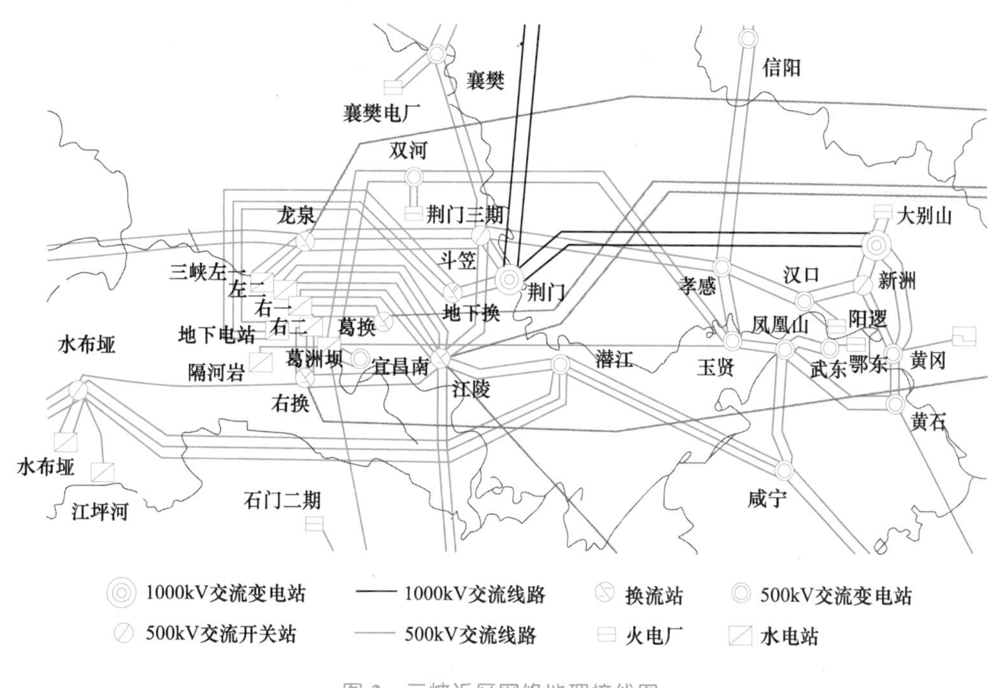

图 2　三峡近区网络地理接线图

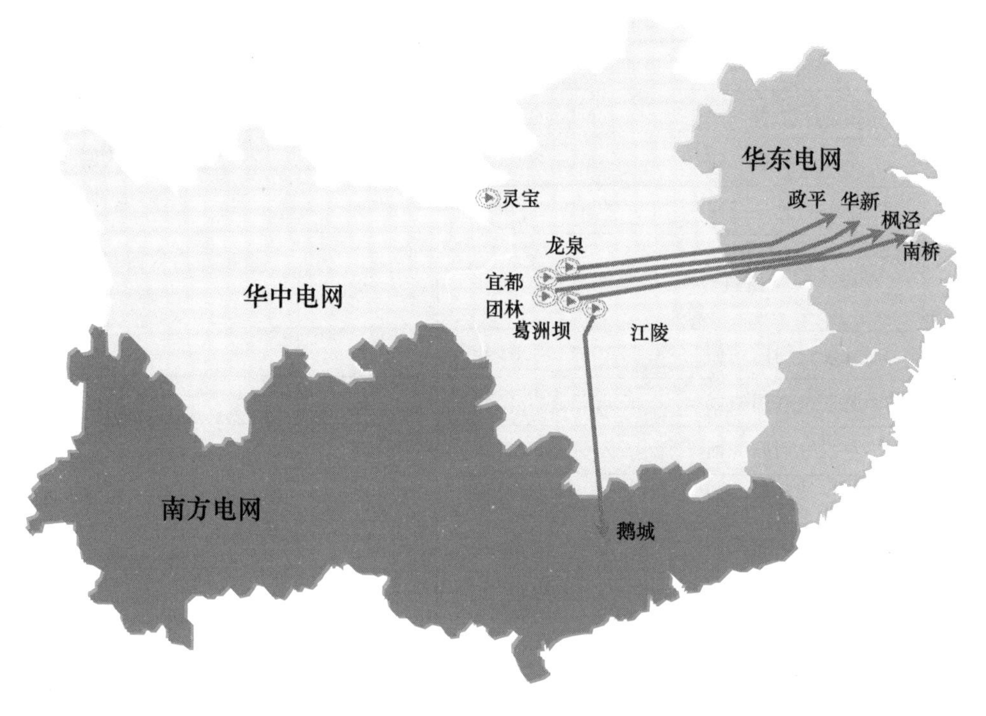

图 3　三峡输变电工程跨区输电示意图

三峡输变电工程从 1997 年正式开工建设，建设安排分成 3 个阶段，第一阶段为 1997—2003 年，配合三峡电站首批机组投运后的电力外送；第二阶段为 2004—2006 年，配合三峡左岸电站 14 台机组全部投运及其电力外送；第三阶段为2007—2008年，配合三峡右岸12台机组投运及电力外送。1998年建成投运第一条500kV交流线路（长寿—万县），2003年三常直流工程投产，2004年三广直流工程投产，2007年三沪直流工程投产，直到2007年9月以三峡—荆州双回500kV线路建成投运为标志，主体工程全部建成投产，先后通过了三峡工程国家二期、三期验收。2010年，配合三峡地下电站投产，完成葛沪直流增容改造工作，新增林枫直流输电300万kW。

表3　　三峡输变电工程交流线路一览表

序号	项　目	建设期限	建设规模/km	备　注
一	重庆地区			
1	左一—万县一回	2000—2001年	292	含长江跨越两处
2	左一—万县二回	2002—2004年	298	含长江跨越两处
3	万县—长寿一回	1996—1998年	166	
4	万县—长寿二回	2002—2004年	169	
5	长寿—陈家桥	2001—2002年	90	嘉陵江跨越不单列
二	华中地区			
6	左一—龙泉一回	2001—2003年	61	不含枢纽内外八回线路长度
7	左一—龙泉二回	2001—2003年	60	
8	左一—龙泉三回	2001—2003年	59	
9	左岸八回（枢纽外）	2001—2002年	28	含枢纽内双回共杆折为单回长度
10	龙泉—荆门一回	2001—2002年	78	
11	龙泉—荆门二回	2001—2002年	78	
12	左二—荆州一回	2002—2003年	120	不含枢纽内外八回线路长度；其中Ⅱ、Ⅲ回同塔共架14.539km
13	左二—荆州二回	2002—2003年	131	
14	左二—荆州三回	2002—2003年	133	
15	右一—宋家坝一回	2005—2006年	50	
16	右一—宋家坝二回	2005—2006年	50	
17	右一—荆州一回	2005—2006年	270	含长江跨越双回共杆Ⅰ回2304m，Ⅱ回2291m
18	右一—荆州二回	2005—2006年	270	
19	右二—蔡家冲一回	2005—2006年	72	
20	右二—蔡家冲二回	2005—2006年	72	
21	右二—蔡家冲三回	2005—2006年	72	

续表

序号	项　目	建设期限	建设规模/km	备　注
22	右换—荆州一回	2005—2006年	164	长江跨越双回共杆2544m
23	右换—荆州二回	2005—2006年	171	
24	荆门—孝感一回	2003—2004年	171	汉江跨越双回共杆2683m
25	荆门—孝感二回	2007—2009年	200	
26	荆门—荆州一回	2001—2002年	60	
27	荆门—荆州二回	2002—2003年	60	
28	荆州—潜江一回	2003—2004年	88	
29	荆州—潜江二回	2004—2005年	89	
30	潜江—咸宁一回	2004—2006年	165	含长江跨越双回共杆2699m
31	潜江—咸宁二回	2005—2006年	165	
32	咸宁—凤凰山一回	2003—2004年	67	
33	咸宁—凤凰山二回	2007—2009年	55	
34	凤凰山—下陆二回	1998—2000年	60	与Ⅰ回同塔共架3973m
35	孝感—汉阳一回	2000—2001年	63	其中同塔共架4445m
36	孝感—汉阳二回	2005—2006年	66	
37	荆州—益阳一回	2001—2003年	254	含长江、沅水跨越双回共杆2.4+1.92km 一般线路共架8.5km
38	荆州—益阳二回	2005—2007年	220	
39	岗市—长沙	2000—2001年	182	
40	长沙—云田	2000—2001年	43	
41	昌西—南昌	2002—2004年	53	
42	咸宁—昌西一回	2003—2004年	200	含Ⅱ进咸宁变线路
43	南昌—乐万	2002—2003年	114	
44	昌西—新余	2003—2004年	98	
45	双河—（荆门）—南阳	1998—2000年	318	不含汉江跨越
46	南阳—郑州小刘	1999—2000年	202	
47	郑西—新乡Ⅰ、Ⅱ回	2000—2001年	108	含黄河跨越双回共杆4921m
48	小刘—开封	2001—2002年	77	
三	华东地区			
49	武南—东善桥—繁昌	2000—2002年	260	
50	车坊—吴江Ⅰ、Ⅱ回	2003—2004年	70	

续表

序号	项　　目	建设期限	建设规模/km	备　注
51	王店—双林Ⅰ、Ⅱ回	2004—2005年	76	
52	武南—瓶窑	2000—2002年	144	
53	上海换流站接入系统	2005—2006年	11	
54	武南—政平Ⅰ、Ⅱ回	2001—2002年	12	双回同塔
55	政平—宜兴Ⅰ、Ⅱ回	2002—2004年	88	双回同塔
56	洛河—阜阳	2001—2002年	129	不含淮河跨越

表4　　三峡输变电工程交流变电站一览表

序号	项　　目	建设期限	建设规模/MVA	备　注
一	重庆地区			
1	万县开关站	1997—1998年		
	万县扩1号主变	2000—2001年	750	
	万县扩2号主变	2005—2006年	750	
2	长寿扩建	2006—2007年	750	
	长寿变扩长万Ⅱ回	1997—1998年	1间隔	
	长寿变扩高抗	2004—2004年		
	长寿变扩建长万Ⅰ回	2001—2001年	1间隔	
	长寿变扩建陈长Ⅱ回	2002—2002年	1间隔	
	陈家桥变扩陈长线Ⅱ回	2002—2002年	1间隔	
二	华中地区			
3	宜昌（与左换合建）		750	
4	潜江变	2003—2004年	750	
	潜江变扩建咸宁Ⅰ间隔	2005—2006年	1间隔	
	潜江扩荆州Ⅱ、咸宁Ⅱ间隔	2005—2006年	2间隔	
5	荆州变（与换流站合建）			
	荆州扩主变	2006—2007年	750	
6	咸宁新建	2004—2006年	750	
	咸宁扩凤凰山Ⅱ、潜江Ⅱ回间隔	2005—2006年	2间隔	
7	孝感新建	2000—2001年	750	
8	斗笠开关站	2000—2002年		
	双南线π进斗笠站	2001—2002年		

续表

序号	项　目	建设期限	建设规模/MVA	备　注
9	长沙新建	2000—2001 年	750	
	长沙扩建	2003—2004 年	750	
10	益阳新建	2000—2001 年	750	
11	岳阳新建	2005—2006 年	750	
12	南昌新建	1998—2000 年	750	
	南昌变扩昌西间隔	2003—2004 年	1 个	
	南昌变扩乐万间隔	2005—2006 年	1 个	
13	昌西开关站	2003—2004 年		
14	新余新建	2003—2004 年	750	
15	乐万新建	2004—2006 年	750	
16	开封新建	2001—2002 年	750	
17	新乡新建	2000—2001 年	750	
18	安阳新建	2004—2006 年	750	
19	双河变扩建	1999—2001 年	1 间隔	含高抗
20	小刘变扩建	2001—2001 年	1 间隔	
21	凤凰山变			
	凤凰山扩南昌	2000—2000 年	1 间隔	
	凤凰山扩凤咸Ⅰ间隔	2003—2004 年	1 间隔	
	凤凰山扩凤咸Ⅱ间隔	2005—2006 年	1 间隔	
22	岗市扩建	2001—2001 年	1 间隔	含高抗
23	汉阳变			
	汉阳扩孝感Ⅰ间隔	2001—2001 年	1 间隔	
	汉阳扩孝感Ⅱ间隔	2005—2006 年	1 间隔	
三	华东地区			
24	杨高扩建	2004—2005 年	750	
25	宜兴新建	2002—2004 年	750	
	宜兴扩建	2004—2005 年	750	
26	吴江新建	2003—2004 年	750	
	吴江扩建	2004—2005 年	750	
27	杭东扩建	2002—2002 年	1000	
28	双林新建	2003—2005 年	750	

续表

序号	项　目	建设期限	建设规模/MVA	备　注
	双林扩建	2004—2005年	750	
29	阜阳新建	2001—2002年	750	
30	宣城新建	2004—2005年	750	
31	巢湖新建	2005—2006年	750	
32	瓶窑扩建	2001—2002年	2间隔	
33	武南扩建	2001—2002年	4间隔	
34	东善桥扩建	2001—2002年	2间隔	
35	繁昌扩建	2001—2002年	1间隔	
36	车坊扩建	2003—2004年	2间隔	
37	王店扩建	2004—2005年	2间隔	
38	黄渡扩建	2005—2006年	2间隔	

表5　　三峡输变电工程直流工程一览表

序号	项　目	建设期限	建设规模	备　注
一	三常直流	1999—2003年		
1	龙泉换流站		3000MW	含接地极及其线路
2	政平换流站		3000MW	含接地极及其线路
3	三峡—常州线路		890km	含王家滩汉江跨越2078m、芜湖长江跨越3050m
二	三沪直流	2004—2007年		
1	宜都换流站		3000MW	含接地极及其线路
2	华新换流站		3000MW	含接地极及其线路
3	三峡—上海线路		1100km	含塔坪桥长江跨越2386m、沙洋汉江跨越2000m、获岗长江跨越2923m
三	三广直流	2001—2004年		
1	江陵换流站		3000MW	含接地极及其线路
2	鹅城换流站		3000MW	含接地极及其线路
3	三峡—惠州线路		975km	含大埠街长江跨越2453m、康家吉沅水跨越2055m
四	灵宝背靠背工程	2003—2005年		三峡基金中安排1.16亿元作为该工程资本金

续表

序号	项　目	建设期限	建设规模	备　注
	直流换流站		360MW	
五	葛沪综合改造	2008—2010 年		
1	团林换流站		3000MW	
2	枫泾换流站		3000MW	
3	葛沪线路改造		976km	914km 与葛南线同塔双回架设

评估内容

一、大坝及电站建筑物

（一）运行情况

1. 大坝

试验性蓄水运行期间，对大坝外观检查未发现异常变化，除个别部位出现少量渗水点外，无大面及大的渗水等异常现象，各渗水点渗漏量无明显增加，各类引排水设施运行正常，挡水设施、泄洪设施、机组进水口、大坝基础、各高程廊道均无出现异常情况，拦河大坝运行状况良好。2008—2012 年汛期，泄洪深孔 5 年总共操作弧形闸门启闭 256 次，累计泄洪运行历时 14268.7 小时；23 个深孔弧形闸门启闭次数，12 号深孔启闭最多为 21 次，21 号深孔启闭最少为 5 次，其他深孔启闭 6～16 次；累计泄洪过流时间，8 号深孔过流历时最长达 1256.86 小时，9 号深孔过流历时最短为 239.72 小时。泄洪表孔 5 年总共操作闸门启闭 132 次，累计泄洪运行历时 1764.93 小时；泄洪排漂孔 5 年总共操作弧形闸门启闭 102 次，累计泄洪排漂运行历时 2505.2 小时；排沙孔 5 年总共操作工作闸门启闭 6 次，排沙运行历时 40.57 小时；1 号、4 号、6 号排沙孔工作闸门没有启闭运行；2 号、3 号排沙孔排沙运行历时分别为 17.22 小时及 16.75 小时，5 号、7 号排沙孔排沙历时分别为 0.5 小时及 1.15 小时。泄洪深孔、表孔、排漂孔、排沙孔等水工金属结构及机电设备运行正常。

茅坪溪防护坝试验性蓄水运行期间，对防护坝坝坡外观检查无异常变化，沥青混凝土心墙基座廊道分缝处渗水点渗漏量无明显变化，运行正常。

2. 电站建筑物

左岸、右岸电站各类引排水设施运行正常。外包钢筋混凝土压力管道、厂房基础廊道、上游、下游副厂房均未出现异常情况。右厂房24号机组引风廊道施工期排水管渗漏水已采用阻塞器封堵，右厂房高程67.00m层26号机组与安Ⅱ段结构缝渗水量无明显变化，电站厂房水工建筑物总体运行情况良好。左岸、右岸电站进水口拦污栅、进水口检修门及坝顶门机、快速门及液压启闭机、尾水检修门及尾水门等金属结构机电设备运行正常。

地下电站在2008—2010年试验性蓄水期间施工，2011年5月首台机组投产运行以来，6台机组陆续投产，运行正常。在试验性蓄水至175m水位过程中，各类引排水设施运行正常。各建筑物均未出现异常情况，总体运行情况良好，进水塔底部的排沙洞（编号为8号排沙孔）工作闸门启闭3次，运行4.95小时，机组进水口检修闸门及门机、快速门及液压、启闭机、尾水检修门及尾水门等金属结构及机电设备运行正常。

电源电站自2007年1月投产以来，水工建筑物总体运行情况良好。

（二）监测资料分析

1. 大坝

（1）拦河大坝。

1）变形。

水平位移：2012年12月，坝基（坝体基础廊道处）向下游位移均在4mm以内，蓄水后坝基水平位移趋于稳定，包括升船机上闸首、左厂1～5号、右厂24～26号各坝段基础均为稳定。基础附近向下游位移最大的测点为升船机上闸首右墩（右2）高程100.00m处。统计分析表明，试验蓄水期各年受库水位变化（约145～175m）影响，左厂1号、左厂5号和右厂24号坝段高程95.00m（基础附近）处向下游位移弹性增量约在0.6～0.9mm之间，变化较小。坝顶向下游水平位移受库水位和温度变化影响呈年变化，符合重力坝变形规律。各坝段坝顶向下游水平位移测值在－9（升船机上闸首左1）～30mm（泄2号坝段）之间。冬季11月至次年1月低温库水位高时向下游位移最大，夏季7—9月高温库水位低时向下游位移最小，河床部位坝段的位移较大，岸坡坝段较小。

位移统计模型的分析结果表明，试验蓄水期库水位175m时，典型坝段左厂14号、泄2号及右厂17号坝段坝顶向下游水平位移中的水压分量分别为20.21mm、22.34mm和21.74mm；试验蓄水过程中库水位从156m上升至175m时水压分量的增量分别为10.63mm、10.21mm和9.67mm。有限元结构计算结果表明，库水位从156m上升至175m时左厂14号、泄2号及右厂17号坝段坝顶因水荷载作用造成的向下游水平位移的增量分别为18.06mm、17.10mm和15.08mm。实测水荷载位移（水压分量的增量）小于计算值。典型坝段测点实测向下游水平位移分年统计特征值见表6，泄2号坝段实测位移及统计模型拟合值与分量过程线见图4、图5。

垂直位移：左厂坝（纵向围堰坝段以左）坝体基础廊道处垂直位移，2003年6月蓄水前的3月实测基础各点的沉降量在15.2mm以内，蓄水后的9月各点的沉降量在14.8～22.7mm之间，蓄水前后各点沉降的增量在7.0mm左右。至2012年12月各坝段基础沉降量约在14～27mm之间，2008—2012年各年基础处沉降变化在±1.5mm以内，试验蓄水对基础沉降影响不明显。相邻坝段间的基础沉降差值在1.0mm以内，没有不均匀沉降现象；坝顶沉降主要受气温年变化影响，实测值在－5～14mm之间，年变幅约在6～10mm左右。右厂坝（右厂排～右非7号坝段）至2012年12月，各坝段基础处实测最大沉降量在6～17mm之间，右厂22号坝段最大；2008—2012年各年基础处沉降变化在±1.5mm以内，试验蓄水对基础沉降影响不明显。相邻坝段间沉降值差值在1.0mm以内，没有不均匀沉降现象。坝顶在大坝挡水后实测沉降量在－1～12mm之间，沉降主要随气温变化，坝顶沉降基本一致，各年的年变幅在6mm左右，与2007年相比，试验蓄水后坝顶沉降略增加3mm。

2）坝基渗压及渗流。

坝基渗压：实测坝基主排水幕处测压管水位在水库蓄水后变化较小，蓄水175m水位后各坝段上游主排水幕处的扬压系数均小于0.20，下游主排水幕处扬压系数均小于0.30。左厂1～5号坝段、升船机上闸首及右厂24～26号坝段主排水幕下游的基础处于疏干状态。坝基渗压均在设计允许范围内。

坝基渗漏量：左岸（纵向围堰坝段及其以左各坝段和基础1号、2号排水洞）坝基渗漏量主要集中在泄洪坝段和厂房坝段，从2003年6月蓄水后的1127L/min减少至2012年12月的197L/min。右岸坝基（含基础排水洞）渗漏量在2008年11月时最大，412L/min，之后有所减少，至2012年12月减少至225L/min。

3）坝踵、坝趾应力。

实测坝体混凝土浇筑过程中坝踵压应力均随坝体增高而增大。2003年135m库水位蓄水前，实测泄2号及左厂14号坝段坝踵铅直向压应力分别达6.01MPa和3.78MPa。泄2号坝段各年蓄水前后（水位变化约145～175m）

表 6　　典型坝段测点实测向下游水平位移分年统计特征值

坝段		左厂1～2	左厂1～2	左厂14	泄2号	右厂24	右厂26	右厂17
测点编号		PL01ZC012	PL03ZC012	PL03ZC143	PL03XH022	IP01YC24	PL01YC264	PL02YC173
高程/m		95.00	185.00	185.00	185.00	94.00	185.00	185.00
起测日期		2003-3-22	2003-3-22	2003-5-3	2003-5-3	2006-1-2	2006-5-22	2006-5-14
项目	年份	特征值						
最大值/mm	2008	0.48	8.18	15.96	19.56	2.54	5.16	22.13
	2009	0.96	10.05	17.88	23.14	3.18	6.58	23.67
	2010	1.01	10.90	20.45	27.16	3.02	8.54	25.87
	2011	1.30	12.33	21.70	29.91	3.48	9.45	27.14
	2012	1.45	12.86	21.81	29.89	3.54	9.51	27.40
最小值/mm	2008	−0.64	−0.15	−0.05	−0.06	1.14	0.55	8.41
	2009	−0.34	0.47	−0.05	−0.06	1.14	0.26	8.71
	2010	−0.13	1.15	0.83	0.92	1.60	1.45	9.22
	2011	−0.14	0.90	−0.34	−0.18	1.68	−0.16	5.43
	2012	0.14	1.61	0.48	1.12	1.72	−0.26	6.04
年变幅/mm	2008	1.12	8.33	16.01	19.62	1.40	4.61	13.72
	2009	1.30	9.58	17.93	23.20	2.04	6.32	14.96
	2010	1.14	9.75	19.62	26.24	1.42	7.09	16.65
	2011	1.44	11.43	22.04	30.09	1.80	9.61	21.71
	2012	1.31	11.25	21.33	28.77	1.82	9.77	21.36
最大值日期	2008	2008-12-22	2008-11-26	2008-11-22	2008-12-12	2008-12-22	2008-11-12	2008-11-19
	2009	2009-3-2	2009-12-20	2009-11-30	2009-1-21	2009-3-2	2009-11-20	2009-12-30
	2010	2010-12-30	2010-12-30	2010-12-30	2010-12-30	2010-12-30	2010-12-30	2010-12-30
	2011	2011-3-20	2011-12-30	2011-1-10	2011-1-20	2011-3-10	2011-12-30	2011-12-30
	2012	2012-4-20	2012-1-10	2012-1-10	2012-1-30	2012-2-10	2012-1-10	2012-1-10
最小值日期	2008	2008-8-22	2008-8-22	2008-8-22	2008-8-22	2008-9-2	2008-9-17	2008-9-17
	2009	2009-9-17	2009-7-22	2009-8-22	2009-8-22	2009-9-17	2009-7-22	2009-8-11
	2010	2010-8-26	2010-8-15	2010-8-15	2010-8-15	2010-8-20	2010-7-11	2010-8-15
	2011	2011-9-15	2011-7-30	2011-8-20	2011-8-20	2011-8-30	2011-8-20	2011-8-20
	2012	2012-8-30	2012-8-20	2012-8-20	2012-8-20	2012-8-30	2012-8-20	2012-8-20

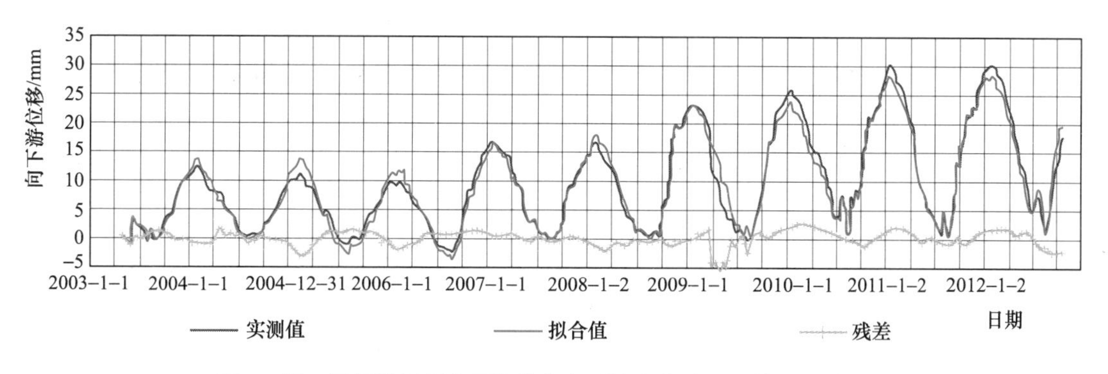

图 4 泄 2 号坝段坝顶向下游位移实测值及统计模型拟合值过程线

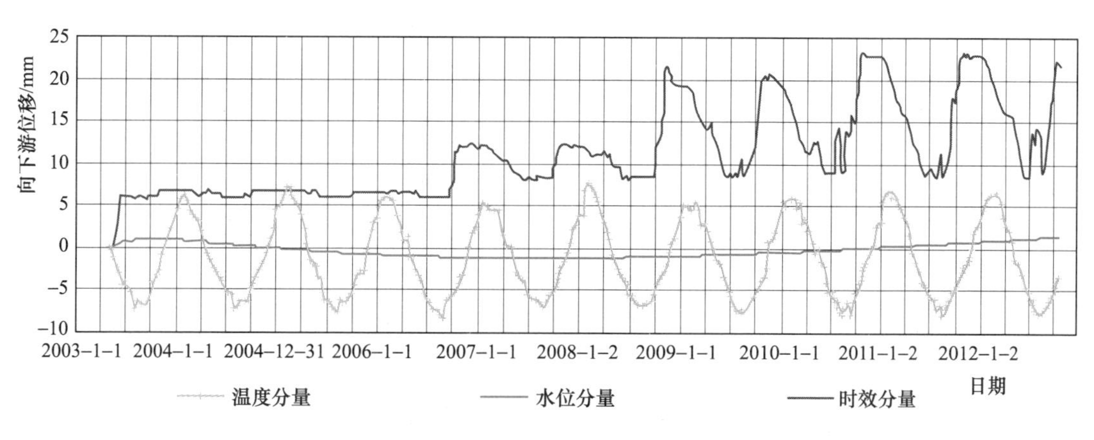

图 5 泄 2 号坝段坝顶向下游位移模型各分量过程线

坝踵铅直向压应力减小值在 0.96MPa 以内，坝趾铅直向压应力增加值在 1.03MPa 之内；左厂 14 号坝段各年蓄水前后坝踵铅直向压应力减小值在 0.83MPa 以内，坝趾铅直向压应力增加值在 0.30MPa 以内。2010 年 10 月 26 日库水位 175m 时，泄 2 号坝段坝踵、坝趾铅直向压应力分别为 5.05MPa 和 2.73MPa，左厂 14 号坝段坝踵、坝趾铅直向压应力分别为 2.51MPa 和 1.26MPa。从坝踵、坝趾应力变化过程看，各年水库蓄水前后，坝踵压应力减小，坝趾压应力增加，符合重力坝应力变化规律，且正常设计库水位时实测坝踵压应力较大，坝体混凝土应力是安全的。

4）纵缝开度。

泄洪坝段及厂房坝段纵缝中上部在灌浆之后有再张开现象，泄洪坝段更明显，蓄水之后随时间延长，坝体温度变化趋于稳定，增开度也略有减小，并趋于一个稳定的年内变化过程。泄洪 2 号坝段纵缝Ⅰ灌浆后高程 13.00m 处缝面开度没有变化，高程 23.00～135.00m 处开度均有所增大，最大增开度 2.5mm。2002 年以后高程 23.00m、34.00m、57.00m 处实测增开度小于 0.2mm，表明测点处纵缝基本是闭合的。高程 124.00m、135.00m 处测点开度仍略有变化，年变幅在1mm以内，但蓄水后开度年变幅略有减小。增开度一般8月最大，2月最小。2008年之后的试验蓄水对纵缝开度的变化没有明显影响，各年同期开度变化量约在0.2mm左右。

5）左厂1～5号坝段监测成果。

左厂1号、5号坝段垂线观测的基础2号排水洞高程50.00m处向下游位移在－0.69～1.22mm之间，基础1号排水洞高程74.00m处向下游位移在－1.26～2.14mm之间，坝体上游基础廊道高程95.00m处向下游位移在－1.27～4.58mm之间，坝顶向下游位移在－3.07～13.65mm之间。总的看来，自2003年水库蓄水以来，左厂1～5号坝段基础部位向下游水平位移较小，且变化不明显，表明左厂1～5号坝段坝基岩体变形在水库蓄水后是稳定的。至2012年10月，左厂1～5号坝段基础部位灌浆廊道处的沉降约在16.6～18.3mm之间，2003年水库蓄水过程中基础各点沉降量增大约6～9mm。与相邻的左非10号坝段基础廊道处的实测沉降量对比，其沉降大小及过程变化规律一致；与建基面高程相对较低的左厂14号坝段相比，水库蓄水后沉降量变化规律一致，左厂1～5号坝段的基础沉降变化正常。

根据监测成果分析，左厂坝基内地下水疏干条件较好，排水孔、排水洞的疏干降压作用明显，上下游排水洞之间的渗压水位低于最不利的深层滑移面，滑移控制面处在疏干区，没有地下水渗流，也就不存在溶蚀与析出作用，深层滑移面的力学强度将不受其影响且不会产生弱化。实测坝基主排水幕后高程53m以上坝基处于疏干状态，坝基及深部岩体结构面处的渗压远小于设计值，坝基渗压是正常的。

根据实测厂坝分缝处测缝计开度测值、错动位移变化成果分析，高程49.50m处错动位移测值没有明显变化，各年蓄水前后测值也在0.2mm观测误差范围内。分缝处开度测值在灌浆之后没有明显变化，缝面接触是紧密的。钻孔检查成果表明：左厂1～5号坝段厂坝坡接触灌浆满足要求，缝面接触绝大多数紧密，左厂1～5号厂坝联合受力是有保证的。2012年10月，观测坝基加固锚索预应力变化的5台锚索测力计测值表明，自2003年水库蓄水至今锚固力测值均是稳定的，没有趋势性变化。

2008—2012年水库试验蓄水期间，对左厂1～5号坝段变形、渗流等监测成果分析表明：水库蓄水后大坝及基础的变形、渗流均在设计允许的安全范围内，未见危害工程安全的异常测值，大坝是安全的。

6）水力学。

深孔：在正常泄洪调度方式下，深孔进口前水面进流平顺，无明显不利流态，部分泄洪调度方式下坝前有间歇性的立轴小漩涡生成，但不会对泄洪深孔的安全构成威胁；挑射水舌纵向、横向扩散较充分，水流掺气强烈，呈白色絮状，进入下游河道的水流消能充分，河道水流翻滚剧烈，波浪衰减较快；深孔调度采用先中间后两侧对称开启方式，可形成较好的下游流态。深孔泄流产生的雾化明显。172.60m 库水位时，深孔泄洪所形成的水雾弥漫在水流消能区及下游河面上，浓雾区主要分布在高程 150.00m 以下空间，薄雾区弥散可超过坝顶高程 185.00m 以上空间；泄洪深孔运行时，随着库水位的升高，泄槽底板水舌冲击区位置逐渐下移，底板动水压力分布正常，无明显的压力梯度；在库水位 172.60m 时，水舌冲击区位置下移至反弧段，冲击区最大动水压力约 30×9.81kPa；从泄槽其他部位测点动水压力来看，深孔泄槽无不良动水压力分布特性；在 172.60m 库水位时，闸门启闭过程中及全开运行条件下，进口压力短管段的水流空化特征不明显，跌坎下游泄槽底部及侧壁均监测到一定强度的水流空化信号，但由于布置了掺气设施，其泄槽底部水流最低掺气浓度达 2.2%，能满足减蚀要求；汛后对深孔的检查表明，深孔过流壁面未发现空蚀现象。

表孔：全开泄洪时，进口上游水面平稳，水流平顺，闸墩上游 10m 以内水面水流拉动明显；表孔基本呈对称进流，1 号和 22 号表孔进流略有不均，但不明显。表孔全开泄洪时排漂效果较好，漂浮物下排顺利，未见明显不利流态；在全开稳态条件下过流面水力特性均较正常，进口段和反弧段压力均较高，WES 曲线坝面存在较大范围的低压区，出口挑流鼻坎末端存在压力陡降，但均为正压；水下噪声测量分析结果尚未反映出明显的空化现象。

7）泄洪坝段下游冲刷。

从 2008—2012 年泄洪坝段下游实测地形来看，坝下整体冲刷形态基本一致，2010 年和 2012 年泄洪坝段左侧下游冲坑高程较 2009 年抬高，冲坑最深处范围 20+230～20+260m，位置较 2009 年略有下移。下游冲坑最低部位高程 26.50m，虽低于基础清挖高程，距坝趾距离均大于 100m，折算冲坑至坝趾坡度均缓于 1∶5，不会危及泄洪坝段安全。右纵防冲墙边实测地形，均有局部冲刷，2010 年和 2012 年与 2009 年比较，冲坑最低高程 36.60m，与 2009 年高程相当，最大冲深约 11.4m，冲坑位置约 20＋240m。左导墙边实测地形，2010 年和 2012 年与 2009 年比较，有冲有淤，左导墙边约 20+232m 范围冲坑深度降低约 2m，冲坑高程均高于建基面；导墙近末端较 2009 年冲坑高程略有抬高，说明有淤积。

（2）茅坪溪防护坝。

1）坝体变形。

2012 年 12 月坝顶最大向下游水平位移 83mm，最大沉降为 196mm，最大位移在坝体中部。蓄水后的 2003 年 7 月，各沉降管实测的最大累积沉降量在 245～582mm 之间，坝高最大的 0＋700m 断面的累积沉降量最大，最大累积沉降出现在约 1/2 的坝高处，最大沉降占约占坝高的 0.64%。各种计算模型计算的施工期坝壳中心部位的最大沉降量为 657～1170mm，约占坝高的 0.73%～1.13%，说明实测沉降量在计算范围内，与通常 100m 级土石坝的沉降范围也是一致的。沉降管观测的同高程心墙上下游过渡层沉降量的差值不大，平均差值约为 37mm。2003 年之后的各年水库蓄水对坝体内部沉降没有明显影响，沉降量基本稳定。

位错计观测的心墙与过渡层间的沉降差值在 48.5mm 以内，高程 105.00m 处最大，沉降差平均值约 18.0mm，心墙比过渡层沉降略多；同一高程心墙两侧与过渡层的相对沉降差的差值在 1.4～5.9mm，平均差值为 3.4mm；2003 年 12 月坝体填筑完毕及水库蓄水后的相对沉降差值没有明显变化。

2）应力应变。

心墙上下游表面铅直向的应变均为压应变，且压应变随坝体填筑高度增加而增大，2003 年之后心墙应变基本没有变化。实测的应变在－5.43%～－0.71%之间，平均应变为－2.49%。3 支压应力计实测心墙底部铅直向压应力随坝体填筑高度的增加而增大，至 2003 年 7 月实测应力分别为－1.54MPa、－1.46MPa 和－1.35MPa，此后测值没有明显变化。

3）渗流。

水库蓄水后，渗压计、测压管实测的心墙上游建基面处渗压水位基本与库水位一致，心墙下游建基面及坝体处的渗压水位与下游坝脚处的水塘（下游围堰与防护坝之间）水位是一致的，表明坝基及坝体内渗压均是正常的，符合坝体的结构特点。实际坝基及坝体的水库渗漏水量约在 1700L/min 以内，渗漏量远小于设计值 5000L/min，且各年库水位在设计水位时渗漏量基本一致。

2. 电站建筑物

（1）左右岸电站。

1）水轮机层沉降变形。

左岸、右岸电站各机组水轮机层高程 67.00m 均布设有精密水准点观测沉降。左岸 1～14 号不同机组沉降起测时间为 2002 年 6 月—2004 年 8 月。2003 年 6 月围堰发电期水库蓄水（蓄水 135m 水位）前起测各点的沉降在 6.5～10.5mm 之间，大部分沉降发生在蓄水 135m 水位前后，各点在蓄水 135m 水位前后沉降增加约 5～7mm，这与厂房坝段基础的沉降规律是一致的；围堰发电期水库蓄水之后（2003 年 6 月—2004 年 8 月）起测各点的沉降约在 2.0～5.0mm 之间，大部分在 3mm 左右；左岸机组各沉降点在水库试验蓄水期沉降值没有明显变化，相邻机组段间同时段沉降差值在1mm以内，没有不均匀沉降现象。右岸15～26号不同机组沉降的起测时间为2007年5—10月，至2012年12月各点沉降在3.4mm以内，大部分在2mm左右；在水库试验蓄水期沉降值没有明显变化，相邻机组段间同时段沉降差值在1mm以内，没有不均匀沉降现象。

2）厂房基础渗流。

基底渗压：为保证左厂1～5号坝段和右厂24～26号坝段基础深层抗滑稳定，在左厂1号～左安Ⅲ号机组段和右安Ⅲ～右厂26号机组段采用了封闭帷幕和抽排方式降低基础渗压，其他机组基础则未设防渗帷幕和排水孔。实测左厂1～5号和右厂24～26号机组段下游封闭帷幕幕后渗压水位约在27m以内，其封闭抽排区内渗压水位均在基岩缓倾角结构面以下，在设计允许范围以内。水库试验蓄水期间封闭帷幕幕后渗压水位没有明显变化。

基础渗漏量：左岸厂房基础封闭抽排区渗漏量已从2003年6月蓄水后的95L/min减少至2012年12月的19L/min。右岸厂房基础基础封闭抽排区渗漏量在2007年4月时最大，约87L/min，之后有所减少，至2012年12月减少至30L/min。

3）电站引水管受力情况。

在左厂3号、左厂14号及右厂26号坝段坝后电站引水钢管外包钢筋混凝土环向钢筋上布设了钢筋计观测钢筋应力，在引水管表面布设了钢板应变计观测引水钢管表面环向应力。至2012年12月，实测引水钢管表面环向应力约在－85～100MPa之间，钢管应力主要受温度年变化影响呈年周期性变化，各测点应力年变幅约在55MPa以内。外包钢筋混凝土环向钢筋应力约在－50～110MPa之间，大部分钢筋应力在50MPa以内，普遍较小，钢筋应力亦主要受温度年变化影响，应力年变幅约在40MPa以内。总的看来，试验蓄水期坝后电站引水管的钢管应力和外包钢筋混凝土的钢筋应力均在设计允许范围内，且没有异常变化。

4）蜗壳变形及受力情况。

700MW水轮发电机组蜗壳规模大，平面最大宽度34.38m，容积约6000m^3，水轮机蜗壳进口钢管直径12.4m，进口断面设计内水压力达1.395MPa（含水锤压力），HD值达1730m^2，是目前世界上已安装的混流式水轮机最大的蜗壳。左右岸电站机组蜗壳除21台仍采用保压方式埋设外，在右岸电站选择了4台机组蜗壳采用垫层方式埋设，1台机组蜗壳采用直埋方式。直埋方式仍有垫层，垫层范围从进口至－45°处。3种埋设方式的蜗壳监测资料分析表明，各项测值均是正常的，保压和垫层方式的蜗壳应力水平没有明显区别，直埋方式的蜗壳应力略小。垫层和直埋方式同样能满足设计要求。主要观测成果如下：

蜗壳应力：保压蜗壳在充水保压过程中，蜗壳一般产生一个拉应力增量，但环向应力增量比水流向大，各机组保压后蜗壳最大应力约为 80～103MPa。各机组调试运行前后，蜗壳一般产生拉应力增量，环向应力变化比水流向变化明显，蜗壳部位比过渡板变化明显，应力变化最大的部位一般在蜗壳腰部及以上部位。机组调试运行前后的最大应力增量约为 132MPa，运行时的最大应力约为 157MPa。保压方式和垫层方式蜗壳的应力变化、分布和应力水平没有明显的区别，实测应力水平远小于有限元计算的蜗壳约 200MPa 最大应力。直埋方式的 15 号机蜗壳应力相对较小，最大应力约为 60MPa。

蜗壳与外包混凝土间开度：垫层方式的蜗壳与混凝土间开度在运行后均产生一个压缩量，26 号机垫层最大压缩量达 7.70mm，25 号、18 号和 17 号垫层的最大压缩量分别为 3.43mm、2.37mm 和 2.93mm；各机组开度的变化规律基本一致，一般腰部开度变化最大，顶部次之，底部开度变化不明显。保压方式调试运行前蜗壳与混凝土间开度最大，运行后开度减小。24 号、16 号、19 号和 10 号调试运行前后开度的最大变化量分别为 6.27mm、2.11mm、6.08mm 和 3.03mm；各机组开度的变化规律基本一致，一般腰部开度变化最大，顶部次之。另外，运行期 135m 以上库水位条件下实测开度均在 0.2mm 的观测误差范围内，蜗壳与混凝土间基本无间隙，表明蜗壳与混凝土是贴紧的，与计算结果也是一致的。直埋方式充水前各测点开度－0.15～0.24mm，开度均较小；2008 年 11 月 11 日库水位 172.7m 运行时，垫层部位处开度在－1.75～－1.05mm，垫层均有所压缩，其他直埋部位测点开度在－0.11～0.10mm，均无明显间隙。

蜗壳外包混凝土钢筋应力：各机组蜗壳外包混凝土钢筋应力受机组调试及运行的影响较小，钢筋应力主要随温度变化，较大的钢筋应力均是在施工期就产生的温度应力。除个别测点外，实测钢筋应力在 100MPa 以内，绝大部分钢筋应力在 50MPa 以内。不同蜗壳埋设方式的机组混凝土钢筋应力没有明显区别。

蜗壳外包混凝土应力：实测调试运行前后，蜗壳腰部及 45°处混凝土环向一般产生一个拉应力增量，各测点应力增量在 2.4MPa 以内。运行期混凝土应力实测值与计算值规律基本一致，数量相当。

5）水力学。

库水位 174.4m、下游水位 64.9m 观测条件下，右岸电站 21 号、26 号机组 175MW 稳态运行和甩负荷、756MW 稳态运行和甩负荷各试验工况坝前进水口水面平稳，水流顺畅，未见漩涡等不良流态；尾水出口水流翻滚涌浪不大，约 0.5～0.8m，右侧水域回流较小，对机组平稳运行无影响。机组稳态运行时其过流系统时均压力分布正常，脉动压力幅值较低（标准差小于 1.0×9.81kPa）；机组甩负荷过程中，压力钢管内的动水压力最大升高值约 9.2×9.81kPa，远小于设计允许值，尾水管段动水压力略有降低，未出现负压，表明机组甩负荷过程对其过流系统形成有害冲击的可能性不大。175MW 甩负荷后机组转速最大升高率 β=6.8%～7.7%，756MW 甩负荷机组转速最大升高率 β=40.8%～47.2%，距机组转速允许升高的上限尚有少量余幅。

（2）地下电站。

1）围岩变形。

多点位移计实测主厂房围岩最大变形约为 26mm，位于 30 号机下游边墙，大部分测点的变形在 5mm 以内（图 6）。洞室开挖及支护后包括块体在内的各部位围岩变形测值均是稳定的。27 号机主厂房洞顶上覆岩体最薄，多点位移计实测其洞顶位移仅为 1.2mm，围岩支护后测值是稳定的。

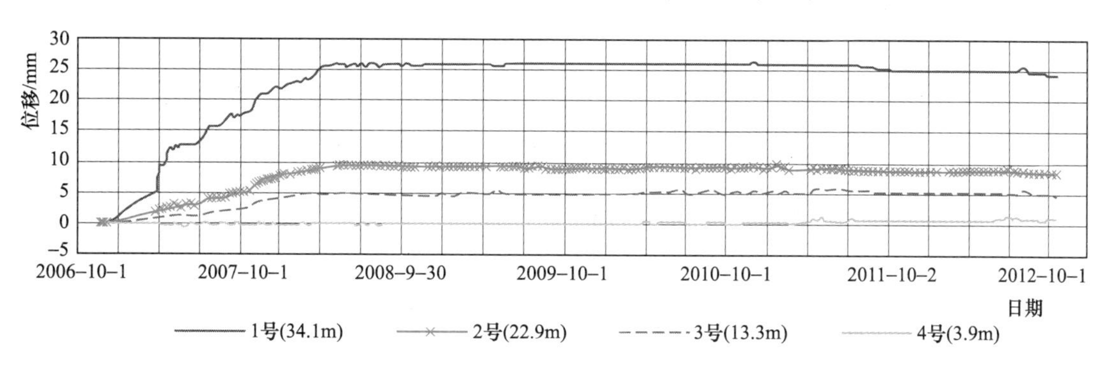

图 6　30 号机下游边墙高程 62.03m 处多点位移计 M13DC04 位移过程线

2）围岩锚索、锚杆应力。

锚索应力：测力计锚固力的锁定后损失率约在－6%～21%之间，平均为 6%。预应力损失主要发生在洞室开挖过程中，之后锚固力基本稳定。

锚杆应力：包括顶拱块体在内的围岩支护锚杆应力大多在 100MPa 以内，交叉洞口附近及保留岩墩等卸荷充分的部位锚杆应力较大，部分锚杆应力超过 200MPa。锚杆应力在支护及开挖后基本稳定。

岩锚梁预应力锚杆锚固力平均约为 220kN。预应力损失主要发生在 2008 年 7 月之前，之后锚固力变化平缓，测值基本稳定。

3）围岩渗流。

主厂房周边地下水在 C 排水洞（上游高程 75.00m、下游高程 60.00m）附近，主厂房周边排水幕以内的围岩基本处于疏干状态。

4）水力学。

试验性蓄水位175m，三峡地下电站31号机组在各稳态运行条件下，进口前水面平稳，水流顺畅，未见漩涡等不良流态；尾水出口水流翻涌最大浪高约0.5m，回流较小，对机组平稳运行无影响。在机组各种甩负荷工况下，电站进口水面均会产生一定的水流浪动现象，其最大水面波动约0.1m，尾水出口水流翻涌较稳态运行时加剧，最大涌浪高度约0.7m。机组稳态运行时其过流系统时均压力分布正常，脉动压力幅值较低；在机组各种甩负荷工况下，压力钢管末端实测最大瞬时动水压力为126.0×9.81kPa，发生在上游水位175.00m、下游水位65.00m、机组甩750MW负荷工况下，小于设计允许值；尾水管段压力降低与机组甩负荷前的出力及过机流量密切相关，实测尾水管段最大压力降低值约7.0×9.81kPa，发生在机组甩满负荷工况下；在机组甩满负荷工况下，尾水管进口段可能有一定的负压出现，但由于时间非常短，不影响安全。

变顶高尾水阻尼井在各种甩负荷工况下均会产生涌浪现象，其涌浪大小与机组甩负荷前的工作水头成反比，与机组甩负荷过程中的流量变化率成正比。阻尼井内最高涌浪高程为70.93m，远低于阻尼井口平台高程；阻尼井内最低水面高程为59.63m，高于阻尼井底部孔口最高部位9.63m，满足工程设计要求。

电站进水口快速闸门动水关门过程中，门后压力钢管从有压流状态变为水流脱空状态，其空腔最低负压值为－2.9×9.81kPa，闸门闭门正常，未出现闸门卡阻现象；阻尼井内涌浪相对较小，最大波幅变化3.9m；由于快速闸门关门过程持续时间长达4～5分钟，机组段的水流空化特性没有恶化。

（三）试验性蓄水运行中的问题与建议

1. 问题及处理

（1）拦河大坝纵缝局部增开变形问题。

泄洪坝段及厂房坝段纵缝中上部在灌浆之后有再张开现象。2003年6月蓄水后随时间延长，坝体温度变化趋于稳定，增开度有所减小并趋于稳定。试验性蓄水以来纵缝开度的变化规律和量值没有明显变化，2010—2012年蓄水位175m，监测资料表明，除纵缝顶部附近受气温变化影响开度有约0.5mm年变幅外，纵缝中下部开度没有明显变化，测值无突变，进一步验证了仿真计算成果。纵缝大部分缝面已闭合，在上部近坝面一定范围的缝面随气温呈周期性变化，夏季张开，冬季闭合。钻孔检查发现纵缝张开在键槽铅直面处，其斜面是闭合的，纵缝上、下游坝块由键槽传力。综合分析，纵缝灌浆后的局部增开变形不影响大坝的整体作用和安全运行。

（2）拦河大坝上游面裂缝处理效果问题。

泄洪坝段施工期上游面高程 80.00～36.00m 出现温度裂缝，缝深小于 3m，缝宽在 1mm 以内，均为竖向表层裂缝。采取对裂缝表面缝口凿槽回填柔性防渗材料封堵，缝内化学灌浆等综合处理措施。处理后的观测成果表明，裂缝未张开，处理效果良好。试验性蓄水以来实测 135m 以下库水温在 10～28℃之间，比最低日平均气温高 10℃以上，温度边界条件更有利于保持裂缝的稳定。2008 年试验性蓄水后的钻孔声波检查也表明，泄洪坝段上游面裂缝没有继续扩展；在裂缝对应的坝内廊道部位检查尚未发现渗水点。综合分析，泄洪坝段上游面裂缝处理后未继续张开，处于闭合状态。

（3）拦河大坝左厂 1～5 号坝段深层抗滑稳定问题。

左厂 1～5 号坝段坝基岩体中存在倾向下游的长大缓倾结构面，针对其深层抗滑稳定问题，采取加强坝踵防渗帷幕、坝基岩体增设排水洞、降低建基岩面高程、并在坝踵设齿槽等综合处理措施。2003 年 6 月蓄水后监测资料表明处理效果显著。2008 年试验性蓄水以来，坝基变形实测值较小且变化不明显，基础沉降变化与其他坝段变化规律一致，沉降变化正常；坝基渗压水位低于缓倾角结构面，基本不随上游水位变化，坝基缓倾角结构面以上岩体处于疏干状态，渗流量呈减小趋势；坝基均小于设计值 0.25 及 0.30，左厂 3 号坝段上下游帷幕后排水幕处扬压力系数分别为 0.00 和 0.08，两种典型深层滑移面上实测总扬压力值仅为设计值的 41.0%～58.4%。长江设计院根据试验性蓄水位 175m（实测坝前水位 174.87m）的确定性滑移模式的实测扬压力值，对典型坝段深层抗滑稳定复核计算，左厂 3 号坝段高程 85－ABE 和高程 106.6－ABCFI 最不利的两种确定性滑移模式深层抗滑稳定安全系数分别为 3.37 和 4.27，较原设计计算值 3.17 和 4.17 分别提高 0.20 和 0.17。综合分析，左厂 1～5 号坝段深层抗滑稳定满足规范和设计要求。

（4）拦河大坝抗震复核问题。

汶川地震后，对三峡大坝进行了抗震复核，设计地震工况下，各坝段混凝土的抗拉强度、抗压强度均满足规范的要求，沿建基面的抗滑稳定安全满足规范要求。对泄洪 2 号坝段作了纵缝张开情况下的损伤计算，结果表明：在设计地震（峰值加速度 0.1g）作用下坝段缝端出现较小范围的损伤；在 10000 年一遇地震（峰值加速度 0.136g）的地震作用下的大坝的缝端以及下游折坡部位出现一定范围的损伤，但不致产生贯通损伤，不影响大坝挡水安全。

（5）茅坪防护坝实测资料的反演分析问题。

长江设计院在 175m 水位试验性蓄水以来的监测资料整理分析的基础上，

通过心墙竖向应变的实测资料与反演计算成果对比分析表明，高程140.00m以下心墙沥青混凝土模量基数不小于292，高程140.00m以上心墙沥青混凝土模量基数不小于240；水力劈裂按竖向应力不小于心墙上游侧静水压的标准判别，沥青混凝土的抗水力劈裂安全系数为2～3，心墙不会发生水力劈裂破坏；如果按最小主应力不小于心墙上游侧静止水压力的标准进行评定，沥青混凝土模量基数k不小于240时，心墙最小主应力大于相应水压力，考虑到沥青混凝土具备0.2MPa的抗拉强度，心墙不会发生水力劈裂破坏，尽管心墙应力受过渡料的支撑存在一定拱效应，尚在承受范围之内，不影响大坝安全运行。心墙的应力水平随沥青混凝土模量基数k值的增大而增大，当心墙模量基数为413时，心墙的应力水平均小于1.0，说明沥青混凝土心墙应力状态良好，在沥青混凝土模量基数k值不小于240的条件下有一定的抗剪强度储备。心墙的挠跨比均远小于试验极限值2.78%，心墙抗挠曲开裂有较大的安全裕度。综上所述，茅坪溪防护坝在正常蓄水位175.0m运行状态是安全的。

(6) 左岸、右岸电站引水压力钢管伸缩节问题。

左岸、右岸电站引水压力钢管共安装17台（7～23号机组）波纹管伸缩节。水轮发电机组投运初期，发现波纹管内导流板振动过大的问题，经处理有所减轻。后期运行中又发生导流板被振脱落，引起机组振动大的问题。该波纹管内导流板在管道环向共分6块，上、下游向两端用不锈钢螺栓固定。采取将波纹管内的导流板由6块改小为96块，处理后运行正常。

2. 问题及建议

(1) 泄洪坝段18～19号坝段横缝排水槽渗漏水问题。

大坝横缝115条，横缝上游侧两道止水片之间设有20cm×20cm的排水槽，施工期用于检查两道止水片埋设质量，如发现止水片漏水，可用有机材料灌注排水槽，以防止横缝渗漏水。2008年1月20日，在大坝泄洪坝段基础廊道（高程49.00m）检查发现泄18～19号坝段横缝排水槽渗漏水，实测出水量30L/min。该段出水排水槽从建基高程45.00～57.00m，引管至高程49.00m基础廊道，并与上一段排水槽隔开。2008年3月3日实测最大出水量为129L/min，5月12日出水量为0.6L/min，6月9日为0.03L/min；2009年1月21日实测出水量为1.26L/min，3月20日实测最大出水量为125.5L/min，5月15日为3.1L/min，7月9日为0.01L/min。2010年3月20日实测最大出水量为128.1L/min，2011年和2012年实测最大出水量分别为122.1L/min和98.3L/min，初步分析，该段横缝冬季渗漏水量大，夏季渗漏水量很小，与冬季坝顶向下游位移值增大，坝体下部上游面呈拉伸变形，夏季坝顶向下游水位移值减小，坝体下部上游面呈压缩变形而引起横缝止水片以上部位坝基面缝拉开有关。建议对该段排水槽渗漏水部位继续观测出水量变化情况，并研究处理方案。

（2）拦河大坝坝踵与坝趾应力分析问题。

2010年10月26日试验性蓄水达正常蓄水位175m，拦河大坝监测成果中坝踵压应力减小0.16～0.78MPa，坝趾压应力增加0.14～0.68MPa，符合重力坝应力变化规律。但目前坝踵压应力值为1.19～4.86MPa，坝趾压应力值为1.39～2.66MPa，其测值与设计计算值相差较大，建议列专题进行分析研究。

（3）防护坝心墙底部混凝土基座廊道横渗水问题。

防护坝心墙底部混凝土基座廊道检查发现8号横缝上游侧顶部、10号横缝上游侧、11号横缝处有渗水点。初步分析认为横缝止水在高水头作用下局部破损所致。建议加强对横缝渗水漏水量、水质监测，特别在渗水量增加时，应查明渗水增加的原因，必要时需研究对渗水横缝进行处理。

（4）右岸坝后式电站厂房24号机组段高程63.00m层引风廊道漏水问题。

2009年8月21日，三峡电厂值班人员在右岸电站厂房上游副厂房24号机组段高程63.00m层引风廊道发现一根ϕ200mm钢管满管向外出水，经现场检查、查阅施工资料及分析，是施工期预埋的一根排水钢管在厂房混凝土浇筑完成后未按设计要求封堵，该排水钢管通向厂房下游尾水渠，导致沿钢管向引风廊道内漏水。电厂于9月4日对漏水钢管安装了阻塞器和压力表。鉴于该排水钢管位于右岸电站厂房基础混凝土部位，建议按设计要求对钢管进行回填灌浆封堵。

（5）地下电站厂房27号、28号、29号机组段混凝土渗水问题。

地下电站27号、28号、29号机组2012年2—7月投入商业运行前，在水轮机层高程66.97m左上角调速器基础底部混凝土发现积水，并在2号楼梯间上游混凝土发现局部渗水。三峡电厂即组织相关单位人员进行了现场检查，并安排专人对渗水情况进行跟踪、记录，及时清理积水，确保设备运行安全。建议中国长江三峡集团公司组织各参建单位尽快查清上述机组段水轮机层混凝土渗水原因，及早进行处理，以保障机电设备安全运行。

（6）进一步加强和规范大坝安全监测问题。

对枢纽各建筑物安全监测设施应加强维护更新改造工作，开展有关监控指标的研究和制定。随着技术的发展，在条件具备时安装真空激光系统或引张线系统（无浮托），实现茅坪溪防护坝GPS自动变形监测。对左厂房3号坝段增加强震动监测设施，与其他已设置强震动监测设施的坝段一同进行持续观测，并依据强震监测系统定期实施现场动力特性测试，多方面了解大坝抗震安全状况。建议工程转入正常运用期后，应继续对各建筑物的变形、渗流、应力的监测及其监测资料的整理和分析，并加强日常对各建筑物和近坝库岸段的巡视检查和维护。

(7) 加强金属结构及设备维护、更新改造问题。

金属结构设备有的已运行十几年，止水、螺栓、轴承等设备零件应及时更新，保证设备运行的可靠性。对闸门及启闭设备应经常维护，发现问题及时处理。加强金属结构及设备的运行管理，对尚未开启运行的1号、4号、6号排沙孔择时安排试验运行，以观测闸门及启闭机的运行状况。

二、通航建筑物

(一) 运行及检修情况

1. 船闸运行

经试验性蓄水5年运行检验，船闸主体建筑物各项技术指标满足设计要求，闸上设备设施工作正常，闸室充泄水平稳，两侧边坡稳定，上、下游引航道适航性能良好，船闸运行安全、高效。

2008—2012年设备运行停机故障率分别为1.33%、0.75%、0.29%、0.47%、0.53%；设备故障率总体呈下降趋势，设备设施处于良好工况。2012年主要设备完好率为100%，全部设备完好率为99.14%，船闸设备设施安全与技术性能良好。试验性期间船闸主要运行数据统计见表7。

表7　　试验性期间船闸主要运行数据统计表

项　　目	2008年	2009年	2010年	2011年	2012年	累计
船闸运行闸次/闸次	8661	8082	9407	10347	9713	46210
船闸通过船舶/万艘次	5.5	5.2	5.8	5.6	4.4	26.5
船闸通过货物/万t	5370	6089	7880	10033	8611	37983
船闸通过旅客/万人次	85.5	74	50.8	40	24.4	274.7
翻坝转运旅客/万人次	—	2.7	—	—	22.5	25.2
翻坝转运货物/万t	1477	1337	914	964	878	5570

续表

项　　目	2008年	2009年	2010年	2011年	2012年	累计
三峡枢纽通过旅客/万人次	85.5	76.7	50.8	40	46.9	299.9
三峡区段通过货物/万t	6847	7426	8794	10997	9489	43553
闸室面积利用率/%	70.3	73.0	76.2	76.9	72.7	

试验性蓄水期间，船闸的运行数据与试验性蓄水的关系不大，随着长江流域经济社会的发展，航运呈现出如下特点：

（1）过闸货运量总体上稳步增长。2008—2011年，船闸过闸货运量年均增长23.16%；2011年上、下水过闸总货运量已突破亿吨大关，年单向通过货运量已达到5500万t，提前19年达到并超过了设计水平年的过闸货运水平；2008—2012年三峡船闸累计通过货物3.8亿t，三峡枢纽年过坝总货运量4.4亿t，年均货运量约为蓄水以前最大年货运量的5倍。

（2）船闸运行效率逐步提高。船闸船舶过闸次数总体呈上升趋势。船闸年日均运行闸次数，从2008年的24.1闸次，增加到2011年的28.34闸次。2012年12月，单日最高达到35闸次。

（3）通航率一直保持较高水平。2008—2012年船闸年平均通航率分别为98.05%、96.40%、95.88%、98.82%、92.04%，2012年扣除岁修影响后，两线船闸平均通航率94.52%，均远高于84.13%的设计指标。

（4）船舶向大型化、标准化方向发展。3000t以上的大型船舶的占有率，从2008年的9.21%上升到2012年的48.28%，其中大于5000t船舶占的比重为25.89%。

（5）过闸货种稳中有变。过闸货物前五大种类为煤炭、矿石、集装箱、矿建和钢材。在所有过闸物资中，煤炭曾多年占据第一的位置，但近年来运量开始下降，占过闸货运量的比例由2008年的41.2%下降到2012年的15.9%，矿建材料的比例，则由2008年的3.3%，快速上升到2012年的22.4%。

（6）船舶装载率有待提高。5年来过闸船舶载重利用系数：下行从0.79逐年下降到0.446，上行从0.51逐年上升到0.728。与设计载重利用系数0.9相比，过闸船舶载重利用系数还有较大提升空间。

（7）上、下行货运量比例变化。2008—2012年，下行货运量占总货运量的比例分别为61%、52%、54%、45%和38%。前三年过坝运量货物的主流方向仍与过去一致，即以下行为主；2011年以后，货物的主流方向改以上行为主。

(8) 第一闸室高水位和补水运行得到了检验。试验性蓄水期间，船闸的第一闸室首次进行了高水位运行和水库蓄水位在 152.4m 以上至 165.0m 区段，船闸按五级补水方式运行。运行表明，船闸结构及相应的设备工作正常。

2. 船闸检修维护

(1) 设备更新改造和维修。试验性蓄水期间，先后完成了南线船闸工业电视系统、闸室标志线和消防水系统等改造项目。实施了边坡及中隔墩绿化、船闸建筑物表面清理与保护、上游引航道增设拦漂排、通航配套部分水毁设施维修、船闸集控楼和启闭机房维修、快速检修工装研究和完善等项目。有计划地开展了船闸高边坡喷护、上、下游引航道清淤、年度备品备件和成套油缸备品采购、浮式系船柱改造试验等工作。

(2) 船闸岁修。2012 年 3 月 7—26 日，对三峡南线船闸进行了首次岁修。岁修检查结果表明，船闸结构的整体质量是好的，但也存在某些运行损伤缺陷问题，如闸室底板结构缝损坏，渗漏水量增加等。对于发现的问题，均进行了相应处理，并且收到了良好的效果。船闸岁修突破了传统模式。通过精心组织和技术创新，仅用 20 天时间就安全优质地完成了南线五级船闸输水系统、基础排水廊道、闸室底板及边墙、闸阀门及启闭机等水工、金属结构和机电设备的检修任务。大大缩短了检修停航时间。

(二) 监测资料分析

1. 船闸监测资料分析

(1) 变形。

1) 边坡变形。边坡表面位移测点实测成果表明，边坡变形以向闸室方向位移为主，受开挖卸荷影响，变形主要发生在开挖过程中，且变形随开挖深度的增加而增大，开挖结束之后变形速率下降，并趋于收敛。

至 2012 年 12 月，南、北坡斜坡实测向闸室最大位移分别约为 73mm 和 56mm，南、北直立坡顶向闸室最大位移分别约为 43mm 和 36mm，中隔墩顶南、北侧向闸室方向的最大位移分别约为 22mm 和 33mm。2002 年之后中隔墩顶及南北坡直立坡顶向闸室的表面位移测值均是稳定的，测值波动在观测误差（±1.5mm）以内。

包括直立坡块体部位的卸荷松弛带内的多点位移计、伸缩仪及滑动变形计实测的相对变形测值均在 1999 年边坡开挖及支护结束之后稳定，包括直立坡块体上的各部位锚索测力计的锚固力也是稳定的。

试验蓄水期，边坡各项变形测值没有明显变化，变形不受库水位变化的影响，边坡是稳定的。边坡各部位向闸室水平位移最大测点实测位移见表 8，典型测点位移过程线见图 7、图 8。

表 8　边坡各部位向闸室水平位移最大测点不同时间的位移值

部　位		北坡斜坡	北坡直立坡顶	中隔墩北侧顶部	中隔墩南侧顶部	南坡直立坡顶部	南坡斜坡
测点编号		TP15GP01	TP67GP01	TP68GP01	TP99GP02	TP94GP02	TP39GP02
桩号/m		15+851	15+494	15+570	15+784	15+496	15+850
高程/m		185.00	160.00	160.00	139.00	168.00	215.00
岩体情况		强风化	微新	微新	微新	微新	强风化
日　期	库水位	向闸室位移/mm					
1999-5-11		39.84	26.66	29.20	18.80	35.94	53.21
2003-1-7	69.17	48.52	32.73	31.94	21.55	41.43	63.86
2006-10-29	155.68	52.46	33.44	32.31	21.08	40.90	69.09
2008-11-10	172.80	55.79	34.97	30.56	21.46	42.99	70.53
2009-11-24	171.41	54.80	35.28	31.19	23.78	41.90	71.19
2010-10-26	175.00	54.38	34.95	31.45	21.10	40.63	72.00
2010-12-10	174.61	53.90	35.16	31.30	22.01	39.63	71.57
2011-12-9	174.74	53.94	36.05	29.63	23.07	43.06	69.58
2012-9-10	159.32	56.98	36.38	31.95	22.04	43.19	72.56

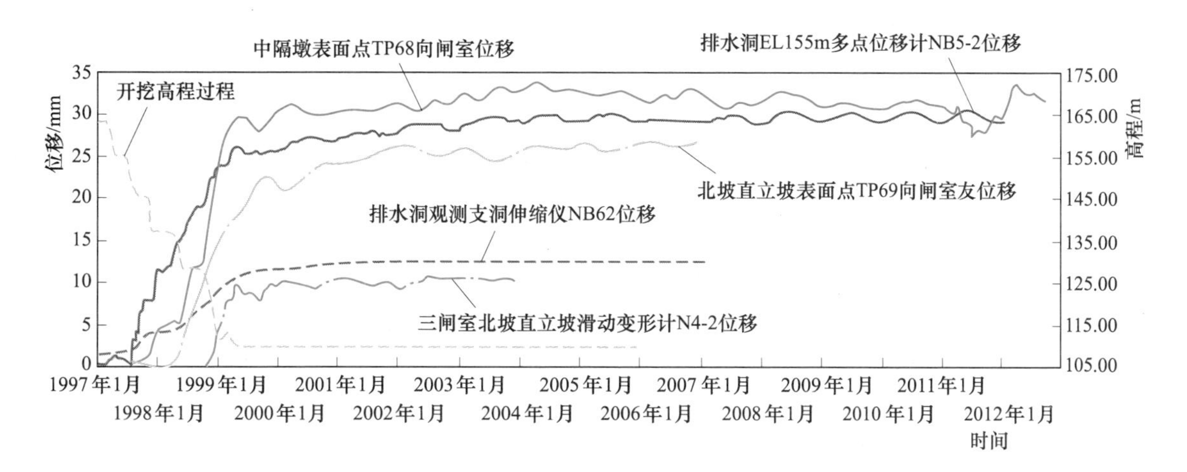

图 7　各监测设施典型测点观测的向闸室位移过程线

2）闸首及闸室墙变形。截至 2012 年 2 月，垂线观测闸首变形成果表明，闸首底部的位移较小，绝大部分测值－1.5～1.5mm 之间，各闸首顶部向闸室的位移在－1.0～6.5mm 之间，向下游的位移在－3.0～5.0mm 之间。引张线

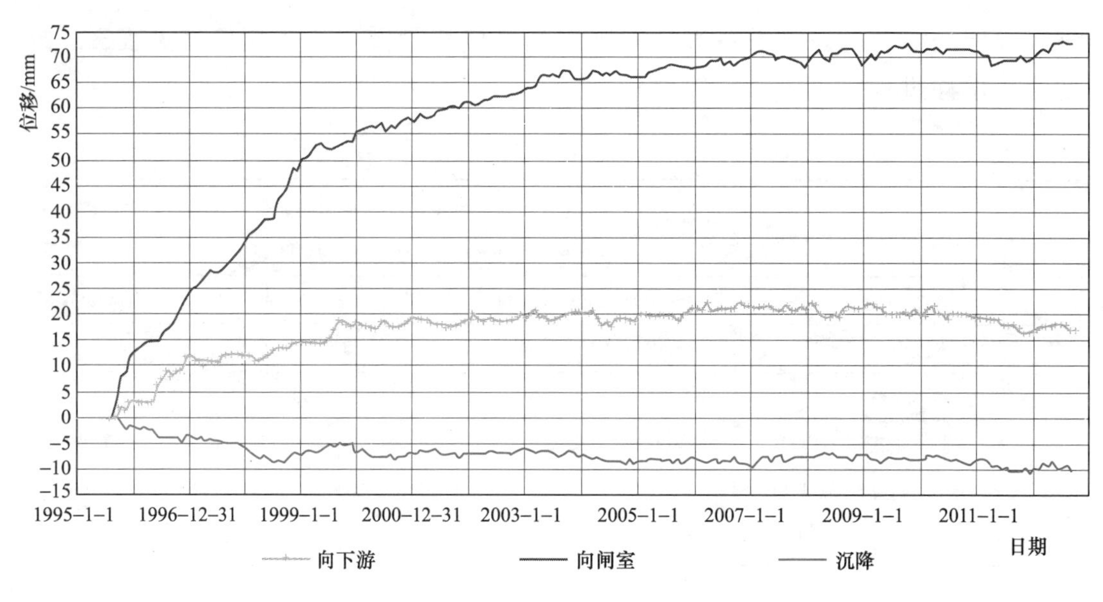

图 8 位移最大的南坡 15＋850 高程 215.00m 表面测点位移过程线

实测南、北坡各闸室墙管线廊道向闸室方向的水平位移在－1.5～6.0mm 之间。相比较而言，五、六闸首及闸室墙顶部位移比其他闸首和闸室墙大，这主要与其上部为重力式结构有关。

闸首及闸室墙变形主要随气温呈现出年周期性变化，顶部向闸室位移的年变化量约在 2mm 以内，试验蓄水期位移没有趋势性变化，闸首变形不影响人字门的运行。

（2）渗流渗压。

1）边坡地下水。

实测边坡排水洞以上的岩体处于疏干状态，边坡地下水位已降至设计水位（设计地下水位在各层排水洞洞顶附近）以下，这对边坡稳定是有利的。南、北坡全部排水洞的总渗漏量在 360～1280L/min 之间，受降雨入渗的影响渗漏量在汛期要大一些，但 2003 年船闸通航后渗水量没有增大的趋势，水库蓄水对排水洞渗漏量变化没有明显影响。

2）闸墙结构渗压。

闸墙墙背及支持体背渗压计的观测成果表明，除个别测点实测水头值达 3.5m 外，其他测点部位基本无渗压，墙背和支持体背的排水管起到了很好的排水降压效果。

3）基础廊道渗流。

2006 年之后船闸南、北线基础廊道年最大渗漏量呈逐年增大趋势，南线船闸基排廊道至岁修前的 2012 年 2 月最大渗漏量为 3170L/min，北线船闸基排廊道至岁修前的2013年2月最大渗漏量为3190L/min。南、北线基排廊道渗漏量在2～3月最大，8～9月最小，各年最小渗漏量均在250L/min左右。但总漏量仍小于设计抽排能力。南线船闸在2012年3月岁修处理后渗水量已减小至635L/min，处理效果良好。2013年3月北线船闸岁修也将进行相同的处理。

（3）船闸结构锚杆及锚索。

1）结构锚杆应力。

闸首及闸室墙高强结构锚杆实测48支锚杆应力，仅有2支锚杆应力超过100MPa，其他锚杆均小于设计应力。闸首支持体部位的锚杆应力明显与温度变化相关，闸室水位变化对锚杆应力的影响不明显，见图9。

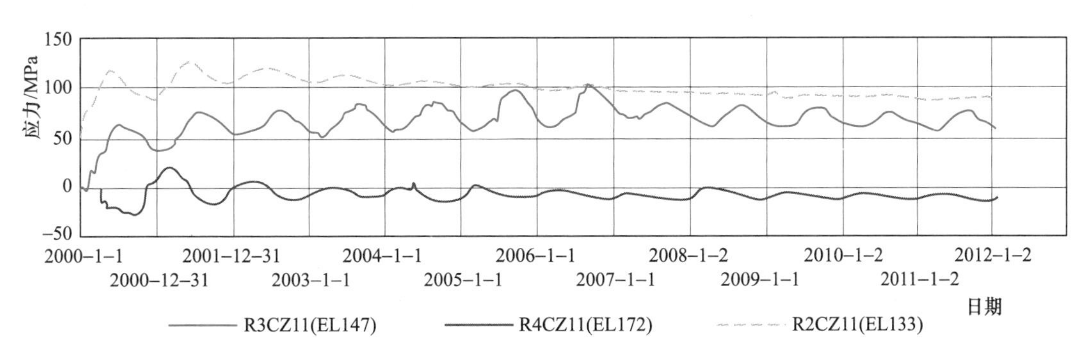

图9　一闸首北坡高强锚杆应力（R2～4CZ11）

2）预应力锚索的锚固力。

预应力锚索实测锚索锁定预应力损失在－0.60％～6.42％之间，平均为2.76％。包括直立坡块体上的锚索预应力损失变化符合一般规律，锚索安装1年以后，锚索锁定后平均损失为7.7％，绝大部分在15％以内。锚索锁定2年之后的预应力变化很小，基本稳定，并略受气温影响呈现出年变化。

边坡块体上锚索预应力损失量与非块体部位没有明显区别，预应力损失和变化规律基本一致。以f1239块体为例，其锁定后1年的平均预应力损失率约为7.2％，而南坡其他测力计实测1年的平均锁定后预应力损失率约为7.6％。

试验性蓄水及船闸通航运用对锚索锚固力没有明显影响，锚索预应力没有陡然变化的现象（图10），表明锚索预应力变化正常。

（4）第一级船闸闸室输水水力学监测。

船闸输水系统在试验性蓄水至175m，第一级船闸高水位运行和第二级船闸补水运行时连续跟踪监测表明，船闸在输水阀门采用连续开启方式，第1闸室输水时间和闸阀门启闭力满足设计要求，输水系统阀门段、T形管和中支廊道等部位，均未发生水流空化现象。但在上游高水位区，对船闸第2闸室进行补水运行时，如输水阀门采用连续开启方式运行，充水流量偏大，经调整阀门

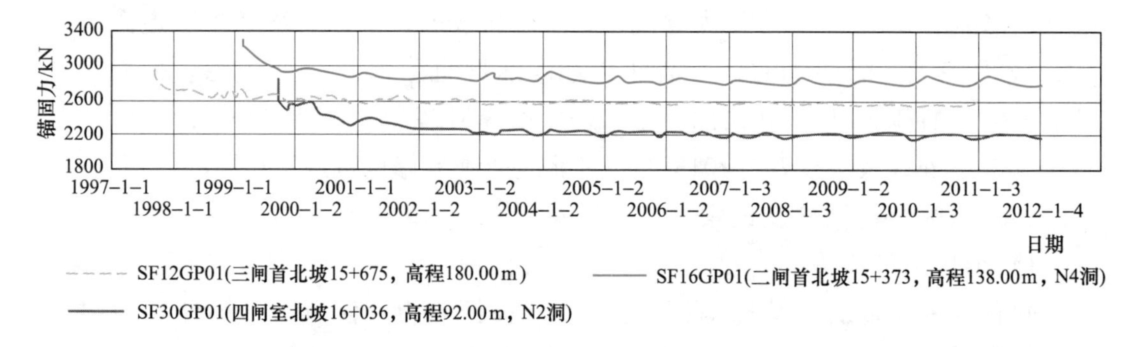

图 10　北坡锚索实测锚固力过程线

采用间歇开启方式后，船闸输水的最大流量得到有效控制，间歇期间门楣进气较稳定通畅，输水全过程阀门运行平稳，闸室出水均匀，水面流态较好，输水时间满足设计要求。

2. 升船机上闸首监测资料分析

（1）变形。

1）基础部位：上闸首基础水平位移为向下游和向右岸方向位移，其中，右 2 块向下游的水平位移量最大。各测点向下游的位移约在 4.0mm 以内，向右岸的位移约在 2.5mm 以内。各年水库蓄水对基础水平位移测值没有明显影响，自 2003 年蓄水后基础是稳定的。上闸首左右墩高程 100～116m 廊道各测点的沉降量为在 23mm 以内，没有明显不均匀沉降现象。沉降主要发生在施工期及 2003 年 5 月的水库蓄水过程，试验蓄水后沉降测值稳定。

2）闸首顶部：顺水流向位移变化受气温影响明显，一般 3 月向上游位移最小，8 月最大；顺水流向位移的年变幅在 4.5mm 左右，坝轴向位移年变幅在 2mm 左右。左墩第 1 块向上游的最大位移为 8.5mm，向右岸的最大位移为 5.0mm，右墩第 2 块向上游的最大位移为 6.5mm，向左岸的最大位移为 3.5mm。2003 年之后闸顶水平位移没有趋势性变化，试验蓄水对左右墩顶的水平位移影响不明显。

（2）渗流渗压。

1）实测基础主排水幕处的测压管水位大多在建基面附近，且测压管水位变化较小，上游主排水幕处扬压力系数均小于 0.11。

2）主排水幕后岩体处于疏干状态，上闸首基础廊道基础排水孔均没有渗水溢出。

（三）试验性蓄水期间出现的问题及处理

1. 北线第五输水阀门故障处理

2010 年 11 月 27 日北五阀门开启过程中，阀门井中出现了检修门槽盖板

被冲开的事故。中国长江三峡集团公司组织设计、科研、通航、运行、安装施工、制造厂家等单位检查分析，事故原因为反弧阀门在38%开度时，吊杆的连门轴脱落。在对船闸进行停航检查时发现：部分门体焊缝存在裂纹，左侧止水橡皮底端缺损，支铰座与二期埋件之间有缝隙、部分巴氏合金脱落。针对检查情况，为减少单边输水运行时间，分两阶段对输水阀门连门轴及其组件进行处理，第一阶段采取将脱落的连门轴进行维修后尽快回装，满足应急使用要求；第二阶段在分析故障原因的基础上，采用更换连门轴及其相关组件的处理方案，保障反弧门的长期稳定运行。为防止其他闸首反弧门出现类似故障，利用水下机器人对其他闸首反弧门水下结构也进行了检查，没有发现同类问题。

2. 船闸基础廊道渗水处理

船闸自投入运行以来，基排廊道渗漏量呈周期性变化，一般在3月最大，9月最小，并呈逐渐增大的趋势。如2009年南线最大总渗漏量为1353L/min，而至2012年达到2619L/min，较2009年增加了约1倍。经对闸室基础排水廊道进行巡检，发现部分止水槽引水管存在集中漏水，且出水量与闸室水位密切相关。2012年3月在船闸岁修中，对已查明的集中渗漏点共涉及31个结构块，分为25个区采取对止水检查槽缝内灌注水溶性聚氨酯LW的措施，并对灌前压水检查发现的迎水面渗漏点处的防渗盖片进行了修复处理。船闸在2012年3月26日恢复通航后，基础排水廊道的渗水量由岁修前的日均3169L/min下降到岁修后的日均635L/min，基本恢复到了2006年完建前的水平。

3. 船闸运行效益有待进一步提高

船闸的过闸运量，在总体上逐年增长，表明船闸的规模效益尚处于逐年增加的过程中，对蓄水试验五年船闸运行船舶过闸的其他各项资料进行分析，三峡船闸的规模效益还有较大提升空间。因此，在现有的通航条件下，如何较充分地提高三峡双线五级船闸的规模效益是一个十分重要的问题。

4. 船舶到闸管理的计划性有待加强

在试验性蓄水期间，曾发生多次由于航道的航行安全无法保证而船闸封航导致的大量船舶在闸前待闸的情况，拖迟了船舶完成运输计划，也在社会上造成了不良影响。希望研究如何能及时地掌握并按照船闸上下游长江航道的适航信息，有计划地调度长江上游船舶的到闸时间，避免或减少这种情况的发生，并研究解决长江航道的通航运行条件，使之与三峡船闸配套。

（四）试验性蓄水期航运问题及建议

1. 存在的问题

（1）三峡船闸、两坝间航道、葛洲坝船闸通过能力问题。

三峡船闸最高通航流量的设计标准为 56700m^3/s，下游的两坝间航道在三峡枢纽下泄流量大于 25000m^3/s 时采取不同船型的控制性通航措施、葛洲坝一号船闸最高通航流量为 35000m^3/s，由于三峡船闸、两坝间航道、葛洲坝一号船闸的通航流量标准不一致，限制了三峡、葛洲坝枢纽和上下游航道整体航运效益的充分发挥。两坝间航道重点滩险段洪水期流速高、流态差，是三峡通航的“瓶颈”航段，急需整治。葛洲坝船闸无下游航道的靠船设施，需增加；三江下引航道口门区通航标准低，需整治提高，也需增加靠船设施等。

三峡工程试验性蓄水以来，在特定条件下三峡船闸出现大批过坝船舶待闸现象，随着今后过坝运量的增长，船舶待闸会更加严重，需开展专题研究并加以解决。

（2）船闸检修问题。

三峡双线五级船闸规模巨大、技术复杂、运行管理要求高。自投入运行以来，常年处于不间断运行的高负荷状态。2012 年 3 月首次对南线船闸实施了岁修，2013 年 3 月对北线船闸进行了同样岁修，尚需安排适时进行必要的计划性大修，科学合理地处理好维护检修与高效运行的关系。

（3）过坝船型问题。

三峡过坝船型偏杂，尺度亦偏小，船型（队）船舶营运亦需优化。

（4）泥沙碍航问题。

在试验性蓄水期间，库区泥沙淤积量较预期明显减少，通航建筑物引航道局部有泥沙淤积。淤积顶部高程基本上都未超过引航道设计底部高程。但泥沙淤积对船舶航行的影响，会随枢纽所在河道运行年限增加而变化，需持续对引航道淤积地形进行观测。

（5）枯水期向下游航道补水问题。

枢纽在枯水期向下游航道补充下泄流量后，在增加长江中游河道通航水深的同时，随着下泄流量的增大，水流对河床的冲刷能力相应加大，导致了某些原来在枯水期相对稳定的河段，出现了向宽浅的方向的变化。对枯水期航道的稳定不利。

2. 主要建议

（1）抓紧研究提高三峡—葛洲坝河段通航能力的各项措施。

为了适应长江流域经济飞速发展的需要，充分发挥三峡工程的航运效益，建议相关部门尽快研究和实施提高三峡—葛洲坝河段通航能力的各项措施，可考虑分近期和中远期两部分进行。

1）近期（2～3 年内）需完成的项目。

a. 通过创新和提高科学管理水平，提高三峡船闸通过能力。包括进一步

优化船型（队），船舶现代化、标准化、大型化，适宜过坝船型的推广，优化船舶营运，提高船舶装载率，优化船舶运行调变，缩短船舶过闸时间等。

b. 大力整治两坝间航道，提高通航安全度、通航保障和船舶实载率，大大提高两坝间汛期通过能力和通航时间。包括整治水田角、喜滩两个急流滩险和石碑急弯段，组织进行适宜过坝新船型（队）的模型试验，以及船模试验和实船试验 4 项措施。

c. 改善葛洲坝枢纽船闸通航条件，增加部分通航设施，扩大大江、三江船闸通过能力：重点包括大江船闸上、下游增设靠船设施，提高大江航道通航标准，整治三江下引航道口门，提高船舶进口门的通航流量和能力，增加通航安全度。提高通航流量标准，使葛洲坝枢纽船闸通过能力与三峡枢纽船闸相匹配。

d. 完善三峡船闸与葛洲坝船闸检修制度，保证两个枢纽船闸经常处于良好的工作状态，并缩短检修时间。

e. 葛洲坝工程投产后坝下河道下切、下游河道挖砂、河道裁弯等引起枯水期同流量大、三江下游引航道水位下降的影响仍然存在。应加强枯水期水位观测，严格审批对葛洲坝船闸下引航道水位和通航水深降低有影响的工程，发现问题及时采取预防性工程措施。

2）中长期（2015—2017 年、2030 年）研究项目。

a. 对长江三峡货运量的未来发展做出科学、合理的预测，在此基础上制定相应的发展规划；同时应开展对三峡过坝扩能的研究，以使三峡枢纽具有的货物通过能力与未来实际需要相适应。

b. 与船舶大型化相配套的港口、船闸有关设施，如靠船建筑物，浮式、固定式系船设施，修造船业等，应同步进行建设。

c. 开发利用先进的信息科技手段，提高船舶运输调度的效率和安全度。

d. 优化三峡水库调度方式，成立三峡水库综合调度部际协调领导机构，完善沟通协调机制。

e. 三峡水库库尾变动回水区航道、港区以及葛洲坝坝下游治理等问题均属于三峡工程第八项技术设计《变动回水区航道及港口整治》（含坝下游河道下切影响及对策）的内容，长江设计院于 2011 年提出该项计研究报告。建议尽快组织审查，并抓紧实施。

（2）加快对长江中游航道治理。

根据沿江地区经济发展和长江航运发展的客观需要，适时安排对葛洲坝船闸下游某些河段，进行加大水深和稳定航道方面的治理，使航道的通航等级与两个枢纽通航建筑物建设的通航等级相匹配。从根本上解决过闸船舶的大型化、标准化改造与船道等级配套的问题，充分发挥三峡工程的规模效应，提高三峡工程和长江航运的整体效益。

(3) 适当推迟水库发电水位消落的时间。

在确保三峡工程防洪安全的前提下，建议尽可能推迟水库发电水位消落的时间，使三峡水库水位保持在160m以上的时间延长。

(4) 加强对三峡水库库岸稳定的检查。

与船舶航线相关的库岸稳定，直接关系到航行船舶的安全。加强对三峡水库库岸稳定性检查，以防止发生库岸坍塌对过往船舶航行造成安全事故。

三、电站机电设备

(一) 运行情况

三峡水电站机电设备主要由葛洲坝集团、水电八局、水电四局负责安装，安装速度快，安装质量良好。机组安装投产时间为：左岸电站14台机组，2003—2005年；右岸电站12台机组，2007—2008年；地下电站6台机组，2011—2012年。至今，左岸电站机组已运行9～7年，右岸是5～4年，地下电站机组投产最短的也有半年。总体而言，电站投产后机组及其他机电设备都能安全稳定地运行。

在2008—2012年试验性蓄水期间，电站机电设备运行正常，机组的平均等效可用系数较高，强迫停运系数较低，具体情况见表9。

表9　　机组可用系数、停运率和年发电量

年份	平均等效可用系数 /%	强迫停运率 /%	年发电量 /亿kW·h
2008	94.24	0.04	808.12
2009	93.34	0.00029	798.53
2010	93.93	0.0037	843.70
2011	93.54	0.07	782.93
2012	94.47	0.04	981.07
合计			4214.35

从2008—2012年年底5年试验性蓄水期间，三峡电站累计发电量为4214.35亿kW·h。2012年发电量达981.07亿kW·h，较地下电站初步设计计算的地下电站6台机组全部投产后，三峡电站32台机组年均发电量882亿kW·h增发电量99亿kW·h。与初步设计计算的2008—2012年按初期运行

水位156m（相应年均发电量700亿kW·h）运行相比，试验性蓄水5年共增加发电量714亿kW·h，平均每年增发电量142.8亿kW·h。2003年第一台机组开始发电起至2012年12月31日止，三峡电站累计发电量为6291.4亿kW·h，为国家经济建设提供了大量清洁能源。

除直接发电效益外，三峡电站可以产生替代火电的巨大环境效益。按初步设计发电标准煤耗估算，2008—2012年175m试验性蓄水期间，总发电量4214.35亿kW·h，相当于替代燃烧原煤2.5亿t。不但大大节约了一次能源消耗。而且将减少5亿t CO_2、502万t SO_2、5万t CO及186万t氮氧化合物的排放。减少的大量废水、废渣、废气的排放，将减轻环境、大气的污染和因有害气体的排放而引起的酸雨等危害。

175m试验性蓄水的5年，由于水库水位的升高，三峡电站不但大大地增加了发电的电量，而且大大地提高了电站的调峰容量。2008—2012年，三峡电站最大调峰容量，从3830MW提高到7080MW，5年间提高了3250MW，增幅85%。极大地缓解了电力市场供需矛盾，改善了调峰容量紧张局面，促进了电网安全稳定运行。

各机组和相关机电设备在启动试运行时，都按国家规程、规范完成了规定的试验项目，合格后并网发电。有些重要的试验项目需要在水库175m试验性蓄水阶段高水位下才能进行。

（二）电站机电设备试验

电站机电设备，主要有水轮发电机组、发电电压配电装置、主变压器、500kV GIS、保护监控通信装置、厂用电和坝区供电系统、水力机械辅助设施及其他附属设备等。每台机组启动试运行时，有关设备都按规定进行了试验，合格后投入运行。但是在机组投入时或因水头较低或因在高水头下运行时间较短，所有机电设备特别是水轮发电机组都无法进行更全面的试验考核。

2008年11月水库蓄至172.8m，2009年9月蓄至171.43m，左右岸26台机组进行了高水头的部分试验。2010年10月、2011年10月、2012年10月水库连续3年蓄至175m，机组得以完成了全部高水头试验。2010年7—8月汛期，左右岸26台机组第一次进行了全厂18200MW（不包括尚未投产的地下电站）长时间满负荷发电。2012年汛期，全部32台700MW机组加上两台50MW电源电站机组共22500MW又一次长时间满负荷发电。至此三峡水电站全部机电设备都经受了高水头的考验并完成了高水头有关的试验。

1. 机组试验

三峡水电站32台700MW水轮发电机组，因水轮机、发电机及尾水管形式的不同，可分成8种机型。左岸电站有2种机型：VGS和ALSTOM1。右岸电站有3种机型：东电1、ALSTOM 2和哈电1。地下电站也有3种机型：东电2、ALSTOM 3和哈电2。每种机型各选一台机组进行全面试验。试验性蓄水期间，在水位145～175m下，对各水头段进行了相应的稳定性和相对效率等试验，确定了机组稳定运行区域。同时进行了最大容量756MW（视在容量840MVA）甩负荷试验。

（1）能量特性。

能量特性主要指水轮机的出力特性及效率特性。只有在水轮机经受水头从最小变到最大的过程，才能测试出来。由于在电站测量效率与制造厂在模型上测出的不完全一样，只能是相对效率。8台试验机组水轮机相对效率试验结果如下。

1）8台机组实测效率曲线与厂家提供的效率曲线变化趋势基本一致。说明真机的能量指标与模型的能量指标比较接近。

2）实测水轮机最优出力与厂家提出的预期最优出力值和设计水头基本一致。

3）水轮机出力随着导叶开度增大而增加，至试验最大导叶开度，出力均未减小。

4）70%预想出力至试验最大出力，8个试验机组的水轮机均有较高水轮机效率。

试验结果表明，8个机型的能量特性符合设计要求。

（2）机组的稳定性。

蓄水过程中，在各种不同水头和负荷下，对水轮机进行了稳定性试验。试验表明：未发现水轮机水力共振、卡门涡共振和异常压力脉动，压力脉动混频相对幅值总体满足设计要求。29号、30号机组的发电机定子铁芯，在运行中产生700Hz的振动和噪音，这是齿谐波磁场引起的，目前制造厂正在处理。综合考虑压力脉动、振动、大轴摆度和水轮机效率等测试结果，将机组在全水头、全负荷范围内划分成以下3个运行区：稳定运行区（可以连续稳定运行）、限制运行区（允许限时运行）、禁止运行区（不宜运行）。在水力振动方面规定：稳定运行区的水力振动应小于4%，限制运行区为4%～6%，禁止运行区大于6%。

机组稳定性能见表10、表11。

（3）甩最大负荷试验。

三峡机组在设计中，有额定出力700MW（在额定水头下的出力）和最大出力756MW（高于额定水头的某一水头以上的出力）两种规定的正常出力。

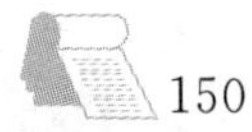

表 10　左右岸电站 5 种机型的稳定运行区

机　型	6F（ALSTOM1）	8F（VGS）	16F（东电）	21F（ALSTOM2）	26F（哈电）
毛水头约 110m（上游水位 175m）					
禁止运行区/MW	0～450	0～570	0～550	0～570	0～520
限制运行区/MW	450～630	570～640	550～600	570～610	520～580
稳定运行区间/MW	630～756	640～756	600～756	610～756	580～756
毛水头约 78m（上游水位 145m）					
禁止运行区/MW	0～400	0～425	0～410	0～425	0～350
限制运行区/MW	400～465	425～485	410～450	425～445	350～405
稳定运行区间/MW	465～675	485～685	450～655	445～695	405～620

表 11　地下电站 3 种机型稳定运行区

机　型	上游水位/m	毛水头/m	稳定运行区/MW
28 号机（东电 2）	148.30	82.8	470～700
28 号机	175.00	109.3	610～700
30 号机（ALSTOM3）	148.30	82.8	485～700
30 号机	175.00	110.2	590～700
31 号机（哈电 2）	148.30	82.8	500～680
31 号机	175.00	110.2	592～700

在试验性蓄水中，水位达到 175m 时，对 7 种机型进行了甩最大负荷试验（由于电网的原因，28 号机组没有时间做甩最大负荷试验）。这个试验不但检验了在异常情况下机组和调速系统工作是否正常，检查了选择的调节参数是否正确，且考验了受压部件是否能正常承受最大水头和水锤压力的作用。

7 种机型甩最大负荷试验中，蜗壳进口压力升高、转速上升率及甩负荷后回至正常空转，均在工程设计要求的范围内，机组运行正常，试验主要数据见表 12。

表 12　甩最大负荷试验数据表

机型	水位/m	出力/MW	转速上升/%	蜗壳压力上升/%
6 号	175.00	756.0	37.94	14.14
8 号	175.00	756.0	40.40	19.16
16 号	174.80	754.4	41.10	14.40
21 号	174.80	756.0	39.32	14.55

续表

机型	水位/m	出力/MW	转速上升/%	蜗壳压力上升/%
26号	174.80	754.5	47.20	15.00
28号				
30号	175.00	756.0	42.17	21.32
31号	175.00	756.0	41.7	23.23

(4) 机组及其他机电设备840MVA运行试验。

三峡水电站的32台水轮发电机组，在设计时，就确定了有额定出力和最大出力。相应地，发电机设计也有额定视在功率777.7MVA（额定有功功率700MW）和最大视在功率840MVA（最大有功功率756MW）。在最大功率下，水轮机、发电机、封闭母线、励磁变压器、主变压器等，将承受巨大的考验。2010年试验性蓄水至175m后，进行了左、右岸电站2号、6号、16号、20号、26号5个机组最大容量840MVA 24小时考核运行试验。2011年蓄水后又对30号以及31号 和32号两种机组进行最大功率840MVA连续8小时运行的试验（由于电网原因28号机组未进行这项试验）。

三峡电站机组840MVA运行试验期间重点监测项目如下：

1) 温度。推力轴承和各导轴承瓦温、油温，定子线圈温度、纯水温度、定子铁芯温度、中性点CT温度、主变上层油位与油温、主变线圈温度、发电机封闭母线温度、励磁变温度、转子滑环温度等。

2) 振动与摆度。上导、下导和水导摆度；上机架、下机架和顶盖的水平与垂直振动；尾水管压力脉动。

3) 其他。定子电流、转子电流、发电机中性点不平衡电流、蜗壳及锥管进人门噪音。

试验表明，机组在840MVA运行试验期间，各轴承运行温度、机组各部位振动摆度正常，电气性能参数满足要求。封闭母线、励磁变压器温度正常。主变压器绕组温度、油温、噪音正常。各种监测数据满足工程设计要求，设备运行稳定，机组及相关设备经受了840MVA连续运行的考验。

(5) 三峡电站全厂满负荷运行试验。

三峡水电站水轮发电机组在额定水头下，可以发足700MW出力。左岸电站14台机组额定水头为80.6m，右岸电站和地下电站机组的额定水头为85m。即按设计规定，左岸14台机组在水头80.6m以上，右岸和地下电站18台机组水头在85m以上，都可发足700MW。实际上右岸及地下电站中，哈电6台机组在水头达到84m就能发足700MW，其他12台机组（阿斯通和东方

电机厂机组）由于出力裕度较大，水头略小于 84m 时也可发足 700MW 出力。所以三峡水电站要发出全厂满出力 22400MW（不包括电源电站），水头必须达到 84m（水库水位在 154m 左右）以上，过机流量大约在 30000m^3/s 以上。正常情况下，只有在汛期来较大洪水，库水位上升时才出现这个机会。三峡大坝基本建成后，由于未遇适当的大洪水，一直没有长时间发足全厂满出力的机会。

全厂满负荷长时间运行是对全厂的重要机电设备包括机组、调速系统、励磁系统、封闭母线、发电电源设备、主变压器、GIS、保护控制系统、风水油系统及其他附属系统等严重的考验。

2010 年 7 月 20 日三峡水库迎来了第一次大洪峰 70000m^3/s，库水位不断上升，到 7 月 24 日最高达到 158.86m 水位。水位刚回落 1m 多时，7 月 27 日又来第二次洪峰 56000m^3/s，水位又上升，到 8 月 1 日达到最高库水位 161.02m。此后，水位逐渐回落到 8 月 8 日的 153.55m。两次洪峰给三峡左右岸电站 26 台机组（当时地下电站尚未投入）提供了一个较长时间发足全厂 18200MW 的条件。从 7 月 21 日 21 时 10 分开始，至 7 月 28 日 21 时 10 分为止，三峡水电站顺利完成 168 小时 18200MW 满负荷运行试验，此后继续保持 18200MW 满负荷运行，总共运行 18 天，发电 78.8 亿 kW·h。当时电源电站 2 台 50MW 机组也投入运行，总出力实际达到 18300MW。

2011 年三峡电厂充分利用来水，实现三峡电站 20400MW 满出力连续运行 44.5 小时，大于 20000MW 运行 111 小时。

2012 年 7 月三峡电厂成功接管地下电站最后一台机组，真正进入到 4 个厂房、34 台机（700MW 机组 32 台，50MW 机组 2 台；左、右岸电站厂房，地下电站厂房，电源电站厂房）全电站管理新阶段，总装机容量达到 22500MW。

2012 年 6 月 10 日—9 月 10 日主汛期期间，三峡水库出现了几次洪水过程，最高库水位达 163.11m，最高尾水位 71.92m；最大入库流量 71200m^3/s。7 月 30 日 16 时三峡电厂最大下泄流量 45800m^3/s。

2012 年 7 月 2 日 16 时 47 分，三峡电站 34 台机组首次全部并网运行；7 月 12 日 20 时 53 分，三峡电站首次实现 22500MW 设计满额定出力运行，至 8 月 15 日 0 时 3 分，22500MW 设计额定出力累计运行 710.98 小时。

在全厂满负荷运行期间，监测成果表明，机组的轴承瓦温、振动、摆度总体正常。发电机定子温度，无论是水冷、空冷和蒸发冷却机组，在满负荷工况下，均正常。32 台主变压器温度正常。32 台机封闭母线磁屏蔽等进行红外测温，温度正常。电站三个 500kV 开关站 GIS 配电装置运行正常。电站其他机电设备也都运行正常。

在满负荷运行试验期间，机电设备出现的一些小故障，大部分出现在附属设备上，都及时进行了处理，未影响满负荷运行。

（三）电站机电设备试验成果分析

综合三峡水电站机电设备，在175m试验性蓄水阶段试验和考验的结果，得出以下评价意见：175m试验性蓄水阶段三峡水电站机电设备的运行情况及系统试验结果表明，三峡水电站的机电设备可以在145～175m库水位下或在规定的机组允许运行水头范围内，以及在设计规定的负荷下，能够安全、稳定、高效地运行，电站在设计的高水位下运行，可以在发电量、调峰容量、电力系统稳定以及环境保护方面，取得更大的效益。

1. 水轮发电机组

试验性蓄水阶段进行的现场试验结果表明，水轮发电机组性能良好，主要性能指标达到或优于合同要求。能在145～175m水位下安全稳定地运行。8种700MW水轮机的性能特征如下。

（1）能量性能。实测的真机相对效率及变化趋势和最优效率与厂家的预测基本一致，8种水轮机均有较高的效率，水轮发电机组出力均大于合同保证值。

（2）稳定性能。测试的8种机组，在70%～100%出力范围内，未发现水力共振、卡门涡共振和异常压力脉动，压力脉动混频相对幅值总体满足合同保证值。8种机组的振动和摆度未发现异常，满足合同保证值的要求。稳定运行范围：直至运行到高水头段（最高水头达110m），8种机组70%～100%出力范围内稳定性能满足合同要求。根据现场压力脉动、振动、摆度的试验结果，划分的稳定运行区、限制运行区和禁止运行区，符合三峡机组安全稳定运行的实际需要，可用于指导三峡机组运行。

（3）机组甩最大负荷试验。在175m水位下作的这项试验，证明8种型式的机组均能通过最大水头加水锤压力的考验，也证明调速系统的良好性能。

2. 机组及有关设备840MVA运行试验

通过这项试验，证明机组、封闭母线、发电电压设备、励磁系统、主变压器等重要机电设备均能经受最大负荷的考验，运行安全稳定。

3. 全厂长时间满负荷试验

全厂长时间满负荷试验，是对全厂机电设备的严重考验。试验中，发电机组电气主回路（包括封闭母线、励磁变压器等）、主变压器、500kV GIS开关站、厂用电和坝区供电系统、综合自动化、主要辅助设施（含机组励磁和调速系统、油气水系统）等，各相应部位温度正常、运行稳定，说明全站机电设备能经受长时间高水头、满负荷的考验。

（四）问题及处理

这样大容量的机组，是第一次制造，在安装启动及运行中曾发现了不少制造上的缺陷。这些问题绝大多数都已在启动前由安装单位或制造厂家消除了。少数问题在运行中发现后也及时得到处理。较大的缺陷有以下几项。

1. 部分机组 100Hz 振动问题

VGS 6 台发电机及东电的 4 台发电机在运行中发现了由次谐波引起的铁芯 100Hz 的超标振动，双振幅达 0.04mm，超过标准规定。这是制造厂水轮发电机电磁设计考虑不周造成的。经对定子线圈接线的方式进行改造后，问题得到解决。

2. 部分水轮机卡门涡共振问题

右岸电站 ALSTOM 4 台水轮机和哈电 4 台水轮机转轮叶片产生卡门涡共振，振动频率为 360Hz 左右，机组无法正常运行。这是制造厂转轮叶片出口边叶型设计的失误。在修改叶片出口边局部叶型后振动消除。

3. 右二电厂系统低频功率振荡问题

在满负荷发电前，2010 年 7 月 13—14 日右二电厂系统发生 5 次功率振荡（简称为“7·14”右二电厂系统振荡），最大振荡功率达 500MW 频率 0.83Hz，振荡具有收敛性质，每次时间约 1min。这种振荡对电力系统安全运行构成威胁。经组织有关单位研究后，查明这是由励磁调节系统内的系统稳定器（PSS）的软件缺陷造成的。消除 PSS 的缺陷后系统功率振荡问题彻底解决。

4. 29 号、30 号机组 700Hz 振动问题

地下电站 29 号、30 号机组在运行中发现发电机定子有 700Hz 的谐波振动，其中 30 号机组定子铁芯振动的加速度双振幅达到 5g（5 倍重力加速度），机组发出高频噪音。经制造厂进行数次处理后，铁芯振动的加速度振幅已降低至 2g 左右，但噪音未根本解决。目前厂家 ALSTOM 仍在继续研究处理中。

四、输变电工程

（一）运行及监测资料分析

输变电工程输电线路跨越华中、华东、川渝和南方电网，覆盖 9 省 2 市，

国土面积超过 182 万 km²，人口超过 6.7 亿人。2008—2012 年三峡电厂累计上网电量 4169 亿 kW·h，跨区域直流输电通道累计输送电量 2609 亿 kW·h，送华东电网 1849 亿 kW·h（其中三峡电力 1598 亿 kW·h），送南方电网 760 亿 kW·h（其中三峡电力 710 亿 kW·h），三峡电力送华中电网 1861 亿 kW·h。三峡输电系统向华中、华东、南方输送、消纳电力能力满足三峡电站 32 台机组共计 22400MW 装机满发的电力外送要求，并兼顾了西部水电外送的要求。2008—2010 年，电站送出线路合计最大电力潮流分别达到 16150MW、18060MW、18160MW、20220MW、22330MW，直流输电线路最大潮流均达到满负荷，说明三峡输变电工程确保了三峡机组满发，并且输变电工程自身也得到了充分利用。

试验性蓄水期，三峡输变电工程各设施保持安全可靠、稳定运行。

1. 输电系统适应性

（1）输电能力的适应性。

三峡输变电工程由三峡近区网络、主要输电通道以及各省电力消纳配套输变电工程构成，输电能力满足三峡电站电力输送的要求，见表 13。

表 13　　三峡电网向各地区电网的输电能力表

消纳地区	三峡输电断面	送电/受电能力/MW
华　中	三峡—湖北	—
	三峡（湖北）—湖南	2600/1500
	三峡（湖北）—江西	1200/1000
	三峡（湖北）—河南	3100/3100
	三峡（湖北）—川渝	4400/2000
华　东	葛南直流	1200
	龙政直流	3000
	宜华直流	3000
	林枫直流	3000
广　东	江城直流	3000

注　交流输电的送电能力是指潮流方向自三峡向受电省份时输电断面的稳定限额；受电能力是指潮流方向自受电省份向湖北时输电断面的稳定限额；直流输电的送电能力指其设计额定值。

三峡左岸共出线 8 回，接入龙泉、荆州换流站，并向西出线 2 回给重庆送电；右岸共出线 7 回，接入葛换、荆州和宜都换流站。三万线双回跨接为万龙线、地下电站出三回线至团林换流站后，三峡电站出线共 16 回，每回线输送功率为 220 万～280 万 kW，考虑分组送出 $N-1$ 要求，三峡电站接入系统线路满足 32 台机组共计 2240 万 kW 装机满发的送出要求。

三峡电站处于华中电网的枢纽位置，通过 500kV 交流注入湖北中部的荆门—孝感—玉贤—咸宁—江陵—荆门双回大环网，通过鄂豫、鄂湘、鄂赣联网，以及向西通过 2 个双回线通道与重庆联网，实现三峡水电在华中地区的消纳，并兼顾四川盈余电力外送。据运行方式分析计算，三峡近区电网向周边各省的输电能力：北部通过樊城—白河、孝感—信阳线与河南联网，可向河南输电 310 万 kW；南部通过葛换—岗市、江陵—复兴线向湖南输电 260 万 kW，通过咸宁—梦山、磁湖—永修线向江西输电 120 万 kW；西部通过龙泉—万县、恩施—张家坝两个走廊四回 500kV 线路与川渝电网联网，枯水期可以将华中 400 万 kW 电力输送到重庆，也可在丰水期实现 200 万 kW 四川水电外送。三峡电站通过龙泉—政平、宜都—华新、葛换—南桥三回直流实现向华东送电 720 万 kW，通过荆州—惠州直流实现向广东送电 300 万 kW，三峡地下电站通过团林—枫泾直流向华东输电 300 万 kW。综述所述，三峡输电系统向华中、华东、南方输送、消纳电力能力满足三峡电站 32 台机组共计 2240 万 kW 装机满发的电力外送要求，并兼顾了西部水电外送的要求。

2008—2010 年，三峡电站送出线路合计最大电力潮流分别达到 16150MW、18060MW、18160MW、20220MW、22330MW，直流输电线路最大潮流均达到满负荷，说明三峡输变电工程确保了三峡机组满发，并且输变电工程自身也得到了充分利用。

（2）不同运行方式的适应性。

三峡输变电工程适应水电丰枯时期不同的运行方式。夏季丰水期，三峡、水布垭等水电机组大发，同时由于四川多为径流式水电，调节能力差，需外送 150 万～200 万 kW 电力，万县—龙泉、恩施—潜江两个通道潮流均为自西向东，注入三峡近区网络分配至华中（东四省）、华东和南方电网；冬季枯水期，四川由于火电装机比重较低，存在电力短缺，需组织华中（三峡）电力经万县—龙泉通道向西送。因此，三峡近区网络潮流方向存在季节性变化。经系统方式计算，湖北—川渝断面东送稳定限额为 200 万 kW，西送稳定限额超过 400 万 kW，适应丰枯时期不同运行方式的要求。

三峡输变电工程适应非计划停运方式要求。经各年度安全稳定计算分析，三峡输电系统满足安全稳定导则要求。三峡机组非计划停运后，将对电网产生较大冲击，电网调度机构通过对全网运行方式迅速进行调整，可以保证互联电网的安全。以 2007 年三峡右二电厂 26 号机组跳闸为例，甩出力 59 万 kW，华中电网迅速增加网内出力，维持系统的功率平衡。机组故障后，三峡电厂近区电网潮流及电压均满足安全稳定约束条件。

（3）直流输电方案的适应性。

直流输电系统具有远距离、大容量经济输电的技术特性，具有灵活、快速控制输送功率的优点。在运行过程中，华中电网曾发生过影响范围较大的功率振荡，以及由于保护误动引起的多回输电线路和多台发电机组跳闸的连锁反应事故，此时三峡电站机组保持正常运行，在调度部门控制下迅速改变直流送出功率，为华中电网提供功率支援起到了很好的作用，防止了电网崩溃的发生，并为电网迅速恢复正常起到了重要作用。

送端换流站选址在三峡电站厂区外，使得厂区内结线简单，有利于电厂安全运行。而左岸龙泉换流站位于三峡左一—龙泉—荆门 500kV 输电走廊上，并与重庆联网；右岸江陵换流站和宜都换流站均处于华中电网 500kV 电网枢纽位置，有利于来自各方的电能在换流站汇集，有利于电网灵活运行，电能合理消纳。

（4）全国联网的适应性。

三峡电站地处华中电网的中间位置，具有在地理上的天然优势，对电网互联可以起到枢纽作用，再加上其巨大的容量效益，对于推动区域电网互联起到至关重要的作用。

三峡输变电工程围绕三峡电站送出，在湖北西部建成三峡近区网络，并建设湖北电网西电东送等输电通道，在华中地区形成了以湖北环网为核心、辐射河南、湖南、江西的 500kV 主网架；建成万龙双回 500kV 线路，川渝电网和华中东四省形成统一华中电网；建设三常、三沪直流输电工程，加强了华中、华东电网的直流联网；建设三广直流输电工程，实现了华中电网和南方电网的异步联网；建设灵宝背靠背直流工程，实现了华中、西北电网的直流联网。此外，国家电网公司投资建设特高压示范工程，实现了华北和华中联网；建设东北华北直流背靠背工程，实现东北与华北联网。目前，我国电网已实现华北、华中电网间同步联网及东北与华北、西北与华中、华中与华东、华中与南方电网间异步联网的全国联网格局。

2. 输电系统安全可靠性

（1）输电系统安全稳定水平。

三峡输电系统保持安全稳定运行，2008—2012 年未发生系统稳定性破坏等安全稳定事故，保障了三峡电力“送得出、落得下、用得上”。

（2）输变电设施可靠性水平。

三峡输变电工程直流设施可靠性水平处于世界先进行列。2008—2012 年各直流系统单极强迫停运次数均在 0～4 次/a，远低于国际同类工程［根据国际大电网会议（CIGRE）统计资料显示，国外直流工程平均强迫停运次数

2006年为12.5次，2007年为11.67次，2008年为11.75次]。除新投产的林枫直流系统外，能量可用率均在90%以上，详见表14。

表14　　2008—2012年直流系统可靠性指标

项　目	龙政	江城	宜华	林枫
1. 能量可用率/%				
2010年	97.205	97.488	95.877	0
2011年	91.858	96.249	97.912	85.261
2. 强迫能量不可用率/%				
2010年	0.076	0.037	0.008	0
2011年	0.095	0.575	0.026	0.031
3. 计划能量不可用率/%				
2010年	2.719	2.475	4.115	0.031
2011年	8.047	3.176	2.062	14.708
4. 单极（单元）强迫停运次数/次				
2010年	3	1	1	0
2011年	3	4	2	1

交流输变电工程可靠性水平高于全国平均水平。以交流输变电工程较为密集的湖北地区为例，2008年500kV架空线路可用系数为99.123%，高于全国平均水平（97.418%）1.704个百分点；2009年为98.857%，高于全国平均水平（98.714%）0.143个百分点。

运行中，一是遇到早期国产化设备质量问题。由于技术引进、消化吸收和国产化难度大，部分设备制造技术和工艺等方面存在差距，初期产品存在一些质量问题，如充油设备、GIS设备、直流滤波器、电容器等。在运行中，先后组织开展了输变电工程完善化、安全隐患排查等工作，及时消除了设备缺陷，保障了工程安全可靠运行。二是灾害性气候频发，超过了电网设计相关国家技术标准，影响电网安全运行。以2008年我国大范围冰冻灾害为例，江城、宜华直流线路倒塔44基，并且线路重覆冰造成部分线路舞动跳闸，主要原因在于线路设计覆冰厚度主要为10～15mm，现场实测最大覆冰厚度超过60mm，经力学分析计算，当覆冰厚度达到30mm时，部分塔材计算应力已超过170%，造成倒塔断线事故。冰灾后，国家电网公司颁布了《中重冰区架空输电线路设计技术规定》等企业标准，调整线路抗冰能力设计标准，并在建成线路加装覆冰监测系统、融冰装置等技术措施，全面提高了输变电工程的抗冰灾能力。此外，随着经济快速发展，输变电设施沿线污秽水平快速提高，大部分原污秽等级为Ⅰ级、Ⅱ级地区现已提高至Ⅲ级以上，国家电网公司已安排大面积调整爬电距离，采取刷 RTV 涂料等措施，提高了输变电设施的绝缘水平。

（二）输变电工程运行中的问题与建议

1. 问题及处理

（1）三峡近区电网短路电流超标问题。

三峡近区网络短路电流问题比较突出，主要原因在于电力成分、潮流分布与原规划设计方案发生了较大变化，一是随着四川电源开发情况变化，川渝断面潮流方向从受入变为盈余电力外送；二是增加了三峡地下电站、水布垭电厂等电源注入，使得丰水期三峡近区网络电力注入远远超出原系统设计 1820 万 kW 水平，导致出现了 500kV 江陵站短路电流超标，交流通道压稳定极限运行。2009 年丰水期，三峡电厂具备 26 台机组投运条件，加上川电、湖北恩施、水布垭电厂接力送电，共计 2300 万 kW 电力注入三峡近区电网，经采取三江一回线和江复一回线在江陵站出串措施，解决了江陵站短路电流超标问题，全力保证三峡首次满发；2010 年丰水期，通过峡葛线增容改造工程，三峡右岸电厂首次实现分母运行，简化了三峡右岸送出潮流的控制，配合安控策略调整，同时，通过宜江双回线切改工作，有效降低了江陵站短路电流，有力保障了三峡安全满发 53 天；2012 年丰水期，随着三峡 32 台机组全部投运，注入三峡近区电网的电力高达 2800 万 kW，江陵短路电流再次面临超标问题，采取拉停江兴单回线等非常规措施解决江陵站短路电流超标问题，保障了三峡 32 台机安全满发运行 34 天，但拉停江兴单回破坏了系统正常的接线方式，增加了系统失稳的风险，采取加强电网运行监视等措施，控制了系统非正常接线方式下的运行风险。此外，华中电网出现低频振荡问题，经改进三峡机组 PSS 装置得以解决。

（2）宜昌地区存在供电量不足问题。

由于鄂西地区经济发展远高于预期，负荷增长过快，宜昌存在变电容量不足，且电网存在 500/220kV 电磁环网问题，使得龙泉变未能投入运行，造成在来水偏枯、电煤供应不足的情况下，鄂西地区面临拉闸限电的局面。直到 2009 年，增建了葛南变电站，并将 220kV 电网分片，使宜昌电网供电问题得到解决。

2. 建议

（1）完善水调、电调常态协调机制，充分发挥三峡枢纽的发电效益。

随着西南水电开发和大型梯级水电站群的陆续投产，将逐步形成三峡电站与上游梯级电站联合调度格局，同时汛期电网消纳富余水电的压力也将进一步增加，电网安全运行的风险将进一步增大，因此，在三峡和上游梯级电站调度运用上必须充分考虑电网结构、负荷需求和电网运行特点，才能达到充分利用水资源的目的。建议进一步加强不同行业和部门之间的协调机制建设，完善风险分析及应急管控措施，以减少三峡水库调度的不确定性，提高工作效率，更好地协调防洪、发电、航运和水资源综合利用之间的关系，进一步发挥三峡工程的巨大综合效益。

（2）做好后三峡电网建设和运行工作。

根据国家开展三峡工程后续工作的要求，做好后三峡时代电网建设和运行工作，一是针对三峡库区电网发展，结合库区移民安置、生态园配套基础设施建设，着重解决三峡库区工业园区和集镇的用电紧张矛盾，确保库区人民群众的安稳致富，满足库区经济发展对电力的需求；二是积极应对自然气象条件变化，优化完善输变电设施，提升电网抵御自然灾害能力；三是配合特高压电网发展，优化三峡近区电网，保持系统安全稳定。

综合评估意见

一、枢纽建筑物

（1）三峡工程2008—2012年试验性蓄水水位上升及消落过程中，拦河大坝（含泄洪设施）、茅坪溪防护坝、船闸、电站等枢纽建筑物运行状态良好，无出现异常情况，闸门及启闭机等水工金属结构及机械和机电设备运行正常。

（2）2008—2012年5年试验性蓄水运行中，大坝、船闸、电站等枢纽建筑物各项监测资料表明，各枢纽建筑物变形、渗流、应力应变及水力学监测值均在设计允许范围内，测值变化符合正常规律，建筑物工作性态正常，运行安全。试验性蓄水运行表明库水位变化对船闸及上下游引航道没有产生明显的不利影响。

（3）近坝段干、支流库岸整体稳定性较好，2009年前局部岸坡出现了小范围的变形与调整，近两年变形基本上没有发展，水库蓄水位175m水位不影响该段库岸稳定和航运安全。

二、通航建筑物航运评价

试验性蓄水期间库区航运条件有较大改善，对航运发展有明显的促进作用，通航建筑物提前达到设计通过能力。三峡—葛洲坝船闸受两坝间航道汛期水流条件等制约，尚存在船舶待闸现象，需要进一步研究、改进。

三、电站机电设备

（1）左岸、右岸电站26台700MW水轮发电机组在2008—2010年3年试验性蓄水位抬升过程中，进行了水位145～175m各水头相应的稳定性和相对效率等试验，并对机组进行了从低水头至高水关、单机额定容量和最大容量、电站满出力等不同运行工况的考核；并遵循国际、国内相关标准和规范，对以水轮发电机组为重点的机电设备进行了较全面的真机性能试验监测。地下电站6台水轮发电机组在2011—2012年试验性蓄水位过程中，进行了同样的试验。试验结果表明，机电设备可以在水位145～175m范围安全、稳定、高效的运行。

（2）三峡站发电设备保持了较高的安全可靠性，已连续安全运行2390天。2010年汛期，对26台机组进行了18200MW满负荷试验运行，累计运行时间1233小时、2012年汛期实现了34台机组22500MW安全满发约711小时，机组及相关设备运行正常，机组运行平稳，机组各部的温度、振动、摆度正常。机电设备经受了满负荷连续运行的检验，满足规范和设计要求。

四、输变电工程

（一）输变电系统适应性

输电能力满足三峡电力输送要求，适应不同运行方式和电力潮流方向变化；直流输电在运行中发挥了远距离、大容量经济输电的技术特性和灵活、快速控制输送功率的优点，有利于电网的安全稳定控制；促使我国电网实现了华中、华北电网间同步联网，华中、华东、南方、西北电网间和华北、东北电网间的异步联网，形成了全国联网格局。

（二）输变电系统安全可靠性

输变电系统保持安全稳定，系统运行平稳，试验性蓄水5年保障了三峡电力外送安全，实现了三峡电力“送得出、落得下、用得上”的建设目标，直流输电设施可靠性水平处于世界先进行列，交流输电设施可靠性水平高于全国平均水平。

评估结论及建议

一、评估结论

三峡工程2003年6月投入运行至2012年已近10年，其中试验性蓄水运行5年，枢纽工程各建筑物运行安全；输变电工程将三峡电站分期投产机组发电量安全稳定外送。经过科学和优化调度，在防洪、发电、航运、供水、生态保护等方面的效益均较初步设计的目标进一步拓展。2008年汛末开始试验性蓄水，2010—2012年三年蓄水至设计正常蓄水位175m，各建筑物及金属结构和机电设备经受了全面检验，各项监测值和各种工况试验指标均在设计范围内，性态正常、运行安全，表明枢纽工程和输变电工程具备转入正常运行期运行的条件。

二、建议

（1）加强对枢纽建筑物监测设施的维护，开展有关监控指标的研究和制定工作。对左厂房3号坝段增加强震动监测设施，与其他已设置强震动监测设施的坝段一同进行持续观测。并依据强震监测系统定期实施现场动力特性测试，测试大坝动力特性和关键部位传递函数的变化。

（2）强化枢纽的运行管理，对尚未开启运行的1号、4号、6号排沙孔择时安排试验运行，以观测闸门及启闭机的运行状况。加强对水工金属结构及机电设备、输变电设备及金属结构的检修维护，设备更新改造，保证设备运行的可靠性。

（3）抓紧编制三峡枢纽工程正常运行期调度规程，为转入正常运行创造条件。

（4）提请国家主管部门尽快组织力量，对长江三峡货运量的未来发展作出科学、合理的预测，并在预测的基础上，制定长江航运中长期发展规划。近期，为适应长江流域经济快速发展的需要，充分发挥三峡工程的航运效益，相关部门应尽快研究制定和实施提高三峡船闸、葛洲坝船闸以及两坝间河段通航能力的各项措施。

（5）三峡工程运行调度需建立水调与电调及航运协调机制，加大协同工作力度，防范电网运行和航运风险；深入研究三峡电站与上游梯级电站联合调度规律，充分发挥其综合效益。

参 考 文 献

[1] 水利部长江水利委员会．三峡工程试验性蓄水（2008年至2012年）阶段性总结报告，2013.

[2] 中国长江三峡集团公司．2008—2012年三峡工程175m试验性蓄水阶段性总结报告，2013.

[3] 国务院三峡枢纽工程质量检查专家组．三峡工程试验性蓄水阶段性总结枢纽工程运行专题报告，2013.

[4] 水利部长江水利委员会．长江三峡水利枢纽初步设计报告，1992.

[5] 水利部长江水利委员会．长江三峡水利枢纽单项工程技术设计报告，1994.

[6] 中国长江三峡集团公司安全监测中心．三峡工程安全监测分析报告，2008—2012年.

[7] 国务院三峡枢纽工程质量检查专家组．三峡工程质量检查报告（2008—2012年）.

[8] 水利水电规划设计总院．长江三峡工程正常蓄水（175m水位）安全鉴定报告，2009.

[9] 三峡输变电工程总结编写组．三峡输变电工程总结（综合篇）国家电网公司，2006.

[10] 国家电网公司．三峡—上海±500kV直流输电工程初验报告，2007.

[11] 国家电网公司．长江三峡三期输变电工程500kV交流输变电工程及二次系统工程验收总报告，2007.

[12] 国家电网北京经济技术研究院．三峡输变电工程投资跟踪分析报告，2007.

附件：

课题组成员名单

组　长：郑守仁　长江水利委员会总工程师，中国工程院院士

副组长：梁应辰　交通运输部技术顾问，中国工程院院士

　　　　周孝信　中国电力科学研究院名誉院长，中国科学院院士

成　员：王光伦　清华大学教授

　　　　周小谦　国家电网公司高级顾问，教授级高级工程师

　　　　杨定原　水利部外事司原司长，教授级高级工程师

　　　　裴哲义　国网国家电力调度控制中心副总工程师，高级工程师

　　　　赵　彪　国网节能服务公司，高级工程师

　　　　钮新强　长江勘测规划设计研究院院长，设计大师

徐麟祥　长江勘测规划设计研究院原总工程师，设计大师
袁达夫　长江勘测规划设计研究院原副院长，教授级高级工程师
文伯瑜　三峡工程质量检查专家组工作组教授级高级工程师
宋维邦　长江水利委员会长江勘测规划设计研究院原副总工，教授级高级工程师
郭　涛　长江航务局教授级高级工程师
何昇平　重庆市交委副主任，教授级高级工程师
陈　磊　长江勘测规划设计研究院教授级高级工程师
闫蜜果　中国长江三峡集团公司质量安全部质量管理处主管，高级工程师
龚国文　长江水利委员会总工办，高级工程师

报 告 三

生态环境课题评估报告

根据国务院三峡办《关于委托开展三峡工程试验性蓄水阶段性评估评价工作的函》（国三峡办函库字〔2012〕139号）的指示精神，以及中国工程院三峡工程试验性蓄水阶段性评估工作的总体安排，生态环境评估工作成立课题组，负责开展三峡工程试验性蓄水的生态、环境以及天气气候的影响评估工作。

根据项目总体设计，生态环境评估课题组主要从试验性蓄水阶段（2008—2012年）所带来的生态影响、环境影响和天气气候影响3个方面开展评估。

试验性蓄水的生态影响主要包括对库区陆生生态系统的影响、对水库消落带生态环境的影响、对水库及下游水生生物的影响、对下游江湖关系、河口生态的影响、对水库水华发生的影响以及生态调度措施及其影响方面。

试验性蓄水的环境影响主要从对库区干流水质的影响、对长江中下游整体水质的影响、对库区主要支流水质和营养状况的影响、对上游来水水质的影响、对库区水污染物排放的影响、对库区漂浮物的影响以及对人体健康的影响等方面来评估。

试验性蓄水的气候的影响主要从对天气气候事件的影响以及对库区气候的影响来评估。

生 态 影 响

一、对库区陆生生态系统的影响

（一）对森林植被的影响

由于没有2008年和2012年三峡库区森林资源监测数据，本部分内容基于

2006年和2010年数据开展评估。结果表明：2006—2010年，因三峡水库试验性蓄水，淹没森林植被4758hm^2，森林蓄积量减少79923m^3。因森林植被淹没相当于损失碳储量1.27万t/a，森林生态系统服务价值减少2.10亿元/a。同时，国家和地方加大了森林资源保护和培育等工作力度，实施了天然林保护工程、长江防护林工程、退耕还林等林业生态建设工程，三峡库区森林面积净增加了26.35万hm^2，森林蓄积净增加了1092.05万m^3，相当于森林植被碳储量净增加了70.14万t/a，森林生态系统服务价值净增量116.37亿元/a。因此，三峡工程蓄水淹没的森林资源被林业生态工程建设所补偿。

（二）对陆生动物的影响

随着三峡工程建成蓄水、移民迁建和库区交通条件的改善，使得部分珍稀濒危物种受到的影响逐渐增大。大鲵（*Andrias davidianus*）目前在库区已难以见到，隼形目猛禽所受影响也比较显著。此外，库区的哺乳动物一直以来都是受胁状况较为严重的类群。在库区栖息的近500种鸟类中，雀形目的各种鸟类种群数量比较稳定，受影响不大；但鸡形目的鸟类受影响相对较重。一些伴人生活的鸟类，如树麻雀（*Passer montanus*）、家燕（*Hirundo rustica*）等，所受影响也较大，种群规模呈下降趋势。不过，库区已成为水禽的重要越冬区，小䴙䴘（*Trachybaptus ruficollis*）、绿头鸭（*Anas platyrhynchos*）等水禽分布区均有向上游移动趋势。三峡库区蜥蜴类，如丽纹龙蜥（*Japalura splendida*）、石龙子（*Eumeces chinensis*），以及蛇类，如乌梢蛇（*Zoacys dhumnades*）、黑眉锦蛇（*Elaphe taeniura*）、王锦蛇（*Elaphe carinata*）等，受工程蓄水影响很小；龟鳖类、游蛇等，在水库蓄水形成大量浅水和静止水域后，栖息地条件会有所改善。此外，三峡水库蓄水后，淹没了大量支流，水深也大幅增加，两栖动物适宜生境有所减少。不过，上述影响均是在三峡水库建成后长期所面临的问题，试验性蓄水的影响仅为其中一个较短的时期而已。

（三）对陆生植物的影响

三峡库区植物科占全国植物科的一半以上，属的种类占40%以上，物种极其丰富。三峡工程试验性蓄水后，直接受淹没影响的物种有120科、358属、550种左右，其中大部分种类虽受淹没，但不至于造成物种的灭绝。对植物物种影响最大的是禾本科（Gramineae）、菊科（Asteraceae）、大戟科（Euphorbiaceae）和蔷薇科（Rosaceae），在物种的存在与消亡上受影响最大的是无患子科，金缕梅科的中华蚊母树、黄杨科的细叶黄杨、锦葵科的木槿、茜草科的水杨梅、马钱科的醉鱼草、豆科的马鞍叶羊蹄甲、禾木科的巫山类芦、斑茅等受较大影响。

（四）对农业系统的影响

三峡工程蓄水淹没耕地约40万亩。被淹没的耕地有机质含量高，生产条件相对优越，粮食产量高，因此给农业生产造成一定压力，人地矛盾突出。柑橘（*Citrus reticulata*）园淹没后，种植线上移，高海拔气候的变迁，高山土壤条件变恶劣，将对柑橘产量和品质造成不利影响。此外，农业病虫害加重，水稻稻飞虱，如褐飞虱（*Nilaparvata lugens*）、白背飞虱（*Sogatella furcifera*）、灰飞虱（*Laodelphax striatellus*），以及水稻纹枯病、小麦条锈病、小麦白粉病、小麦纹枯病、玉米螟虫（*Ostrinia furnacalis*）、玉米大小斑病、油菜蚜虫、蔬菜蚜虫、蔬菜菜青虫（*Pieris rapae*）、小菜蛾（*Plutella xylostella*）、蔬菜斑潜蝇、鼠害发生面积均有不同程度增加。水稻稻飞虱、水稻纹枯病、水稻稻瘟、小麦蚜虫、玉米纹枯病、油菜蚜虫、蔬菜螨类、蔬菜霜霉病、蔬菜其他病虫害、鼠害的危害程度加重（表1）。

表1　2007—2011年三峡库区主要病虫害发生面积及趋势　单位：hm^2·次

病虫害类型	2007年	2008年	2009年	2010年	2011年	平均	趋势
水稻稻飞虱	—	—	—	46333	49520	47927	增加
水稻稻纵卷叶螟	—	—	—	34667	31785	33226	减少
水稻纹枯病	—	—	—	24800	26184	25492	增加
水稻稻瘟	20157	27567	37167	12333	10328	21510	减少
小麦条锈病	—	—	—	9533	11137	10335	增加
小麦赤霉病	—	—	—	7200	6870	7035	减少
小麦白粉病	—	—	—	10333	11463	10898	增加
小麦纹枯病	—	—	—	8667	10252	9460	增加
小麦蚜虫	—	—	—	14867	12393	13630	减少
玉米螟虫	—	—	—	33600	36476	35038	增加
玉米纹枯病	34974	32448	38694	29000	27905	32604	减少
玉米大小斑病	15184	12721	17258	13067	13238	14294	增加
油菜菌核病	—	—	—	25733	11560	18647	减少
油菜蚜虫	—	—	—	11800	14121	12961	增加
马铃薯晚疫	17725	20332	28522	21467	14665	20542	减少
蔬菜蚜虫	—	—	—	17200	34386	25793	增加
蔬菜菜青虫、小菜蛾	—	—	—	20667	39555	30111	增加
蔬菜斑潜蝇	—	—	—	4533	4648	4591	增加
蔬菜螨类	—	—	—	5467	4293	4880	减少
蔬菜霜霉病	—	—	—	15933	15931	15932	减少
蔬菜疫病	—	—	—	6867	6852	6860	减少
蔬菜其他病虫害	—	—	—	25600	14494	20047	减少
鼠害	108181	94816	111511	—	135514	112506	增加

（五）对土地利用变化的影响

2007—2011年期间，三峡库区的土地利用/覆被发生了较大的变化。耕地所占比例由2007年的39.48%减少到2011年的39.44%；林地所占比例从50.47%减少到50.45%；草地所占比例从5.56%增加到5.57%；建设用地持续增加，从2.19%增加到2.24%；水面增幅不大，所占比例为2.25%；未利用地减幅大，从0.05%减少到0.04%。不过其组成结构的总体态势基本保持不变，因此对库区土地永续利用未造成根本性的影响。此外，土地利用/覆被变化的影响是客观存在的，且影响较大，利弊并存。从对农业生产影响角度看，由于耕地特别是水田面积减少，弊大于利；从对生态环境影响角度看，草地面积和果园、苗圃的扩大，利大于弊。

二、对消落带的影响

（一）对植被的影响

三峡消落带植被的种类和数量没有显著的变化。长期的水淹使消落带植被以草本为主，并且以一年生草本占优势。消落带植被覆盖度高低起伏变动不大，植被恢复目前正处于一种比较稳定的状态。三峡水库退水后消落带植被覆盖度均在50%以上，恢复情况比较乐观。支流消落带植被恢复状况优于干流，其植被覆盖度远高于干流消落带的平均值。随着时间推移，经过反复的蓄水淹没与出露，未来消落带植被将向草本植物占优势的方向发展，外来入侵植物的比例将有所增加。

（二）对湿地的影响

三峡工程试验性蓄水期间，在每年9月到次年5月间，因库区水面增大而增加了消落带湿地总面积，浅滩增多，为鸟类提供了更多的活动场所和食物。但在夏季的5—9月期间，因放水的影响，消落带一部分落水区域暴晒于空气中，变干变硬；一部分位于库尾和库湾地带，地势平缓，落水后地下水位仍保持较高，地面湿润，形成了很好的湿地，加之露出的沉积物，为鸟类提供丰富的食物。加上蓄水区域两岸的植被丰富，提供了一个候鸟迁徙和栖息的良好场所。因此，受三峡水库水位的季节性变动影响，在“自然—人工”二元干扰作用下，水库消落带由陆地转变为水陆交替的湿地，形成典型的水库消落带人工湿地。

（三）对地形地貌的影响

三峡水库消落带坡地土壤侵蚀强烈，忠县石宝寨2008—2010年观测数据显示，20°～25°坡面土壤侵蚀模数是三峡库区同坡度坡耕地土壤侵蚀模数3185t/(km^2·a) 的 30 倍，而且消落带土壤侵蚀受坡度、海拔、波浪等地形因子的影响，具有明显的空间差异性，微地形变化显著；受水流流速减缓和汛期水位波动影响，消落带低洼平坦区域泥沙淤积明显；三峡水库蓄水后，不同类型的岸坡在周期性涨落的库水和地下水的作用下，产生不同的影响，影响的程度和速度也不同，对岸坡塑造的方式也不同。总之，海拔 135～155m 之间的消落带主要是泥沙淤积，淤积速率在 1～40cm。海拔高于 155m 的土质消落带主要受土地利用与覆盖变化、涌浪侵蚀和水文地质条件变化导致田坎（埂）冲毁破坏，阶梯式坡度暂变为波浪式坡面，且土壤侵蚀严重，年均剥蚀度 0.1～20cm。在 175m 和 145m 水位线附近侵蚀剧烈，诱发土体蠕滑。三峡水库消落带地形地貌强烈活动期约为蓄水后 10～20 年，个别土质消落带将需数十年才能进入动态平衡稳定期。

（四）对库岸稳定性的影响

三峡水库多期次、多阶段蓄水，导致三峡库区崩塌滑坡活动较剧烈，因地质环境、条件的改变，其活跃度明显高于蓄水前，但呈逐年降低态势。试验性蓄水期间，三峡水库库区岸坡发生崩塌滑坡变形共计 537 处，其中 135～156m 蓄水连续变形的 22 处，156～175m 试验性蓄水连续变形的 13 处，175m 试验性蓄水连续变形的 18 处（图 1）。总之，目前三峡水库地质灾害活动处于较强阶段，175m 蓄水后，需历经 8～10 年，库区地质灾害发生水平渐趋稳定。

（五）对水土流失的影响

消落带土壤侵蚀形式有涌浪侵蚀、降雨径流侵蚀、崩塌。涌浪侵蚀是消落区库岸侵蚀的主要形式，在波浪长期侵蚀作用下，容易产生崩塌，形成大小不一的崩塌体，且极易在水力作用下不断扩大。长江干流消落带的侵蚀强烈，忠县石宝寨 2008—2012 年观测数据显示，15°坡面平均土壤侵蚀厚度为 71mm/a；而支流库湾消落带的侵蚀相对较轻，平均土壤侵蚀厚度仅为 11mm/a，干流消落带土壤侵蚀强度是库湾的 7 倍。蓄水初期，由于库水位大变幅周期性变化和强烈的波浪拍岸淘蚀，消落带坡地侵蚀强烈。随着土壤—植被生态系统对淹水—出露—淹水交替过程的适应恢复，土壤侵蚀强度逐渐减小，但浪涌与径流冲刷力将对库岸土质消落带持续作用，消落带高强度的土壤侵蚀将长久存在。对消落带植被重建与生态修复和水库生态环境产生重要限制作用。

（六）对落淤污染的影响

2008—2011 年 175m 试验性蓄水后，三峡库区消落带土壤重金属中全汞、全铬和全镉呈现出先增加后减少的变化趋势，全铅、全铜和全锌均呈现增加的

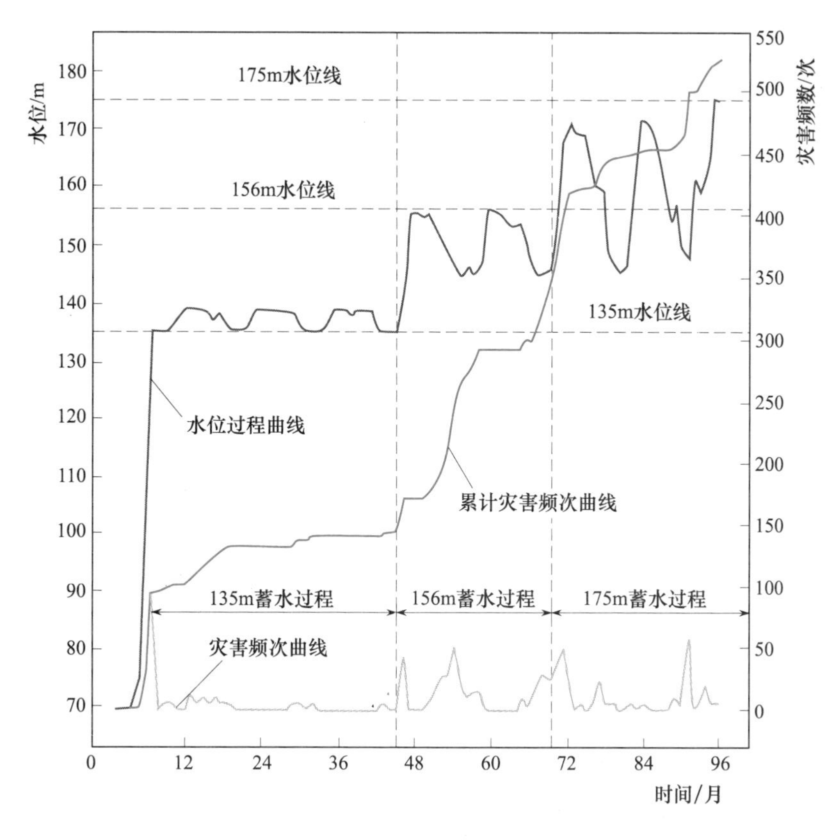

图1 地质灾害事件发生频率与水位关系曲线

趋势，这一方面与土壤的颗粒组成改变有关，尤其是土壤中粒径小的颗粒含量增加，提高了土壤的吸附作用。另一方面，铅、铜和锌主要来自于工业废水污染；消落带土壤全磷、全钾和有效磷呈现增加的趋势，全氮、铵态氮和硝态氮则呈减少的趋势，这主要与蓄水改变了消落带植被群落结构和土壤性质有关。落干时消落带土壤吸收的氮越多，在淹水时向库区水体中释放的氮越多。

（七）对农业利用的影响

由于水库消落带的成陆期与库区5月底至9月的光热雨资源集中期基本同步，水库消落带的土地资源具有较高的生产潜力和多种利用功能。在库区上游或支流上游，有些库岸坡度较缓，可以形成大面积的消落带，便于人群活动，常常被暂时利用，形成耕种带。从消落带的生态环境看，水田和灌溉沟渠有一定数量。退水后库周居民在部分消落带的农耕等活动较为频繁。

（八）对消落带病媒生物的影响

1. 对鼠类影响

2010—2012年三峡水库消落带监测点的总体鼠密度处于相对低的水平，总体呈现逐年下降趋势，但部分监测点鼠密度有上下波动现象（图2）。

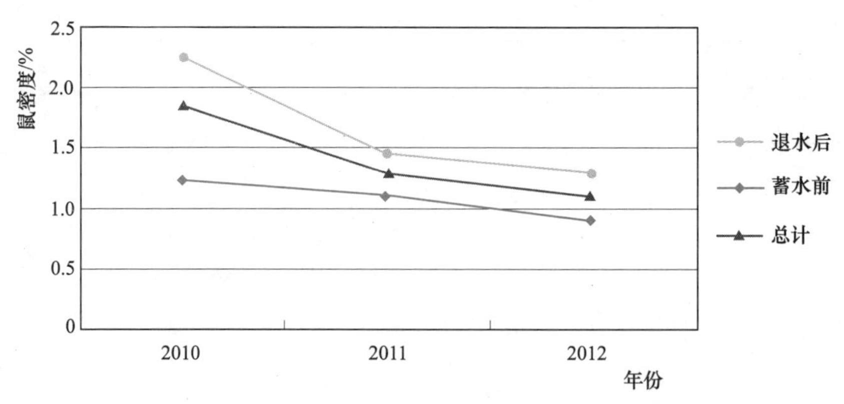

图 2 蓄水前后的鼠类密度

（退水后为 5—6 月，蓄水前为 9—10 月）

开县、忠县、巴南消落带的鼠类密度高于秭归县，种类较多，主要与这三个地区较秭归监测样地的生境多样，且便于人群活动等因素有关；捕到的鼠形动物有黑线姬鼠（*Apodemus agrarius*）、黄胸鼠（*Rattus flavipectus*）、短尾鼩（*Anourosorex squamipes*）、褐家鼠（*Rattus norvegicus*）和长尾巨鼠；以黑线姬鼠最多（62%），其次为黄胸鼠（17%）、短尾鼩（12%）。消落带中大面积荒草滩，为黑线姬鼠的孳生场所；在不同类型的消落带中都有捕获，而且密度比较高。由于黑线姬鼠是流行性出血热的主要宿主动物，因此，要对该鼠种的密度变化予以关注，防止蓄水时进入 175m 以上区域的民居周围传播疾病。黄胸鼠是南方家鼠型鼠疫储存宿主，且在蓄水前高海拔处密度相对较高，值得关注。

2. 对蚊虫影响

退水后监测中成蚊及幼蚊均有发现，且在巴南具有较高的密度值；蓄水前蚊密度较退水后呈现上升趋势（图 3）。蚊虫具有孳生广泛，生活周期短，繁

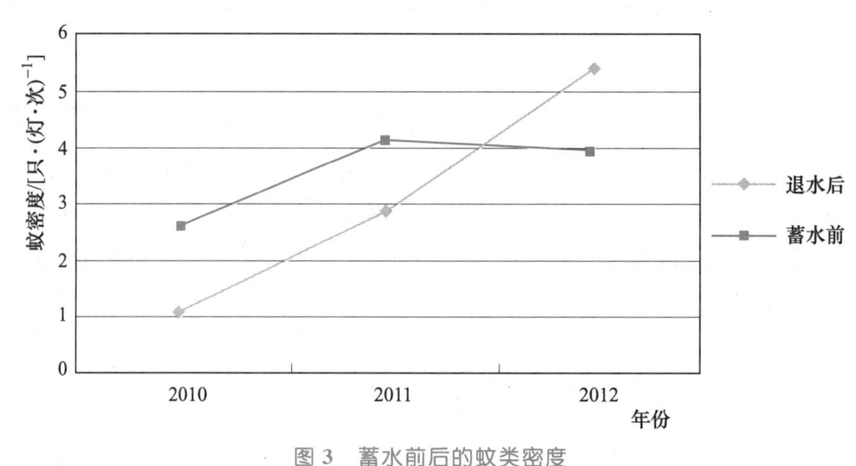

图 3 蓄水前后的蚊类密度

（退水后为 5—6 月，蓄水前为 9—10 月）

殖快等特点，在温湿度适宜条件下很快会有蚊虫发生，消落带的生态环境正好为其发生提供了良好孳生条件，因而在退水后很快有蚊出现，并具有一定密度。但退水后与蓄水前监测的蚊密度差异无统计学意义，需要继续监测，掌握其分布规律。

退水后、蓄水前各监测点均以海拔165～175m的蚊密度最高，对人群可能有一定影响。消落带蚊虫种群构成中三带喙库蚊（*Culex tritaeniorhynchus*）占22%，是主要优势蚊种，其次是中华按蚊（*Anopheles sinensis*）占17%和致倦库蚊（*Cx. pipiens quinquefasciatus*）占17%、骚扰阿蚊（*Armigeres subalbatus*）占7%；三带喙库蚊是乙脑的主要传播媒介，中华按蚊是疟疾的主要传播媒介，在消落带应继续加强监测，了解其分布，在蚊密度发生变化增高的时候及时采取控制措施，以便及时采取相应的控制措施。

3. 对蝇类影响

蝇类种群构成中，棕尾别麻蝇（*Boettcherisca peregrina*）占51%，为优势蝇种，然后依次是市蝇（*Musca sorbens*）占27%、家蝇（*M. domestica*）占11%、丝光绿蝇（*Lucilia sericata*）占8%；同时发现了伏蝇（*Phormia regina*）、铜绿蝇（*L. cuprina*）和夏厕蝇（*Fannia canicularis*）的分布。库区消落带的蝇密度值（0～3.67只/笼）处于低密度水平；与消落带人为活动少，缺少牲畜等，不能形成蝇赖以生存的孳生环境有关。

4. 对钉螺（*Oncomelania hupensis*）影响

此次钉螺监测，未发现钉螺。相关研究证实，三峡建库后，生态环境发生变化，库区已形成钉螺适宜孳生地，且其上游（四川）、中下游（宜昌市、荆州市）都是血吸虫病流行区，因此还需继续加强监测。

三、对水库及下游水生生物的影响

（一）珍稀水生动物资源变化

2008—2012年中华鲟产卵场在长江宜昌葛洲坝下至庙嘴江段，庙嘴以下江段没有发现中华鲟（*Acipenser sinensis*）的产卵。与三峡工程蓄水前（1997—2002年）相比，三峡工程蓄水（2003—2007年）后中华鲟繁殖群体数量和产卵规模明显减小，产卵时间推迟。2008—2012年试验性蓄水期间，中华鲟繁殖群体数量进一步减少，产卵规模一直维持在较低水平（低于250尾）。白鲟（*Psephurus gladius*）在2003年之后就未有确切发现记录，已经濒临灭绝。达氏鲟（*A. dabryanus*）资源量自20世纪70年代中期开始持续减少，1996—2009年，偶有捕获，但是数量很少，濒临灭绝。胭脂鱼（*Myxocyprinus asiaticus*）在宜昌产卵场的繁殖规模很小，资源规模的保持仍需依靠长江上游的繁殖群体，在葛洲坝建坝前后其资源量变动不大，其种群数量变动及其影响因素有待进一步分析。白鱀豚（*Lipotes vexillifer*）在2002年之后就未有确切发现记录，已经濒临灭绝。江豚（*Neophocaena phocaenoides*）分布的区域逐渐减少，其在长江干流的种群数量以每年不低于5%的速率下降。

（二）长江上游特有鱼类资源变化

2008—2012年三峡试验性蓄水期间，三峡库区长江上游特有鱼类在渔获物中的比重和捕捞量较2003—2007年试验性蓄水前进一步减少。三峡库区木洞江段特有鱼类的优势度下降近40%，三峡库区万州江段特有鱼类的优势度下降超过80%，渔获量下降超过70%，三峡库区以上江段特有鱼类优势度下降30%～50%，渔获量下降30%左右。

三峡工程试验性蓄水期间（2008年），三峡库区秭归、万州、木洞3个不同地点的鱼类优势种具有明显的差异。木洞江段的优势种为铜鱼（*Coreius heterodon*）、圆口铜鱼（*C. guichenoti*）、瓦氏黄颡鱼（*Pelteobagrus vachelli*）、圆筒吻鮈（*Rhinogobio cylindricus*）和宜昌鳅鮀（*Gobiobotia filifer*），万州江段的优势种为贝氏鳘（*Hemiculter bleekeri*）、鲤鱼（*Cyprinus carpio*）和银鮈（*Squalidus argentatus*）等，秭归江段的优势种为鲢鱼（*Hypophthalmichthys molitrix*）、银鮈、贝氏鳘、似鳊（*Pseudobrama simoni*）和鳙（*H. nobilis*）等。这些差异反映了三峡库区试验性蓄水后特有鱼类资源分布现状。三峡工程蓄水后，秭归和万州江段即变为静水缓流环境，特有鱼类不适合这种环境，因此优势种多为喜缓流或静水的种类；木洞江段在试验性蓄水后，仍是流水环境，因此圆口铜鱼等特有鱼类仍是优势种。

（三）渔业资源变化

1. 三峡库区干流江段渔业资源

2008—2012年三峡库区天然捕捞产量平均值为3569t，波动范围为2669～4570t。2008—2012年三峡库区江段共采集鱼类108种，隶属于9目20科71属。主要渔获对象为铜鱼、鲶、鲤鱼、鲢鱼、黄颡鱼（*P. fulvidraco*）、圆口铜鱼和草鱼（*Ctenopharynodon idellus*）等种类，占总渔获物总重量71.3%，其中铜鱼占22.07%，鲶占19.54%，鲤鱼占19.11%，四大家鱼占10.60%。库区鲶、圆口铜鱼2种鱼捕捞规格偏小，捕捞年龄偏低，渔获物中1龄鱼分别占62%和58%；草鱼、鲤鱼、黄颡鱼以2～3龄为主，分别占76%、68%和54%。

三峡工程蓄水后，库区及长江上游外来入侵鱼类种群增殖速度较快，如太湖新银鱼（*Neosalanx taihuensis*）种群数量迅速上升，资源显著增加，其种群暴发已成为近期库区鱼类群落演替的显著特点之一，已成为库区渔业重要的商业捕捞对象。水库蓄水初期营养盐输入增加和初级生产力的提高通常也利于广适性鱼类和外来种的生存，对外来鱼类的入侵和种群的扩散爆发产生了一定的促进作用。

2. 坝下干流江段渔业资源

2008—2012 年坝下宜昌至城陵矶江段天然捕捞产量平均值为 1338t，波动范围为 1270～1425t。2008—2012 年坝下共采集到鱼类 58 种，隶属于 7 目 14 科 52 属，主要渔获物对象包括铜鱼、“四大家鱼”、鲤、鲶和黄颡鱼等种类，占总渔获物量的 63.3%，其中铜鱼占 10.1%，“四大家鱼”占 9.9%，鲤占 28.9%，鲶占 14.4%。三峡库区蓄水后，坝下天然捕捞产量处于较低水平，对坝下经济鱼类的产卵和生存环境带来了一定影响。铜鱼是坝下荆州江段最主要的捕捞对象，在渔获物最高比例曾达 57%。由于大坝的阻隔，库区的铜鱼幼鱼无法漂流至坝下，导致铜鱼种群数量逐年下降，2011 年铜鱼仅占荆州江段渔获物总重量 2.63%。

3. 洞庭湖渔业资源

2008—2012 年洞庭湖天然捕捞产量平均值为 2.036 万 t，波动范围为 1.84 万～2.31 万 t。洞庭湖渔获物种类组成以鲤、鲫（*Carassius auratus*）、鲶、鳊等定居性鱼类和“四大家鱼”为主，分别占 32%、19%和 15%。渔获物年龄组成监测表明，洞庭湖的渔获物年龄组成以 1～2 龄鱼为主，占 60%以上。但三峡蓄水后，使得“四大家鱼”产卵场和产卵规模减小，进入洞庭湖的幼鱼相应也进一步减少，对洞庭湖渔业资源造成了较大影响。湖区水位的波动也对草洲面积及产卵场造成一定程度的影响。

4. 鄱阳湖渔业资源

2008—2012 年，鄱阳湖天然捕捞产量平均值为 2.756 万 t，波动范围为 2.23 万～3.33 万 t。鄱阳湖渔获物种类组成以鲤、鲶、黄颡鱼、鲫、鳊等定居性鱼类和“四大家鱼”为主。鄱阳湖鲤、鲫产卵场主要分布在南部，三峡蓄水后，星子以南水位受影响较小，故对鲤、鲫产卵场影响不是很大。

5. 长江口渔业资源

2008—2012 年，长江河口区凤鲚天然捕捞产量平均值为 86.88t，波动范围为 23.2～228t。体长和体重的变化无显著性差异；丰满度和相对怀卵量年间变化无显著性差异；渔获年龄以一龄亲鱼为主体，与历史上的渔获年龄结构无显著性差异。从 2008—2012 年捕捞产量呈现明显的逐年下降态势，资源量呈显著衰退迹象。

2008—2012 年，中华绒螯蟹（*Eriocheir sinensis*）亲蟹天然捕捞产量平均

值为17.09t，波动范围为10.95～31.2t。监测表明，中华绒螯蟹生物学指标，壳长、壳宽和体重的变化无显著性差异；生殖水域和捕捞水域无明显动迁迹象；汛发日期无显著变化。

2008—2012年，鳗苗天然捕捞产量平均值为4.54t，波动范围为2.37～8.1t。监测表明，鳗苗捕捞水域无明显动迁迹象；汛发日期无显著变化。

三峡工程蓄水后，因河口地区冲刷，淡水范围缩小，沉积率降低，盐度升高，营养盐含量降低等使之不能有力地刺激或诱集刀鲚（*Coilia nasus*）、鲥鱼（*Tenualosa reevesii*）等洄游性鱼类上溯、育肥、产卵，使得河口环境条件和各类生物分布格局出现较大改变，生物生产力降低，中心渔场发生大幅度变化，渔获量减少。

6. 四大家鱼自然繁殖

三峡工程蓄水后，重庆以下库区的8个产卵场全部消失。家鱼已上溯至库区以上的干流里繁殖，江津以上有新市—柏溪、江安—泸州、合江、朱杨等家鱼产卵场。根据2008—2012年监测结果，家鱼产卵场主要分布在朱杨镇和合江江段，产卵规模维持在3亿尾左右。2008—2012年，坝下监利断面四大家鱼卵苗径流量分别为1.8亿尾、0.42亿尾、4.28亿尾、1.21亿尾和3.97亿尾，5年平均值为2.34亿尾，占三峡蓄水前（1997—2002年）10%左右。三峡水库蓄水后，鲢和草鱼苗的比例上升，而青鱼（*Mylopharyngodon piceus*）和鳙鱼苗的比例明显下降。

三峡水库蓄水后，因水库的调蓄作用原有的洪峰过程被削平，清水下泄后对河道的冲刷作用加剧，对“四大家鱼”的产卵繁殖有较大影响。三峡蓄水后家鱼产卵规模和范围进一步下降或压缩，2009年监利断面产卵规模仅为0.42亿，家鱼产卵场主要集中在宜昌、公安和石首。同时，水库蓄水导致下泄水温的降低，以致“四大家鱼”繁殖时间推迟，同时也缩减了鱼类的适宜生长期。

四、对下游江湖关系、河口生态的影响

（一）对洞庭湖生态的影响

三峡工程运行后（2003—2008年），长江中下游河道普遍有所冲刷，冲刷以宜昌—城陵矶段为主，其平滩河槽冲刷量占河道总冲刷量的73.2%；但冲刷主要集中在蓄水后的前三年，2005年之后冲刷强度有所减弱。与蓄水前多年均值相比，大坝下游宜昌、枝城、沙市、螺山等控制站径流表现为不同程度的偏枯，输沙量明显减小（减幅在60%以上）。受洞庭湖支流来水、长江中上游来水以及三峡工程蓄水运行等多方面因素影响，近年来，洞庭湖区代表站水

位总体有所降低，水情明显偏枯。

然而，洞庭湖水文情势及生态环境受多方面因素影响。洞庭湖上游来水主要受“四水”（湘江、资水、沅江、澧水）影响；洞庭湖与长江中游干流交汇，江湖之间的分流分沙及河床演变呈现比较复杂的相互影响和关联；由此构成复杂的江湖关系。尤其近年来，受自然、人为等多方面因素影响，长江入湖三口水位下降，枯期连续多年出现断流，年断流天数逐渐增加。2006 年（特枯年份）三口控制站断流天数达到 269～336 天，2009 年 9 月以来，长江入洞庭湖三口陆续断流，洞庭湖水位下降，出湖口城陵矶水位仅 22.02m；导致湘江水入湖流速加快，湘江中下游出现了罕见的枯水期，长沙、株洲和湘潭三市饮用水安全受到威胁。受洞庭湖水文情势变化影响，洞庭湖水质、水生态、洲滩生态系统以及鸟类、鱼类等物种生物多样性亦在发生变化。

总体上，洞庭湖江湖关系错综复杂，洞庭湖生态环境变化到底多少归咎于三峡工程影响，未来洞庭湖生态系统演变趋势会是如何？对此，现有研究的系统性和深度上都明显不足，可以有效利用的数据十分有限，难以科学回答。如何保证三峡工程建成后能最大限度地发挥其社会、经济及环境效益，实现可持续发展，确保洞庭湖的水环境安全，值得重视，有待于合理统筹解决。

（二）对鄱阳湖生态的影响

鄱阳湖星子水文站和修河吴城水文站水位实测数据显示：2008—2012 年鄱阳湖年平均水位偏低，年平均水位出现历史最低。2008—2012 年星子站年平均水位为 12.54m（吴淞高程，下同），而 1955—2012 年历年年平均水位为 13.32m，偏低 0.78m。2008—2012 年期间，星子站水位年际间的水位变化幅度最大值为 2.87m（出现在 2010—2011 年间），高于 1955—2007 年期间年际间水位变化最大值 2.83m（出现在 1972—1973 年期间）。2008—2012 年期间，修河年平均水位为 13.67m，较 1955—2012 年历年水位的平均值低 0.83m；超过 18m 的天数平均值为 26 天，也明显低于 1955—2012 年的历年平均值。

鄱阳湖湿地植物呈退化趋势，沉水植物和洲滩植物的生物量下降明显。根据鄱阳湖国家级自然保护区 2009 年在蚌湖开展的洲滩植物调查结果，在过去的 15 年内，该湖洲滩植物的生物量下降明显，以芦苇（*Phragmites australis*）、南荻（*Triarrhena lutarioriparia*）为建群种的植物群落生物量从 1994 年的 2025g/m^2，下降至 2009 年的 999.7g/m^2；苔草植物群落生物量从 1994 年的 1716.7g/m^2，下降至 2009 年的 556.4g/m^2。以保护区内大湖池等 4 个湖为例，1999—2011 年期间，苦草（*Vallisneria natans*）冬芽的平均密度和生物量（干重）分别是 7.51 个/m^2 和 1.91g/m^2，2008—2011 年 4 年苦草冬芽密度的平均值较1999—2011年的平均值略低，为6.06个/m^2，而冬芽生物量则持平，为1.91g/m^2。2010年受春夏长时间高水位的影响，4个湖苦草冬芽的平均密度和生物量（干重）最低，分别仅为0.18个/m^{2}和0.004g/m^2，两者分别只达历史均值的2.4%和2.1‰。

受植物生物量下降的影响，以植物为食的越冬水鸟的行为和栖息地利用上发生明显变化。2010年白枕鹤（*Grus vipio*）并没有转移到保护区外的其他区域觅食，而本区域内苦草冬芽明显不足，无法满足白枕鹤对食物的需求，白枕鹤只能选择在位置相对更高也更干的草洲上觅食。因此白枕鹤栖息地利用发生了变化，在干地上活动的比例明显增加。在更干的草洲上觅食，白枕鹤的食物结构必然发生改变，而食物结构的改变是否会对这一物种造成不利影响，还需在今后几年的监测中才能被发现。2010年在保护区范围内，白鹤（*G. leucogeranus*）的数量与历年平均水平相比有了明显地减少，表明白鹤转移到了保护区外的其他湿地觅食，继续寻找其喜好的苦草冬芽为食物。根据2010年越冬期的水鸟监测结果，小天鹅（*Cygnus columbianus*）在保护区内的数量较历史平均值（2008—2011年）有明显下降，表明该年越冬期保护区内湿地难以为数万只小天鹅提供充足的食物，大量的小天鹅被迫转移至保护区外的湖泊或其他湿地觅食。

（三）对河口土壤盐渍化的影响

三峡水库蓄水过程造成了坝下流量降低造成了河口区域长江干流水量的下降，且其下降幅度与三峡水库蓄水速率相关。三峡调蓄过程造成9月前后大通流量下降幅度最大，在一定程度上导致河口江水位降低、海水入侵强度增加。三峡调蓄造成的长江流量相对减少量占当年本底流量的百分比与相应的江水盐分含量之间存在显著相关性，表明三峡调蓄造成的径流量减少在一定程度上导致了河口区域海水入侵强度与江水盐分的变化，而三峡调蓄过程与水文年型共同对河口江水盐分的变化产生影响。长江水盐分含量的变化直接影响了内河水盐分和地下水盐分动态，而地下水盐分变化又影响了土壤盐分动态变化。试验性蓄水阶段的地下水盐分含量有上升趋势，土壤盐分含量也呈上升趋势。

（四）对河口生物资源的影响

2008年以来，长江入海径流保持过去几十年的波动特征，2010年入海径流量最高，2011年入海径流最低。入海径流年内分配与低水位运行期（2003—2007年）相似，但洪季径流分配比例低于蓄水前（1997—2002年），这在一定程度反映了三峡水库拦洪调蓄的作用。三峡水库开始蓄水低位运行后，长江大通年平均输沙量达历史上最小阶段，减少趋势显著。2008年以来，长江入海泥沙量仍保持在2003年以后的波动平台范围内，显著低于蓄水前。输沙量年内分配，2008年以后枯季输沙量变化不大，洪季输沙量分配比例迅速下降，显著低于蓄水前。

就沉积环境而言，长江输沙量持续减少，长江口水域悬浮体含量降低，主要表现在秋季，2008年以后长江口秋季悬浮体含量显著低于蓄水前。长江口硅酸盐含量持续降低，主要表现春季水体，2008年长江口硅酸盐含量显著低于蓄水前和低水位运行期。这与陆源输入持续减少以及生物生产力提高密切相关。长江口水体总磷含量在2003—2007年蓄水期显著降低，2008年以来显著回升，这与陆源输入变化的关系还在进一步探讨中。

入海泥沙减少带来的水体悬浮体含量下降，透明度升高，仅在蓄水后的第一年引起河口水体叶绿素a含量的显著增加。与2003—2007年低水位运行期相比较，2008年以来，三峡工程建设带来的丰水期陆源输入持续减少，长江口秋季初级生产水平显著降低，而枯水期陆源输入的增加，初级生产水平迅速回升。

三峡水库蓄水后的2003—2007年间长江口春季鱼类浮游生物丰度迅速下降，群落多样性显著降低。2008年以来，长江口春季鱼类浮游生物多样性显著回升，与长江口水域初级生产水平密切相关。长江口鱼类浮游生物虽然保持河口型、沿岸型和近海型三种群聚类型，2008年以来沿岸型空间分布明显减少，近海型分布区域向河口方向扩展。此外，三峡工程建设带来的水体悬浮体含量变化直接影响鱼类浮游生物群落空间格局。

总之，三峡工程建设对入海径流和泥沙的调节作用，已逐步对河口的生态环境产生一定的影响。在今后的几十年中，三峡水库运行、南水北调、流域生态环境保护等人类活动下，长江来沙量将进一步下降，长江口产生相应的生态响应，并导致生物群落组成特点的变化。

（五）对“四湖潜育化”的影响

三峡工程水库蓄水运行调节了径流量在时间上的分配，水库调度改变了坝下长江的水文情势。即枯水季节及汛前增泄抬升长江干流水位，汛期水库防洪调节限制了洪水水位，汛末蓄水阶段急剧降低了干流水位，另外清水下泄促使河床下切。长江干流水位的改变对近岸地下水位产生一定的影响。长江河床切穿了浅层承压水隔水顶板（黏土层），与承压水有密切水力联系。承压水位与长江水位有良好的响应关系，响应范围直观超过10km，计算超过20km。枯水季节和汛前，地下水位随着长江水位抬升而抬升；蓄水期随长江水位下降而降低。此外，对土壤潜育化的影响比较复杂。长江水位的变化通过引起两侧平原的承压水位的改变而反映到潜水位上来，而地下水位的变化影响着土壤潜育化沼泽化演化的过程。地下水位抬高，土壤还原条件加强，潜育化过程加重。反之，则促进土壤脱潜。由于汛前使地下水位抬升，蓄水又促进地下水位降低。即前期促进潜育化发育，蓄水期促进脱潜。而且土壤潜育化本身还受到其他因素影响。

五、生态调度及其影响

为缓解三峡下游四大家鱼资源下降趋势，2011 年、2012 年三峡水库开展了针对四大家鱼自然繁殖的生态调度试验，改变三峡下泄流量，人工制造洪水上涨过程，以满足长江中下游四大家鱼自然繁殖的需求。2011 年分别在南津关、宜都、涴市、监利、燕窝江段设置监测断面对鱼类早期资源进行了监测，2012 年在宜都、沙市江段对鱼类早期资源进行了监测。

监测结果表明，生态调度取得了较好的效果。2011 年调度使下游形成人工涨水过程，四大家鱼对洪水上涨有良好的响应，调度第二天“四大家鱼”即发生产卵活动。2012 年生态调度 3 次，形成了 3 次明显的涨水过程，沙市断面均监测到四大家鱼产卵。2012 年生态调度期间观测到的四大家鱼卵的数量是 2011 年的 76 倍，监测期间观测到的卵数量是 2011 年的 23 倍，生态调度效果明显，生态调度对促进“四大家鱼”自然繁殖具有积极意义。

从开展生态调度期间“四大家鱼”自然繁殖监测结果分析，证实了水位涨幅、涨水持续时间等水文因素是影响家鱼自然繁殖及规模的关键性指标，表现为水位上涨与家鱼产卵时间和卵汛出现时间一致；水位涨幅越大，卵发生量越高；单次洪峰家鱼卵径流量与持续涨水天数呈明显的相关关系。其次，识别了不同生态调度情况下家鱼繁殖差异的主要影响因素。2011 年仅实施了一次生态调度，四大家鱼自然繁殖对生态调度形成的洪水上涨有所响应。2012 年结果表明宜都、沙市两监测断面均出现了较大规模的“鱼汛”，且 5 月生态调度过程中沙市断面监测到的四大家鱼的繁殖规模明显高于 6 月的调度过程，四大家鱼自然繁殖的差异可能与两次生态调度时机、调度方式不同而导致的洪峰差异有关。

环 境 影 响

一、对库区干流水质的影响

（一）库区干流水质保持Ⅲ类水平

2008—2012 年三峡库区长江干流国控断面（重庆朱沱、重庆寸滩、涪陵清

溪场、万州晒网坝、巫山培石）水质监测数据显示，试验性蓄水前后，三峡库区水质基本上保持在Ⅲ类水平并持续稳定。与2005年各断面的Ⅱ类水质相比较，在水质类别上的变化主要是由于自2009年起，国家将参与水质评价的项目有原来的9项增加到21项，导致库区干流水质由Ⅱ类转变成Ⅲ类（表2）。

表2　库区干流年度水质状况

年　度	断　面				
	朱　沱	清溪场	寸　滩	晒网坝	培　石
2005	Ⅱ	Ⅱ	Ⅱ	Ⅱ	Ⅱ
2008	Ⅲ	Ⅱ	Ⅱ	Ⅰ	Ⅱ
2009	Ⅱ	Ⅲ	Ⅲ	Ⅲ	Ⅲ
2010	Ⅲ	Ⅲ	Ⅲ	Ⅲ	Ⅲ
2011	Ⅲ	Ⅲ	Ⅲ	Ⅲ	Ⅲ
2012	Ⅲ	Ⅲ	Ⅲ	Ⅲ	—

注　自2009年起，参与水质评价的项目由9项增加到21项。水质变化的原因主要是总磷参与评价造成的。

（二）主要污染物浓度稳中有降

与2005年监测数据相比较，主要污染物高锰酸盐指数（COD_{Mn}）、氨氮、石油类、挥发酚、铅、汞以及粪大肠菌群的浓度没有上升的迹象。部分污染物稳中有降。高锰酸盐指数浓度稳中有降，已经达到Ⅰ类水质标准要求；氨氮浓度在Ⅱ类水质标准持续稳定；石油类和挥发酚浓度持续稳定略有下降，满足Ⅱ类水质标准要求。

（三）重金属浓度没有增加

重金属铅浓度依然持续下降；汞的浓度虽没有明显降低但是维持稳定，均满足Ⅱ类水质标准要求。

（四）总氮和总磷超标依然存在

2008—2012年间总氮的含量一直高于Ⅳ类水质标准，为Ⅴ类，属中度污染。总磷的标准限值由于在河流和湖库水质标准中不同，按河流评价为Ⅲ类水质，若按湖库评价则为Ⅴ类，属中度污染。虽然2008年各个断面的总磷浓度均低于2005年的水平，但是从2008—2012年各断面总磷浓度呈上升趋势。总氮同样不容乐观，除寸滩和清溪场外，其余3个断面2012年的总氮浓度均高于2005年的浓度。

因此，与2005年相比较，库区干流中总氮和总磷的浓度没有降低，超标现象依然存在。

（五）粪大肠菌群浓度持续下降

尽管粪大肠菌群虽不参与水质类别的评价，由于生活污水、农村面源中的生活和养殖业污染物的排放，导致三峡地区普遍受到粪大肠菌群的污染，而且比较严重。2005年库区干流粪大肠菌群为Ⅴ类，属于中度污染，以前则更差。由于加快了城市污水处理厂的建设和运行，库区干流粪大肠菌群浓度持续下降，2009年以后达到Ⅲ类水质标准要求并持续稳定。

（六）生化需氧量有所下降差异减小

五日生化需氧量（BOD_5）在库中滞留时间增加有利于其降解。除朱沱断面BOD_5的年均浓度波动较大以外，其余各断面BOD_5的年均浓度基本稳定在0.5～1.5mg/L之间，2009年以后库区干流各断面浓度水平差异减小。

二、对长江中下游水质的影响

（一）长江中下游水质

试验性蓄水前后，长江中下游整体水质类别没有明显变化（表3）。从长江中下游主要断面2008—2012年的水质类别看，洞庭湖进入长江的水质为良好，鄱阳湖进入长江的水质为优，长江干流中下游湖北黄石段、安徽安庆段、江苏南京段水质均为良好，而长江入海前的上海断面水质受总磷的影响，2009年以后水质均为Ⅳ类，属于轻度污染。与2005年相比，各断面水质类别变化的原因主要是由于2009年起采用了新的评价办法。

表3　　长江中下游水质状况一览表

所在地区	年度 断面名称	2005	2008	2009	2010	2011	2012
湖南岳阳	城陵矶	Ⅱ	Ⅱ	Ⅲ	Ⅲ	Ⅲ	Ⅲ
湖北黄石	风波港	Ⅱ	Ⅲ	Ⅲ	Ⅲ	Ⅲ	Ⅲ
江西九江	湖口	Ⅱ	Ⅱ	Ⅱ	Ⅱ	Ⅱ	Ⅱ
安徽安庆	皖河口	Ⅱ	Ⅱ	Ⅲ	Ⅲ	Ⅲ	Ⅲ
江苏南京	江宁河口	Ⅰ	Ⅱ	Ⅲ	Ⅱ	Ⅲ	Ⅲ
上海	朝阳农场	Ⅳ	Ⅲ	Ⅳ	Ⅳ	Ⅳ	Ⅳ

（二）三峡大坝下游主要污染物浓度

三峡水库试验性蓄水期间，大坝下游主要污染物浓度没有明显变化。与2005年相比，宜昌南津关断面和距离三峡大坝较远的武汉杨泗港断面的

COD_{Mn}和 BOD_5 没有明显变化，铅的浓度有所降低。说明与 156m 蓄水前的水质相比较，铅的浓度有所降低，COD_{Mn}、BOD_5 没有明显变化。

（三）长江中下游营养物质浓度

与 2005 年相比，总氮浓度明显降低的断面只有江西九江段，大坝下游其他断面多数总氮浓度有所增加。特别是进入安徽后一直到入海口，总氮浓度历年来有逐步增加的趋势。总磷浓度明显降低的断面有江西九江段和安徽马鞍山段，大坝下游其他断面多数总磷浓度与 2005 年持平，湖北黄石段和安徽安庆段总磷浓度增加明显。

可见，长江中下游营养物质与库区干流持平，总磷、总氮污染已经比较严重，如果按湖库标准衡量，则大部分断面均超过Ⅲ类水质标准，也就是说，如果长江水输入湖库，本身就已经是Ⅳ类水质或者更差。长江中下游各主要城市断面的总磷和总氮浓度有升有降，其变化主要取决于当地及上游地区的营养物的排放状况。

三、对库区主要支流水质和营养状况的影响

（一）库区主要支流水质

试验性蓄水期间，三峡库区主要支流总磷和总氮污染持续恶化。2008—2012 年总磷浓度超标断面比例年均值（3—10 月）分别为 64.3%、75.5%、72.3%、68.0%和 77.3%。其中，回水区总磷超标断面比例分别为 78.9%、89.6%、84.1%、86.6%和 90.9%，明显高于支流非回水区。与 2005 年相比，2008—2012 年三峡库区主要支流回水区总磷超标断面比例分别上升了 6.7 个百分点、17.4 个百分点、11.9 个百分点、14.4 个百分点和 18.7 个百分点。2008—2012 年，三峡库区主要支流总氮浓度超标断面比例年均值（3—10 月）分别为 79.1%、78.2%、82.2%、86.0%和 90.7%。其中，回水区总氮超标断面比例分别为 85.2%、80.5%、84.2%、91.6%和 94.1%，明显高于支流非回水区。与 2005 年相比，2008—2012 年三峡库区主要支流回水区总氮超标断面比例分别上升了 12.8 个百分点、8.1 个百分点、11.8 个百分点、19.2 个百分点和 21.7 个百分点。

粪大肠菌群污染状况显著减轻。2008—2012 年，三峡库区主要支流粪大肠菌群浓度超标断面比例年均值（3—10 月）分别为 28.5%、19.2%、21.6%、16.6%和 16.1%。其中，回水区粪大肠菌群超标断面比例分别为 31.9%、17.4%、21.6%、16.9%和 15.6%，与非回水区差别不大。与 2005 年相比，2008—2012 年三峡库区主要支流回水区粪大肠菌群超标断面比例分

别下降了14.3个百分点、28.8个百分点、24.6个百分点、29.3个百分点和30.6个百分点。

2008—2012年三峡库区主要支流化学需氧量、五日生化需氧量、氨氮、高锰酸盐指数、溶解氧、石油类、pH值和挥发酚均不同程度出现超标，超标断面比例基本均低于10.0%。与2005年相比，2008—2012年回水区化学需氧量、五日生化需氧量、氨氮、高锰酸盐指数、溶解氧、石油类超标断面比例均有所下降；挥发酚超标断面比例有所上升；pH值超标断面比例基本持平。

（二）库区主要支流营养状况

2005年，三峡库区主要支流水体呈富营养、中营养和贫营养状态的断面比例分别为17.5%、65.0%和17.5%。2008—2012年，三峡库区主要支流水体呈富营养状态的断面比例年均值（3—10月）分别为20.1%、26.9%、34.0%、29.5%和26.5%；中营养状态断面比例分别为77.3%、70.8%、63.9%、67.5%和69.2%；贫营养状态断面比例分别为2.6%、2.3%、2.1%、2.9%和4.4%。与2005年相比，2008—2012年回水区富营养状态断面比例分别上升了9.8个百分点、13.5个百分点、23.2个百分点、22.2个百分点和15.9个百分点；贫营养状态断面比例分别下降了15.4个百分点、15.9个百分点、17.2个百分点、17.2个百分点和16.9个百分点。因此，与2005年相比，库区主要支流水体富营养化加重。

（三）水库浮游藻类情况

与水体富营养化进程紧密相关的浮游藻类也直接或间接受到水库蓄水的强烈影响。三峡水库库区初级生产力、藻类密度、生物量和物种组成在三期蓄水前后的变化已有如下结果。

三峡库区总净初级生产力从2000年的7959.3GgC（$1Gg=10^9g$）降至2003年的6987.7GgC（降低了12.2%），2003年至2006年5月总净初级生产力变化较小，仅增加了41.3GgC（0.6%），2006年6月至2010年，总净初级生产力增加了338.8GgC（4.8%），也即在2000—2010年期间研究区域总净初级生产力降低了8.0%（632.8）GgC。

在三峡水库干流及主要支流库湾河口，2008年蓄水后库区干流藻类密度明显增加，蓄水前（1999—2002年），干流藻类密度水平不高且总体平稳，各断面藻密度均值在7.6×10^4cell/L以下；135m水位蓄水期间（2003—2006年）干流藻类平均密度介于1.4×10^5～1.6×10^5cell/L之间，156m水位蓄水期间（2007—2008年）平均为1.2×10^5cell/L左右，与135m蓄水位相比略有降低，而175m试验性蓄水期间藻密度与156m蓄水位期间持平。

从群落结构的组成看，蓄水前干流硅藻在群落结构中占有绝对优势，占有生物量的90%以上，蓄水后硅藻所占比例下降，绿藻、蓝藻、隐藻、甲藻等所占比例上升。同样，蓄水后支流藻类密度显著增加，由蓄水前的 5×10^5cell/L 左右增加到 135m、156m 水位蓄水时的 5×10^6cell/L 以上，是蓄水前的 10 倍左右，175m 试验性蓄水期间藻密度有所下降，平均 3×10^6cell/L 左右。同时，藻类种群结构发生明显变化，蓄水前硅藻占有绝对优势，蓄水后蓝藻、绿藻、隐藻及甲藻所占比例有显著增加，不同支流优势种差异显著。因此，与蓄水前相比，三峡水库整体上表现为蓄水后藻密度显著增加，硅藻所占比例下降，蓝藻、绿藻、隐藻及甲藻所占比例上升，随着 175m 试验性蓄水的进行，支流河口藻密度有下降趋势。

试验性蓄水期间，库区主要支流回水区仍有水华出现，频次较 2003 年蓄水后 4 年（2004—2007 年）有所下降，但水体的富营养物质基础并没有改善，局部水域具备出现水华的条件，仍需高度关注并加以防范，但全库区出现富营养化甚至水华的可能性不大。

四、上游来水水质的可能影响

（一）库区上游支流受到一定的污染

2008—2012 年试验性蓄水期间，三峡水库上游区和影响区主要来水河流主要断面水质情况为：长江宜宾挂弓山断面水质基本良好；金沙江云南昭通段 2009 年以后水质由Ⅳ类好转为Ⅱ类；四川攀枝花龙洞断面水质稳定良好；攀枝花雅砻江口进入长江的水质十几年来一直稳定良好；岷江眉山段水质污染严重，一直处于轻度污染到重度污染状态，主要污染指标为氨氮和总磷，乐山段后由劣Ⅴ转为Ⅲ类；沱江轻度污染，主要污染指标为总磷；由于水质评价指标的变化导致乌江水质由Ⅱ类转变为Ⅳ类，主要污染指标为总磷；嘉陵江和赤水河水质良好。

（二）氮磷污染问题不容忽视

库区上游（即影响区和上游区），流域面积大，接纳的城市生活污水和农村面源排放的氮磷污染物多，相当一部分汇流到库区，氮磷污染不容忽视。与 2005 年相比，2008—2012 年各支流断面总氮的浓度没有明显改变。沱江和乌江的总氮浓度历年来均超过Ⅴ类水质标准，岷江超过Ⅲ类水质标准，嘉陵江在 2012 年浓度值突然升高。2008—2012 年，沱江总磷浓度在Ⅳ类浓度水平波动变化；乌江呈上升趋势，2012 年度已经突破Ⅴ类标准；其他各支流的总磷浓度没有明显变化。虽然其他各支流的总磷浓度均低于河流Ⅲ类水质标准，若按湖库标准评价，除金沙江和雅砻江外，其他支流总磷浓度均高于湖库Ⅲ类水质标准，乌江的总磷浓度则为劣Ⅴ类。各支流污染物的高低必然影响长江干流乃至库区的水质。

（三）粪大肠菌群污染情况明显改善

与2005年的水质状况相比较，粪大肠菌群目前只有雅砻江和沱江还不能满足Ⅲ类水质的要求。

五、库区水污染物排放情况

（一）库区及其上游地区的工业与生活污染物排放

蓄水前后库区及其上游地区的工业与生活污染物排放总量逐年增加。在2003年135m蓄水前后（2004年与2002年相比），废水排放量增加了2亿t，约增长了5%，而COD排放量减少了11%，氨氮增加了12%；2006年156m蓄水前后（2007年与2004年相比），COD和氨氮排放量均增加了11%。175m试验性蓄水前后（2010年与2007年相比），废水排放量增加了1.3亿t，约增长了2.8%，而COD排放量减少了5.2%，氨氮增加了1.9%。总体而言，在工程建设和初步运行阶段三峡地区污染物排放得到了一定的控制，但排放总量仍在增加（表4）。

表4　　三峡地区工业和生活污染排放情况

年　份	废水排放量 /亿t	COD排放量 /万t	氨氮排放量 /万t
1998	25.0	110.2	—
2002	34.8	126.2	8.1
2004	36.8	112.6	9.4
2007	46.9	125.4	10.4
2008	49.1	121.8	10.5
2009	50.1	120.8	10.5
2010	48.2	118.9	10.6
2011	52.8	131.4	16.1

（二）工业污染物排放有所下降，而生活污染物排放增加

试验性蓄水期间，三峡地区工业污染物排放量有一定程度减少。2008—2011年工业废水排放量分别为19.4亿t、19.2亿t、16.1亿t和14.4亿t，COD排放量分别为37.3万t、36.8万t、36.2万t和25.0万t，而氨氮排放量分别是2.7万t、2.3万t、2.4万t和1.2万t。2010年三峡地区工业废水

排放量、COD排放量和氨氮排放量分别相对于2007年降低了20.7%、12.8%和20.0%（因“十二五”环境排放系数有所调整，所以采用2010年数据进行比较）。

但是同时期三峡地区城镇生活污染物排放迅速增加，排放总量已经超过工业排放量。其中，2008—2011年三峡地区城镇生活污水排放量分别为29.7亿t、30.9亿t、32.1亿t和38.4亿t，COD排放量分别为84.5万t、84.0万t、82.7万t和106.3万t，氨氮排放量分别为7.8万t、8.3万t、8.2万t和14.9万t。2010年三峡地区生活污水排放量和氨氮排放量较2007年分别增加了20.7%和10.8%；COD排放量减少了1.4%。

（三）工业污染物排放强度高于全国平均水平

尽管近10年来，三峡地区特别是重庆市在工业污染防治方面取得了明显的成绩，但由于工业结构没有得到明显的优化，水污染严重的行业依然占主导地位，工业废水污染物的产生强度和排放强度均明显高于东部地区。废水产生强度是全国平均的1.3倍，是东部地区的1.6倍；COD排放强度是全国平均的1.5倍，是东部地区的2.8倍；氨氮排放强度是东部地区的1.8倍。在三峡地区中，污染物排放强度最高的是影响区，其次是库区。

（四）面源污染威胁依然较大，畜禽养殖规模化程度不高

2011年环境统计数据显示，三峡地区农业COD、总氮、总磷和氨氮的排放/流失总量分别为75.0万t、35.1万t、4.0万t和8.3万t，其中COD和氨氮分别是工业的3.0倍和6.9倍，占工业、生活、农业排放总量的36.3%和34.0%，农业面源污染贡献占比较大。

三峡地区规模化畜禽养殖（生猪出栏不低于500头、奶牛存栏不低于100头、肉牛出栏不低于100头）生猪出栏数、奶牛存栏数和肉牛出栏数分别为3421万头、10万头和21万头，占舍饲、半舍饲畜禽养殖总数的53.2%、49.8%和22.4%；规模化畜禽养殖COD、氨氮排放量分别为23.3万t、2.9万t，占舍饲、半舍饲畜禽养殖总数的31.9%和45.5%；规模化养殖规模集中水平相对较低，畜禽养殖污染集中治理存在一定难度，过于分散的养殖方式和敏感的流域地理区位给三峡地区带来较大的环境风险。

六、库区漂浮物情况

近3年统计，每年7—9月的来漂量占全年来量的92%，其中主汛期（7月、8月）漂浮物来量约占全年来量的75%。2008年试验性蓄水前后，中国长江三峡集团公司和重庆市、湖北省各区县一起努力，共出动漂浮物清理船

2.9 万多艘次，投入漂浮物清理人员 11 万人次，基本控制了漂浮物大面积、长时间聚集。2010 年，三峡集团公司更加大了库区及坝前水面漂浮物的处理力度，委托重庆市环卫局和湖北省秭归、巴东两县政府加强了干流漂浮物的处理工作，同时组织华新水泥秭归公司对转运上岸的漂浮物进行无害化处理，全年出动 5.3 万多船次、23.9 万多人次。

从 2003 年蓄水初期至 2008 年年底，三峡水库坝前和库区干流清理漂浮物约 185 万 m^3，漂浮物清理量年平均超过 30 万 m^3；2009—2010 年漂浮物清理量分别约 16 万 m^3 和 52 万 m^3。打捞上岸的漂浮物基本得到了清理、分类和转运，并采用焚烧获取热值、综合利用及填埋方式加以处置，没有造成水体的二次污染。

七、库区人群健康状况

（一）出生死亡指标变化

三峡库区监测点人口出生率 1997—2007 年呈下降趋势，2008—2012 年试验性蓄水后期略有上升。1997—2003 年出生率从 8.33‰下降至 7.68‰，2004—2007 年的年平均值为 7.35‰，低于 2008—2012 年试验性蓄水期的年平均值 7.68‰。死亡率总体上较为平稳，1997—2003 年人口死亡率在 4.96‰～5.95‰之间，2004—2007 年的年平均值为 5.50‰，低于 2008—2012 年试验性蓄水期的年平均值 5.76‰。婴儿死亡率蓄水前为 10.85‰～16.89‰，2004—2007 年的年平均值为 11.99‰，高于 2008—2012 年试验性蓄水期的年平均值 6.94‰，总体上呈下降趋势。三峡库区人群死亡的主要病因出现小的变化，但从 2000 年以后居于前五位的死因顺位基本相同。

（二）传染病发病率有所下降

1997—2003 年，三峡库区监测点传染病发病率为 429.37～679.67 人/(10 万人・a)。2004—2007 年传染病发病率为 637.15～748.88 人/(10 万人・a)。2008—2012 年试验性蓄水期间传染病发病率为 449.47～663.74 人/(10 万人・a)，年平均发病率为 559.90 人/(10 万人・a)。试验性蓄水期的发病率较 2004—2007 年有所下降，与近年来我国传染病防控力度加大，各项防控措施落实有效有关。

1997—2012 年，与水库蓄水有关的介水传染病霍乱、甲肝、痢疾和伤寒、副伤寒等处于较低发病水平，且未出现大规模的暴发疫情；与蓄水关系密切的由生物媒介传播的疾病，如疟疾、乙脑、流行性出血热、钩端螺旋体病等发病数较少，且近年来发病率有所下降。

（三）与传染病传播有关的生物媒介

1. 蓄水后室内鼠密度呈上升趋势、室外鼠密度呈下降趋势

1997—2003年，三峡库区监测点室内鼠密度保持下降趋势，各年平均为4.14%，略低于户外（4.29%）。2008—2012年试验性蓄水期室内鼠密度平均为2.51%，低于户外（2.58%），室内、室外鼠密度均高于2004—2007年平均值，但明显低于2003年蓄水前水平。村民的居室内常有褐家鼠、小家鼠、黄胸鼠分布，野外农区有小家鼠、黄毛鼠、黑线姬鼠、四川短尾鼩等鼠形动物分布。褐家鼠、黄胸鼠、小家鼠、黑线姬鼠等都可以携带或者感染流行性出血热病毒、钩端螺旋体细菌和鼠疫杆菌并传播给人，因此这些鼠种不仅直接危害粮食作物，而且还对人类健康构成一定的潜在威胁。

2. 蓄水后的畜圈成蚊密度明显低于蓄水前的平均值

2003年蓄水前，畜圈成蚊密度［183.44只/(间·人工小时)］明显超过户内［60.04只/(间·人工小时)］；2004—2007年畜圈的成蚊密度［116.13只/(间·人工小时)］仍明显超过户内［33.49只/(间·人工小时)］。2008—2012年试验性蓄水期畜圈的成蚊密度为134.21只/(间·人工小时)，户内成蚊密度为25.06只/(间·人工小时)。因此，监测点蚊密度总体呈现下降趋势，蓄水后的成蚊密度明显低于蓄水前，但2008—2012年试验性蓄水期畜圈蚊密度较2004—2007年平均值升高，但低于2003年蓄水前的水平。

中华按蚊、三带喙库蚊为疟疾和乙脑的主要传播媒介，这些蚊种在三峡库区人房和畜圈均有分布，因此应密切关注其密度变化。骚扰阿蚊作为三峡库区的优势蚊种，在人房、畜圈的密度很高，虽然致病性较弱，但对人畜吸血骚扰作用严重，也应积极采取措施降低其密度。

天气气候影响

一、对天气事件影响

（一）库区及附近天气气候事件

1. 高温事件

试验性蓄水以来的近5年间（2008—2012年），长江三峡地区近5年平均

一般高温日数有 32.4 天，危害性高温日数有 10.1 天，其中以 2009—2012 年连续 4 年高温日数均较常年偏多，特别是 2011 年危害性高温日数（15.9 天）为历史第二多，仅少于 2006 年（23.2 天）。最近 5 年三峡地区年平均高温日数均较常年明显偏多，以库区中部和西部偏多更为显著。

近 5 年来，三峡地区共发生极端高温事件 86 站次，平均每年发生 17.2 站次，这些事件集中出现在 2009—2011 年。逐年来看，2008 年三峡地区无极端高温事件发生；2009—2011 年分别有 24 站、32 站、28 站出现极端高温事件；2012 年三峡地区仅 2 站发生极端高温事件。2008—2012 年，库区平均高温过程平均持续时间为 5.5 天，除 2008 年偏少外，其余各年均较常年偏多，近 5 年高温最长过程持续时间分别为 4.2 天、9.3 天、10.3 天、10.9 天和 11.7 天（表 5）。

表 5　　2008—2012 年三峡地区（湖北、重庆）极端高温事件监测

年份	极端高温站次	最长高温过程持续天数/d	突破历史日最高气温的站
2008	无	4.2	无
2009	24	9.3	湖北荆州（38.7℃）、孝感（39.4℃）、汉川（38.5℃）、监利（38.9℃）
2010	32	10.3	湖北公安（38.3℃）、监利（39.2℃），重庆梁平（40.4℃）
2011	28	10.9	湖北十堰（42.4℃）、枝江（39.3℃）、公安（38.3℃）
2012	2	11.7	湖北通城（41.9℃）

2. 降水事件

2008—2012 年，长江三峡地区年平均连阴雨过程次数有 8.6 次，年均连阴雨日数为 72.6 天，各年连阴雨日数分别为 75 天、64 天、78 天、61 天和 85 天（图 4）。2008—2012 年，三峡地区 111 站共发生极端日降水量事件 56 站次，平均每年发生 11.2 站次，各年发生的事件数基本持平。2008 年三峡地区有 9 站发生极端日降水量事件。2009 年三峡地区有 12 站发生极端日降水量事件。2010 年，三峡地区有 12 站发生极端日降水量事件。2011 年，三峡地区有 9 站发生极端日降水量事件。2012 年，三峡地区有 14 站发生极端日降水量事件。

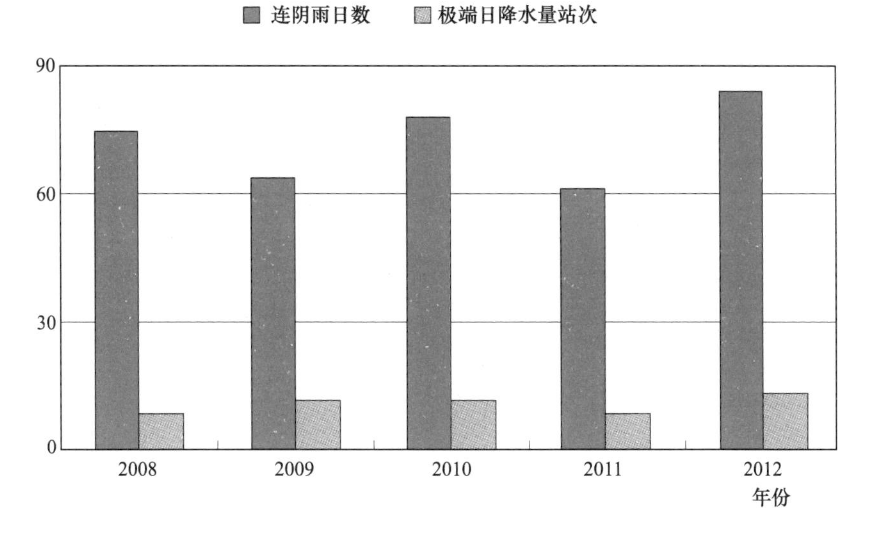

图 4 2008—2012 年三峡地区逐年发生连阴雨日数和极端日降水量事件站次数

（二）天气气候事件与历史比较

1. 高温事件

1961—2012 年，三峡地区发生极端高温事件的站次比呈先减少后增加的年代际特征。在 20 世纪 60 年代和 70 年代以极端高温事件偏多为主，20 世纪 80 年代末至 90 年代末极端高温事件普遍偏少，而进入 21 世纪又表现出偏多特征。其中，以 2006 年极端高温事件最多，这与当年川渝地区发生大范围严重高温干旱事件的事实相一致。

试验性蓄水期间，三峡地区平均年高温过程次数有 4.2 次，较常年偏多近 0.9 次，其中 2011 年（5.6 次）为近 52 年第三多。总体来说，高温过程的平均持续时间和最长持续时间没有表现出明显的增加或减少的趋势，但近 5 年间的高温事件有增强趋势（图 5）。除 2008 年三峡地区高温过程和高温日数偏少外，其余各年均较常年偏多。

2. 降水事件

1961—2012 年，三峡地区发生极端日降水量事件的站次比呈明显的波动特征，但没有显著的长期变化趋势。进入 21 世纪以来，极端日降水量事件发生的频次基本与常年同期持平。长江三峡地区连阴雨过程次数和日数呈现出显著的减少趋势，年代际变化特征明显，20 世纪 60 年代至 70 年代前期、80 年代后期至 90 年代前期较频繁，70 年代后期至 80 年代前期以及 90 年代后期以后连阴雨天气相对较少。最近 5 年，连阴雨过程次数和平均日数都处于明显的偏少阶段。

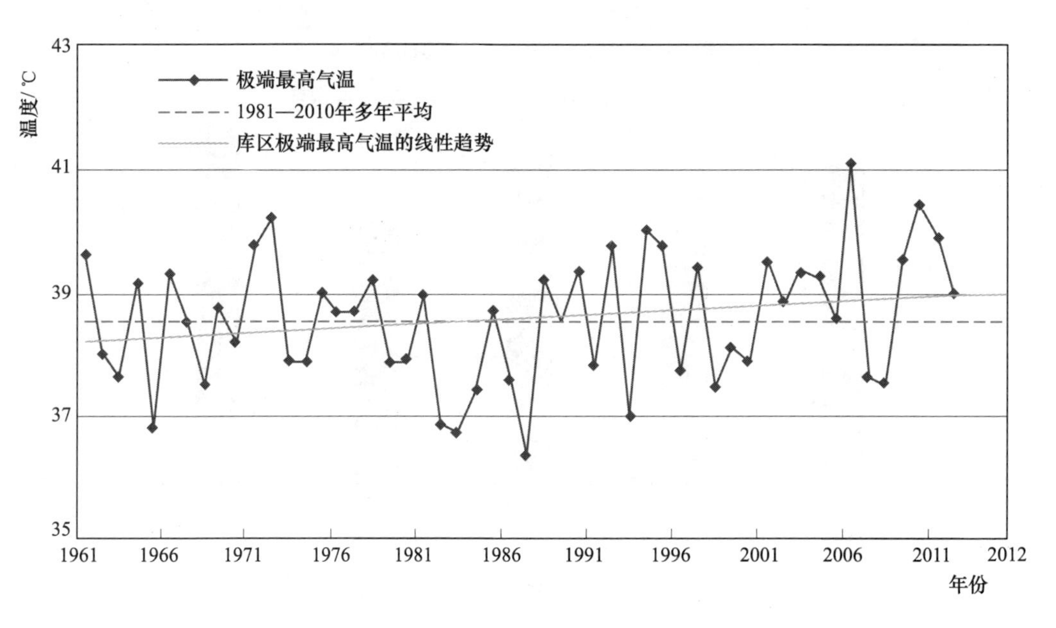

图 5　1961—2012 年长江三峡地区平均极端最高气温历年变化

2008—2012 年，长江三峡库区年平均连阴雨过程次数较常年（1981—2010 年）平均次数偏少 0.6 次。年均连阴雨日数较常年平均偏少 12.0 天，其中 2011 年连阴雨日数为近 52 年第三少。但 2008—2012 年平均连阴雨过程降水强度变化不一致，库区西部和中部有减弱态势，东部则有所增强。

（三）典型极端天气气候事件及其成因

近几年来，我国极端天气气候事件时有发生，其中三峡工程蓄水后在三峡周边地区也发生了一些旱涝异常事件，如 2006 年夏季川渝特大干旱和高温、2007 年夏重庆百年不遇的暴雨、2008 年初南方罕见低温雨雪冰冻、2009 冬至 2010 年春西南干旱、2011 年长江中下游严重春旱。分析表明，大尺度大气和海洋异常是造成大范围旱涝的主因。大气中的水分循环包括外循环和内循环，外循环即按地球自转规律水汽随大气环流进行输送的循环，内循环即局部区域内大气局地环流中的水分循环。就自然降雨而言，外循环的水汽对各地降雨的影响占 95%，内循环水汽对各地降雨的影响占 5%左右。三峡水库蓄水虽使附近水汽的内循环产生一定变化，但这种水汽内循环相对于外循环是微不足道的，不能导致比它面积大很多倍的区域性旱涝灾害的发生。实际上，近几年发生的干旱和洪涝等极端天气气候事件主要与东亚大气环流、海表温度变化以及青藏高原热力异常等因素的关系密切。大范围的持续气候异常普遍都与大气环流的长时间异常有密切关系，大气环流异常是造成三峡库区及其附近地区出现极端事件的最重要和直接的因素。

1. 2007年夏季重庆暴雨

2007年5月1日—7月22日，重庆降水时空分布不均，西部地区偏多，暴雨洪涝严重，尤其7月16—22日渝西局部遭受了强暴雨袭击，降水强度与过程降水量之大为百年不遇。此次降水过程因降水强度和降水量大，地表径流量也大，引发暴雨洪涝灾害，影响广泛、灾情严重。

监测分析表明，2007年高纬度冷空气活动较为频繁，进入7月后极地低涡仍然活跃，表明北方冷空气势力依然较强，不断分裂南下的冷空气稳定直入我国大部地区，从而为大范围的降水创造有利条件。同时，2007年夏季以来，中纬度青藏高原东部不断有低涡生成东移，产生强烈的对流上升运动，为重庆市及其周边地区的强降水提供有利的动力条件。而该年夏季南海季风系统活跃，对流活动旺盛，同时副高活动与往年比较则明显偏弱，位置偏南偏东，其西北侧的西南气流有利于南部海面水汽向大陆的输送，来自孟加拉湾和南海的充沛水汽源源不断向北输送到长江中游的广大地区，重庆市恰好处在强降水落区。

2. 2009—2010年西南干旱

2009年9月—2010年3月，西南的一些地区，如云南、贵州等地受持续高温少雨天气影响，气象干旱发展迅速。在西南地区旱情迅速发展期间，三峡地区仅在库区西部重庆段的部分地区出现了气象干旱，干旱程度为轻到中度，其中2月下旬为库区旱情最严重的时期。三峡地区在1月上旬时并无明显气象干旱出现，2月下旬时受西南地区干旱范围扩大影响，库区西部出现轻到中度气象干旱，3月下旬时西南地区气象干旱进一步加剧，而库区干旱则随着库区降水天气的出现得以逐渐缓解。库区旱情最严重时期的干旱区主要位于西南大范围旱区的边缘地带，并不是干旱的中心地带，表明库区干旱是受到西南干旱影响，而非由三峡蓄水导致西南地区出现大范围干旱。

在西南地区持续严重干旱时期，三峡库区气温并无异常偏高现象，基本接近常年略偏高，库区大部地区降水量为200～300mm，比常年同期偏少2～3成。这些比较表明，在云贵等地出现明显高温少雨的气候条件下，三峡地区的气候并未发生明显异常。

从成因上分析来看，2009年西南地区前期降水量偏少，雨季提早结束，河库水塘蓄水不足，干季来临后气温持续明显偏高、水汽蒸发量加大，导致严重缺水，因此前期降水匮缺是引起后期严重干旱的主要原因之一。此外，西南地区受到青藏高原作用影响较大，2009年青藏高原区域性增暖明显，高原积雪偏少，导致西南地区冷空气活动少而弱。另外，冬季南方降水主要是南支槽过境引起的。2009年由于青藏高原上空的气压场持续偏强，使得南支槽很弱，印度洋的西南气流无法随南支槽东移影响中国，致使我国西南地区降水所需的水汽严重不足，形成旱情。还有，2009年夏季热带太平洋发生了1999年以来最强的东部型厄尔尼诺事件。厄尔尼诺现象导致的对流活动减少间接影响中国西南地区以及周边的泰国和越南部分地区的干旱。

3. 2011年长江中下游冬春连旱

2011年1—2月长江中下游大部地区降水偏少5～8成。特别是3月以来，长江中下游地区降水异常偏少，平均降水量为193.7mm，较常年同期（396.4mm）偏少51%，为近60年来历史同期最少。与此同时，上述地区气温比常年同期偏高0.8℃，由于降水持续偏少，气温偏高，致使上述地区出现严重气象干旱。2011年春季发生在长江中下游地区干旱具有干旱强度强、持续时间长、干旱范围广、影响程度重等特点。

总的来说，造成长江中下游干旱的主要原因是冷暖空气不匹配，北方冷空气势力强大，向南扩张明显，南方热带系统不活跃，水汽输送条件弱，不利于冷暖气团在长江中下游地区交汇，难以形成有效降水，干旱明显。据统计，20世纪80年代前后长江流域经历了一个多雨的时期，从1999年开始转为少雨期，近十几年来，长江流域年降水量减少了10%～12%，长江流域的干旱是正在这种大的少雨气候背景下发生的。

二、对库区气候影响

（一）气候要素特征观测事实及历史比较

试验性蓄水以来，三峡地区的年平均气温、年平均最高气温和最低气温均较前期显著升高，其中库区年平均气温升温幅度在0.1～0.4℃之间，四季中尤以春、秋季升温明显，但夏季库区气温变化不明显。另外，水库建成后，年蒸发量略有增加，但变化趋势不显著；年雾日数减少，变化趋势显著。

1961年以来，三峡地区气候变暖的趋势与全球同步，年平均气温整体呈升温趋势，平均每10年增加0.08℃，最近10年较20世纪60年代增加0.4℃，与西南地区、长江上游乃至整个长江流域的年平均气温的变化趋势基本一致，2004年水库蓄水后这种趋势未有明显变化，但增温幅度小于西南地区、长江流域。试验性蓄水后，2008—2012年的年平均气温分别为17.9℃、18.2℃、18.0℃、17.9℃和17.6℃，除2012年平均气温接近常年外，其余各年均高于气候值。

试验性蓄水期间，三峡地区的多年平均年降水量分别为1129.4mm、

1064.2mm、977.3mm、1070mm 和 944.6mm，较常年均偏少。1961 年以来，三峡库区年降水量呈现出年代际变化特征。20 世纪 70—80 年代降水略偏多，60 年代和 90 年代降水略偏少；21 世纪以来三峡地区的降水是近 50 年来最少的 10 年。少雨期从 1999 年开始，年降水量由原来的 1100 多毫米减少到 1000 多毫米，减少了 10%左右。这种变化趋势与其他地区的变化一致。通过气象要素的监测结果分析，三峡工程建成前后库区降水的变化与西南地区、长江上游乃至整个长江流域的变化趋势是一致的。

1961—2000 年，三峡库区、西南地区以及长江上游等地平均相对湿度没有明显的变化趋势，但 21 世纪以来，西南地区以及长江上游等地平均相对湿度呈现明显的减小趋势，而三峡库区平均相对湿度亦有减小，但不显著，2008—2012 年的试验性蓄水期间，三峡库区的相对湿度总体上比较稳定，变化不大。

1961 年以来，三峡库区年平均风速整体呈减小趋势，与西南地区和长江上游基本一致。但年代际变化特征明显，其中 20 世纪 60—70 年代后期呈增加趋势；20 世纪 70 年代后期至 90 年代末呈减少趋势。

（二）蓄水对库区局地天气气候的影响

近库区、远库区年平均气温的历年变化趋势一致，近库区和远库区年平均气温差值在 2003 年以后增大，两者相差 0.8℃，比 1976—2008 年平均气温差值（0.5℃）增大了 0.3℃，表明蓄水后库区水域附近的气温略有增加。

蓄水后夏季近库区升温小于远库区，导致两者夏季平均气温差值减小 0.1℃左右，表明夏季邻近水域地区的气温增幅比远离水域地区的气温增幅略小，水库对水域附近地区有“降温”的作用。冬季近库区受水库影响，增温幅度略大于远库区，两者平均气温差增大 0.4℃左右（表 6），表明冬季邻近水域地区的气温增幅比远离水域地区的气温增幅大，水库对水域附近有“增温”作用。由于气温差值已经排除了大气候背景对整个库区的影响，可以近似认为这种近、远库区平均气温差值变化是由水库局地气候效应造成，冬季增温，夏季降温。

表 6　近库区与远库区气温差值比较

时　段	内　容	冬季温差/℃	夏季温差/℃
蓄水后	近库区与远库区气温差值	0.9	0.4
蓄水前		0.5	0.5
变化		温差增大 0.4	温差减小 0.1

采用近库区、远库区两个区域的降水量比值比较法，去除大尺度变化的影响并得到一个相对稳定的比值变化，发现近库区和远库区降水比值变化趋势不明显，蓄水后几年间近库区和远库区降水比值的波动位于年代际变化周期中，表明三峡大坝蓄水对周边降水的影响不明显。

（三）蓄水对库区气候影响的数值模拟

采用区域气候模式进行三峡水库对局地和区域气候的影响模拟表明，2006年夏季川渝地区的高温干旱事件，是大尺度环流异常的结果，和三峡水库并无关系；三峡水库对周边地区气温和降水的影响非常小，除引起库区水体上方气温有所降低外，在其他地方均看不出系统性的变化。大范围的陆地覆盖状况的改变，会对局地和区域气候产生明显影响，而作为典型的非常狭窄的河道型水库，三峡水库对区域气候的影响非常小。

三、气候变化风险

三峡水库是一个典型的狭长条带型水库，就长江干流而言，从大坝宜昌到库尾重庆，当水库蓄水至175m正常蓄水位时总长度为667km，平均宽度为1576m，东西长度与南北宽度相比平均大致为420∶1，如果水位较低时，平均宽度若减为1000m左右，则东西长度与南北宽度相比，比例将更大，所以它的气候效应主要反映在狭长条带型水库南北两岸的有限范围内，其整体效应远不如圆形或椭圆形湖区水库，而具有更强的局地小气候效应。

三峡水库即使按照175m最高水位运行时算，最大库容393亿m^3，最大水面积只有1084km^2，长度为600多千米，宽度仅几千米，为一个狭长条形的水体，与大气环流和海洋的尺度比较，其尺度是非常小的。按照上述大尺度环流的理论，影响四川盆地的大气环流应该是上千千米的尺度，高度也当在几千到上万米，因此，这个人工建筑和人工湖泊，不会产生影响大尺度、长时间的气候影响。利用区域气候模式进行模拟的结果表明，三峡水库建库后对库区及邻近区域有一定的影响，但是影响范围不大，一般不超过20km。

三峡水库的累积气候效应及风险是一个长期气候效应及风险评估问题。由于三峡水库气候效应是一个缓慢变化的过程，水库蓄水虽对库区周边天气气候会产生一定影响，但其影响要素、范围及强度还有待进一步长期观测，特别是局地下垫面条件的改变如何影响长期的大范围气候变化，这必须借助于数值模拟研究。同时由于三峡水库的尺度较小，更高分辨率的气候数值模式和影响评估模型的研究和发展更加必要，这些问题，目前从科学上尚需研究和探索。

评 估 结 论

通过详细的资料分析和现场调研，生态环境评估组系统全面开展了试验性蓄水引起的生态、环境以及天气气候影响评价工作。评价结果表明：试验性蓄水对库区陆生生态系统的影响不明显，对消落带微地形、滑坡地质灾害和土壤重金属和磷钾养分含量有一定影响，尤其是对中华鲟等水生生物影响明显；试验性蓄水期间，库区干流水质保持Ⅲ类的良好状态，长江中下游各主要城市断面水质没有明显变化，38条主要支流监测项目存在超标现象，库区主要支流回水区仍有水华出现，三峡库区监测点无甲类传染病鼠疫、霍乱病例报告，无暴发性疫情发生。此外，试验性蓄水对库区局部气温有弱影响，对降水等其他气候要素暂无明显影响；近年三峡库区及周边地区的极端气候事件与水库蓄水无关，主要与东亚大气环流、海表温度变化以及青藏高原热力异常的关系密切。

在此基础上，生态环境评估组专家认为，三峡工程试验性蓄水对库区及其附近区域的生态环境有一定程度的影响，但是目前来看这种影响处于可控范围之内，因而初步认为三峡工程具备转入正常运行条件。

应特别注意的是，由于水库蓄水对生态环境的影响是一个长期而缓慢的过程，其部分生态环境效应需要足够长的时间才能显现出来，因此亟须加强生态环境长期监测，定期开展生态环境影响的阶段性评估。

一、生态影响评估结论

（一）对库区陆生生态系统的影响

尽管三峡工程试验性蓄水淹没了一些森林植被，降低了森林植被的生态功能效益。但同时国家和地方加大了森林资源保护和培育力度，三峡库区森林数量和生态功能效益得到补偿。随着工程建成蓄水、移民迁建和库区交通条件的改善，部分珍稀濒危物种受到的影响逐渐增大。库区的哺乳动物一直以来都是受胁状况较为严重的类群。雀形目鸟类受影响不大；但鸡形目的鸟类受影响相对较重。库区已成为水禽的重要越冬区，两栖类适宜生境有所减少。由于试验性蓄水时间较短，对库区陆生植被类型和覆盖度影响较小。三峡工程建成后，给农业生产造成压力，人地矛盾突出，农业资源受影响，水土流失严重，农作物病虫害加重。五年间，三峡库区土地利用/覆被类型的比重虽然有了比较大的变化，但其组成结构的总体态势基本保持不变，对库区土地永续利用尚未造成根本性的影响。库区自然生态在一定程度上遭到了改变。

（二）对消落带的影响

在试验性蓄水后，三峡库区消落带植被的种类和数量没有显著的变化。长期的水淹使消落带植被以草本为主，并且以一年生草本占优势。三峡水库退水后消落带植被覆盖度均在50%以上，植被恢复目前正处于一种比较稳定的状态。三峡水库消落带反复淹水导致库岸水文地质条件巨变，滑坡地质灾害活跃度明显高于蓄水前，但采取有效防治措施，加之库岸适应性趋稳，活跃程度呈逐年降低态势；土质消落带受涌浪侵蚀、降雨径流侵蚀、崩塌和蠕滑等多种侵蚀营力作用，土壤侵蚀异常剧烈，是库区平均土壤侵蚀模数［3185t/(km^2·a)］的30倍，干流由于受到较强涌浪侵蚀作用，土壤侵蚀强度是库湾的7倍。消落带高强度的土壤侵蚀将长久存在，目前相关研究较薄弱，防治技术措施较少，对消落带植被重建与生态修复和水库生态环境产生重要限制作用。消落带土壤重金属中全铅、全铜和全锌呈现富集的状态；全磷、全钾和有效磷呈现增加的趋势，而全氮、铵态氮和硝态氮则呈减少的趋势。消落带未发现因蓄水引起消落带以及周边居民区的病媒生物密度的异常升高，在库周居民中也未发生病媒生物传播的疾病流行；仍存在一定数量的能传播疾病的鼠类，且退水后在缓坡地域可能会存在适合蚊虫孳生的生境，蚊种密度在退水后呈现增高的趋势。蝇类密度较低，未发现有血吸虫的中间宿主——钉螺的孳生。

（三）对水生生物的影响

三峡工程蓄水后中华鲟的繁殖群体数量和产卵规模明显减小，产卵时间推迟。长江上游干流江段的特有鱼类资源发生了较大变化。主要表现为种类减少、种群空间分布发生改变、种群数量变动。长江上游特有鱼类在渔获物中的比重和捕捞量较2003—2007年试验性蓄水前进一步减少，坝下天然捕捞产量处于较低水平，对洞庭湖渔业资源造成了较大影响，但对鄱阳湖鲤、鲫产卵场影响不大。长江河口区凤鲚体长和体重的变化无显著性差异，捕捞产量呈现明显的逐年下降态势，资源量呈显著衰退迹象。生态调度对下游鱼类自然繁殖有明显促进作用。

（四）对江湖关系的影响

由于江湖关系错综复杂，对洞庭湖和鄱阳湖的影响需要长期的系统的科学观测和实验。三峡水库蓄水过程造成了坝下流量降低造成了河口区域长江干流水量的下降，对该区土壤盐渍化存在一定影响，且该影响已逐渐显现，土壤表层盐分有上升趋势，较高含盐量区域有扩展倾向。三峡水库蓄水后的2003—2007年间长江口春季鱼类浮游生物丰度迅速下降，群落多样性显著降低。此外，三峡工程建设带来的水体悬浮体含量变化直接影响鱼类浮游生物群落空间格局。三峡工程水库蓄水运行调节了径流量在时间上的分配，水库调度改变了坝下长江的水文情势，对近岸地下水位产生一定的影响，但是对土壤潜育化的影响比较复杂。

二、环境影响评估结论

（一）对库区干流水质的影响

三峡工程试验性蓄水期间，库区干流水质保持Ⅲ类的良好状态，主要污染物浓度稳中有降，重金属浓度没有增加，但总氮、总磷超标现象依然存在。粪大肠菌群浓度持续下降，生化需氧量（BOD_5）浓度部分断面有所降低，差异减小。

（二）对长江中下游水质的影响

试验性蓄水期间，长江中下游各主要城市断面水质没有明显变化，尚不能判断与水库拦蓄的关系。可以肯定的是，大坝没有改变长江口上海断面的高营养物浓度的状况。长江中下游的总磷、总氮污染已经比较严重，如果按湖库标准衡量，则大部分断面均超过Ⅲ类水质标准，也就是说，如果长江水输入湖库，本身就已经是Ⅳ类水质或者更差。

（三）对库区支流水质与营养状况的影响

库区的38条主要支流在2008—2012年间，监测项目存在超标现象。其中总磷、总氮污染持续加重，粪大肠菌群污染有所改善。“对于干、支流局部流速很缓的库湾水域，有发生富营养化的可能性”，库区蓄水后38条支流回水区的富营养断面占20.1%～34.0%。2008—2012年库区主要支流的富营养化程度变化不大，但与2005年相比有所上升，且总磷、总氮浓度持续升高。究其原因，一方面是小流域的农业、生活污水排放的氮磷营养物质提供了足够的物质条件；另一方面是蓄水后水位上升，流速减缓，污染物的自净能力较差。

试验性蓄水期间，库区主要支流回水区仍有水华出现，频次较2003年蓄水后4年（2004—2007年）有所下降，但水体的富营养物质基础并没有改善，局部水域具备出现水华的条件，仍需高度关注并加以防范，但全库区出现富营养化甚至水华的可能性不大。

（四）上游来水水质的可能影响

由于项目论证及环评报告中，对库区上游支流来水对三峡水库水质的影响没有进行评估，故在过去相当一段时间内，上游区及影响区各有关省市的小流域污染防治力度远小于库区。上游区及影响区支流水污染重于干流，特别是水量较大的岷江、沱江水质多为Ⅳ类至劣Ⅴ类，主要污染物是总磷、氨氮和石油类。

（五）库区水污染物排放情况

在2003年135m蓄水前后（2004年与2002年相比），废水排放量增加了2亿t，约5%，而COD排放量减少了11%，氨氮增加了12%；2006年156m蓄水前后（2007年与2004年相比），COD和氨氮排放量均增加了11%。总体上分析，在工程建设和初步运行阶段三峡地区污染物排放得到了一定的控制，但目前排放总量未降反增。

在工程论证和影响评价中，没有重视影响区和上游区排放污染物对库区水环境的影响，导致在前一阶段各项规划的制定和实施过程中影响区和上游区的污染防治力度远小于库区。上游区所排放的COD、氨氮占总量的78%、79%，故加大上游区、影响区的污染防治是确保水库水环境安全的重要方面。

建库后，三峡地区工业污染物排放量有一定的减少，而生活污染物排放迅速增加，排放总量已经超过工业排放量，而且城市污水的治理能力建设远滞后于城市化的速度，特别是上游区、影响区的生活污水对支流的污染相对库区干流更为突出。

三峡工程论证和环境影响评价中，对农村面源的污染没有进行研究分析。据不完全调查，三峡地区的工业、城镇生活、面源、流动源四者共排放总氮中面源污染总氮含量占84%，总磷占90%。而且，土壤化肥流失的总氮和总磷分别占面源排放总量的43.9%和45.0%，是农村面源的重要贡献者之一。在支流、上游河口、回水区、滞留区由于流速减慢，湖泊特性明显，富营养化现象突出，水华频繁发生，面源排污影响是一个重要的原因。

在三峡工程论证结论和环评报告中，对船舶流动源排污对水库水质的影响没有进行分析和估计。1998—2007年间，库区注册的各类船舶每年排放含油污水约50万t，排放石油类40多t。2003年135m蓄水后，库区航道条件得以改善，通航船舶数量大幅增加，客货运量上升，船舶污染加重。尽管船舶污染负荷相对于其他污染源比较低，但因其集中排放且直接进入水体，对水环境的影响比其他任何污染源都更直接更明显，应予以重视。

（六）库区人群健康状况

1997—2012年，三峡库区监测点无甲类传染病鼠疫、霍乱病例报告，无暴发性疫情发生。1997—2003年，三峡库区监测点传染病发病率为429.37～

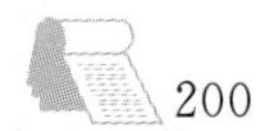

679.67 人/(10 万人·a)；2003 年蓄水后 4 年（2004—2007 年）发病率为 637.15～748.88 人/(10 万人·a)，发病率较蓄水前上升，主要与法定传染病增加了新的病种有关。2008—2012 年试验性蓄水期发病率为 449.47～663.74 人/(10 万人·a)，年平均发病率为 559.90 人/(10 万人·a)，发病率较 2003 年蓄水后 4 年有所下降。

蓄水后三峡库区未出现鼠疫疫情及病媒生物传播疾病的暴发、流行，发病率也处于较低水平，但是调查人群的钩端螺旋体病、流行性出血热血清抗体水平较低，部分人群乙脑血清抗体水平存在空白，随着三峡水库水位逐步升高和库区动物宿主的迁徙以及易感人群的积累，一旦有病原传入，人群罹患自然疫源性疾病的危险性可能会增加，需落实预防接种、居住区杀虫和灭鼠等各项公共卫生措施。

2003 年蓄水后，室内鼠密度从 2004 年起呈现上升趋势，至 2009 年后出现下降，2009—2012 年鼠密度在 2.26％上下波动，处于相对较低水平，而户外鼠密度则保持下降趋势。

人房和畜圈蚊密度总体呈现下降趋势，蓄水后的成蚊密度明显低于蓄水前，2008—2012 年试验性蓄水后畜圈蚊密度较 2003 年蓄水后有所升高，但低于 2003 年蓄水前几年的平均水平。

由于三峡环境的改变对人群健康的影响具有长期性和复杂性，故应在长期加强监测的基础上对上述问题不断作出新的评估，以确保及时掌握人体健康的变化趋势。

三、天气气候评估结论

三峡库区地处亚热带季风气候区，受秦巴山脉地形的影响，较我国同纬度东部地区气候偏暖，冬季温和、夏季炎热、雨热同季、雨量适中。年平均气温 17～19℃，气温的年较差和日较差都比较小。库区年平均降雨量为 1000～1300mm，自西向东呈多—少—多的分布格局。受季风影响，气候季节性变化明显，降水主要集中在 4—9 月。库区内气候的空间分布复杂，气候垂直差异显著，河谷地区冬季温暖，山地夏凉冬寒，雾多湿重，小气候特征明显。

气温变化具有明显的年代际变化，三峡库区和长江流域均呈现明显的暖—冷—暖的阶段性变化，但三峡库区 20 世纪 90 年代的增暖明显滞后于全国其他地区。近 50 年来三峡库区年平均气温整体呈升温趋势，但增幅明显低于长江流域，近 10 年增幅最大。近 50 年三峡库区和长江上游东部降水变化趋势较为一致，20 世纪 80 年代以前趋势不明显，80 年代降水增加，90 年代至今降水呈现减少趋势，近 10 年三峡库区年降水量和减少幅度较大。

库区蓄水后三峡地区年平均气温都有不同程度的升高。通过近水域与远离水域两个气象站气温变化对比发现，蓄水后受水域扩大的影响，近水域地区的气温发生了一定变化，表现出冬季有增温效应，夏季有弱的降温效应。利用区域气候模式模拟分析表明，三峡水库对附近气候有一定影响，但影响范围最大不超过20km，水库仅对水面上方的气温有明显降低作用，而紧邻水面的陆地气温变化很小。

三峡库区及周边地区的极端气候事件与东亚大气环流、海表温度变化以及青藏高原热力异常的关系密切，目前暂未发现这些极端事件与三峡水库试验性蓄水的直接联系。例如近年在西南地区、长江流域发生的干旱事件主要与冬春季青藏高原的积雪量及青藏高压强弱、西太平洋副热带高压位置和高压强度的相互作用有关，还与北方冷空气强弱、热带太平洋海温异常、热带地区水汽输送等相关，大气环流持续异常造成上述地区水汽输送不足、冷暖空气无法交汇、无法形成有效降水，从而导致严重干旱事件发生。而从三峡水库蓄水在目前几年的监测资料分析和数值模拟试验中，认为三峡水库蓄水对水库附近局地的天气气候会有一定影响，但这几年重大干旱事件是由大气环流变化所致。

相关建议

一、加强长期生态环境监测，提高生态环境与天气气候监管与预警能力

长期、科学、系统的监测工作是一切生态评估工作的基础，也是制定合理保护对策、做好所有保护管理工作的前提。建议对三峡工程建成后必须进行长期生态环境监测与研究，加强消落带各方面的长期监测，建立生态环境综合监测点，施行多方面的综合监测；在群落水平上对库区陆生动物进行连续监测；对公众较为关注的珍稀濒危物种加强监测及相关研究；对动物主要栖息地的恢复或破坏状况进行监测研究。

由环保行政主管部门牵头制定适应不同环境功能区的环境质量标准、水质标准及与之相配套的排放标准。总结三峡生态与环境监测系统多年来积累的成果和经验，优化监测网络和结构，加强三峡环境监测能力建设，提高科学分析能力和自动化水平，强化环境预警和应急监测能力，建立水环境监测和运行保

障长效机制。

进一步加强三峡库区局部气候与立体气象专项的监测，增加库区综合气象监测，完善库区大气环境监测体系，由评价性监测拓展到预报功能性监测，扩大监测范围，提高监测、预警技术水平，加强监测、预警能力建设，实现在线实时监测、预警和信息共享。从近5年三峡工程调蓄水的运行情况来看，仅研究三峡水库下垫面变化的气候影响评估是远不够的，有关部门应尽早组织力量，联合攻关。

二、合理利用土地资源，积极推广高效生态农业技术

实现农业人口人均拥有一定量的稳产高产农田，大于25°的坡耕地逐步退耕还林，小于25°的坡耕地实行坡改梯工程。尽可能申请更多的退耕面积，山、水、田、林、路进行统一规划，综合治理，采取改良土壤，科学种田措施，使农田生态改善。推广高效生态农业优化模式，如农林复合模式、生态庭院经济模式、水体生态养殖模式等。抓好高效生态农业，发展库区优势产业，减少农业化肥和农药用量，通过使用有机化肥和复合肥等方式，调整和改变目前的化肥和农药使用结构，切实减轻农业面源污染。全面取缔三峡库区次级河流的网箱水产养殖，严格控制畜禽养殖污染物排放，遏制水体富营养化趋势。

三、重点地区优先实施水土保持，做好小流域水土流失防治

全面启动小流域综合治理，实施三峡地区水土保持重点防治工程，控制水土流失。加强水库支流及库湾周边的水土保持措施体系的建设，在长江、嘉陵江、乌江干流沿岸、中型以上水库区域、县级以上城镇周边和高等级公路沿线，优先实施水土保持。以小流域为基本单元，有计划、有步骤地兴建一批中小型水利骨干工程和水保工程，在丘陵缓坡地段建成石坎梯田，减缓坡面坡度，减轻地表径流，防治水土流失，建成高产稳产农田。

四、严格污染源头控制，加快污染减排步伐

继续强化工业点源和生活点源源头控制和全过程控制，加快工业污染物减排步伐，加大水污染源排放控制和污染治理力度。加快落实水污染防治任务，深入推进循环经济和清洁生产，切实实现节能降耗。加强城镇污水处理设施和垃圾处理厂的建设与管理，提高运行效率和处理率。开展植被恢复，应用已经研究培植成功的适合消落带的植物物种，并实施生态工程，稳定消落带岸坡，发挥加固稳定、截污控污、优化景观的作用；合理开展在消落带进行农业生产

活动，减少和控制因农业活动而引发的水土流失和施肥引起的污染；控制污染源，包括消落带以外区域的工业、农业及生活污染源。

五、创新三峡工程的运行管理机制，优化生态调度

在全球气候变化的大背景下，除加强污染源治理和生态环境保护的工程措施外，高度重视调度的作用和潜力，通过加强长期、中期、短期天气预报对三峡工程调度中的作用，综合考虑发挥水库的生态作用也是重要的途径之一。因此，积极开展三峡工程运行管理机制创新，把水能开发和未来可能出现的天气气候变化以及生态与环境保护之间相互协调起来，加大管理力度，加强库区水资源的科学调度，即在三峡工程综合优化调度过程中应考虑其综合效益和生态环境。积极探讨利用三峡水库能灵活调控水位、流量的特点，实施以保护和改善环境及生态的调度，考虑局地强对流对航运交通的影响，消除或缓解兴建水库对生态与环境带来的不利影响，同时更好地改善水库上下游生态环境。

参考文献

[1] 李海奎，雷渊才．中国森林植被生物量和碳储量评估［M］．北京：中国林业出版社，2010.

[2]《中国森林生态服务功能评估》项目组．中国森林生态服务功能评估［M］．北京：中国林业出版社，2010.

[3] 刘瑞玉．中国海洋生物名录［M］．北京：科学出版社，2008.

[4] 罗秉征，沈焕庭．三峡工程与河口生态环境［M］．北京：科学出版社，1994.

[5] 沈焕庭，朱建荣，吴华林．长江河口陆海相互作用界面［M］．北京：海洋出版社，2009.

[6] Weiwei Xian，Bin Kang，Ruiyu Liu. Jellyfish blooms in the Yangtze Estuary［J］. SCIENCE，307（5706）：41，2005.

[7] 姜加虎，黄群．洞庭湖近几十年来湖盆变化及冲淤特征［J］．湖泊科学，2004，16（3）：209－214.

[8] 李景保，代勇，等．长江三峡水库蓄水运用对洞庭湖水沙特性的影响［J］．水土保持学报，2011，25（3）：215－219.

[9] 李景保，张照庆，等．三峡水库不同调度方式运行期洞庭湖区的水情响应［J］．地理学报，2011，66（9）：1251－1260.

[10] 史璇，肖伟华，等．近50年洞庭湖水位总体变化特征及成因分析［J］．南水北调与水利科技，2012，10（5）：18－22.

[11] 黄代中，万群，等．洞庭湖近20年水质与富营养化状态变化［J］．环境科学研究，

2013，26（1）：27-33.

[12] 钟振宇，陈灿. 洞庭湖水质及富营养化状态评价 [J]. 环境科学与管理，2011，36（7）：169-173.

[13] 田琪，李利强. 三峡工程运行对洞庭湖浮游植物群落及水质的影响 [J]. 岳阳职业技术学院学报，2011，26（6）：30-33.

[14] 谢永宏，陈心胜. 三峡工程对洞庭湖湿地植被演替的影响 [J]. 农业现代化研究，2008，29（6）：684-687.

[15] 孙占东，黄群，等. 洞庭湖主要生态环境问题变化分析 [J]. 长江流域资源与环境，2011，20（9）：1108-1113.

[16] 朱朝峰，方育红，等. 三峡工程对长江中游及洞庭湖洲滩血吸虫的影响 [J]. 人民长江.2011，42（1）：102-105.

[17] 王丽婧，汪星，刘录三，等. 洞庭湖水质因子的多元分析 [J]. 环境科学研究，2013，26（1）：1-7.

[18] 张洪江，程金花，何凡，等. 长江三峡花岗岩地区优先流运动及其模拟 [M]. 北京：科学出版社，2006.

[19] 张洪江，杜士才，程云，等. 重庆四面山森林植物群落及其土壤保持与水文生态功能 [M]. 北京：科学出版社，2010.

[20] 钟章成. 三峡库区消落带生物多样性与图谱 [M]. 重庆：西南师范大学出版社，2009.

[21] 谢德体，范晓华. 三峡库区消落带生态系统演变与调控 [M]. 北京：科学出版社，2010.

[22] 程金花，张洪江，王伟，等. 重庆四面山5种人工林保土功能评价 [J]. 北京林业大学学报，2009，31（6）：1-9.

[23] 程金花，张洪江，王伟，等. 重庆紫色土区不同森林恢复类型对土壤质量的影响 [J]. 生态环境学报，2010，19（12）：212-217.

[24] 程金花，张洪江，张晓晖，等. 重庆四面山根系及土壤特性对优先路径分布的影响 [J]. 世界科技研究与发展，2011，33（4）：519-523.

[25] Jinhua Cheng，Hongjiang Zhang，Wei Wang，et al. Changes in Preferential Flow Path Distribution and Its Affecting Factors in Southwest China [J]. Soil Science，2011，12：1-9.

[26] 马西军，张洪江，程金花，等. 三峡库区森林立地类型划分 [J]. 东北林业大学学报，2011，39（12）：109-113.

[27] 王贤，张洪江，程金花，等. 重庆市四面山典型林分土壤饱和导水率研究 [J]. 水土保持通报，2012，42（4）：29-34.

附件：

课题组成员名单

专 家 组

组　长：李文华　中国科学院地理科学与资源研究所研究员，中国工程院院士
副组长：魏复盛　中国环境监测总站研究员，中国工程院院士
　　　　李泽椿　国家气象中心研究员，中国工程院院士
成　员：常剑波　水利部中国科学院水工程生态研究所研究员
　　　　闵庆文　中国科学院地理科学与资源研究所研究员
　　　　何立环　中国环境监测总站高级工程师
　　　　陈鲜艳　国家气候中心研究员
　　　　刘雪华　清华大学环境学院副教授
　　　　张洪江　北京林业大学水土保持学院教授

工 作 组

组　长：闵庆文　中国科学院地理科学与资源研究所研究员
副组长：何立环　中国环境监测总站高级工程师
　　　　陈鲜艳　国家气候中心研究员
　　　　张　彪　中国科学院地理科学与资源研究所助理研究员
成　员：（按姓氏笔画排序）
　　　　于　洋　中国环境监测总站工程师
　　　　万成炎　水利部中国科学院水工程生态研究所研究员
　　　　马　强　中国林业科学研究院副研究员
　　　　王　波　中国工程院咨询服务中心，博士
　　　　王　鑫　中国环境监测总站高级工程师
　　　　王月冬　国家气象中心高级工程师
　　　　王丽婧　中国环境科学研究院副研究员
　　　　王雨春　中国水利水电科学研究院教授
　　　　毛冬艳　国家气象中心高级工程师
　　　　叶　琛　中国科学院武汉植物所助理研究员
　　　　毕宝贵　国家气象中心研究员

刘　京　中国环境监测总站研究员
刘某承　中国科学院地理科学与资源研究所助理研究员
杨劲松　中国科学院南京土壤研究所研究员
肖文发　中国林业科学研究院研究员
宋连春　国家气候中心研究员
张　静　中国疾病预防控制中心研究员
张全发　中国科学院武汉植物所研究员
陈小娟　水利部中国科学院水工程生态研究所副研究员
陈世俭　中国科学院测量与地球物理研究所研究员
金杰锋　江西鄱阳湖国家级自然保护区管理局工程师
周万村　中国科学院成都山地研究所研究员
线薇微　中国科学院海洋研究所研究员
娄巍立　长江流域渔业资源管理委员会办公室主任科员
祝昌汉　国家气候中心研究员
贺秀斌　中国科学院水利部成都山地灾害与环境研究所研究员
党永峰　国家林业局调查规划设计院教授级高级工程师
高　欣　中国科学院水生生物研究所助理研究员
高　荣　国家气候中心高级工程师
彭福利　中国环境监测总站工程师
程金花　北京林业大学水土保持学院副教授
程瑞梅　中国林业科学研究院研究员
谢宗强　中国科学院植物研究所研究员
蔡庆华　中国科学院水生生物研究所研究员
谭　勇　湖北省农业生态环境保护站高级农艺师

报 告 四

地质灾害与水库地震课题评估报告

地 质 灾 害 评 价

一、库区地质背景

（一）地质背景

三峡工程库区位于中国地形第二级阶梯和第三级阶梯的过渡带，地跨川、渝、鄂低山峡谷和川东平行岭谷低山丘陵区，北靠大巴山麓，南依云贵高原北缘。跨越了两个二级大地构造单元，奉节以西为四川台坳，以东则为上扬子台褶带。由库首至库尾依次有近 SN 向的黄陵背斜、秭归向斜；NEE 向的楠木园背斜、碚石向斜、横石溪背斜、巫山向斜、齐岳山背斜等；奉节至涪陵为一系列走向 NE 并向 NW 突出的弧形褶皱，有方斗山背斜、忠县向斜、大池—干井背斜、万县向斜、硐村背斜、铁峰山背斜、垫江—梁平向斜、渠马河向斜等；涪陵以西为一系列 NNE 向褶皱，有明月峡背斜、麻柳场向斜、广福寺向斜、铜锣峡背斜、南温泉背斜、江北向斜、龙王洞背斜、悦来场向斜和观音峡背斜等。

三峡地区以大巴山脉和巫山山脉为骨架，形成以中山、低山和峡谷为主的侵蚀地貌景观，长江河谷呈东西向镶嵌其中。地势总的说来是中段高，向东、西两侧降低；南、北两侧高，中部长江一线最低。在奉节一带，曾成为向西流动的“川江”和向东流动的“峡江”的分水岭，后因 8km 长的瞿塘峡贯通，形成了自西向东流动的长江。

三峡地区地貌特征明显受地质构造控制，背斜成山、向斜成谷，主要山脉与构造线一致，呈 NE～NEE 向。三峡地区内巫山县城以东山脉多呈近南北向，西部山脉则大体呈 NE～SW 走向。长江在奉节、巫山处走向近 EW～NW 向，斜切或横切构造线，形成壮丽的三峡峡谷区。在新构造运动影响下，该区域分布多期夷平面，呈现出层峦叠嶂的地貌形态，河谷地区断续分布残留阶地。

库区工程地质特征主要受岩性、构造、地貌、岩溶水文地质等因素控制。根据库区的工程地质条件、环境及工程地质问题的差异，可将库区划分为 3 个库段。

1. 下库段——结晶岩低山丘陵宽谷段

该段从坝址至庙河，库段长 16km，由黄陵背斜核部前震旦纪结晶岩体组成，两岸地形低缓，河谷开阔，岸坡稳定，历史及现今地震活动微弱。

2. 中库段——碳酸盐岩夹碎屑岩中山峡谷段

该段从庙河至白帝城，长 141.5km，构造上属上扬子台褶带的黔江拱褶断束。两岸由震旦系至侏罗系灰岩、白云岩和砂页岩组成。由于构造和岩性的差异，形成 3 段灰岩中山峡谷（西陵峡西段、巫峡和瞿塘峡）夹 2 段碎屑岩低山丘陵中宽谷。峡谷段山高谷深、峭壁耸立，自然景观幽、深、奇、险。库段内有九湾溪、水田坝、碚石、坪阳坝等断层。库段内支流密度较大，回水长度 20km 以上的支流有 6 条，其中香溪河、大宁河、龙船河的回水长度 50km 以上。库段内崩塌、滑坡比较发育。

3. 上库段——碎屑岩低山丘陵宽谷段

该段从白帝城至库尾猫儿峡，长 492.5km，构造上属四川台坳的川东褶皱带。库岸地层由侏罗系、三叠系砂页岩、泥岩组成，在梳状背斜核部及支流乌江、嘉陵江某些库段有灰岩分布。库段内回水长度 20km 以上的支流有 10 条，其中回水长度 50km 以上的有汤溪河、小江、磨刀溪、乌江、嘉陵江等，小江的回水长度达 298.5km。库段内两岸地形低缓，河谷开阔。在中、缓倾角顺向坡库段，崩塌、滑坡较为发育。水平岩层分布库段，除特殊部位，如万县发育一些大型崩塌、滑坡外，库岸一般稳定条件较好。库段内地质构造较简单，断层少，除库尾的华蓥山断层外，其他规模都很小。

（二）蓄水前典型地质灾害

三峡地区地形地质条件复杂，加之受暴雨等因素的影响，历史上就是地质灾害的多发区。其地质灾害类型主要是滑坡、崩塌泥石流。历史记载的大型崩塌滑坡就有10余处之多。

从1982年以来，库区两岸发生严重的滑坡、崩塌、泥石流近百处，规模较大的有数十处，主要如下。

1982年7月18日，云阳宝塔滑坡西侧发生的鸡扒子滑坡，体积约2000万m^3，其中约230万m^3进入长江，使长江水面宽度由120m减至40m，严重碍航，后来花巨资整治。

1985年6月12日，秭归县新滩滑坡再次复活，体积3000万m^3，其中约340万m^3进入长江。高速下滑的土体，将400余年的新滩古镇全部推入长江。江中涌浪高达39m，摧毁小型船只96艘，死亡12人，造成长江断航12天，由于预报及时，新滩镇上1000余人全部及时转移。

1986年，秭归县马家坝滑坡，体积2800万m^3，280人家园被毁。

1987年9月1日，巫溪县城南门湾发生崩塌，体积仅7000m^3，但造成死亡98人、伤24人的惨剧。

1988年1月10日，巫溪县中阳村滑坡，体积约1000万m^3，并堵塞西溪河形成堰塞湖。

1994年，长江支流乌江鸡冠岭山崩，堵江断航近1年，损失约5亿元。

1995年，湖北巴东县城二道沟滑坡，死亡5人。

1998年，重庆巴南区麻柳嘴滑坡，体积3000万m^3，500余人的家园被摧毁。

1999年，巫山老县城登龙街滑坡，体积50万m^3，3000余人家园被毁。

二、库区地质灾害防治

2001年以来，近300个勘查、设计、施工队伍约3万多名工程技术人员参加了二期、三期地质灾害防治工程。已经实施完成了430个滑坡、崩塌治理工程项目、21个县级以上城市和69座乡镇302段库岸防护工程项目，初步经受住了三峡水库175m试验性蓄水和2010年特大暴雨洪水（最大入库流量7万m^3/s）的考验，保障了库区移民迁建工程安全和枢纽工程的运行。

自2003年135m蓄水以来，库区建成了专业监测和群测群防相结合的监测预警体系，完成了28个县（区）级监测站的专业能力建设和县（区）、乡、村组三级群测群防监测体系建设（图1）。通过控制全库区的三级GPS控制网、综合立体监测和遥感监测，开展了255处重大地质灾害点的专业监测，并对3049处地质灾害隐患点进行群测群防监测，覆盖人口达59.5万人。

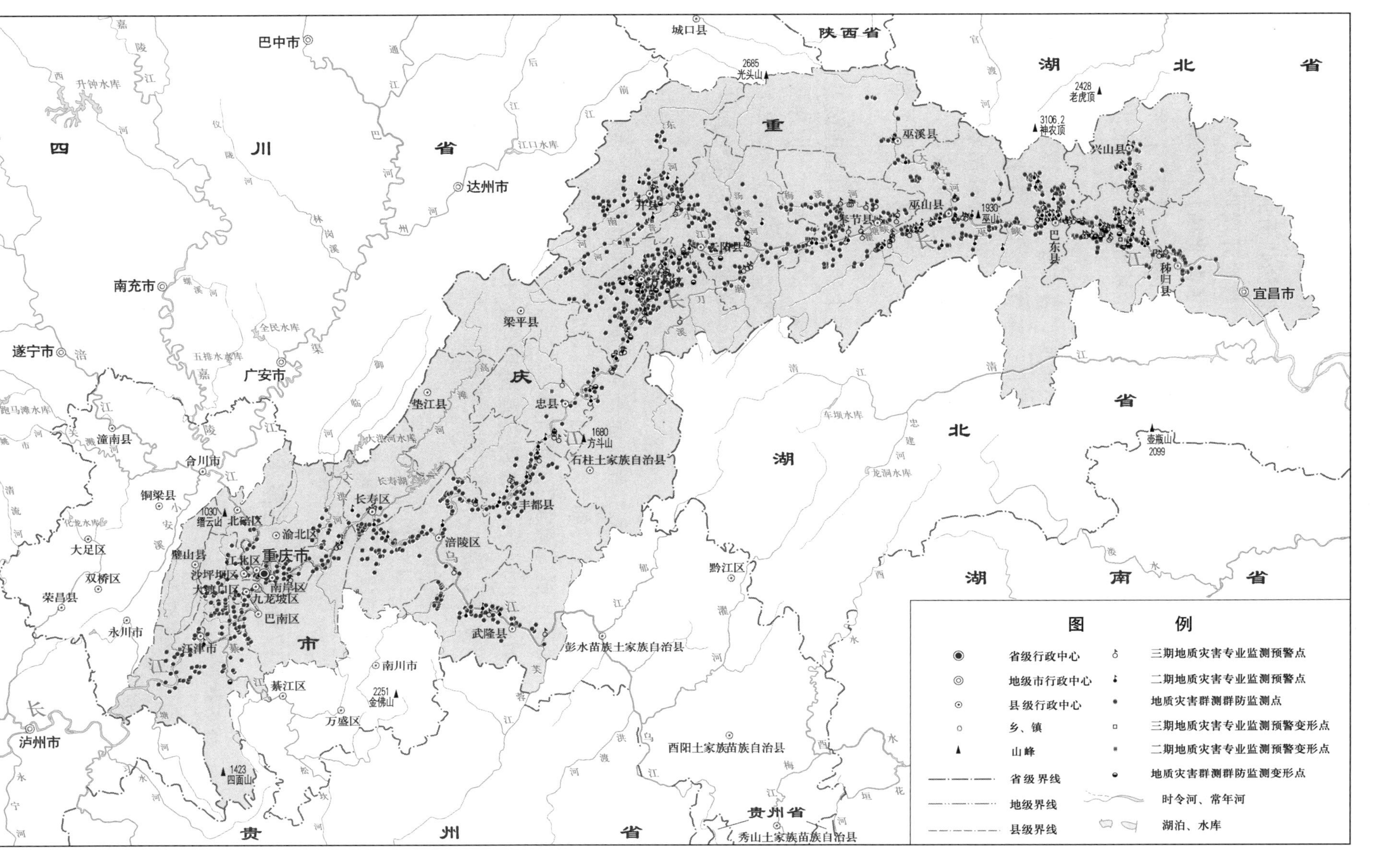

图 1　三峡工程库区地质灾害监测预警点分布图

2008 年 175m 试验性蓄水以来，库区加强了专业监测队伍的建设，近 300 名专家驻守库区现场（俗称“守水专家”），及时指导当地开展地质灾害巡查、勘查和应急处置。通过这些措施，已成功预报和处置了湖北秭归卧沙溪滑坡，重庆巫山龚家坊崩塌、青石村滑坡、李家坡滑坡，奉节鹤峰乡滑坡、凉水井滑坡，万州塘角村滑坡、三舟溪滑坡，以及巫溪川主村滑坡等 300 多起地质灾害险情。

通过地质灾害综合治理，明显缓和了库区地质灾害高发地区城镇移民安置和用地短缺的矛盾。以秭归、巴东、兴山、巫山、奉节、云阳、万州等三峡移民县（区）为重点的地质灾害防治，不但使三峡工程库区百余座移民城镇地质安全得到加强，也确保了新建移民小区的地质环境安全，而且将防灾与兴利结合，通过开发性治理将滑坡体改造成可建设的用地，在一定程度上缓解了当地对用地需求的矛盾。

三峡工程库区地质灾害防治工程的成功实施，汇集了大批来自全国的专业队伍和专家学者，建立了地质灾害调查、勘查、监测、设计、施工、监理和管理等系列技术标准或规定，培养了一大批专业人才，为全国地质灾害防治积累了丰富的理论与实践。创造了库区 2008 年 175m 试验性蓄水以来地质灾害“零伤亡”的奇迹。

根据发育演化规律和触发因素，可将三峡库区地质灾害划分为 3 个阶段：

第一阶段为 1997 年三峡移民工程全面开工之前，库区地质灾害主要由河流切割和降雨等自然因素诱发，如 20 世纪 80 年代初发生的云阳鸡扒子滑坡和秭归新滩滑坡，均对长江航道构成了严重危害。

第二阶段为 1997—2003 年一期移民迁建期间，由于就地后靠安置，形成了大量的切坡和工程弃渣，滑坡和泥石流灾害明显增加，特别是在 1998 年形成高峰。

第三阶段为 2003 年三峡工程水库开始蓄水，主要由库水变动引发大量地质灾害，特别是 2008 年开始 175m 水位试验性蓄水，为库岸滑坡高峰期，并将延续十多年的时间。

三、2008 年 175m 试验性蓄水以来地质灾害状况

（一）基本状况

2008 年 9 月—2012 年 8 月，三峡工程进行了 5 次试验性蓄水，其中，2008 年、2009 年试验性蓄水坝前最高水位分别为 172.8m、171.43m；2010 年、2011 年和 2012 年试验性蓄水坝前最高水位达到初设正常高蓄水水位 175m。

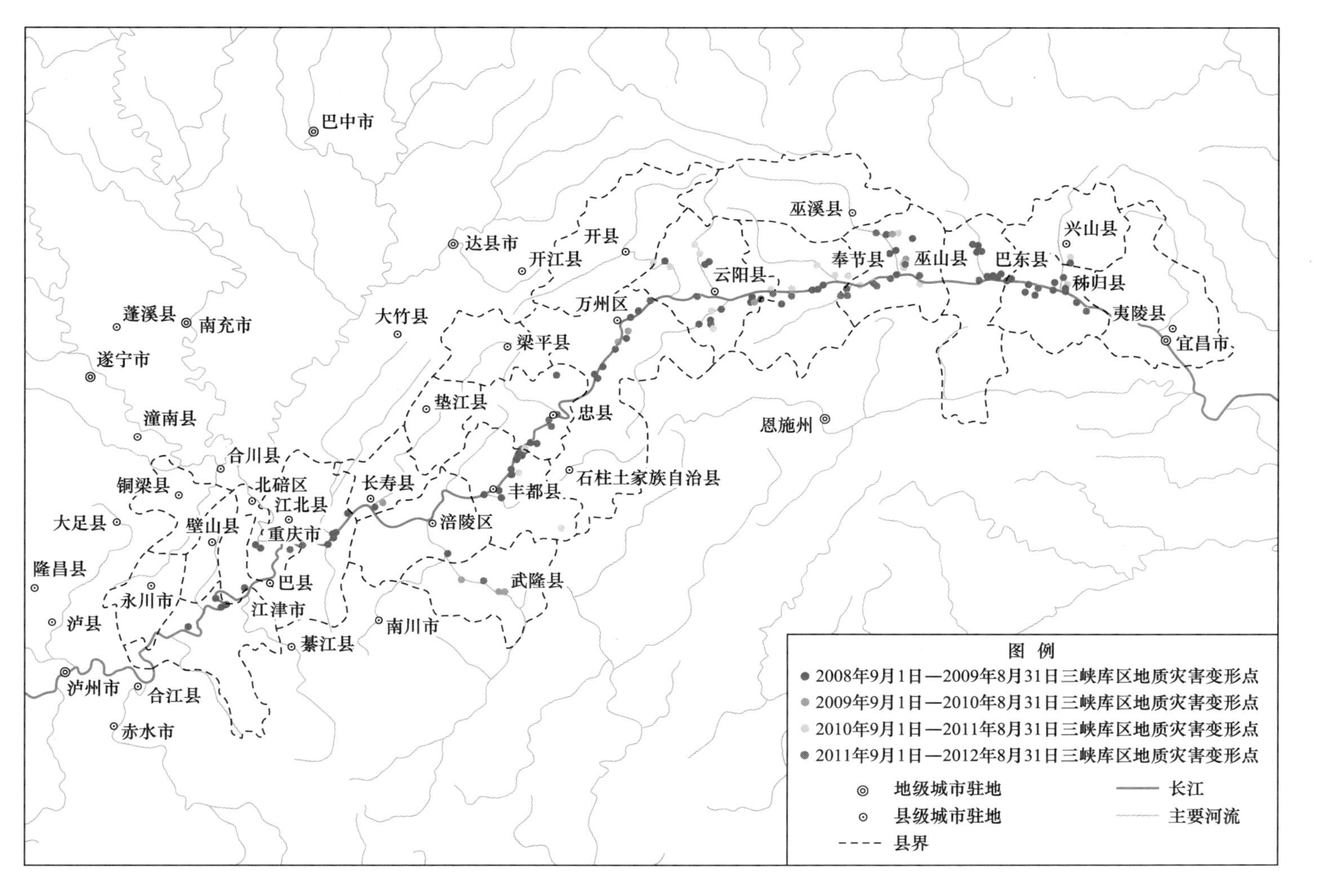

图 2　三峡工程库区 175m 试验性蓄水新生地质灾害分布图

2008 年 9 月 175m 试验性蓄水以来，截至 2012 年 8 月 31 日，三峡工程库区共发生新生地质灾害及险情 405 起（图 2、表 1），其中，湖北库区 112 起，重庆库区 293 起。滑坡崩塌总体积约 3.5 亿 m^3，塌岸约 60 段总长约 25km。紧急转移群众 12000 多人，其中湖北转移 4700 人，重庆转移 7300 人。

表 1　　2008 年试验性蓄水以来新生地质灾害次数统计

地段＼年份	2008	2009	2010	2011	2012	合计
重庆库区	243	16	12	11	11	293
湖北库区	90	5	12	1	4	112
全库区	333	21	24	12	15	405

（二）2008 年 9 月—2009 年 8 月 175m 试验性蓄水与地质灾害

首次 175m 试验性蓄水，从 2008 年 9 月 28 日—11 月 4 日，水位从 145.27m 上升到 172.80m，升幅达 27.53m，平均 0.744m/d。

第一次消落时间从 2008 年 11 月 13 日开始，库水位从 172.79m 回落至 2009 年 6 月 19 日的 145.21m，历时 219 天，降幅 27.59m，平均 0.126m/d。

蓄水与新生滑坡地质灾害关系非常明显，诱发了多处大中型滑坡（图 3）。特别是蓄水初期，水位日均升幅达 0.97m～1.27m，随后，集中诱发了滑坡。滑坡集中发生在水位上升到 160m 以上，随着水位缓慢下降，滑坡仍不断发生，并且一直持续到 2009 年 6 月水位下降到 145m。其中，典型的灾害包括以下几种。

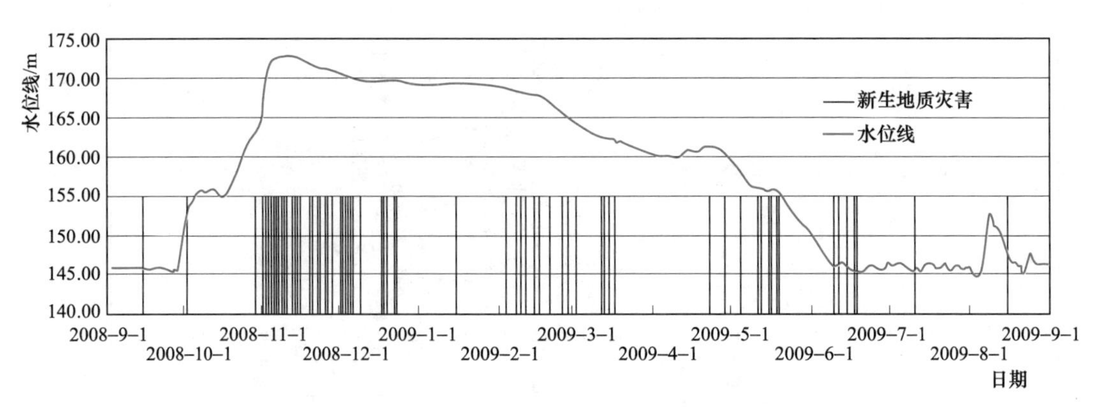

图 3　175m 试验性蓄水水位升降与新生地质灾害关系曲线

（2008 年 9 月—2009 年 8 月）

1. 秭归水田坝泥儿湾滑坡

该滑坡位于三峡水库支流袁水河左岸，滑坡后缘高程 300.00m，前缘高程

156.00m，体积180万m^3。2008年11月5日，水位上升到172.45m，滑坡出现变形，横穿滑坡的公路路面出现开裂，11月8日，水位达172.57m，形成整体贯通变形滑动，并对与之隔河相望的水田坝乡集镇上千人构成涌浪威胁。

2. 巫山巫峡龚家坊崩塌

2008年11月23日，水位上升到171.33m后，位于巫峡入口地带的龚家坊陡岸发生崩塌，体积约38万m^3（水面上约为5万m^3），持续约10分钟，形成高13m的涌浪，位于上游约3km的巫山县城码头涌浪高约3m。2009年5月18日，水位下降到155.84m，原崩滑体上部残留危岩体再次发生崩塌，总方量约1.5万m^3，产生约5m涌浪，巫山港涌浪约1m高。所幸当时没有船只进入崩塌区，否则，将带来毁灭性的后果。

3. 云阳故陵凉水井滑坡

该滑坡位于云阳故陵镇下游约5km长江右岸的凉水井滑坡，原为岩质顺层滑坡滑移后堆积形成的老滑坡，总体积约400万m^3，为三峡库区二期地质灾害群测群防项目，2008年11月22日，水位上升到171.49m，滑坡出现险情，当地政府立即组织险区内居民11户55人全部迁出，2009年4月12日，水位下降160.24m后，滑坡变形加剧，致使长江航运受到明显影响。随后，建立了全天候的专业监测系统。

（三）2009年9月—2010年8月175m试验性蓄水与新生地质灾害

第二次175m试验性蓄水，从2009年9月15日—11月24日，水位从145.87m上升到171.43m，升幅达25.56m，平均0.322m/d。

第二次消落时间从2009年11月25日开始，库水位在约171.4m高程水位持续了1天，随后至2010年6月19日，回落至145.19m，历时208天，日均降幅0.13m。

与2008年首次175m试验性蓄水相比，水位平均升幅减少了50%，对应的诱发滑坡相对减少，滑坡主要发生在上升水位达160m，并在171.40～171.02m约1个多月的稳定水位期间（图4）。而从12月初171m下降到2010年4月初154m水位期间，为无滑坡发生期。随后，由于汛期防洪的需要，水位升降明显，导致了多起滑坡灾害。

典型的滑坡如：巫山曲尺乡塔坪滑坡。近年来，塔坪滑坡体上居住人口迅速增加，过量开挖切坡、回填场地、随意排水，加上降雨等因素的综合影响，滑坡体出现多处变形拉裂。2009年9月，开始175m试验性蓄水以来，塔坪滑坡中、前部局部变形明显，滑坡前缘的4根抗滑桩出现顶部外倾、偏转达

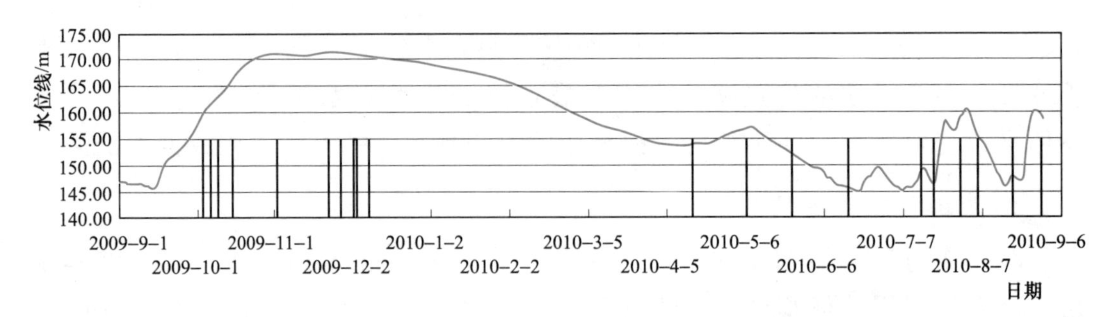

图 4　175m 试验性蓄水水位升降与新生地质灾害关系曲线

（2009 年 9 月—2010 年 8 月）

20cm，桩迎滑面回填土体下沉达 10cm，滑坡中部（高程 220m 处）民房开裂，地面局部下沉，出现宽 18cm 的水平位移。

（四）2010 年 9 月—2011 年 8 月 175m 试验性蓄水与地质灾害

第三次 175m 试验性蓄水，从 2010 年 9 月 10 日—10 月 26 日，水位从 160.20m 上升到 175.00m，升幅达 14.80m，平均 0.311m/d。至 12 月 31 日，水位基本保持在 174.40m 以上运行。第三次消落时间从 2011 年 1 月 1 日开始从 174.65m 逐步回落，至 7 月 5 日降至 145.10m，历时 185 天，降幅 29.55m，日均 0.160m/d。

与 2008 年首次 175m 试验性蓄水相比，水位平均升幅仅为 43%，对应的诱发滑坡显著减少，滑坡主要发生在上升初期和水位下降中、后期，并在 171.40～171.02m 约 1 个多月的稳定水位期间。从 10 月底 175.00m 到 2011 年 3 月初 166.00m 水位期间，为无滑坡发生期。随后，水位下降，仅发生数起滑坡灾害（图 5）。

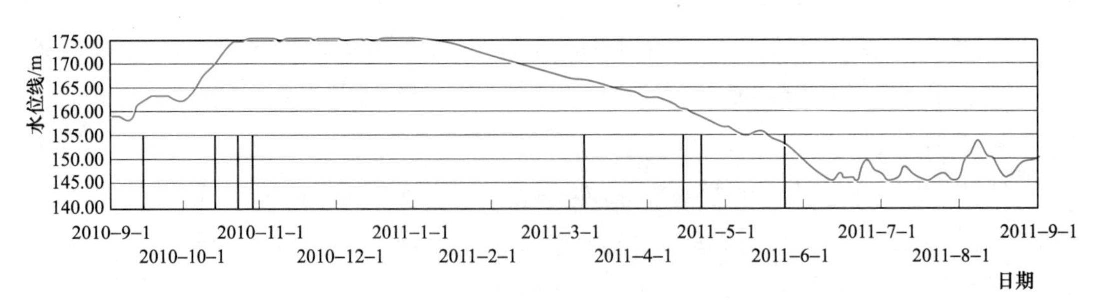

图 5　175m 试验性蓄水水位升降与新生地质灾害关系曲线

（2010 年 9 月—2011 年 8 月）

典型的滑坡包括以下几种。

1. 巫山抱龙滑坡

巫山抱龙滑坡位于巫峡支流神女溪的青石村，体积约 375 万 m^3。2010 年

10 月，水位上升到 170.00m 后，滑坡前缘体积约 10 万 m^3 的滑体滑动入江，并带动后缘拉裂变形，导致险区 113 户 311 人居民全部外迁，神女溪旅游景区被迫关闭，给当地造成了巨大的经济损失。

2. 云阳峰包岭滑坡群

云阳峰包岭滑坡群由 4 个滑坡组成，地处长江（库区）左岸的云阳县栖霞镇老县城至陈家溪一带的顺向斜坡地段，属三峡库区地质灾害防治二期群测群防项目。滑坡群宽 850m，纵长 300m，后缘高程 270.00m，推测前缘剪出口在原公路一带（标高 150～156m），滑坡总体积约 151 万 m^3。据前期资料，该斜坡岩体为老滑坡，2010 年 3 月，水位退水到 166m 以后，老滑坡体局部复活，使变形范围有所扩大。

3. 云阳黄石镇苏家湾滑坡

2011 年 4 月 15 日，在水库 175m 水位退水后，云阳黄石镇苏家湾滑坡发生变形滑动。滑坡体体积约 121.6 万 m^3，中部房屋出现 2 条明显贯通式拉裂缝，长约 45m，宽 0.8～10cm；滑坡下部近期出现 1 条拉裂缝，长约 100m，宽 0.2～5.0cm。威胁 37 户，116 人的生命财产安全。

4. 奉节安坪乡麻柳嘴滑坡

该滑坡为一古滑坡，上部居住约数千人。自 2010 年 10 月以来发生变形拉裂。通过详细的勘查表明，整体稳定性好，主要是前缘，特别是填土压脚区出现拉裂变形。

（五）2011 年 9 月—2012 年 8 月 175m 试验性蓄水与地质灾害

第四次 175m 试验性蓄水，从 2011 年 9 月 10 日—10 月 30 日，水位从 152.24m 上升到 175.00m，升幅达 22.76m，平均 0.45m/d。2011 年 10 月 30 日—12 月 31 日，维持在 174～175m 之间运行。

第四次消落时间从 2012 年 1 月 1 日开始，库水位从 174.79 开始回落，至 2012 年 6 月 15 日，降至 145.45m，历时 167 天，降幅 29.34m，平均 0.176m/d。

第四次蓄水平均上升变幅平均水位上升变幅仅为 2008 年首次 175m 试验性蓄水的 60%，是 2009 年第二次和 2010 年第三次的 1.5 倍，对应的诱发滑坡显著减少（图 6）。2011 年 9 月试验性蓄水至 2012 年 8 月，因蓄水引发新生的地质灾害 10 处，受灾 262 户，1320 人。与前三年比较，库区地质灾害总体呈现下降的特点。但是，与 2008—2011 年期间不同的是，2012 年库区的几期较大的地质灾害主要发生在汛期洪水季节，呈现出库水变化与强降雨联合诱发的特点。

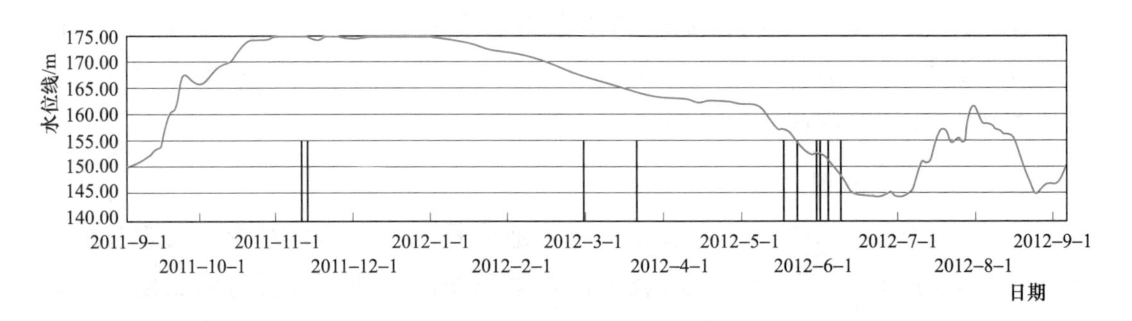

图6　175m试验性蓄水水位升降与新生地质灾害关系曲线
（2011年9月—2012年8月）

1. 奉节黄莲树滑坡

2012年5月28—29日，黄莲树滑坡区域出现强降雨，23小时降雨量达88mm。在降雨影响下，5月31日滑坡前缘发生大规模滑动，顺坡向下滑动距离8～9m，体积约66.7万m^3。直接受威胁的8户46人在大规模滑动之前已紧急撤出，目前滑坡变形区（滑坡体后部）上方还有45户209人。滑坡体较大规模变形主要发生在变形区中部，形成一个宽为190m、纵长260m的筲箕状次级滑体，次级滑体后缘出现约12m陡壁，滑体内部出现拉裂缝、鼓包等现象。滑坡二级平台（海拔高程200.00m）整体下座1～2m，两侧出现大量近南北向裂缝，裂缝宽10～20cm，裂缝内可见地下水。滑体仍在持续变形。

2. 奉节曾家棚滑坡

2012年5月31日—6月1日，曾家棚滑坡前缘中部发生滑塌，总方量约15万m^3。滑塌体两侧60～100m范围内出现多条横向拉张裂缝；滑塌体后侧房屋墙体拉裂，耕地局部产生多条横向拉裂缝和纵向裂缝。滑坡后缘出现多处拉张、沉降裂缝，局部土体垮塌。险情发生后，当地政府组织群众立即撤离，紧急搬迁9户42人，未发生人员伤亡事故。6月1日上午9时至下午6时，滑坡持续变形加剧，发生大规模滑动，滑动区前缘宽490m，后缘宽260m，最大纵长437m，面积13.45万m^3，体积460万m^3。后缘形成高30～45m陡壁，滑体内房屋倒塌，果木林倾倒或连根拔起，地面破裂，约450亩耕地被毁。

3. 奉节徐家屋场滑坡险情

2012年5月28—29日，徐家屋场滑坡区域出现强降雨，23小时降雨量达88mm。降雨后，于6月6日在滑坡后缘和中前缘出现大量裂缝和垮塌现象，威胁115户616人，直接受威胁的常住人口为174人，柑橘约12000棵，土地约1400亩。

（六）2008—2011年3次175m试验性蓄水水位升降幅度与地质灾害

图3～图6显示了全年水位升降与诱发滑坡的关系。在此，专门分别选取了2008年9月—2011年8月，10次5日最大上升幅度的数据和最大下降幅度的数据进行分析对比。

1. 最大水位上升幅度

表2收集了2008年175m试验性蓄水以来10次5日最大上升幅度的时段以及对应10天之内发生的滑坡关系。其中，2008年10月30日—11月4日上升幅度达8.32m，日均1.66m，10日内诱发了37次滑坡，是试验性蓄水以来的最高峰。当每天水位上升达1.66～2.25m时，均有滑坡发生；每天水位上升小于1.58m时，滑坡相对较少。

表2　175m试验性蓄水以来库区水位10次5日最大上升幅度统计

年份	日期	5日升幅/m	日均升幅/m	对应主要地质灾害
2008	9月28日—10月3日	8.36	1.67	万州沱口污水处理厂滑坡（10月3日）； 夷陵区美人沱柑橘场滑坡（10月4日）； 夷陵区美人沱滑坡（10月5日）
	10月21—26日	3.98	0.77	巫山曲尺乡龙洞村二社滑坡（10月29日）； 巫山大昌镇马渡村碾子湾滑坡（10月29日）
	10月30日—11月4日	8.32	1.66	巫山川东淀粉厂滑坡外（11月4日）； 巫山川东淀粉厂滑坡外库岸（11月4日）； 巫山大溪乡开峡村刘家屋场滑坡（11月2日）； 巫山邓家屋场水厂外侧护坡工程变形（11月4日）； 巫山两坪乡横石村猴子包滑坡（11月7日）； 巫山龙门桥东滑坡（11月4日）； 巫山巫峡镇跳石村一社干井子（11月2日）； 奉节康乐镇大面滑坡（后部）（11月1日）； 奉节老县城奉节中学滑坡（10月31日）； 奉节丝绸厂滑坡（11月2日）； 奉节卧龙岗滑坡（11月2日）； 云阳大坟坡滑坡（11月2日）； 云阳故陵镇水让村凉水井崩滑体（11月4日）； 云阳蒿坝坪崩滑体（11月4日）； 云阳杨家沱崩滑体（11月4日）； 万州龙都街道三吉村肖家坡库岸（11月3日）； 万州瀼渡镇庄子河滑坡（11月2日）； 万州五陵镇下中村5组桐子林塌岸（11月2日）； 丰都高家镇文昌路居委堰沟子滑坡（11月6日）；

续表

年份	日期	5日升幅/m	日均升幅/m	对应主要地质灾害
2008	10月30日—11月4日	8.32	1.66	丰都龙孔乡凤凰村7组金竹塘滑坡（11月8日）； 丰都十直镇楼子村1社撮箕口滑坡（11月6日）； 丰都十直镇楼子村3组大窑上滑坡（11月6日）； 丰都十直镇楼子村4社花盘子滑坡（11月6日）； 丰都十直镇楼子村4组烂泥湾滑坡（11月6日）； 丰都十直镇双溪村1组大河嘴滑坡（11月6日）； 丰都十直镇双溪村1组岩口滑坡（11月6日）； 涪陵蔺市金竹狮子坪滑坡（11月1日）； 涪陵义和镇镇安6社吴家冲崩滑体（11月1日）； 涪陵义和镇朱砂6社长嘴扁崩滑体（11月1日）； 涪陵珍溪百汇1社车站滑坡（11月6日）； 涪陵珍溪梨坪8社庙基子滑坡（11月5日）； 涪陵珍溪渠溪6社夫妻滩滑坡（11月7日）； 涪陵珍溪渠溪7社鸡母滩滑坡（11月6日）； 涪陵珍溪三角3社垭口滑坡（11月7日）； 涪陵珍溪西桥5社孙家湾滑坡（11月4日）； 长寿凤城街道办事处永丰村喻家湾（10月30日）
2009	8月3—8日	7.90	1.58	无
	9月14—19日	5.31	1.06	无
	9月29日—10月4日	4.12	0.82	夷陵区美人沱王家包库岸坍塌（10月3日）； 夷陵区龙潭坪村铁水沟库岸坍塌（10月6日）
2010	7月10—15日	3.72	0.74	巴南望江村1社、2社滑坡（7月14日）
	7月18—23日	11.9	2.38	奉节三根角下滑坡（7月19日）
	7月27日—8月1日	4.09	0.82	北碚澄江库岸（7月29日）； 奉节凉水井滑坡（8月5日）
	8月22—27日	11.25	2.25	无

2. 最大水位下降幅度

表3收集了2008年175m试验性蓄水以来10次5日最大下降幅度的时段以及对应10天之内发生的滑坡关系。这10次记录主要分布在汛期非正常蓄水期间。其中，2010年8月1—6日下降幅度达5.57m，日均达1.15m，10日内无诱发滑坡记录。当每天水位下降幅度达0.402～1.15m时，滑坡发生规律不明显。

表 3　175m 试验性蓄水以来库区水位 10 次 5 日最大下降幅度统计

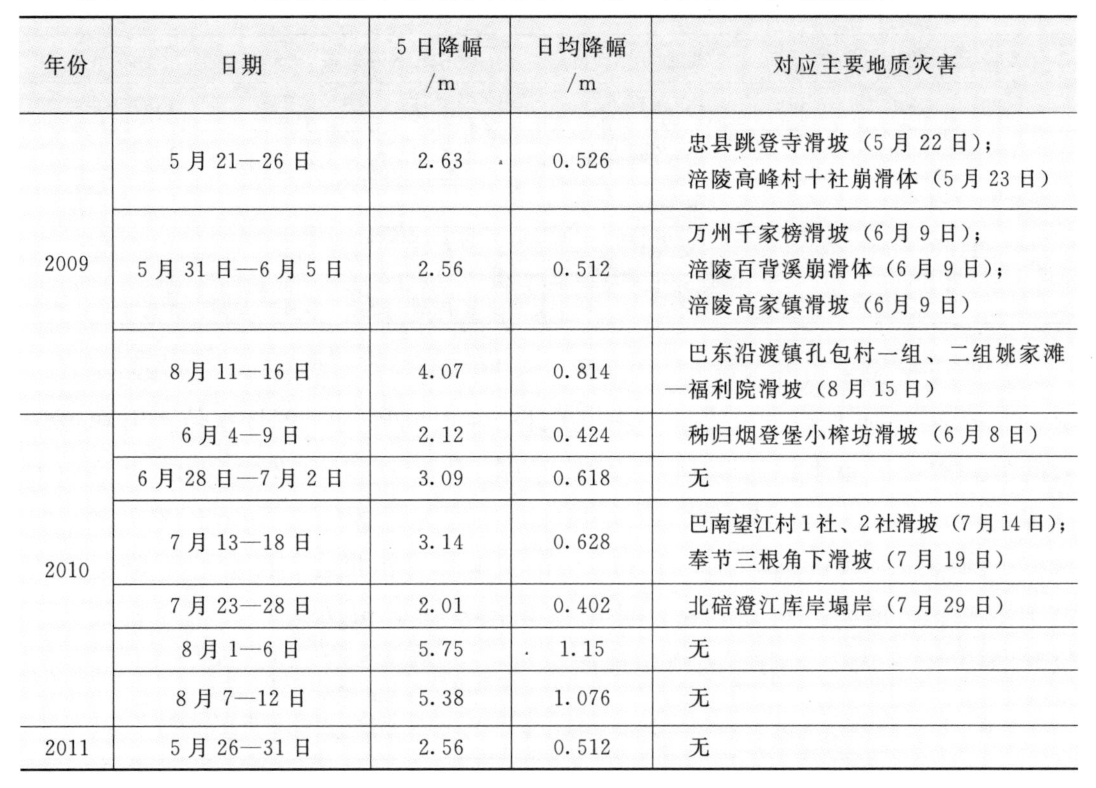

年份	日期	5 日降幅 /m	日均降幅 /m	对应主要地质灾害
2009	5 月 21—26 日	2.63	0.526	忠县跳登寺滑坡（5 月 22 日）；涪陵高峰村十社崩滑体（5 月 23 日）
	5 月 31 日—6 月 5 日	2.56	0.512	万州千家榜滑坡（6 月 9 日）；涪陵百背溪崩滑体（6 月 9 日）；涪陵高家镇滑坡（6 月 9 日）
	8 月 11—16 日	4.07	0.814	巴东沿渡镇孔包村一组、二组姚家滩一福利院滑坡（8 月 15 日）
2010	6 月 4—9 日	2.12	0.424	秭归烟登堡小榨坊滑坡（6 月 8 日）
	6 月 28 日—7 月 2 日	3.09	0.618	无
	7 月 13—18 日	3.14	0.628	巴南望江村 1 社、2 社滑坡（7 月 14 日）；奉节三根角下滑坡（7 月 19 日）
	7 月 23—28 日	2.01	0.402	北碚澄江库岸塌岸（7 月 29 日）
	8 月 1—6 日	5.75	1.15	无
	8 月 7—12 日	5.38	1.076	无
2011	5 月 26—31 日	2.56	0.512	无

（七）2011 年 9 月—2012 年 9 月水位升降幅度与地质灾害

为了进一步研究水库调度对地质灾害的影响，在前三次基础上，专门讨论第四次 175m 试验性蓄水期间的地质灾害问题。

1. 单日最大水位升降幅度

2011 年 9 月 1 日—2012 年 9 月 10 日一年时间段内，单日水位上升幅度最大的前五次，分布于汛期 2011 年 9 月、2012 年 9 月和 2012 年 7 月，单日上升幅度均大于 2.46m，最大达到 3.21m（表 4）；单日水位下降幅度最大的前五次，分布于汛期 7 月和 8 月，最大达到 1.67m（表 5）。在单日最大水位升降的 10 日内，无明显的新生地质灾害。

表 4　单日升幅最大前五次统计表（2011 年 9 月 1 日—2012 年 9 月 10 日）

日　期	水位/m	10 日内发生的灾害	单日升幅/m
2012-7-24	156.65	无	3.21
2012-9-3	154.05	无	3.15
2011-9-20	162.03	无	2.55
2011-9-21	164.58	无	2.48
2012-9-4	157.20	无	2.46

表5 单日降幅最大的前五次统计表（2011年9月1日—2012年9月10日）

日　期	水位/m	10日内发生的灾害	单日降幅/m
2012-7-17	158.33	无	1.67
2012-8-13	155.99	无	1.59
2012-8-14	154.4	无	1.56
2012-8-15	152.84	无	1.53
2012-8-16	151.31	无	1.09

2. 5日最大水位升降幅度

2011年9月1日—2012年9月10日一年时间段内，单日水位上升幅度最大的前五次，分布于汛期2011年9月、2012年9月和2012年7月，5日内上升幅度均大于7.18m，最大达到9.44m，日均为1.39～1.89m（表6）；5日水位下降幅度最大的前五次，分布于2012年8月汛期，5日水位下降幅度均大于4.44m，最大达到5.77m，日均为0.89～1.15m（表7）。在5日最大水位升降的10日内，无明显的新生地质灾害。

表6　5日升幅最大前五次统计表（2011年9月1日—2012年9月10日）

日　期	水位/m	10日内发生的灾害	5日升幅/m
2012-9-1～9-6	150.22	无	9.44
2012-9-2～9-7	151.71	无	8.41
2012-8-31～9-5	149.76	无	7.44
2012-7-23～7-29	155.91	无	7.18
2011-9-19～9-25	160.99	无	6.94

表7　5日降幅最大前五次统计表（2011年9月1日—2012年9月10日）

日　期	水位/m	10日内发生的灾害	5日降幅/m
2012-8-13～8-28	155.99	无	5.77
2012-8-12～8-27	156.97	无	5.66
2012-8-14～8-19	154.4	无	5.01
2012-8-11～8-16	157.72	无	4.88
2012-8-15～8-20	152.84	无	4.44

3. 10日最大水位升降幅度

2011年9月1日—2012年9月10日一年时间段内，10日水位上升幅度最大的前五次，分布于汛期2012年8月和2012年9月，10日内上升幅度均大于11.37m，最大达到13.87m，日均为1.14～1.39m（表8）；10日水位下降幅度最大的前五次，分布于2012年8月汛期，10日水位下降幅度均大于8.62m，最大达到10.65m，日均为0.86～1.07m（表9）。在10日最大水位升降的10天内，无明显的新生地质灾害。

表8　10日升幅最大前五次统计表（2011年9月1日—2012年9月10日）

日　期	水位/m	10日内发生的灾害	10日升幅/m
2011-9-14	154.06	无	13.87
2011-9-13	153.72	无	13.34
2012-8-28	148.25	无	11.87
2012-8-29	148.41	无	11.57
2012-8-27	148.29	无	11.37

表9　10日降幅最大前五次统计表（2011年9月1日—2012年9月10日）

日　期	水位/m	10日内发生的灾害	10日降幅/m
2012-8-12	156.97	无	10.65
2012-8-11	157.72	无	10.36
2012-8-10	157.98	无	9.58
2012-8-13	155.99	无	9.18
2012-8-9	158.01	无	8.62

通过采用单日、5日和10日3个时间窗口，分析了2011年9月1日—2012年9月10日时间段内水位的升降与地质灾后的关系，在前五次水位升降变化最大的情况下，库区新生地质灾害并未出现明显与之对应的关联，但原已滑动的滑坡有变形加剧的现象发生，如湖北秭归树坪滑坡、白水河滑坡，重庆巫山县丁家湾滑坡、张家湾滑坡、横石溪滑坡、老鹰背滑坡、冯家湾滑坡，万州三舟溪滑坡等。2012年5月中旬至6月上旬水位下降速率加快，2012年6月5—10日，库水位下降幅度5天累积达3.99m，日均下降速率达0.80m，最大达1.01m/d，体积达1600万m^3的秭归树坪滑坡主滑体监测点日变形速率达1.4～3.6cm/d，显示了水位快速升降对已经变形的滑坡体明显影响。

四、水位升降速率对地质灾害的影响分析

1. 2008—2011年期间3次水位升降

2008年首次175m试验性蓄水期间，水位平均升幅为0.744m/d，为滑坡

高发阶段。

2009 年（平均 0.322m/d）和 2010 年（平均 0.311m/d）的水位升幅比 2008 年降低了 50%，滑坡明显减少。

通过研究 2009—2011 年两次 175m 试验性蓄水期间 5 日最大上升幅度和最大下降幅度，以及对应 10 天之内发生的滑坡关系表明，当每天水位上升幅度小于 1.5m 时，滑坡较少；当每天水位下降幅度小于 1.15m 时，滑坡较少，且发生规律不明显。

2. 2011—2012 年期间水位升降

表 10 统计了单日、5 日和 10 日 3 个时间窗工况下日均水位的最大变幅。这一变幅要比 2009 年和 2010 年大，但是，库区地质灾害的发生率却非常小。因此，可以初步推断，经过 4 年来的 175m 试验性蓄水，库区新生地质灾害显著减少。

表 10　三种窗口下第四次 175m 试验性蓄水水位升降日均最大变幅统计表　单位：m/d

单日		5 日		10 日	
上升	下降	上升	下降	上升	下降
2.46～3.21	1.09～1.67	1.39～1.89	0.89～1.15	1.14～1.39	0.86～1.07

3. 175m 蓄水水库调度对地质灾害风险

表 11 统计了 4 次 175m 试验性蓄水的平均升降变幅，其中：

2008 年首次 175m 试验性蓄水变幅最大，上升幅度平均达 0.744m/d，下降变幅平均达 0.126m/d，为地质灾害的高发期。

2009 年第二次 175m 试验性蓄水，其中，水位上升变幅平均仅为 2008 年的 46%，水位下降变幅平均为 0.160m/d，略大于 2008 年首次蓄水，但是新生地质灾害明显趋缓。

2010 年第三次 175m 试验性蓄水，上升变幅平均为 0.311m/d，略大于 2009 年第二次蓄水，下降变幅平均为 0.160m/d，大于 2009 年第二次蓄水，新生地质灾害进一步减少。

2011 年第四次 175m 试验性蓄水，上升变幅平均为 0.450m/d，为 2008 年首次蓄水的 60%，但为 2009 年第二次蓄水和 2010 年第三次蓄水的 1.5 倍，下降变幅平均为 0.176m/d，大于 2008 年、2009 年和 2010 年 3 次蓄水的下降变幅，未发生与水位升降明显对应的新生地质灾害，但呈现在汛期与暴雨叠加下诱发的特点。

表 11　　4 次 175m 试验性蓄水多日过程平均水位升降变幅平均对比统计表　　单位：m/d

2008 年 9 月—2009 年 8 月		2009 年 9 月—2010 年 8 月		2010 年 9 月—2011 年 8 月		2011 年 9 月—2012 年 8 月	
上升	下降	上升	下降	上升	下降	上升	下降
0.744	0.126	0.322	0.130	0.311	0.160	0.450	0.176

因此，库区水位升降变幅总体控制在 2012 年的水平，库岸滑坡风险是相对较低的（表 12）。

表 12　　库区库岸滑坡低风险对应的水位升降最大变幅值估计表

项　目	单日		5 日变幅		10 日变幅		多日过程平均①/（m·d^{-1}）	
	上升	下降	上升	下降	上升	下降	上升	下降
总幅度/m	2.0～3.0	1.0～1.5	7.0～9.0	4.5～5.5	10.0～13.5	8.5～10.5	0.45	0.15
平均幅度/（m·d^{-1}）	2.0～3.0	1.0～1.5	1.4～1.8	0.9～1.1	1.0～1.4	0.9～1.1		

① 多日过程平均指 175m 蓄水的上升全过程（大于 45 日）和下降全过程（大于 160 日）。

五、175m 试验性蓄水地质灾害评估

（一）2008 年 175m 试验性蓄水前的阶段评估结论

中国工程院于 2008 年 3 月组织专家对 1986—1989 年间进行的三峡工程论证及可行性研究结论进行过阶段评估。认为：三峡工程水库经工程运行的检验表明，论证和可行性研究报告的主要认识和结论是基本正确的。自 2003 年 135m 蓄水至 2008 年 175m 试验性蓄水 5 年期间，水库区未发生较大震级的诱发地震，没有发生对工程施工和运行、航运交通、移民生命财产安全带来危害的重大地质灾害。经过先后三期的地质灾害治理，许多可能构成重大危害的地质体也得到了有效治理。但是，三峡工程水库区是崩塌滑坡灾害的多发区，地质环境比较脆弱，加之城镇集市较多，人口较密集，库岸岸坡失稳造成的危害比其他水库来得严重，而水库蓄水导致岸坡岩土体稳定条件发生变化，导致一些老崩滑体复活和产生一些新的崩滑现象，这都是无法避免的。

（二）2008 年 175m 试验性蓄水以来的评估结论

（1）2008 年开始 175m 试验性蓄水以来，因水库水位周期性涨落变化，改变了库岸地质条件，诱发了 400 多处滑坡等灾情险情，造成了水库淹没线之上局部地段的房屋、土地及部分基础设施等损坏、损毁，对居民生产生活带来

了不利影响。通过 4 次高水位运行，不断摸索总结经验，特别是开展了水库调度与地质灾害监测预警的会商联动，库岸滑坡总体呈现明显下降的特点，属于可控的范围。

（2）库区建立了群专结合的地质灾害监测预警体系，动用了大量人力物力，有效地防范了地质灾害。每年近 300 名专业技术人员及专家常住库区指导地质灾害监测和应急处置，7000 名群众监测员和村社干部直接参与群测群防，全天候监测库区数千处地质灾害点，监测保护人口近 80 万人。例如，仅 2012 年就完成群测群防监测 18.3 万次，专业监测 4.4 万次，地质巡查 3900 次，编制监测报告 1347 份。自 2008 年以来，通过城市区地质灾害的专业监测，乡村居民点的群测群防、灾险情应急处置、工程治理和避让搬迁等手段，库区无蓄水滑坡导致人员伤亡的灾害，创造了“零伤亡”奇迹。

（3）库区地质灾害防治形势依然严峻，主要表现在：一是由于滑坡体工程地质勘查精度差，难以准确圈定和预测新生突发地质灾害隐患，存在未能检测的盲区；二是仅采取监测但未进行工程治理的地质灾害隐患点（约占库区规划地灾点 70%），在高水位运行时，预警与防范风险性高；三是库区近年来城镇人口俱增（如巫山新县城人口密度达 2.1 万人/km^2），建设和生产用地明显短缺，土地开发建设致灾危险性不容忽视；四是陡坡地带滑坡涌浪灾害不容忽视，特别是巫峡、瞿塘峡两岸高陡岸坡，无人居住，险情难以发现，崩塌危岩预测及治理难度大，一旦崩塌产生涌浪灾害，将会对长江航运安全定会构成巨大威胁。

（三）今后一段时期水库蓄水库岸滑坡失稳趋势预测

自 2003 年 6 月水库蓄水 135m 以来，库岸滑坡呈现与库水位变化密切相关的特点。特别是 2008 年 175m 试验性蓄水以来，库区的滑坡变形失稳与库水升降具相关关系。2011 年以来，水位变化导致滑坡失稳明显减少，呈现出在汛期由水位变化和暴雨叠加诱发失稳的特点。

总体上看，175m 蓄水后，仍有一个较长时间的库岸再造过程。地质灾害具有隐蔽性突发性等显著特征，极易造成人员伤亡，地质灾害的防治将是一项长期而艰巨的任务。在今后一段时间内，在现有水库水位调度方案不发生明显改变的条件下，库岸滑坡变形失稳将具有以下两个新的特征：

（1）触发因素变化引发滑坡。汛期水位骤然升级和暴雨叠加，诱发库岸滑坡。因此，不仅在每年开始蓄水和退水阶段，而且在汛期也是防范地质灾害的重点阶段。

（2）坡体结构软化引发滑坡。由于长期浸泡和淘蚀导致 175m 之下岩体结

构损伤破坏，导致库岸滑坡。与开始试验性蓄水初期不同，由水位上升引发滑坡将逐渐减少，退水阶段由于滑坡前缘岩体体结构破坏引发滑坡将增加。

六、几点建议

由于库区地质条件复杂、地质勘查精度有限、防治标准偏低等，特别是近年来库区城镇化飞速发展，不合理工程活动加剧，地质灾害防治形势依然严峻，因此，建议加强以下工作。

（一）建立水库调度与库区地质灾害预警联动制度

进一步健全水库调度与库区地质灾害预警行政主管部门和专业队伍定期与不定期沟通机制，尽快建立信息平台，实现库区监测信息实时共享。在每年175m水位蓄水前，进行趋势会商，圈定重点加强防范的地段。并根据需要，可对重大地质灾害险情开展联合现场会商。尽快开展水库高水位运行以来的水位变化与库岸变形失稳关系研究，系统分析库水变化与地质灾害监测动态曲线，完善安全与优化的水库运行调度方案，特别是库水升降速率。

（二）制定三峡工程库区城镇发展相关法规，合理限制建设规模

“十二五”期间是三峡工程库区城镇建设的又一高速发展时期，多座地质条件复杂的城市建设规模还将扩大50%，甚至翻番。例如，巫山将向顺向坡的江东扩展，面积约为现今城市的50%，万州也将规划为重庆第二大城市，面积将扩展85%。因此，只能向城市周边扩展，而这些边缘地段地质条件比目前已建成移民新城的更为复杂，而且已有地质勘查工程程度偏低，不足以作为扩展城市的依据。建议制定三峡工程库区城镇建设与地质环境保护条例，严格限制库区城镇规模无序盲目的扩展，科学评价地质环境适宜性，对地质灾害作出风险评估，优化城市功能。

（三）应将坐落在顺向坡上的城镇作为防治的重点

2003年三峡水库蓄水135m期间，库首地段秭归青干河发生千将坪顺层滑坡，导致滑坡体上数千人的移民点遭受严重损失。随着2008年汛后175m试验性蓄水以来，回水范围扩展，重庆库区川东褶皱带形成的一系列单面山地层滑坡逐渐增加，例如，2008年11月以来，出现险情的秭归水田坝、巫山李家坡、奉节鹤峰、奉节藕塘、云阳凉水井、万州三舟溪等滑坡都位于顺向坡上。建议加大对三叠系巴东组、须家河组，侏罗系红层分布区，特别是发育有堆积层的顺向坡地段的巡查力度，开展大型堆积体局部失稳的研究，科学判断滑坡的复活特征和危险程度。

（四）加强峡谷区高陡滑坡涌浪灾害监测预警

175m 试验性蓄水以来，库区已发生影响航道航运安全的灾（险）情 50 余处，特别是巫峡、瞿塘峡两岸高陡岸坡，险情难以发现，预测及治理难度大，一旦产生崩塌滑坡和涌浪灾害将对长江航运安全定会构成巨大威胁。2008 年 11 月 23 日，位于巫峡入口地带的龚家方陡岸发生崩塌，体积约 38 万 m^3，形成高 13m 的涌浪，位于上游约 3km 的巫山县城码头涌浪高约 3m。巫峡还存在约 4km 长的危岩体，今后将还会发生类似的崩塌——涌浪灾害。目前，对涌浪的预测还没有成熟的理论和经验，应该设立专门研究课题，总结三峡和国内外已有经验，科学合理评估涌浪及所造成的灾害损失。

（五）总结探索新机制，发挥各方面积极性进行地质灾害防治

三峡工程库区地质灾害治理，特别是沿江地带“跨线”滑坡的治理，应因地制宜，加快库区生态屏障的建设，并与库区城市规划、市政建设、消落带治理等库区社会和经济发展有机结合。进一步保障地质安全和社会经济发展，最大程度的发挥国家投资的综合效益，促进地方社会经济发展。建议在后续规划中，充分吸取前期的经验教训，发挥各方面的积极性，将防灾与兴利相结合，在治理的基础上，以稳妥利用滑坡体。同时，要提高集镇的防治标准和治理安全等级，确保地质安全。

水库地震评价

一、初步设计阶段三峡水库地震论证基本结论

三峡工程初步设计阶段关于水库地震研究的主要结论如下：

（1）三峡工程水库蓄水后有诱发地震的可能，可能的主要发震地段为庙河至奉节白帝城的第二库段。

（2）从坝前至庙河的第一库段为结晶岩库段，段内无区域性大断裂通过，历史及现今地震活动微弱，岩体完整坚硬，透水性弱，地应力水平不高，预计只能发生浅表微破裂型地震，最大震级 3 级左右。

（3）奉节以上为第三库段，主要分布侏罗、白垩系砂页岩红层，除干流局部灰岩峡谷段和乌江、嘉陵江碳酸盐岩河谷段有可能发生岩溶型水库地震外，一般不会发生水库地震。

（4）从庙河至奉节白帝城的第二库段，有大面积碳酸盐岩出露，有仙女山、九湾溪、高桥等地区性断裂分布，有渔阳关—秭归和黔江—兴山两个弱震带横穿库区。1979年秭归龙会观5.1级地震就处于黔江—兴山地震带内。初步设计阶段分析认为，该库段有发生构造型和岩溶型水库地震的可能。最可能发生构造型水库地震的地段为九湾溪—仙女山两断裂展布区和高桥断裂沿线一带，最大震级5.5级左右；而干流巫峡、瞿塘峡和支流神农溪、大宁河等大面积碳酸盐岩分布区，则会发生岩溶型水库地震，最大震级在4级左右。

二、175m试验性蓄水水库地震状况

（一）监测资料依据

三峡工程水库诱发地震问题的分析研究，依据对库区坚实的基础地质工作及从1958年开始在预计主要发震段建立的工程专用地震台网及2001年启用的高精度遥测数字台网（图7）监测数据。

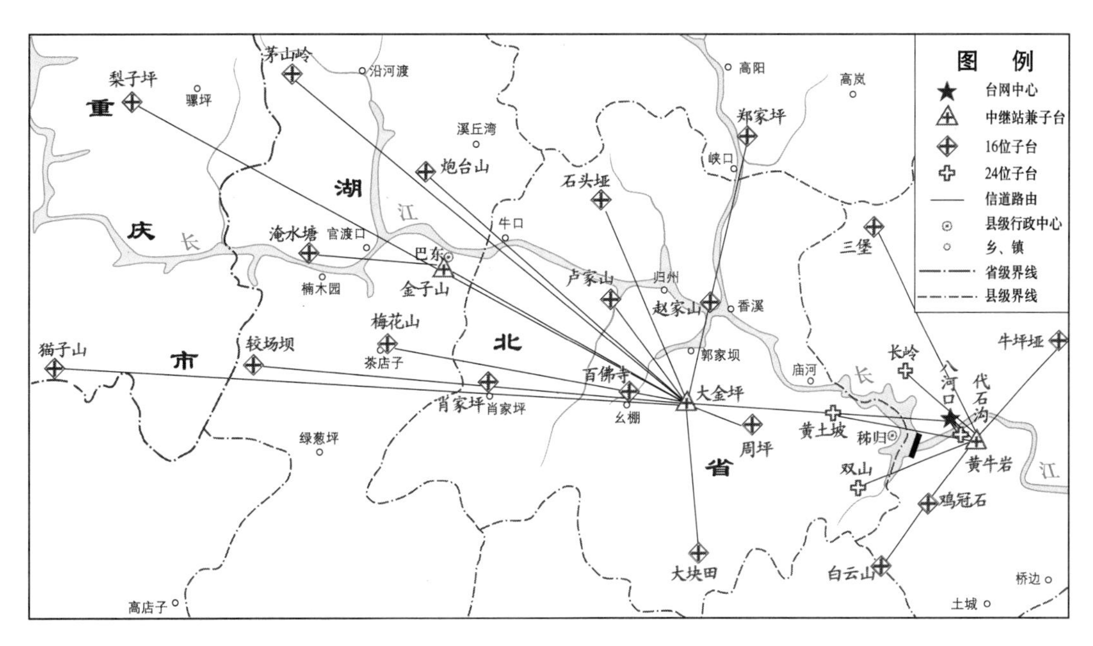

图7 三峡工程数字化遥测地震台网示意图

（二）监测结果分析

1. 水库地震发生率与蓄水位关系

图8为三峡水库自2003年开始蓄水至今的水位、水位日变幅、出库流量等水情资料与水库地震活动月频次、日频次统计相关图。从图8中可见：地震活动与库水位变化具有明显的相关性，蓄水初期水库地震的发生率剧增，震级

(M_L) ≥0.5 级的地震 3 年平均频度是蓄水前的 63 倍，说明蓄水后地震活动频度显著高于天然地震本底，验证了三峡工程前期勘察和论证中关于库区局部地段可能发生水库地震的结论。

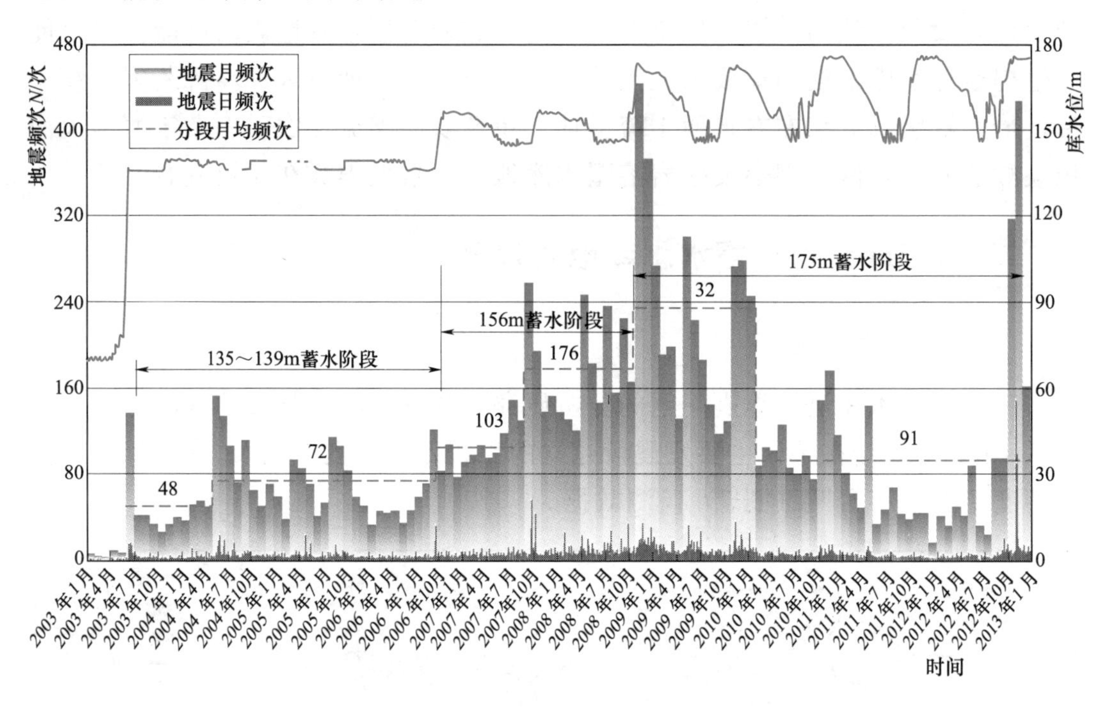

图 8　三峡水库水情资料与水库地震活动频次统计相关图

水库地震发生率随各个蓄水期水位的升高而增大，从图 8 中可见水库地震活动的年周期变化规律大致为：每年 11 月和 12 月达到高潮，次年 4 月的春汛前后又有一个小峰值。在最高水位时至 2008 年试验性蓄水第一年至 172.8m 水位后，水库地震的发生率达最高峰，其后虽在每年蓄水至最高水时出现高峰，但其峰值已逐年明显下降，在 2010 年蓄水到达 175m 时，水库地震活动的月频次峰值仍远低于 2008 年 172.8m 水位时。至 2011 年 8 月—2012 年 7 月期间，即使在 2011 年 10 月水库蓄水到达 175m 时，水库地震活动并没有增加，地震的月频次值仍持续保持低值，12 月更是下降到只有 12 次。2012 年的 3 月阴雨不断，春汛提前来临，当月也只记录到 48 个极微震。冬春 5 个月的地震活动表明，水库地震渐趋平息，且已与库水位的升降涨落无明显相关性，反映了天然地震本底的活动性。

2. 水库地震震级与蓄水位关系

图 9 为试验性蓄水期间从 2008 年 1 月 1 日—2010 年 12 月 31 日间三峡水库水位与水库地震震级统计相关图。表 13 为试验性蓄水以来 2008 年 9 月—2012 年 12 月间不同震级档次地震按月分布情况一览表。

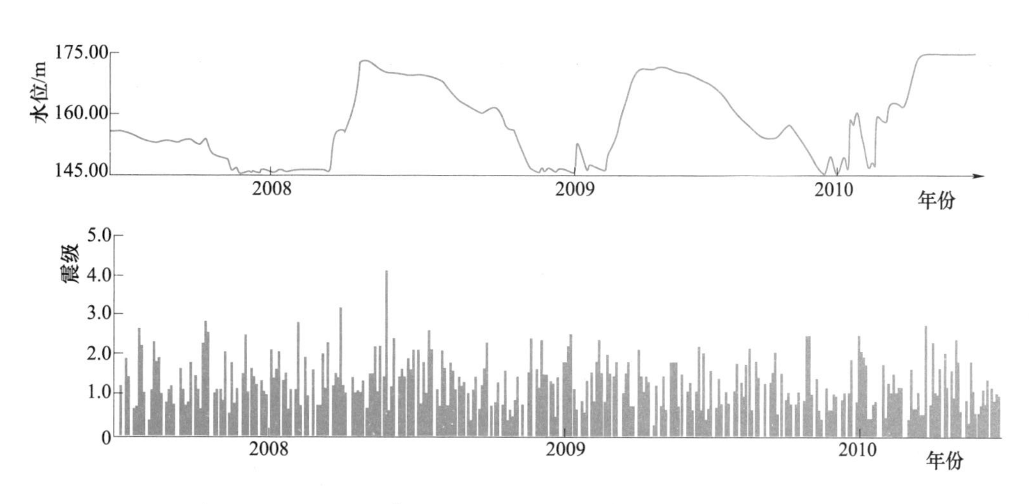

图9　2008年1月1日—2010年12月31日三峡水库水位与水库地震震级统计相关图

从图9可见，蓄水期间水库地震活动以微震和极微震为主，蓄水后记录到的最大地震如下：135m蓄水位期间M_L3.3级、156m蓄水位期间M_L3.7级、试验性蓄水初期间以初期2008年11月的M4.1级（相当于M_L4.6级）为最大，但远小于初步设计论证报告中给出的“可按M5.5级考虑”的预测值。三峡水库各个蓄水期间的水库地震最大震级虽随蓄水位升高稍有加大，但差异不大。库区水库地震大多属震源深度$h<1$km的浅震，主要由岩溶、矿洞浸水引发。

表13　2008年9月—2012年12月间不同震级档次地震按月分布情况一览表

震级M_L	4.5	3.9～3.5	3.4～3.0	2.9～2.5	2.4～2.0	合计
分档合计	1	3	27	74	252	357
2008年1月			1		8	9
2月			1	3		4
3月				4	5	9
4月			2	2	10	14
5月				2	16	18
6月			1		10	11
7月				3	9	12
8月				1	3	4
9月		1	1	1	12	15
10月					10	10

续表

震级 M_L	4.5	3.9～3.5	3.4～3.0	2.9～2.5	2.4～2.0	合计
11月	1（M4.1）		2	4	20	27
12月				3	4	7
2009年1月			3	4	6	13
2月				1	9	10
3月				2	8	10
4月					1	1
5月			1		4	5
6月			1		5	6
7月				5	3	8
8月			1	1	7	9
9月			1	4	2	7
10月			1	1	4	6
11月				2	7	9
12月			1	1	7	9
2010年1月					5	5
2月				3	0	3
3月				2	5	7
4月			1	2	1	4
5月				1	3	4
6月					2	2
7月			1	4	6	11
8月					2	2
9月					1	1
10月			1	2	1	4
11月				2	1	3
12月					3	3
2011年1月					4	4
2月					4	4
3月					0	0

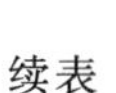

续表

震级 M_L	4.5	3.9～3.5	3.4～3.0	2.9～2.5	2.4～2.0	合计
4月					1	1
5月					2	2
6月					0	0
7月					0	0
8月					1	1
9月				1	1	2
10月				1	3	4
11月				1	2	3
12月					3	3
2012年1月				1	0	1
2月						0
3月						0
4月						0
5月					2	2
6月					1	1
7月					2	2
8月					1	1
9月				1	2	3
10月				2	3	5
11月		2	7	6	17	32
12月				1	3	4

3. 水库地震的空间分布

图10为三峡工程库区2009年1月1日—2011年10月31日间水库地震的震中空间分布图。整个蓄水期间绝大多数水库地震均发生在庙河至白帝城的水库中段，基本验证了三峡工程初步设计论证中关于发震库段的结论。

2008—2009年的试验性蓄水初期，三峡水库中段的水库地震活动达到了顶峰，并逐年有所减弱，至2011年8月趋于平息。图11为2011年11月1日—2012年4月2日渐趋平息后库段水库地震的震中分布图，显然已接近2000年1月1日—2003年5月31日蓄水前该区段天然地震本底的库段震中分布图(图12)。

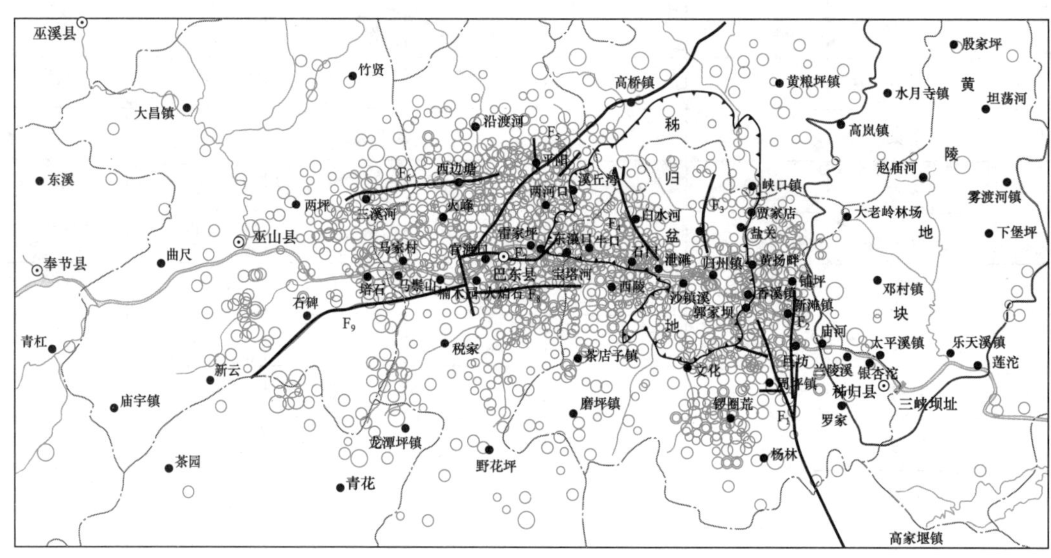

F_1 断裂及编号 F_1—仙女山断裂；F_2—九湾溪断裂；F_3—水田坝断裂；F_4—白水河断裂；F_5—高桥断裂；F_6—三溪河断裂；F_7—巴东断裂； F_8—天子崖断裂；F_9—马鹿池断裂 • 居民点 ⊙ 县市名

$M_L 0.0\sim0.9$ $M_L 1.0\sim1.9$ $M_L 2.0\sim2.9$ $M_L 3.0\sim3.9$

图 10 2009 年 1 月 1 日—2011 年 10 月 31 日间库段水库地震的震中空间分布图

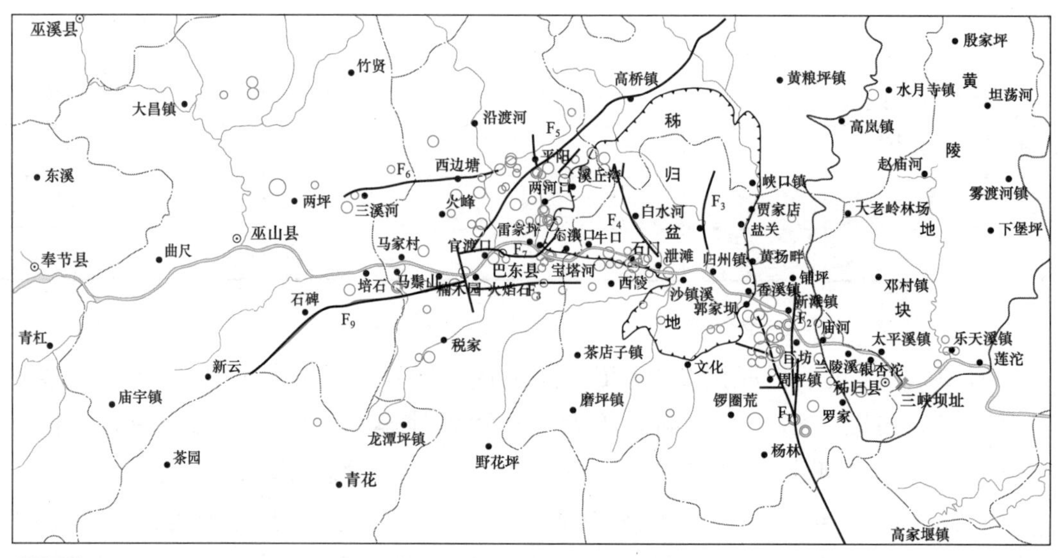

F_1 断裂及编号 F_1—仙女山断裂；F_2—九湾溪断裂；F_3—水田坝断裂；F_4—白水河断裂；F_5—高桥断裂；F_6—三溪河断裂；F_7—巴东断裂； F_8—天子崖断裂；F_9—马鹿池断裂 • 居民点 ⊙ 县市名

$M_L 0.0\sim0.9$ $M_L 1.0\sim1.9$ $M_L 2.0\sim2.9$ $M_L 3.0\sim3.9$

图 11 2011 年 11 月 1 日—2012 年 4 月 2 日库段地震震中分布图

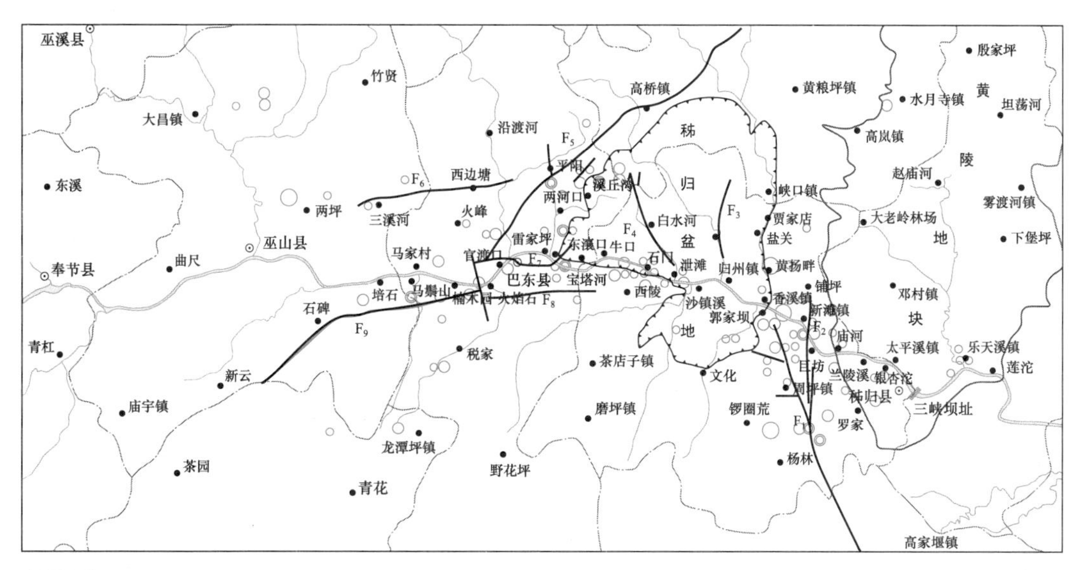

断裂及编号　F_1—仙女山断裂；F_2—九湾溪断裂；F_3—水田坝断裂；F_4—白水河断裂；F_5—高桥断裂；F_6—三溪河断裂；F_7—巴东断裂；F_8—天子崖断裂；F_9—马鹿池断裂　• 居民点　⊙ 县市名

M_L0.0~0.9　M_L1.0~1.9　M_L2.0~2.9　M_L3.0~3.9

图 12　2000 年 1 月 1 日—2003 年 5 月 31 日库段地震震中分布图

4. 库区仍可能有在本地天然地震本底范围内的一定波动

2011 年 7 月在库段水库地震已渐趋平息且其发生频次与水位不再相关约一年后，在库水位并不高的 2012 年 8 月开始出现水库地震频次升高的现象。2012 年 10 月 30 日—11 月 4 日间在秭归县郭家坝镇连续出现 7 次 M_L3.1～3.8 的地震（图 13），但其后再未记录到 3 级以上的地震，且至 2013 年初频次已明显下降。图 14 为在 2012 年 7 月—2013 年 2 月期间，库段各月间的地震震中分布图。从图 14 中显见，与 2012 年 7 月比，2012 年 8 月—2013 年 2 月间各月的地震震中分布范围都已超出了库区范围，且其规律也有别于已有的水库地震。远在三峡工程兴建前的 1979 年，在水库中段的龙会观，就曾发生过 M5.1 级的天然地震。因此，初步判断，此次在库段水库地震已渐趋平息后短暂频发的地震，似应属有别于水库地震的本地天然地震本底的波动，目前正继续监测和分析中。

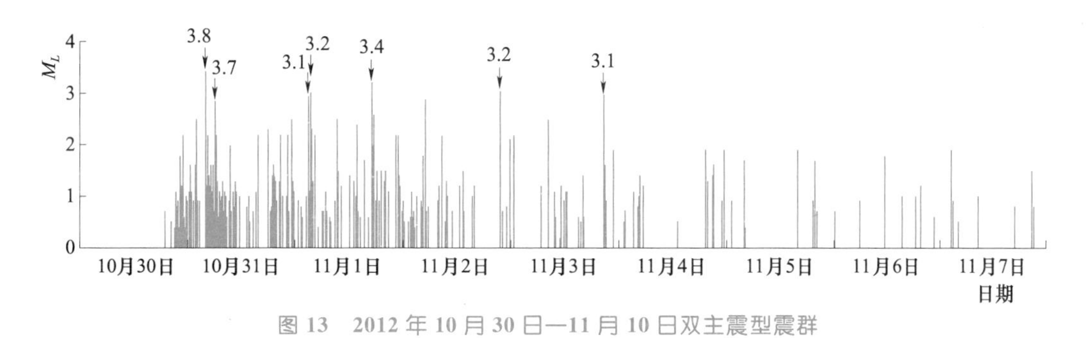

图 13　2012 年 10 月 30 日—11 月 10 日双主震型震群

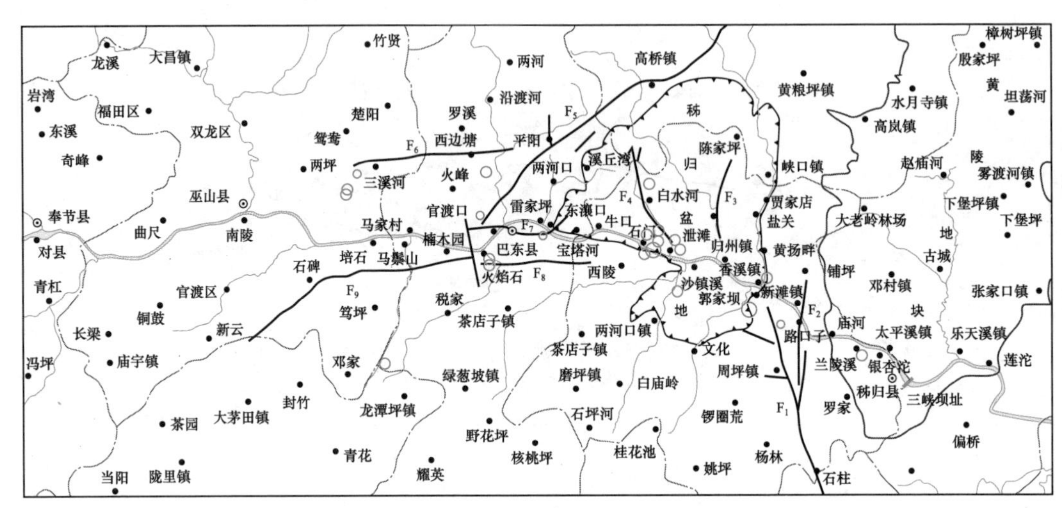

F_1 断裂及编号　F_1—仙女山断裂；F_2—九湾溪断裂；F_3—水田坝断裂；F_4—白水河断裂；F_5—高桥断裂；F_6—三溪河断裂；F_7—巴东断裂；　F_8—马鹿池断裂；F_9—天子崖断裂　• 居民点　⊙ 县市名

○ $M_L \leqslant 0.9$　○ $M_L 1.0\sim1.9$　○ $M_L 2.0\sim2.9$　○ $M_L 3.0\sim3.9$

(a) 2012年7月

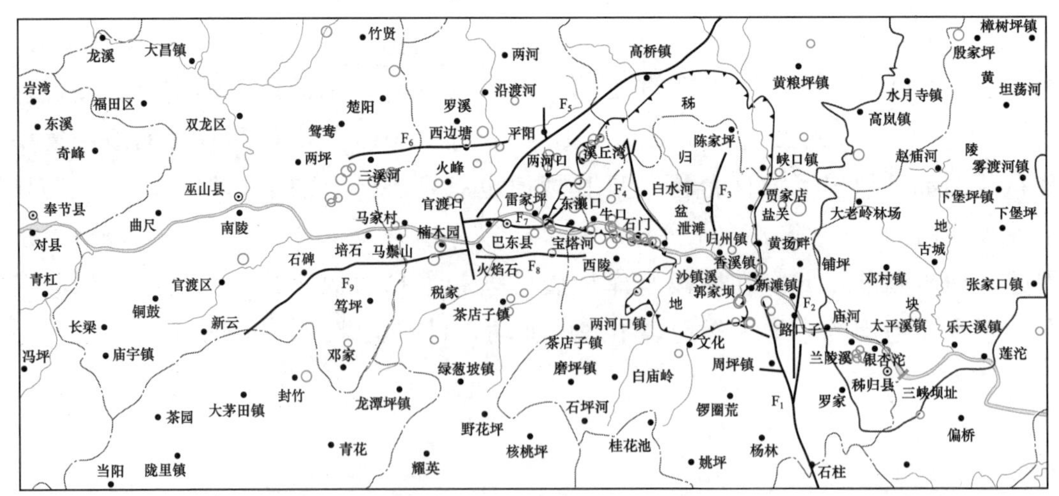

F_1 断裂及编号　F_1—仙女山断裂；F_2—九湾溪断裂；F_3—水田坝断裂；F_4—白水河断裂；F_5—高桥断裂；F_6—三溪河断裂；F_7—巴东断裂；　F_8—马鹿池断裂；F_9—天子崖断裂　• 居民点　⊙ 县市名

○ $M_L \leqslant 0.9$　○ $M_L 1.0\sim1.9$　○ $M_L 2.0\sim2.9$　○ $M_L 3.0\sim3.9$

(b) 2012年8月

图 14（一）　2012 年 7 月—2013 年 2 月库段地震震中分布图

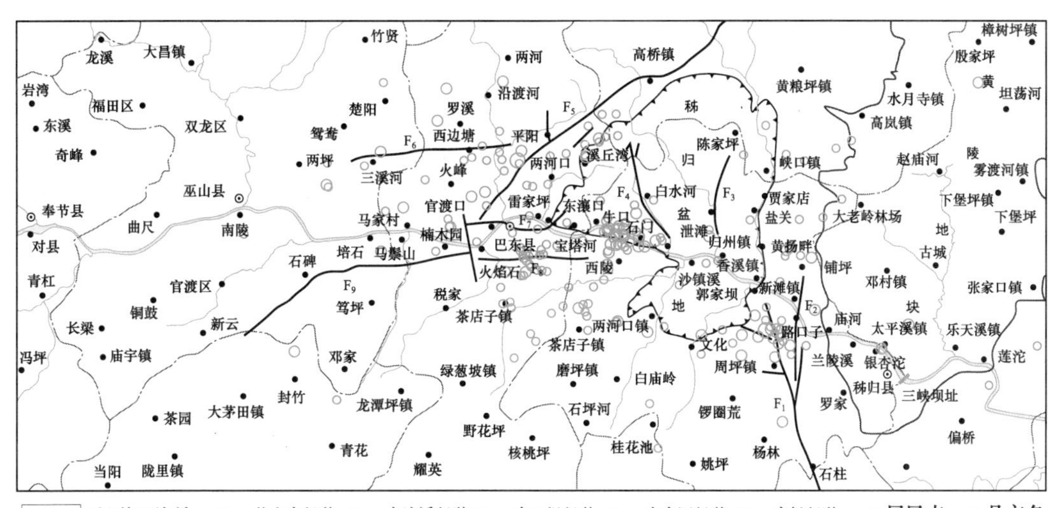

F_1 断裂及编号　F_1—仙女山断裂；F_2—九湾溪断裂；F_3—水田坝断裂；F_4—白水河断裂；F_5—高桥断裂；F_6—三溪河断裂；F_7—巴东断裂；　F_8—马鹿池断裂；F_9—天子崖断裂　• 居民点　⊙ 县市名

○ $M_L \leqslant 0.9$　○ $M_L 1.0 \sim 1.9$　○ $M_L 2.0 \sim 2.9$　○ $M_L 3.0 \sim 3.9$

(c) 2012年9月

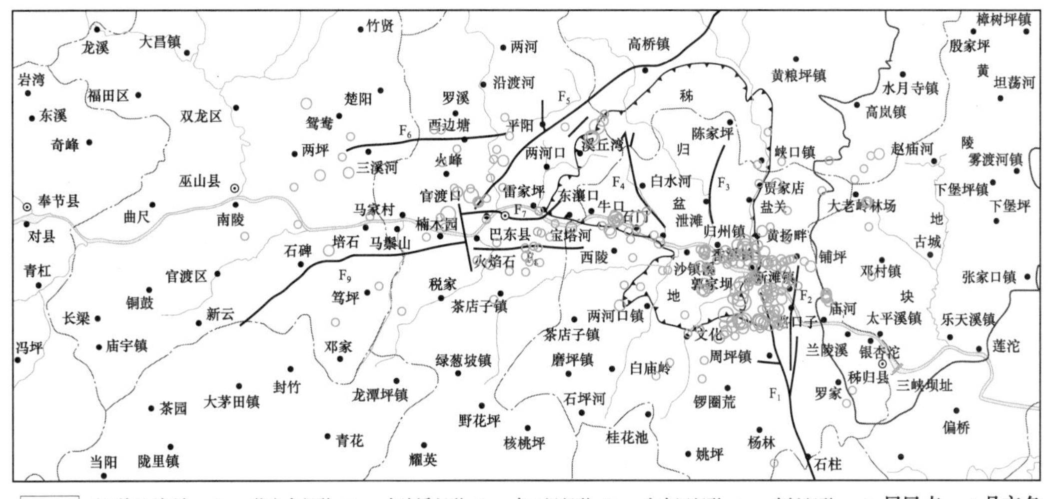

F_1 断裂及编号　F_1—仙女山断裂；F_2—九湾溪断裂；F_3—水田坝断裂；F_4—白水河断裂；F_5—高桥断裂；F_6—三溪河断裂；F_7—巴东断裂；　F_8—马鹿池断裂；F_9—天子崖断裂　• 居民点　⊙ 县市名

○ $M_L \leqslant 0.9$　○ $M_L 1.0 \sim 1.9$　○ $M_L 2.0 \sim 2.9$　○ $M_L 3.0 \sim 3.9$

(d) 2012年10月

图 14（二）　2012 年 7 月—2013 年 2 月库段地震震中分布图

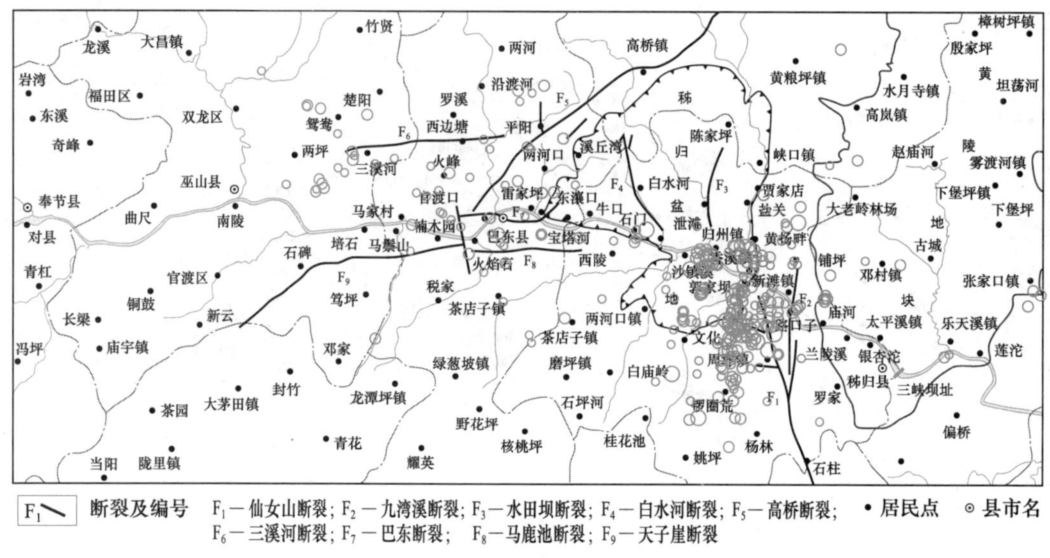

(e) 2012年11月

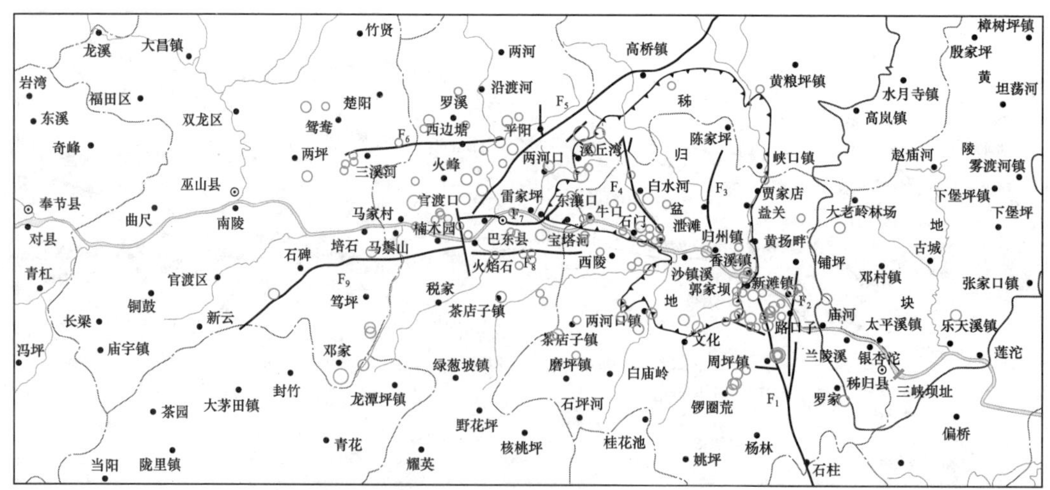

(f) 2012年12月

图 14（三） 2012 年 7 月—2013 年 2 月库段地震震中分布图

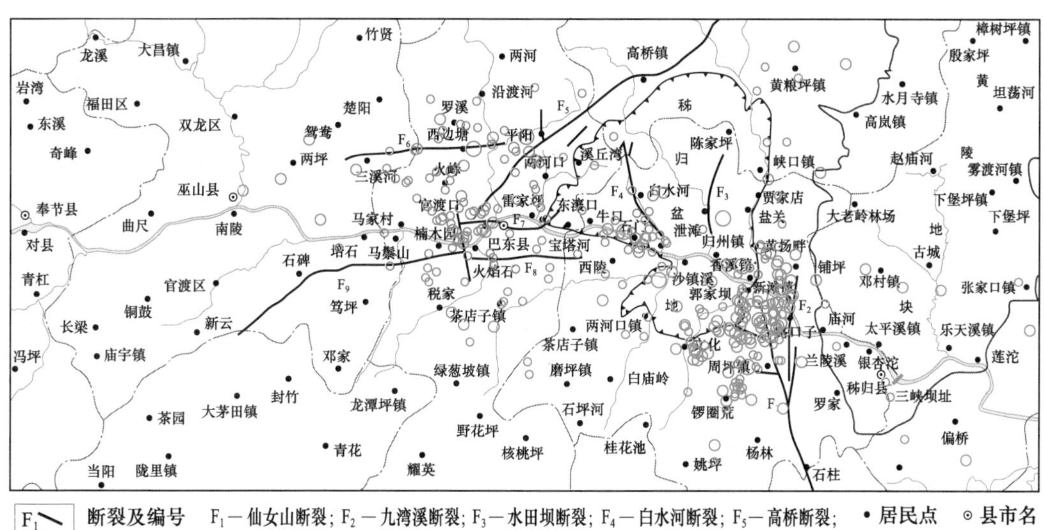

F_1 断裂及编号　F_1—仙女山断裂；F_2—九湾溪断裂；F_3—水田坝断裂；F_4—白水河断裂；F_5—高桥断裂；F_6—三溪河断裂；F_7—巴东断裂；　F_8—马鹿池断裂；F_9—天子崖断裂　• 居民点　⊙ 县市名

○ $M_L \leqslant 0.9$　○ $M_L 1.0 \sim 1.9$　○ $M_L 2.0 \sim 2.9$　○ $M_L 3.0 \sim 3.9$

(g) 2013年1月

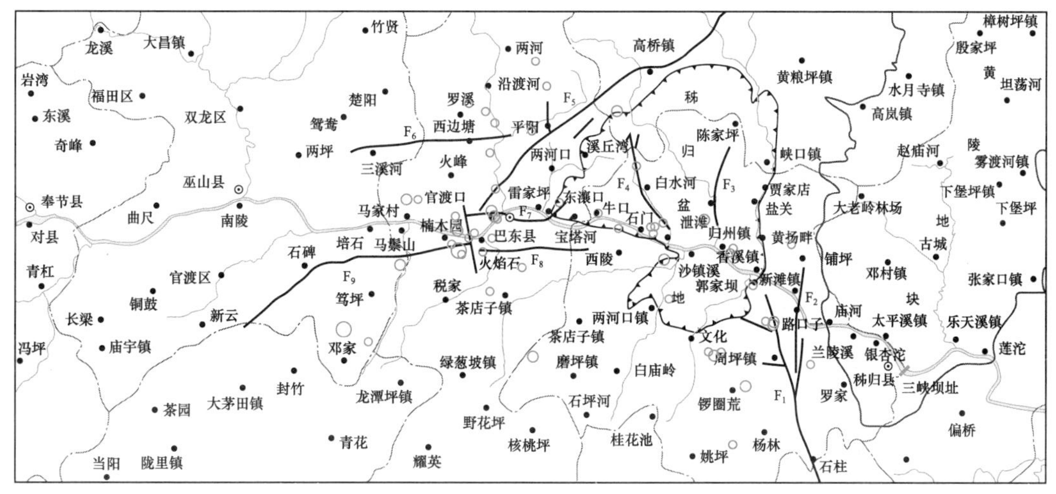

F_1 断裂及编号　F_1—仙女山断裂；F_2—九湾溪断裂；F_3—水田坝断裂；F_4—白水河断裂；F_5—高桥断裂；F_6—三溪河断裂；F_7—巴东断裂；　F_8—马鹿池断裂；F_9—天子崖断裂　• 居民点　⊙ 县市名

○ $M_L \leqslant 0.9$　○ $M_L 1.0 \sim 1.9$　○ $M_L 2.0 \sim 2.9$　○ $M_L 3.0 \sim 3.9$

(h) 2013年2月

图 14（四）　2012 年 7 月—2013 年 2 月库段地震震中分布图

三、试验性蓄水期水库地震分析主要结论

根据以上地震监测结果，可以得出以下结论：

（1）175m 蓄水后，地震活动与库水位变化具有明显的相关性。

（2）蓄水期间水库地震以微震和极微震为主，均小于初步设计论证报告中的预测值。

（3）蓄水期间水库地震发生主要地段与初步设计中预测的位置基本一致。

（4）三峡水库地震总体趋势暂趋平息，不会出现超过“论证”期间预测的震级。虽仍可能有在本地天然地震本底范围内的一定波动，但不影响 175m 水位正常蓄水运行。

四、建议

（1）需在正常运行期继续监测，为正常运行管理和应急状态处置提供科学保障。

（2）推广应用三峡工程水库地震监测成功经验和技术。

附件：

课题组成员名单

组　长：陈厚群　中国水利水电科学研究院教授级高级工程师，中国工程院院士

王思敬　中国科学院地质与地球物理研究所研究员，中国工程院院士

成　员：陈祖煜　中国水利水电科学研究院教授级高级工程师，中国科学院院士

殷跃平　国土资源部地质灾害应急技术指导中心总工程师，研究员

陈德基　长江水利委员会地质专业负责人，教授级高级工程师

汪雍熙　中国水利水电科学研究院研究员

李德玉　中国水利水电科学研究院研究员

欧阳金惠　中国水利水电科学研究院高级工程师

报 告 五

泥沙课题评估报告

三峡工程5年试验性蓄水期间，长江水利委员会水文局、长江航道局和中国长江三峡集团公司等开展了大量水文泥沙原型观测；三峡工程泥沙专家组组织开展了原型观测资料的分析研究，以及库区与下游河道泥沙问题的科学研究和多次查勘调研工作；取得了三峡工程泥沙实况的第一手资料和丰硕的研究成果，为三峡工程的安全运行和优化调度提供了技术支持，现将5年试验性蓄水期三峡工程上下游的水文泥沙基本状况和泥沙问题研究的主要成果作一阶段性的评估。

一、三峡工程5年试验性蓄水期泥沙基本状况

（一）入库水沙量

试验性蓄水期三峡水库上游来沙减小趋势仍然持续。2009—2012年的多年平均年入库径流量和悬移质输沙量（朱沱站、北碚站、武隆站之和，下同）分别为3591亿m^3和1.83亿t，约分别为1990年前多年平均值的93%和38%，占论证和设计阶段采用水沙值的86%和36%，见表1。自开始蓄水以来（2003—2012年）多年平均年入库径流量和悬移质输沙量分别为3606亿m^3、2.03亿t，分别约为1990年前多年平均值的93%和42%，占论证和设计阶段水沙值的86%和40%。入库泥沙粒径较前明显偏小。2003—2012年，寸滩站年均沙质推移质量为1.58万t，较1991—2002年减少94%，年均卵石推移质量为4.40万t，较1991—2002年均值减少71%。上述来沙量未包括库区中小支流来沙和库岸侵蚀产沙。

（二）水库淤积

2003年蓄水以来，三峡水库在3个阶段的运行方式和水位变化如下。

围堰蓄水期，三峡水库坝前水位维持在135m（汛期）至139m（非汛期），库容约120亿～140亿m^3。初期蓄水期的汛期坝前水位维持在144m，

枯季蓄水位则保持在 156m，相应库容约为 235 亿 m^3。

表 1　　不同时期入库水沙特征值统计表

时　期	径流量		输沙量	
	年径流量 /亿 m^3	占论证和设计阶段的百分数 /%	年输沙量 /亿 t	占论证和设计阶段的百分数 /%
多年平均值（1990 年前）	3859	92	4.80	94
论证和设计阶段采用水沙值（1961—1970 年）	4196	100	5.09	100
试验性蓄水期（2009—2012 年）	3591	86	1.83	36
蓄水以来（2003—2012 年）	3606	86	2.03	40

2008 年汛末开始进行 175m 试验性蓄水，2010 年 10 月 26 日 9 时，首次蓄水至 175m。2008 年、2009 年和 2011 年按初步设计规定方式运行，洪水期平均运行水位分别为 145.61m、146.38m 和 147.94m。2010 年和 2012 年实施中小洪水调度方案，三峡水库控制最大下泄流量分别为 41500m^3/s 和 45600m^3/s，对应的洪水期坝前平均水位较高，分别为 151.69m 和 152.78m。

三峡水库蓄水以来坝前水位变化过程见图 1，试验性蓄水各年特征水位和流量见表 2。

表 2　　试验性蓄水期各年特征水位和流量统计表

年份	汛前最低水位 /m	汛期水位/m			汛期入库最大洪峰 /（$m^3 \cdot s^{-1}$）	汛期出库最大洪峰 /（$m^3 \cdot s^{-1}$）	汛后最高蓄水位 /m
		最低	最高	平均			
2008	144.66	144.96	145.96	145.61	39000（8 月 17 日）	38700（8 月 16 日）	172.80（11 月 10 日）
2009	145.94	144.77	152.88	146.38	55000（8 月 6 日）	40400（8 月 5 日）	171.43（11 月 25 日）
2010	146.55	145.05	161.24	151.69	70000（7 月 20 日）	41500（7 月 27 日）	175.05（11 月 02 日）
2011	145.94	145.1	153.62	147.94	46500（9 月 21 日）	28700（6 月 25 日）	175.07（10 月 31 日）
2012	145.84	145.05	163.11	152.78	71200（7 月 24 日）	45600（7 月 30 日）	175.02（10 月 30 日）

注　汛前按 1 月 1 日—6 月 10 日、汛期按 6 月 11 日—9 月 10 日、汛后按 9 月 11 日—12 月 31 日统计。

试验性蓄水期库区泥沙淤积有以下两个明显特点。

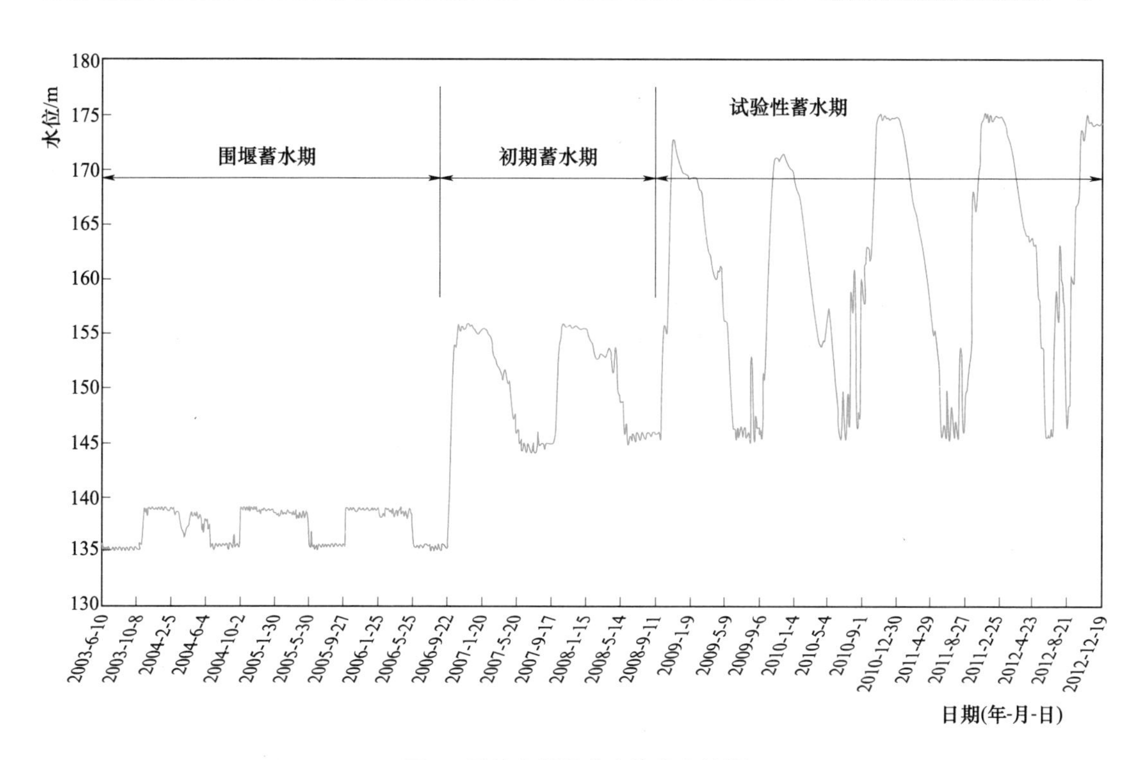

图 1 三峡水库坝前水位变化过程

1. 淤积量继续增加，淤积比例升高，排沙比降低

试验性蓄水期（2008 年 10 月—2012 年 12 月），三峡水库干流淤积泥沙 6.351 亿 t，年均淤积泥沙 1.59 亿 t，水库排沙比（出库沙量与入库沙量之比）为 16.1%，低于围堰蓄水期的 37%和初期蓄水的 18.8%。自开始蓄水至 2012 年底（2003 年 6 月—2012 年 12 月），干流库区共淤积泥沙 14.368 亿 t，年均淤积泥沙约 1.44 亿 t，水库排沙比为 24.4%，见表 3。上述数值未包括支流库区淤积量及库区采砂等影响。

表 3 三峡水库进出库泥沙与水库淤积量统计表

时间	入库		出库		水库淤积/亿 t	排沙比（出库/入库）/%
	水量/亿 m^3	沙量/亿 t	水量/亿 m^3	沙量/亿 t		
2003 年 6 月—2006 年 8 月	13277	7.004	14097	2.590	4.414	37.0
2006 年 9 月—2008 年 9 月	7619	4.435	8178	0.832	3.603	18.8
2008 年 10 月—2012 年 12 月	15230	7.569	16718	1.218	6.351	16.1
2003 年 6 月—2012 年 12 月	36126	19.008	38993	4.640	14.368	24.4

2. 淤积部位上延，变动回水区开始发生累积性淤积

至今水库泥沙淤积主要发生在宽河段和深槽。宽谷段淤积量占总淤积量的

90%以上，深泓最大淤积厚度为64.8m（位于大坝上游5.6km处）。

试验性蓄水后，泥沙淤积分布上移，奉节以上库段淤积量占全库区总淤积量的比率由初期蓄水时的57%增加到78%（2008年11月—2011年11月），淤积强度增大，见图2。变动回水区开始发生累积性淤积。由于水库运行年限较短，淤积尚在初期，水深增加较多，至今常年回水区和变动回水区中下段（铜锣峡以下）通航条件良好。部分开阔或弯曲分汊河段累积性淤积发展较快，如黄花城河段（图3），其左槽深泓最大淤高接近50m。局部航段经疏浚或改槽后未出现碍航现象，但其发展趋势需密切注意。

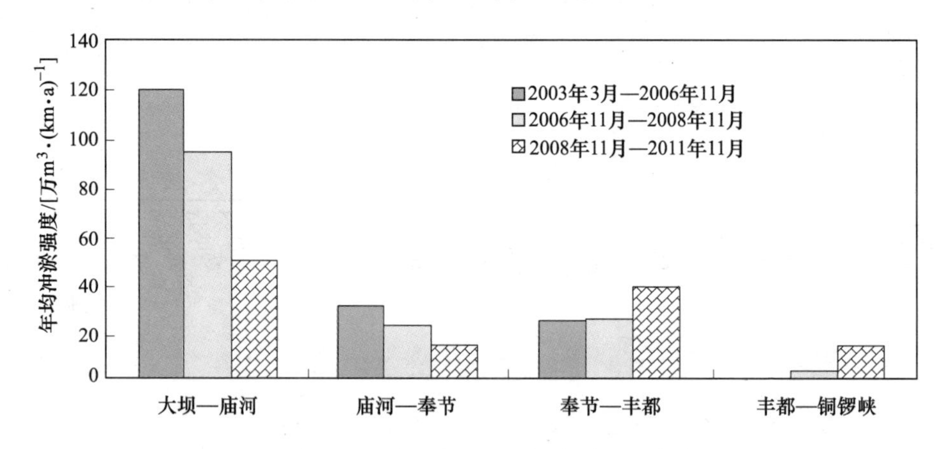

图2　三峡水库库区各段泥沙年均淤积强度对比

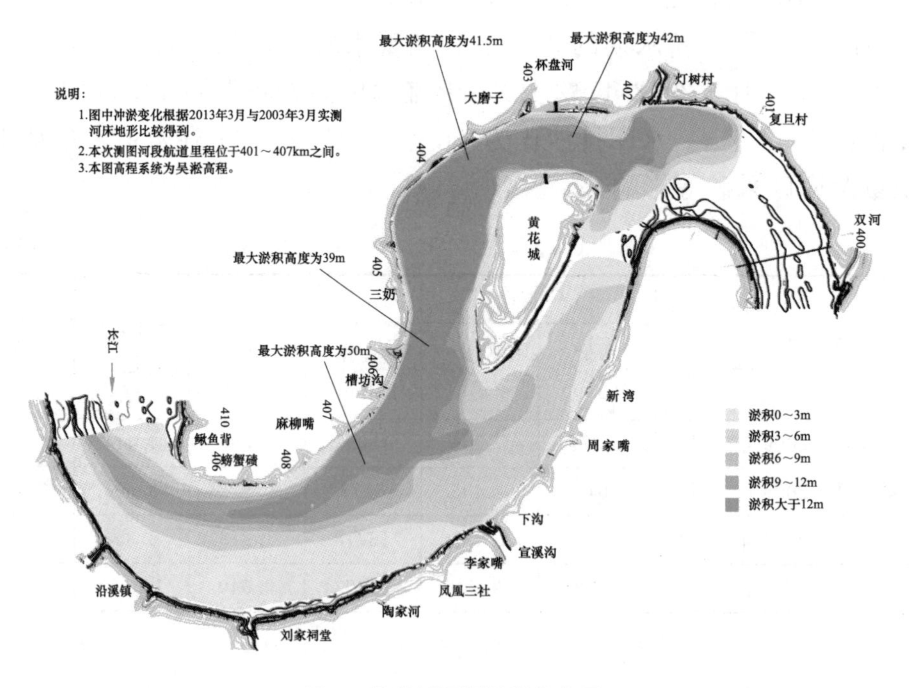

图3　黄花城河段淤积分布图

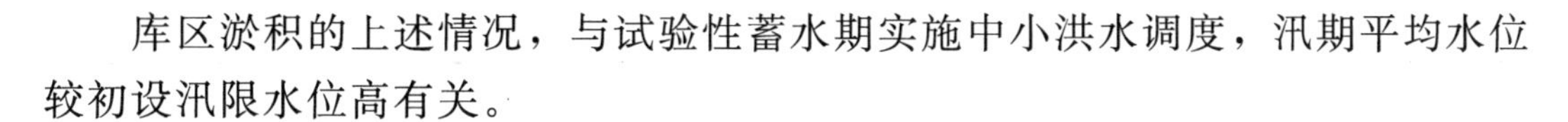

库区淤积的上述情况，与试验性蓄水期实施中小洪水调度，汛期平均水位较初设汛限水位高有关。

（三）重庆主城区河段冲淤变化

试验性蓄水期，随着坝前水位的抬升，重庆主城区河段开始受水库壅水影响，航道条件得到较大改善。但河道冲淤规律发生了变化。该河段由试验性蓄水前（2002 年 12 月—2008 年 10 月）年均冲刷约 148 万 m^3，转变为少量淤积。由表 4 可见，自 2008 年 10 月—2012 年 10 月累积淤积量为 60.1 万 m^3（冲淤量中包含河道采砂的影响）。在水位消落期，当坝前水位降至 165m 以下、而来流量又较小时，部分河段的局部地带曾出现航深不足、航槽移位等现象，发生过十几次搁浅事故。目前，通过采取适时疏浚和加强运营管理与水库调度等应对措施，保证了航行畅通。

表 4　　三峡水库试验性蓄水期重庆主城区河段冲淤量统计表　　单位：万 m^3

计算时段	长江干流		嘉陵江	全河段	备注	
	汇口以上	汇口以下				
1980 年 2 月—2003 年 5 月	−485.3	−465.6	−296.3	−1247.2	天然时期	
2003 年 5 月—2006 年 9 月	−90.4	−107.6	−249.5	−447.5	三峡工程围堰发电期	
2006 年 9 月—2008 年 9 月	−23.1	353.5	36.4	366.8	三峡工程初期运行期	
2008 年 9—10 月	−126.1	−94.9	−67.5	−288.5	三峡坝前水位低于 156m	
2008 年 10—12 月	101.5	57.5	0.7	159.7	蓄水期	三峡工程 175m 试验性蓄水期
2008 年 12 月—2009 年 6 月 11 日	−73.7	−33.5	−18.2	−125.4	消落期	
2008 年 10 月—2009 年 6 月	27.8	24.0	−17.5	34.3	水文年	
2009 年 6 月 11 日—9 月 12 日	−59.9	42.6	57	39.7	汛期	
2009 年 9 月 12 日—11 月 16 日	41.6	−47.1	−72.2	−77.7	蓄水期	
2009 年 11 月 16 日—2010 年 6 月 11 日	16.1	70.4	94.3	180.8	消落期	
2009 年 6 月 11 日—2010 年 6 月 11 日	−2.2	65.9	79.1	142.8	水文年	
2010 年 6 月 11 日—9 月 10 日	43.0	70.9	−154.3	−40.4	汛期	
2010 年 9 月 10 日—12 月 16 日	22.0	43.8	139.3	205.1	蓄水期	
2010 年 12 月 16 日—2011 年 6 月 17 日	−84.8	−113.6	−65.9	−264.3	消落期	

续表

计算时段	长江干流		嘉陵江	全河段	备注	
	汇口以上	汇口以下				
2010年6月11日—2011年6月17日	−19.8	1.1	−80.9	−99.6	水文年	三峡工程175m试验性蓄水期
2011年6月17日—9月18日	29.7	−28.9	16.8	17.6	汛期	
2011年9月18日—12月17日	53.8	12.5	19.4	85.7	蓄水期	
2011年12月17日—2012年6月12日	−178.1	−51.4	−72.6	−302.1	消落期	
2011年6月17日—2012年6月12日	−94.6	−67.8	−36.4	−198.8	水文年	
2012年6月12日—9月15日	33.0	145.5	97.1	275.6	汛期	
2012年9月15日—10月15日	−107.8	0	13.6	−94.2	部分蓄水期	

（四）坝区泥沙淤积

试验性蓄水阶段，坝前的淤积继续发展，但淤积速度有所减缓。坝前段（大坝—庙河段，长约15.1km）淤积泥沙3841万m^3。淤积面高程低于电站进水口与通航建筑物进口底板允许高程。

地下电站引水渠泥沙淤积明显，2012年11月取水口前淤积面高程达104.50m，虽低于电站进水口底板高程，但高于排沙洞进口底板高程，其发展趋势应予重视，见图4。

上引航道内有少量淤积，淤积后底板高程在132.50m以下，不影响通航。下游引航道内淤积较少，淤积后底板平均高程在57.10m以下；下游引航道出

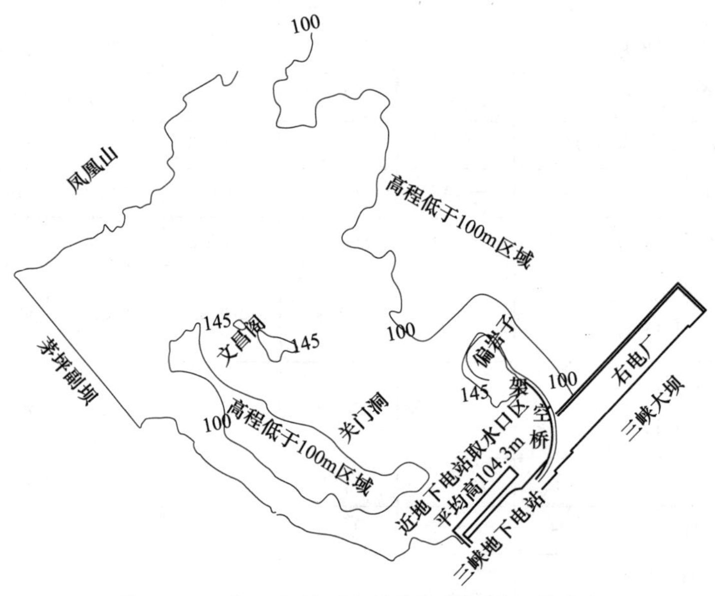

图4　2011年4月地下电站前取水区域高程分布

口淤积发展缓慢，总淤积量为 13.8 万 m^3，主要淤积部位为口门拦门沙坎区域靠右侧处，目前航道底板平均高程约为 56.9m，基本未形成拦门沙坎，未造成碍航。

过机泥沙的颗粒比较均匀，平均中值粒径 0.007～0.008mm，过机泥沙中硬度大于 5 的矿物成分含量平均为 30%左右。

坝下近坝段河床发生局部冲刷，未危及枢纽建筑物安全。

（五）宜昌站枯水位

试验性蓄水后，宜昌站枯水位一度出现明显下降，见图 5。2012 年汛后宜

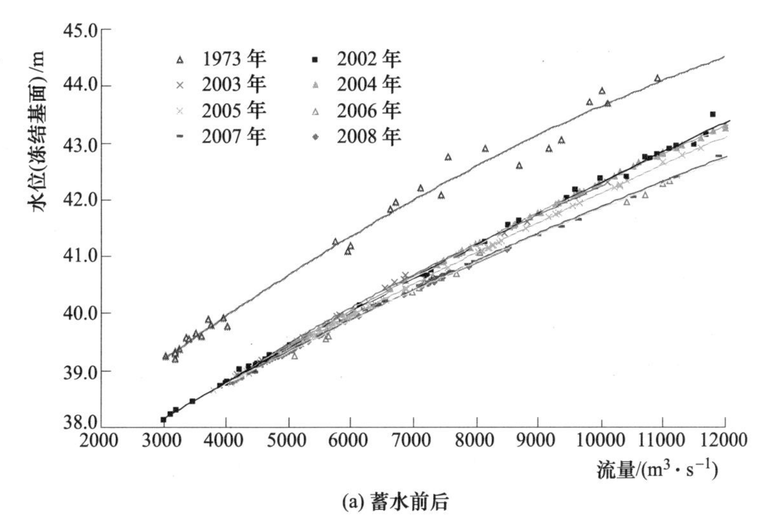

(a) 蓄水前后

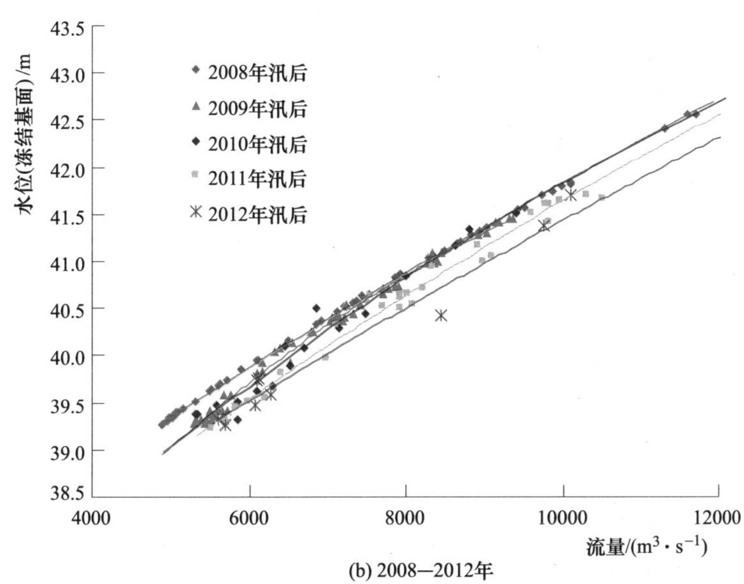

(b) 2008—2012年

图 5　三峡水库蓄水前后宜昌站枯水期水位流量关系

昌站 5500m³/s 流量时水位为 39.24m（冻结吴淞基面），较 2002 年下降 0.46m，较 1973 年的设计线累积下降了 1.76m。航运要求的庙嘴水位 39.00m 为采用吴淞基面高程系统，换算为水文站采用的冻结吴淞基面后，相应的宜昌站水位为 39.29m。三峡水库现已具有补水能力，枯季下泄流量增大，宜昌站最小流量多数时间在 5500m³/s 左右。实际最低水位虽略低于上述所要求的值，但尚能基本满足葛洲坝三江航道和宜昌河段通航水深的需要。今后应继续采取措施遏制宜昌水位的进一步下降，以免其抵消枯水流量增加的效果。

（六）坝下游河道冲刷演变及其对防洪的影响

试验性蓄水后，坝下游河道继续保持冲刷态势，冲刷强度较大。此期间宜昌—湖口河段平滩河槽（指宜昌流量 30000m³/s 的水面线以下的河槽）总冲刷量为 4.22 亿 m³，多年平均年冲刷量 1.40 亿 m³，多年平均年冲刷强度 14.7 万 m³/(km·a)（冲刷量中包含河道采砂影响，下同）。与围堰蓄水期和初期蓄水相比，试验性蓄水期冲刷强度最大的河段由宜昌—枝城河段下移到荆江河段，而且，城陵矶—湖口河段的冲刷强度已超过围堰蓄水期。说明河道冲刷在逐渐向下游发展。

自三峡水库蓄水以来（2002 年 10 月—2011 年 10 月），宜昌—湖口河段平滩河槽总冲刷量为 10.62 亿 m³，多年平均年冲刷量 1.18 亿 m³，多年平均年冲刷强度 12.4 万 m³/(km·a)，见表 5。其中，宜昌—城陵矶（河长 408km）冲刷 7.09 亿 m³，多年平均年冲刷强度为 19.3 万 m³/(km·a)；城陵矶—湖口河段（长 547km）冲刷量为 3.53 亿 m³，多年平均年冲刷强度为 7.2 万 m³/(km·a)。河床的冲刷深度随时间和地点而异，深泓最大冲刷深度：宜昌—枝城河段为 18.0m（宜都弯道附近），上荆江为 13.8m（蛟子渊尾部），下荆江为 11.9m（乌龟洲右汊内），城陵矶—汉口河段为 16.4m（汉口附近），汉口—湖口河段为 15.4m（阳逻附近）。

表 5　　不同时期三峡坝下游河道平滩河槽冲淤量统计表

项　目	时　段	河　段			
		宜昌—枝城	荆江	城陵矶—湖口	宜昌—湖口
总冲淤量/万 m³	1966—2002 年	−14400	−49360	+59680	−4080
	2002 年 10 月—2006 年 10 月	−8140	−32830	−20690	−61650
	2006 年 10 月—2008 年 10 月	−2230	−3530	+3360	−2400
	2008 年 10 月—2011 年 10 月	−3383	−20777	−17986	−42146
	2002 年 10 月—2011 年 10 月	−13753	−57136	−35312	−106195

续表

项　目	时　段	河　段			
		宜昌—枝城	荆江	城陵矶—湖口	宜昌—湖口
多年平均年冲淤量/（万 $m^3 \cdot a^{-1}$）	1966—2002 年	−400	−1370	+1660	−113
	2002 年 10 月—2006 年 10 月	−2030	−8210	−5170	−15410
	2006 年 10 月—2008 年 10 月	−1120	−1760	+1680	−1200
	2008 年 10 月—2011 年 10 月	−1128	−6926	−5995	−14049
	2002 年 10 月—2011 年 10 月	−1528	−6348	−3924	−11799
多年平均年冲淤强度/［万 $m^3 \cdot (km \cdot a)^{-1}$］	1966—2002 年	−6.6	−4.0	+3.0	−0.12
	2002 年 10 月—2006 年 10 月	−33.5	−23.6	−9.5	−16.1
	2006 年 10 月—2008 年 10 月	−18.3	−5.1	+3.1	−1.3
	2008 年 10 月—2011 年 10 月	−18.5	−19.9	−11.0	−14.7
	2002 年 10 月—2011 年 10 月	−25.1	−18.3	−7.2	−12.4

试验性蓄水期荆江河段中小流量的水位流量关系伴随着河床冲刷继续有所下降。如 2008—2011 年，10000m^3/s 的枝城水位下降 0.29m，沙市水位下降 0.71m，见表 6。对于螺山站，在三峡水库蓄水后，初期（如 2003—2004 年）同流量水位下降较明显，此后继续下降，但降速较慢，降幅较小，见图 6。

表 6　2008—2011 年同流量水位累积下降值统计表　单位：m

流量级/（$m^3 \cdot s^{-1}$）	枝 城 站	沙 市 站
6000		0.85
7000	0.24	0.79
10000	0.29	0.71

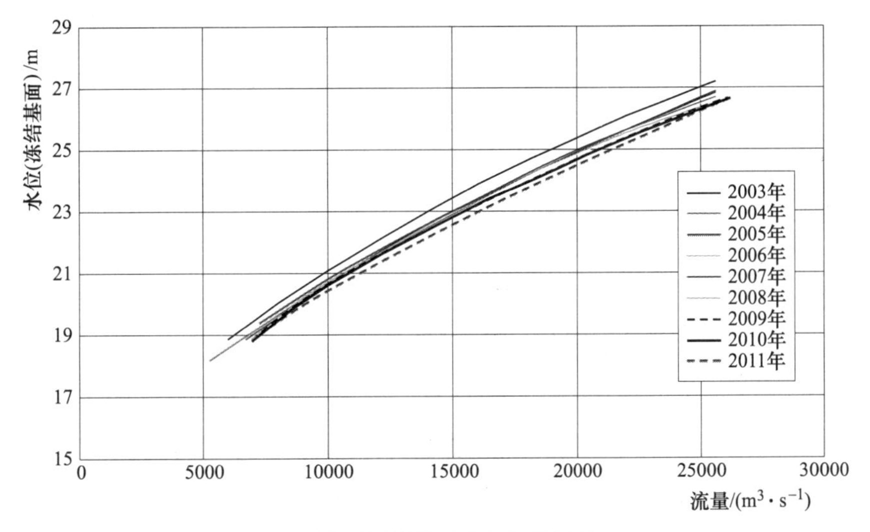

图 6　长江干流螺山站水位流量关系

伴随着三峡水库蓄水后下游河床的冲淤变化，下游河床的床沙组成也随之变化，见表7。总体上说，下游河床的床沙发生粗化，其中：宜昌至枝城河段床沙粗化最为明显；荆江河段砾卵石河床下延约5km，沙质河床略有粗化，粗化程度沿程逐渐减小；城陵矶至汉口，除界牌河段变化不大、陆溪口河段略有细化外，白螺矶、嘉鱼、簰洲、武汉河段（上）床沙略有粗化；汉口—湖口河段内武汉河段（下）、戴家洲、黄石、韦源口河段、田家镇河段床沙有所粗化，其他河段变化不大。

表7　　三峡工程蓄水运用前后坝下游各河段床沙 D_{50} 变化统计表　　单位：mm

河段	河段长度/km	2001年①	2003—2006年多年平均	2007年	2008年	2009年	2010年
宜枝河段	60.8	0.398	6.12	19.4	23.1	34.8	29.7
上荆江	171.7	0.201	0.223	0.243	0.244	0.266	0.252
下荆江	175.5	0.168	0.181	0.199	0.208	0.203	0.207
城陵矶—汉口	251	0.149	0.167	0.170	—	0.183	0.165
汉口—湖口	296	0.140	0.149	0.159	—	0.159	0.164

①　城陵矶以下河段床沙资料为1998年资料。

伴随着河道冲刷，下游河势发生调整。至今为止，虽然长江中游宜昌至湖口河段总体河势基本稳定，河床平面形态、洲滩格局大体未变，但局部河段的河势调整仍比较剧烈。鉴于河床组成不同，河势调整不同，特别是平原沙质河床河段的河势变化要倍加关注。有的重点河段，如七弓岭河湾八姓洲狭颈段，如果不采取控制措施，一旦遇上不利水文条件，有可能发生河势恶化或剧变。

随着河势调整，部分护岸段近岸河床深槽刷深扩大，崩岸时有发生。据长江防办初步统计，自蓄水以来（2003—2012年）长江中下游干流总计崩岸655处，崩岸总长度495.9km，见表8。其中，试验性蓄水期（2009—2012年）总计崩岸255处，崩岸总长度144.6km。崩岸发生后，经过修护和加固，岸坡基本稳定；事关长江防洪大局的荆江大堤和长江干堤护岸工程基本保持安全；加之三峡水库汛期削峰调度，汛期最大下泄流量控制在45000m^3/s以内，长江中游未经历大的洪水；因此，长江中下游汛期一直安全度过，未因河道冲刷发生重大险情。但从长江中游的防汛能力来看，由于蓄水至今实际洪峰值比原设计的河道安全泄量为小，究竟当前堤防能安全通过多大流量、能否达到设计值，尚未经受实践检验。

表 8 2003—2012 年长江中下游干流河道崩岸统计表

<table>
<tr><th rowspan="2">年份</th><th rowspan="2">崩岸总长/km</th><th colspan="6">崩 岸 处 数</th></tr>
<tr><th>总数</th><th>湖北</th><th>湖南</th><th>江西</th><th>安徽</th><th>江苏</th></tr>
<tr><td>2003</td><td>29.2</td><td>41</td><td>18</td><td>2</td><td>8</td><td>10</td><td>3</td></tr>
<tr><td>2004</td><td>133.5</td><td>109</td><td>25</td><td>10</td><td>9</td><td>26</td><td>39</td></tr>
<tr><td>2005</td><td>108.8</td><td>96</td><td colspan="2">61</td><td>9</td><td>26</td><td></td></tr>
<tr><td>2006</td><td>39.4</td><td>73</td><td>40</td><td>9</td><td>3</td><td>12</td><td>9</td></tr>
<tr><td>2007</td><td>20.9</td><td>30</td><td></td><td></td><td></td><td></td><td></td></tr>
<tr><td>2008</td><td>19.5</td><td>51</td><td>14</td><td>17</td><td>11</td><td>8</td><td>1</td></tr>
<tr><td>2009</td><td>45.5</td><td>105</td><td>14</td><td>43</td><td>26</td><td>12</td><td>10</td></tr>
<tr><td>2010</td><td>47.7</td><td>67</td><td>40</td><td>4</td><td>6</td><td>16</td><td>1</td></tr>
<tr><td>2011</td><td>44.8</td><td>65</td><td></td><td></td><td></td><td></td><td></td></tr>
<tr><td>2012</td><td>6.6</td><td>18</td><td>12</td><td>1</td><td></td><td>4</td><td>1</td></tr>
<tr><td>总计</td><td>495.9</td><td>655</td><td></td><td></td><td></td><td></td><td></td></tr>
</table>

（七）坝下游河床演变对航道的影响

河势调整过程中的洲滩冲淤变化、主流摆动、岸线崩退等对航道造成一定的不利影响。由于蓄水以来长江航道局在重点河段修建了一系列航道整治工程，发挥了固滩稳槽的作用；对淤积碍航的地点进行了及时疏浚；加之蓄水后，特别是试验性蓄水后，依靠水库调节，枯季流量增大；因而这几年实现了长江中下游航道的畅通。

三峡水库调节对下游航道的直接影响包括以下几个方面。

1. 枯水流量补偿对航道条件的影响

试验性蓄水以后，三峡水库调节能力增强，可对坝下游河段枯水期流量发挥重要的补偿作用：一是增大枯水流量，使枯水期航道水深增加；二是枯季流量趋向均匀化，使得下游河道日均流量和水位的波动幅度明显减小。

2. 清水冲刷对航道条件的影响

三峡水库蓄水后，清水下泄，坝下游河道沿程冲刷，过水断面的平均水深有所提高，有利于航运。但由于河道冲刷部位和冲刷边界的差异，对航道条件的影响则有利有弊。对于沙卵石河段，虽然宜都、枝江下浅区等淤积型浅滩在蓄水后水深改善，但芦家河水道中段的“坡陡流急”等不利现象依然存在。对于沙质河段，虽然大部分河段航道水深增加，但部分河段支汊冲刷发展（如瓦口子、燕窝水道），低矮滩体萎缩变小（如太平口水道的三八滩、窑监水道一期整治前的乌龟洲洲头低滩等)，使得河宽、过流面积增大，航槽不稳定性明显增加；高滩及岸线的崩退（如太平口水道的腊林洲边滩、斗湖堤水道的左侧高滩），造成河势格局和航道不稳定性增加；个别弯道段，如尺八口水道凸岸边滩切割，引起了河势调整，航槽摆动。此外，下游河道“清水”冲刷导致整治工程的稳定性变差，对工程的结构形式以及强度都提出了新要求。

3. 汛末蓄水对航道条件的影响

三峡水库汛末蓄水，人为造成下游河道退水速度加快，汛期发生淤积的浅滩汛后难以有效冲深，尤其是在一些滩体萎缩，河道展宽的河段，如整治前的江口、太平口、周天、窑监等浅滩段，维护任务十分艰巨。

三峡工程运行以来，长江中下游重点河段陆续修建的一批通航整治工程，对于适应新的水沙条件、稳定河势、维护航道发挥了重要作用。今后，为进一步稳定航道的基本格局、逐步改善航道条件，应抓紧对于宜昌—大布街砂卵石河段整治的研究，确定优化方案，并适时实施；对大布街以下的沙质河段，应尽早守护各关键洲滩和岸线，继续实施和完成重点水道的航道整治工程。

（八）荆江三口分流分沙

由于枝城水量和洪峰流量减小，干流冲刷大于三口分流道冲刷等原因，试验性蓄水期荆江三口分流量和分流比继续保持下降趋势，见图 7 和图 8。三口多年平均年分流量由 1999—2002 年的 625.3 亿 m^3 减少至 2003—2012 年的 493.2 亿 m^3 和 2009—2012 年的 485.4 亿 m^3；分流比由 14％减小至 12％和 11.6％。三口断流天数也有所增加。

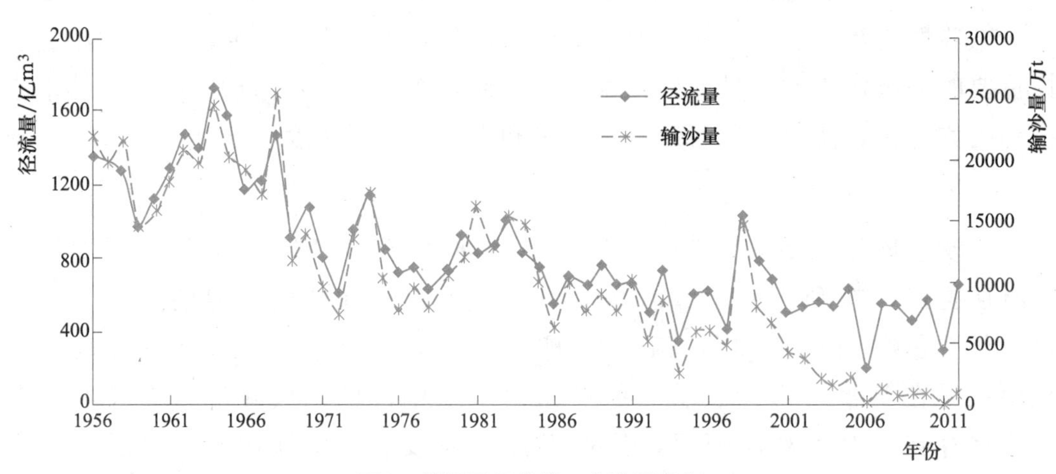

图 7　荆江三口分流、分沙量变化

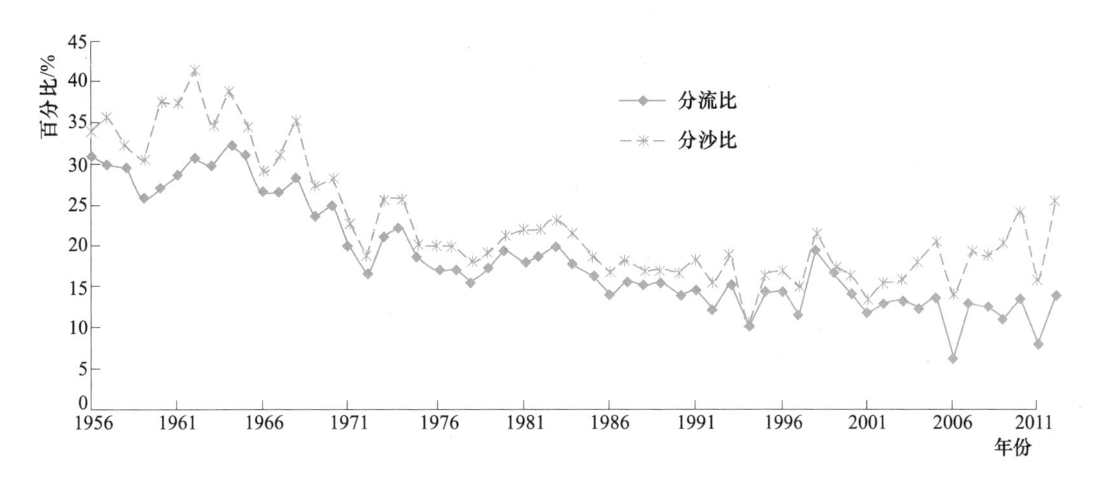

图8　荆江三口分流、分沙比变化

三峡水库蓄水拦沙，枝城站沙量大幅减小，致使三口入湖分沙量大量减少。三峡水库蓄水后（2003—2012年）三口的多年平均年分沙比为19%，与1981—2002年的18.7%基本相同，但三口入湖年均沙量由蓄水前（1999—2002年）的5670万t减少为蓄水后（2003—2012年）的1126万t和试验性蓄水期（2009—2012年）的784万t。洞庭湖区淤积明显减缓，其多年平均年淤积量由4790万t（1999—2002年）降为325万t（2003—2010年）。

二、若干重点泥沙问题分析

试验性蓄水期间，三峡工程泥沙专家组针对三峡工程蓄水后发生的或潜在的重点泥沙问题，组织相关单位进行了三峡工程“十一五”泥沙研究课题的研究和原型观测资料的分析工作，并组织了9次现场查勘与调研活动。对三峡工程今后可能发生的泥沙问题及其对策取得了以下认识。

（一）入库水沙系列

基于近20年来长江上游来沙量明显减小、颗粒细化的变化趋势，考虑到水沙系列需满足的各项基本要求，经分析论证，推荐选取1991—2000年水沙系列作为研究近期（2008—2027年）三峡水库泥沙问题的入库自然水沙代表系列。其多年平均年径流量为4196亿m^3，多年平均年输沙量为4.08亿t。

未来上游虽存在一些增加产沙的因素，如大规模工程建设、地质灾害等，但随着上游一系列水库的陆续建设和运行，三峡工程入库沙量将会进一步减少。据计算，考虑到上游干支流近期新建水库的影响，未来10～30年的三峡入库年均沙量将降至1.5亿t左右。

（二）水库淤积预测与分析

三峡水库蓄水以来，由于来沙量较少，水库淤积量比原先估计要少，但干流水库多年平均年淤积量仍接近 1.5 亿 t，再考虑到支流来沙和库岸产沙等因素，估计多年平均年损失库容约 1.5 亿 m^3。175m 试验性蓄水以来，随着库水位的升高，水库排沙比继续减少，变动回水区淤积量增加。因此，减缓水库淤积，尽可能多保存库容，仍然十分重要。

对用于三峡水库淤积计算的两个主要的泥沙数学模型——中国水利水电科学研究院和长江科学院的模型，采用 2003 年 6 月—2007 年 12 月的实测资料进行了恒定流与非恒定流模型的验证。验证结果，模型与原型水库淤积量符合良好，误差在 6%以下，而且恒定流与非恒定流模型之间的淤积量差别不大。说明这两个模型用于三峡水库泥沙淤积计算是可信的。

采用上述两个模型计算近 20 年（2008—2027 年）三峡水库泥沙淤积，入库水沙条件取 1991—2000 年系列加上游建库（溪洛渡、向家坝等）。计算结果 20 年累计淤积量为 27.16 亿 m^3（中国水利水电科学研究院模型）和 25.61 亿 m^3（长江科学院模型）。较三峡水库上游未修建溪洛渡、向家坝等水库时分别减少淤积 42.9%和 44.5%。其中，变动回水区淤积减少的比例高达 60%～80%。

计算中还曾比较过城陵矶补偿防洪调度对水库淤积的影响。结果表明，对 1954 年型洪水，该年淤积量为 20 年的多年平均年淤积量的 3 倍；对 1998 年型洪水，该年淤积量为 20 年的多年平均年淤积量的 2 倍，其中，1998 年 7 月中旬至 9 月上旬水库持续高水位的条件下，库区将多淤 0.3 亿～0.4 亿 m^3，即多淤泥沙 1.5%～2.0%。

（三）重庆主城区河段冲淤变化与整治措施

清华大学、西南水运工程科学研究所、长江科学院开展的 3 个重庆主城区河段实体模型试验表明，在采用 1991—2000 年水沙系列并考虑上游建库的条件下，重庆主城区河段淤积量大幅度减少，但淤积分布规律、可能碍航的部位和时机基本不变。问题主要集中在九龙坡河段和金沙碛河段等重点河段的年初枯水期水位消落时，特别是丰沙年之后的枯水期。

2008 年汛后，三峡工程进入 175m 试验性蓄水期，汛后回水影响开始抵达重庆主城区河段，河段内的冲淤规律发生变化。原型观测表明，其河道的冲淤变化随时间和地点而异。就全河段而言，汛期（6—9 月）回水不影响重庆河段，河段保持为自然冲淤状态；蓄水期（10—12 月）多数为淤积；消落期（12 月至次年 6 月），多数为冲刷。冲淤数量不大，主要与近几年上游来沙较少及河道采砂影响有关。

对于个别河段出现过的冲淤变化、流态不良等对航运条件的不利影响，研究表明，可以采取的主要对策是：工程措施（疏浚、炸礁）、优化水库调度及加强航运管理。同时还进行了整治建筑物的研究，取得了初步成果。如九龙坡河段整治方案——左岸岸线适当外推、右侧设控沙建筑物、三角碛部分挖除等，各研究单位已取得基本共识。

（四）变动回水区淤积的影响

原型观测表明，自蓄水以来，三峡水库变动回水区河道总体上是有冲有淤。但一些宽阔或弯曲分汊河段，其淤积的速度和强度较大，现已出现累积性淤积，有不利于航行的趋势，如航槽易位等。今后，随着泥沙淤积的累积和发展，有可能出现淤积碍航问题。

位于变动回水区下游、常年回水区上段的黄花城弯曲型分汊河段已发生较严重淤积，左槽深泓最大升高接近 50m，目前采用改槽和疏浚使通航矛盾得到缓解，但其发展趋势需密切注意。

重点河段二维泥沙数学模型计算指出，由于当前和今后入库泥沙大幅度减少，青岩子和洛碛—王家滩河段在近二、三十年内淤积数量及其对航运影响将大为减轻。青岩子出现碍航的时间将由原先预测的蓄水后第 16 年延后至第 50 年甚至更后。

（五）坝区泥沙淤积预测与分析

三峡水库蓄水以来，大坝上游近坝段（庙河—大坝）淤积较快，2003 年 3 月—2012 年 11 月，坝前段 175m 以下河床总淤积量为 1.44 亿 m^3。其中，接近一半发生在围堰蓄水期（2003 年 3 月—2006 年 10 月），此后淤积速度逐渐减缓。淤积主要分布在深槽，坝前淤积的高程多在 90m 以下，低于电站进水口。淤积物粒径细化，床面泥沙中值粒径由 0.09mm（2003 年 3 月）下降为 0.004mm（2009 年 11 月）。上引航道内泥沙淤积的高程一般低于 132.50m。

根据原型资料分析与中国水利水电科学研究院和清华大学的泥沙数学模型计算，三峡坝前未形成典型的泥沙异重流。清华大学开发的三维数学模型对 2003 年 6 月—2006 年 10 月期间，三峡大坝上游近坝段的水流条件和泥沙运动进行了模拟，计算所得的泥沙淤积总量和沿程分布与实测资料符合良好；在考虑坝前泥沙呈浮泥运动的特性后，沿横断面和深泓线的淤积分布也与实测值接近。

三峡水库永久船闸下游引航道及其口门区 2003—2009 年实测总淤积量

170万m^3，同期总清淤量107.6万m^3，保持了航道畅通。口门区主要是缓流、回流淤积，下引航道内为异重流淤积。经泥沙数学模型模拟分析，计算的淤积量与实测值符合良好。

实体模型试验是研究坝区泥沙运动的主要手段。利用2003—2006年的实测资料，对南京水利科学研究院和长江科学院两个坝区实体模型进行了验证。由于进入坝区的实际泥沙粒径和含沙量均比原设计为小。验证中，南京水利科学研究院修改了含沙量比尺和粒径比尺；长江科学院修改了粒径比尺，即加大模型中的沙量和粒径，结果模型淤积量得以与实测基本一致。模型验证后，采用新的水沙系列进行试验，测得按荆江防洪补偿调度运用时，20年坝区河段（15.5km）淤积量为2.98亿～1.64亿m^3，其中前10年的淤积量占85%～66%。采用城陵矶防洪补偿调度运用时，坝区河段淤积量达到3.37亿～1.52亿m^3。

实体模型试验显示，地下电站取水口位于坝前右岸的大回流区，淤积发展较快。原型观测资料也证实，2012年11月地下电站取水口前淤积高程已达104.5m，接近取水口底板高程。今后对其淤积发展趋势应予密切关注。

（六）宜昌站枯水位的控制

三峡水库蓄水拦沙后，下泄泥沙大幅度减少、粒径变细，下游河床发生沿程冲刷。2002年10月—2012年10月宜昌至杨家脑河段实测冲刷2.78亿m^3（含河道采砂影响）；河床深泓平均冲深：宜昌河段1.7m，宜都河段5.6m，枝江河段1.6m；枯水期同流量水位下降。

宜昌站流量5500m^3/s对应的水位，2003—2012年期间下降0.46m。经分析，影响宜昌站水位的因素除河床冲刷下切、河床糙率增大及人为因素（河道采砂）以外，还存在若干控制性节点，按影响大小依次为：芦家河、关洲胭脂坝、宜都南阳碛上口等。近年枯水位下降与部分控制性节点河床冲刷松动有关。因此，保护和稳定这些节点对抑制宜昌水位下降至关重要。

（七）坝下游河道的长距离冲刷的特点和影响

三峡水库蓄水拦沙，导致宜昌站沙量剧减，洪水与流量过程调平，坝下游河道发生以长距离冲刷为主要特点的新的冲淤演变。原型观测和现场查勘表明，试验性蓄水以后，下游河道的冲刷持续发展，其基本特点如下：

（1）河道冲刷持续向下游推进，冲刷强度最大的河段由前期的宜昌—枝城河段下移到荆江河段，而且，城陵矶—湖口河段的冲刷强度已超过围堰蓄水期。河道冲刷早已发展到湖口以下，但相应的河道观测以往主要在湖口以上进行。今后应下延观测河段的范围，加强大通以下河口段的观测。

（2）三峡水库蓄水以来，虽然长江中游宜昌—湖口河段总体河势基本稳定，河床平面形态、洲滩格局大体未变，但局部河段的河势调整比较剧烈，如下荆江调关、七弓岭等弯道发生的撇弯切滩、凸岸冲刷、凹岸淤积等现象。七弓岭河湾八姓洲狭颈最小宽度现仅 300 余 m，见图 9，如不采取控制措施，一旦遇上不利水文条件，有可能发生自然裁弯，导致该河段河势恶化、江湖关系剧变。

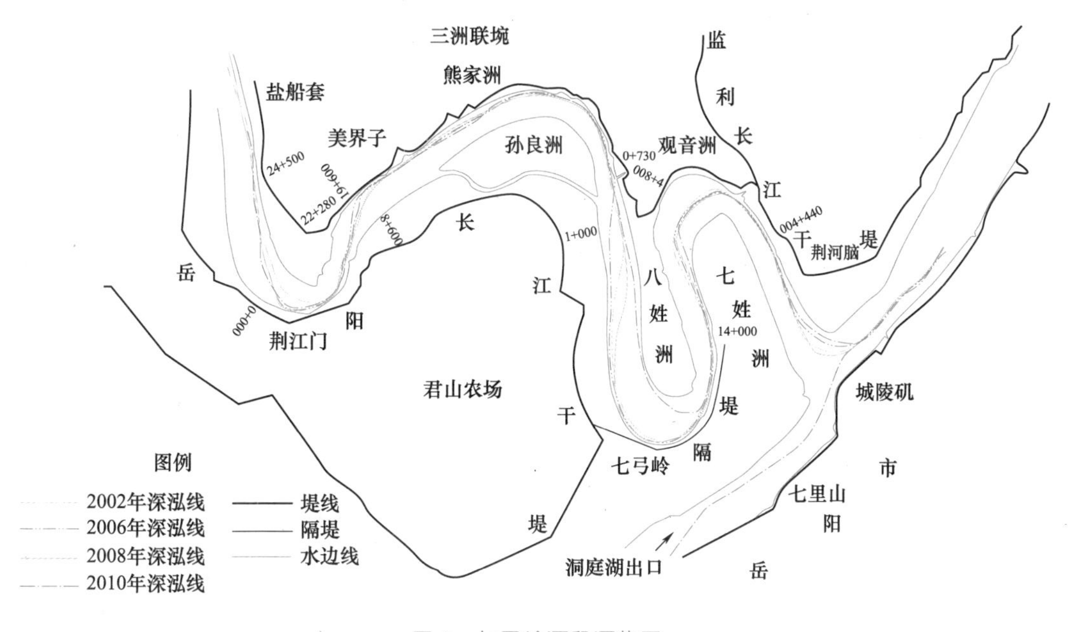

图 9　七弓岭河段河势图

（3）随着河势调整，部分护岸段近岸河床深槽刷深扩大，崩岸时有发生。据初步统计，试验性蓄水期（2009—2012 年）长江中下游干流总计崩岸 255 处，崩岸总长度 144.6km。崩岸具有偶发性，其发生的时间和地点很难事前准确预报，因此，始终是堤岸安全的潜在威胁，应加强观测研究，采取预防措施。

（4）近期修建的一系列航道整治工程，发挥了固滩稳槽的作用，有利于克服河势调整过程中洲滩冲淤变化等对航运造成的不利影响。但整治工程和河势变化之间的相互影响，特别是其长远后果，尚需进一步观测研究。

鉴于坝下游河道的长距离冲刷今后还将持续很长时期，对其发展趋势、影响及对策的研究应持续进行。

（八）江湖关系变化趋势和影响

三峡水库蓄水以后，长江和洞庭湖之间的江湖关系的变化有明显和渐进两个方面：一方面入湖泥沙大量减少，明显有利于减缓洞庭湖的淤积；另一方面，三口分流量和分流比继续缓慢下降，2003—2012 年三口多年平均年分流量 485.4 亿 m^3，较 1999—2002 年（625.3 亿 m^3）减少近 140 亿 m^3。三口分流量的缩减，对长江中下游河道的防洪安全是不利的，其发展趋势应予重视。三峡水库蓄水后，鄱阳湖 2003—2012 年湖区各站多年平均月水位，与 1980—2002 年相比，均有不同程度的下降，这与湖区五河来水情况有关，三峡工程也有一定作用，这些变化对湖区水资源利用产生一定的影响。江湖关系的变化还涉及干支流水资源综合利用和生态环境影响等多方面问题，需要进一步综合研究。

三、水库运行调度中关键泥沙问题研究

试验性蓄水期间，三峡工程泥沙专家组针对三峡水库运行调度中的关键泥沙问题，组织相关单位开展了专题研究和现场查勘和调研活动，取得了以下的研究成果。

（一）2008 年汛后实施 175m 试验性蓄水运用的可行性

经实际观测和分析研究，进入三峡水库的沙量在 21 世纪以来已显著减少。在实体模型中按照新研究推荐的 1990—2000 年水沙系列进行试验，结果表明，水库 175m 蓄水后，九龙坡港口和金沙碛港口的碍航淤积量将分别小于 25 万 m^3 和 17 万 m^3；泥沙数学模型和实测资料分析也得到了类似的结论。中国长江三峡集团公司认为这是一个可以接受的疏浚量，不会影响港口的正常作业。因此，三峡工程泥沙专家组建议，2008 年汛后开始实施 175m 试验性蓄水运用是可行的。

试验性蓄水期 5 年的实践证明，进行试验性蓄水是必要的和可行的，不仅提前发挥了三峡水库的综合效益，检验了工程的效能，而且取得了许多宝贵的经验。在泥沙问题方面也深化了认识，探索了克服或缓解不利影响的途径与对策。

（二）汛后提前蓄水问题

在初步设计中规定，三峡水库每年从 10 月 1 日起开始蓄水，10 月底蓄至 175m。从 145m 到 175m，需要蓄水 221 亿 m^3。但是，从近几年水库的运行情况看，10 月的来水量有减少的趋势，而长江下游地区的需水量却有所增加。因此，为保证汛后能蓄满水库和兼顾长江上下游的用水，要求水库提前到 9 月开始蓄水。

但提前到 9 月蓄水将增加三峡水库的泥沙淤积，因此，三峡工程泥沙专家组开展了汛后水库提前蓄水对水库淤积影响的研究。中国水利水电科学研究院

和长江科学院进行了多方案的计算比较，结果表明：不同方案对水库的总淤积量影响不大，水库运行到10年末，提前蓄水方案比原方案的库区总淤积量增加0.045亿～0.164亿m^3，占库区淤积总量的0.24%～0.86%；变动回水区的淤积量增加0.262亿～0.650亿m^3，占变动回水区总淤积量的12.7%～31.4%。由于变动回水区的淤积在水库消落期可能成为航道的碍航淤积量，需要增加航道的疏浚工作，因此，三峡工程泥沙专家组建议：三峡水库采用淤积量增加较少的方案，从9月10日开始蓄水，并在9月底蓄至155～160m水位。5年试验性蓄水的实践证明，汛后提前蓄水到9月10日的方案是正确的。目前，三峡水库9月10日的起蓄水位和9月底蓄水位定得较高，对其影响仍需深入研究。

（三）汛期限制水位浮动研究

鉴于今后入库泥沙量将进一步减少，而对于入库洪水的预报技术水平又有所提高，可以实现可靠的3天预报，长江水利委员会设计院提出：在确保防洪安全的前提下，适当灵活调度汛期限制水位，允许汛期限制水位在洪水到来前有一定幅度的浮动，以减少弃水，增加三峡水库的发电效益。但汛期限制水位的提高，势必增加水库的泥沙淤积。因此，需要进行不同方案的淤积计算和比较。

方案比较中，汛期限制水位在145～150m之间变化，水库水位降落到汛限水位的日期为6月10日、6月20日和6月30日。水库水位的调度方式用上限和下限两级流量控制，当预报未来3天来水大于上限流量时，水库水位降低至145m运行，当未来3天来水小于下限流量时，水库水位允许适当提高汛限水位运行。

中国水利水电科学研究院和长江科学院对16个方案进行了计算。据计算结果，三峡工程泥沙专家组认为，6月10日库水位降低到145m运行，控制上限和下限流量分别为30000m^3/s和25000m^3/s，汛期限制水位在145～148m之间变化的方案，在水库运行至10年末，变动回水区的累计淤积量为0.903亿m^3，是汛期水位上浮诸方案中淤积量最小的方案。在今后入库泥沙明显减少、入库洪水预报水平不断提高的条件下，此方案可以采用，并在实践中进行检验、论证和优化，以利拟定更长远的汛期运用方案。

（四）汛期中小洪水调度对水库淤积的影响

三峡工程初步设计原定主要对较大洪水（来流量大于55000m^3/s）进行控制，具体的汛期水位控制方案是：6月1日起，库水位开始自汛前水位向下降落，6月10日到达汛限水位145m。6月10日—9月30日，对一般洪水（来流量小于 55000m^3/s)，出库流量与入库流量相同，库水位维持在汛限水位 145m 运行；当来流量大于 55000m^3/s 时，水库按枝城流量 56700m^3/s 控制出流，此时库水位会有所壅高。

2010 年 6 月 10 日—9 月 9 日，入库洪峰流量大于 50000m^3/s 的洪水出现 3 次，坝前最大洪峰流量为 70000m^3/s（7 月 20 日）。按照长江防总的防洪调度指令，此期间控制三峡水库最大下泄流量为 40000m^3/s；此外，为疏散两坝间积压的船只，曾在退水时短期将下泄流量降至 34000m^3/s 和 25000m^3/s。即 2010 年汛期对中小洪水进行了控制，其汛期的实际库水位是：6 月 10 日库水位 146.5m，整个汛期平均库水位 151.69m，最高库水位 161.24m。由于实际水位比初设拟定的库水位要高，因此，库内的泥沙淤积量会有所增多，排沙比有所下降。为定量评估 2010 年汛期中小洪水调度对库区泥沙淤积的影响，有关单位曾采用近似类比法和数学模型进行分析与计算。所得的实施中小洪水调度多淤积泥沙量和占同期库区泥沙淤积量的百分比为：长江水利委员会水文局采用近似类比法，多淤 2030 万 t，占库区总淤积量的 10%；中国水利水电科学研究院计算多淤 2070 万 t，占库区总淤积量的 10.3%；长江科学院计算多淤 1200 万 t，占库区总淤积量的 6%。因此，作为初步估计，2010 年汛期三峡水库实施中小洪水调度、汛期库水位比原设计值有所提高后，库区可能多淤积泥沙 2000 万 t 左右，占同期库区泥沙淤积量的约 10%。

2012 年 7 月，三峡水库出现 3 次入库洪峰流量大于 50000m^3/s 的洪水，最大入库洪峰流量为 71200m^3/s（7 月 24 日 20 时）。根据防洪与通航要求，水库进行了适时调度，控制最大下泄流量为 41000～45000m^3/s，汛期最低水位 145.05m，最高壅水位为 163.11m，平均水位 152.78m，共拦蓄洪水 137.9 亿 m^3。据长江水利委员会水文局初步计算，此调度较之初设规定方式，水库同期多淤积泥沙约 2300 万 m^3，增幅为 15%。而且，淤积分布上移，寸滩—清溪场段（变动回水区）淤积泥沙增多 1140 万 m^3（增幅为 142%），清溪场—万县段淤积泥沙增多约 2060 万 m^3（增幅为 30%），万县—大坝段淤积则减少约 910 万 m^3（减幅为 12%）。

除了增加水库淤积外，中小洪水调度对水库下游河道演变趋势的影响也应高度重视。如水库下泄洪水长期控制在远小于原设计的荆江河道安全泄量 56700m^3/s，河道为适应这一条件而发生的反馈变化，有可能使长江中下游洪水河槽萎缩与退化，缩减河道泄洪能力。同时，汛期水库下游河道长期处于冲刷，势必对护岸险工和航道不利。汉江丹江口水库下游河道行洪能力的衰减，已为此提供了实例。就长江中游的防洪而言，试验性蓄水 5 年荆江大堤和长江干堤的护岸工程尚未经受原设计的河道安全泄量的考验，不能明确回答现在荆江河段实际可承受的河道安全泄量究竟多大，这是5年试验性蓄水的一个不足之处。三峡工程泥沙专家组建议，目前不宜将试验性蓄水期中小洪水调度列入正常运行的调度规程，对其利弊还应深入分析论证。

（五）关于实施长江上游水库群的联合调度

近几年向家坝水库、溪洛渡水库将陆续建成蓄水。长江中上游将形成一个包括14座具有控制性大型水库的水库群。该水库群具有调节库容500亿m^3，防洪库容336亿m^3。研究表明，通过科学的联合调度，将可以形成一个具有巨大调控能力的防洪、抗旱、航运、减灾和保护生态环境的体系，解决目前分散调度中产生的种种问题。例如，减少分滞洪水的损失，增加城市供水效益，减少农业干旱损失，改善航运条件，改善洞庭湖、鄱阳湖地区的生态环境，提高水库群的蓄满率，等等。联合调度对进一步缓解三峡水库的泥沙问题也是有利的。因此，三峡工程泥沙专家组建议：当务之急，应该抓紧制定和实施长江控制性水库群的联合调度方案。

四、三峡工程试验性蓄水期泥沙问题评估

（一）基本态势

试验性蓄水后三峡工程上下游泥沙的冲淤变化，继续保持开始蓄水以来的相同态势。其基本情况如下。

（1）5年试验性蓄水期三峡上游来沙减小趋势仍然持续，入库沙量明显减少，比1990年前实际来沙和论证设计阶段采用值都要小。

（2）水库淤积继续发展，由于上游来沙明显偏少，水库淤积量比初步设计预计的要少，但排沙比较初步设计降低，淤积部位上延；目前淤积体主要分布在开阔河段和深槽中，库内航行条件大为改善，泥沙淤积尚未对航行产生明显影响。

（3）重庆主城区河段通航条件总体改善，泥沙冲淤规律发生变化（河道采砂影响也较大），局部河段存在消落期来流量较小时航深紧张等问题，当前主要通过适时疏浚、加强运营管理和水库调度等措施应对。

（4）坝前淤积面高程仍然较低，不影响电站与通航建筑物的正常运行，但地下电站取水口前淤积较快。

（5）宜昌站枯水期同流量水位有所下降，依靠水库补水满足了通航水位的要求。

（6）坝下游河道冲刷继续向下游发展，局部河段河势调整仍较为剧烈，部分护岸段近岸河床深槽刷深扩大，崩岸时有发生，但至今总体河势基本稳定，

荆江大堤和长江干堤护岸工程基本保持安全，未出现重大险情；洲滩冲淤变化对航运造成的不利影响，通过航道整治工程、疏浚和水库补水增大枯季流量加以克服或缓解，实现了航道的畅通。

(7) 荆江三口分流比和分流量继续减少，对长江中下游的防洪安全和湖区的水资源、生态环境不利；分沙量明显减少，有利于减缓洞庭湖区的泥沙淤积。

总之，蓄水（包括试验性蓄水）以来三峡工程的泥沙问题及其影响未超出原先的预计，局部问题经精心应对，处于可控之中。今后，随着三峡上游新建的各大水库的蓄水拦沙和上下游水库的联合调度，三峡水库的泥沙淤积总体上会进一步缓解。从泥沙专业角度讲，三峡水库正式进入正常运行期是可行的。

（二）泥沙问题应继续高度重视，认真应对

泥沙的冲淤变化一方面总体上是一个长期积累的结果，许多问题将随着时间的推移而显现和加剧；另一方面也具有偶发性和随机性，如局部河段的岸坡滑移、堤岸崩塌、主流摆动、河床剧烈调整等。自三峡水库试验性蓄水以来，已经暴露了一些问题，主要有以下几个方面。

(1) 为千方百计减少库容淤损，减缓变动回水区淤积，应坚持初步设计确定的“蓄清排浑”原则，但汛期低水位排沙和壅水发电及航运调度之间存在一定矛盾，需要正确取舍与平衡。

(2) 目前存在的重庆主城区河段因沙卵石淤积与推移而导致消落期局部地段航行条件困难，以及铜锣峡以下变动回水区与常年回水区重点河段累积性淤积对航道的潜在威胁，将会随时间的推移而加剧。

(3) 地下电站前的淤积发展快，淤积面高，将对安全引水形成威胁。

(4) 如不采取措施控制采砂和保护关键节点，宜昌水位有可能进一步下降，抵消枯水流量增加的效果，不利于通航。

(5) 坝下游河道冲刷发展比预计要快，崩岸时有发生，局部河段河势调整剧烈，对防洪与航运构成威胁。

(6) 坝下游河道长期冲淤演变对河道行洪能力、航道条件及河流环境的长远影响，目前尚认识不足，需要深入研究。

(7) 江湖关系的发展变化与荆江三口分流量下降对防洪、水资源和环境的影响，缺乏全面、综合的研究，等等。

这些问题事关长江防洪与航运安全，直接影响三峡工程的综合功能和长远效益的发挥。在三峡工程转入正常运行以后，对上下游的泥沙问题依然必须时刻予以关注，深入研究，加强预防和应对措施。而不能认为目前泥沙未出现大

的问题，今后就不再是制约因素，可以放松警惕。

（三）兼顾当前与长远，合理确定汛期水库调度方式

试验性蓄水期三峡水库根据来水来沙条件和上下游的要求进行优化调度，发挥了水库的综合效益，也取得了宝贵的经验。根据原型观测和相关研究，就泥沙问题而言，可以得到以下几点认识。

（1）汛后可以适当提前蓄水（9月10日开始蓄水），以提高蓄水至正常蓄水位175m的保证率，这样做利大于弊。

（2）基于上游来沙减少的条件，汛期限制水位可以依据实际来水来沙情况，试行适当浮动（如145～148m）。汛期限制水位过高，不仅会增加抵御后续洪水的风险，对水库淤积也甚为不利。因此，宜采用试行、渐进的方式来确定。

（3）2010年、2012年汛期三峡水库实施中小洪水调度，下泄流量控制在40000～45000m^3/s以下，汛期平均水位较初步设计确定的汛限水位高6.69～7.78m。这对当时的防洪和发电有一定效益；但在泥沙方面，却存在负面影响。除增加库区泥沙淤积（初步估计增加10%～15%，且淤积体上移）外，对坝下游河道的长远影响也值得重视。如汛期水库下泄流量长期控制在远小于初步设计确定的荆江河道安全泄量56700m^3/s，有可能使长江中下游洪水河槽萎缩与退化，缩减河道泄洪能力。所以，对中小洪水进行调蓄的调度方式能否常态化，必须经过充分论证。要将工程运行与河流发展规划相结合，兼顾当前利益与长远效果。

（4）应抓紧制定和实施长江上游控制性水库群的联合调度方案，形成具有巨大调控能力的防洪、抗旱，减灾和保护生态环境的体系。

五、建议

为配合三峡工程的优化调度，充分发挥工程综合效益，最大限度地缓解和克服泥沙问题的负面影响，根据试验性蓄水期的经验，对三峡工程今后泥沙方面的工作提出以下几项建议。

（一）加强三峡工程上下游水文泥沙原型观测与研究工作

除原审定的水文泥沙观测计划内容外，下一步应补充库区较大支流的泥沙观测（来沙与淤积）；加强重庆以上河段的卵石运动观测；加强地下电站进水口前的淤积观测；加强坝下游河道水文泥沙观测，坝下游河道观测范围应从湖口延伸至长江河口段。对河道观测中的体积法和输沙率法的差异，要开展研究，加以改善。对以往观测所取得的资料，应组织各相关院校与科研生产单位进行系统的分析研究，总结经验、探索规律、深化认识、提高水平。今后，三

峡工程的泥沙原型观测工作应有长远（2019—2039 年）计划，并坚持实施。

（二）深入开展有关重点泥沙问题的研究

随着上游来沙的减少和人类活动影响的加剧，今后除密切注意三峡水库重庆主城区河段与变动回水区等河段的冲淤变化外，还应加强坝下游河道冲淤演变及其影响的研究。要深入开展坝下游长河段、长时期冲淤演变及其影响的研究，对长江中下游河道未来的演变趋势、泄洪能力、堤防影响、通航条件、江湖关系、环境影响等作出科学预测。除三峡工程的影响外，还要十分重视河道采砂、沿岸开发、岸线利用等对上下游河道演变叠加的影响，研究相应的对策。应开展三峡工程及上游大型水库群建设对长江河口段影响问题的前期研究。

（三）抓紧实施水库上下游重点整治工程

在已有研究和论证的基础上，不断改进和优化原有的各项泥沙问题应对措施，抓紧推进库区和坝下游河道整治工程的实施，如九龙坡等库尾河段的河道整治工程、宜昌—杨家脑河段的综合治理工程、芦家河等重点滩段的浅滩治理工程、荆江河势控制及航道整治工程、荆江三口控制与分流道治理工程、簰洲湾裁弯工程等。

（四）优化三峡水库运行调度减少泥沙不利影响

从充分利用水资源和尽量减少水库淤积出发，三峡水库要严格遵循“蓄清排浑”的运行原则，兼顾当前利益与长期效果。研究三峡水库运行调度方式对上下游河道冲淤演变的长远影响，从泥沙角度优化调度方式。同时，为尽快完善长江中下游地区防洪、抗旱、航运、减灾体系，应抓紧制定和实施长江上游水库群联合调度方案，这是当务之急。

附件：

课题组成员名单

专　家　组

顾　问：张　仁　清华大学教授

韩其为　中国水利水电科学研究院教授级高级工程师，中国工程院院士

组　长： 胡春宏　中国水利水电科学研究院副院长，国际泥沙研究培训中心副主任兼秘书长，中国工程院院士
副组长： 戴定忠　水利部科技司原司长，教授级高级工程师
成　员： 陈济生　长江科学院原院长，教授级高级工程师
潘庆燊　长江科学院原副总工程师，教授级高级工程师
荣天富　长江航道局原总工程师，教授级高级工程师
谭　颖　国际泥沙研究培训中心原副主任兼秘书长，教授级高级工程师
王桂仙　清华大学教授
谢葆玲　武汉大学教授
邓景龙　中国长江三峡集团公司原副总工程师，教授级高级工程师
唐存本　南京水利科学研究院教授级高级工程师
曹叔尤　四川大学教授
严以新　河海大学原副校长，教授
李义天　武汉大学教授
窦希萍　南京水利科学研究院总工程师，教授级高级工程师
卢金友　长江科学院副院长，教授级高级工程师
刘怀汉　长江航道局副局长，设计院教授级高级工程师

工　作　组

谭　颖（兼）　国际泥沙研究培训中心原副主任兼秘书长，教授级高级工程师
朱光裕　中国长江三峡集团公司教授级高级工程师
范　昭　国际泥沙研究培训中心教授级高级工程师
曹文洪　中国水利水电科学研究院泥沙所所长，教授级高级工程师
陈松生　长江水利委员会水文局副总工程师，教授级高级工程师
韩　飞　长江航道局高级工程师
纪国强　长江水利委员会长江勘测规划设计研究院教授级高级工程师
胡向阳　长江科学院高级工程师
安凤玲　清华大学高级工程师
陈　磊　中国长江三峡集团公司三峡枢纽建设管理局枢纽运行部副主任，高级工程师
许全喜　长江水利委员会水文局教授级高级工程师

报 告 六

移民课题评估报告

根据国务院三峡办《关于委托开展三峡工程试验性蓄水阶段性评估评价工作的函》（国三峡办函库字〔2012〕139号）和中国工程院对三峡工程试验性蓄水阶段性评估工作的总体安排，移民课题组于2013年1月9日—3月20日开展了三峡工程试验性蓄水对库区移民群众生产生活影响评估工作，并形成了移民课题评估报告。

一、评估工作概况

（一）评估工作目标

科学分析和客观评价三峡工程试验性蓄水对库区移民群众生产生活的影响，并对影响趋势作出初步判断，从移民安置工作的角度研究提出妥善处理水库蓄水对库区移民群众生产生活的影响、改进蓄水工作、促进移民安稳致富的措施和建议。

（二）评估依据

（1）《长江三峡工程建设移民条例》（国务院令2001年第299号）。

（2）国务院三峡办关于委托开展三峡工程试验性蓄水阶段性评估评价工作的函（国三峡办函库字〔2012〕139号）。

（3）国务院三峡办关于开展三峡工程试验性蓄水阶段性总结分析工作的通知（国三峡办发库字〔2012〕62号）。

（4）经审批的三峡工程库区及湖北省、重庆市移民安置规划报告和设计变更文件及批文。

（5）三峡后续工作总体规划、一期实施规划（2011—2014年）和2011年度、2012年度实施方案。

（6）2008年以来三峡工程移民安置的验收、稽查和监理报告等。

（7）2008年三峡工程阶段性评估报告。

（8）2008年以来主管部门、项目法人及湖北、重庆两省（直辖市）有关研究试验性蓄水对库区移民安置影响问题的报告、会议纪要及相关文件。

（三）评估范围

评估地域范围：三峡工程库区，包括湖北省的夷陵区、秭归县、兴山县、巴东县等4个县（区），重庆市的巫山县、巫溪县、奉节县、云阳县、万州区、开县、忠县、石柱县、丰都县、涪陵区、武隆县、长寿区、渝北区、巴南区和江津区及重庆主城区（即渝中区、南岸区、江北区、沙坪坝区、北碚区、大渡口区、九龙坡区等7个区，统称“重庆主城区”）等16个县（区），共20个县（区）。

评估时间范围：自2008年9月—2012年12月31日。

（四）评估内容

评估内容主要包括：库区移民安置基本情况、试验性蓄水安全监测与防范工作情况、试验性蓄水对库区移民群众生产生活的影响情况以及试验性蓄水对库区移民群众生产生活的影响处理情况。

（五）评估过程

1. 制定工作大纲

课题组于2013年1月研究制定了《三峡工程试验性蓄水阶段性评估移民组工作大纲》，并根据工作大纲编制了《三峡工程试验性蓄水阶段性评估移民组工作方案》。

2. 收集分析资料

2013年1—2月，课题组向湖北、重庆两省（直辖市）移民局，三峡工程移民安置设计单位和综合监理等单位收集了试验性蓄水对移民安置影响的相关资料；认真查阅、系统研究中国工程院转发的14个单位的总结分析报告以及2008年三峡工程阶段性评估报告等资料。

3. 实地查勘座谈

2013年2月26日—3月2日，课题组深入重庆、湖北三峡工程库区和移民安置区实地调研，调查了解移民安置情况、试验性蓄水对库区移民群众生产生活的影响及其处理情况，并先后和重庆市移民局、湖北省移民局，涪陵、巫山、宜昌、秭归等市（区）、县政府及其移民、环保、交通、国土等部门座谈，广泛听取各方面意见和建议。

4. 撰写评估报告

2013 年 3 月 3—14 日，课题组在收集分析资料、实地查勘座谈的基础上，科学评估三峡工程试验性蓄水对库区移民群众生产生活的影响情况，并撰写了评估报告。

5. 成果咨询研讨

2013 年 3 月 14 日，课题组召开会议，对评估报告进行咨询研讨，充分征求国务院三峡工程建设委员会办公室，湖北、重庆两省（直辖市）移民局，三峡工程移民安置设计和综合监理等单位有关专家的意见和建议。课题组根据专家的意见和建议对报告进行了修改完善。

6. 成果定稿

根据 2013 年 4 月 1 日中国工程院三峡工程试验性蓄水阶段性评估工作综合组会议纪要精神和 4 月 24 日项目组长碰头会要求，经项目组多次讨论，移民课题组对移民课题报告不断修改完善，形成了最终课题报告定稿。

二、库区移民安置基本情况

（一）移民搬迁安置情况

三峡工程移民搬迁安置从 1993 年开始，分四期实施，到 2009 年 12 月底全面完成。累计完成城乡移民搬迁安置 129.64 万人，是规划搬迁建房人口（124.55 万人）的 104.09%，其中重庆市 111.96 万人，湖北省 17.68 万人；完建各类移民房屋 5054.76 万 m^2，完成县城（城市）迁建 12 座、集镇迁建 106 座（规划迁建集镇 114 座，实施后合并为 106 座）、工矿企业处理 1632 家。移民安置区基础设施、专项设施以及环境保护、防护工程、滑坡处理等规划任务已全部完成。累计安排移民投资 856.53 亿元。主要任务及完成情况如下。

1. 农村移民安置

完成农村移民搬迁安置 55.77 万人，完建房屋 1478.62 万 m^2，分别是规划任务的 101.29%和 104.44%；完成生产安置人口 57.4 万人，是规划任务的 100.95%；完成农村库周交通道路 3977.99km，是规划任务的 100.04%。

（1）农村移民搬迁安置采取后靠和外迁安置相结合的方式，以后靠安置为主。其中，后靠安置 36.15 万人（占 64.82%），外迁安置 19.62 万人（占 35.18%）。后靠安置移民中，实行城集镇安置 11.63 万人（占 32.17%），农村居民点集中安置 4.46 万人（占 12.34%），农村分散安置 20.06 万人（占

55.49%)。外迁安置移民中，出湖北、重庆两省（直辖市）外迁安置12.04万人（占61.37%），湖北、重庆两省（直辖市）内外迁安置7.58万人（占38.63%）。

（2）农村移民生产安置采取大农业、自谋职业和第二、第三产业等安置方式，以大农业安置为主。其中，大农业安置39.43万人（占71.02%），自谋职业安置13.74万人（占24.75%），第二、第三产业安置1.73万人（占3.11%），其他方式安置（主要是养老保险安置）0.62万人（占1.12%）。

2. 县城（城市）迁建

完成县城（城市）迁建12座，县城（城市）移民搬迁安置57.91万人，是规划任务的102.35%；完建房屋2056.19万m^2，是规划任务的115.99%。

3. 集镇迁建

完成集镇迁建106座，集镇移民搬迁安置15.96万人，是规划任务的123.91%；完建房屋731.28万m^2，是规划任务的145.50%。

4. 工矿企业处理

完成工矿企业处理1632家，是规划任务的100%。其中搬迁改造287家，破产关闭1102家，一次性补偿销号243家。

5. 专业项目复（改）建

完成公路1267.40km、大桥233座19979.1m，分别是规划任务的135.6%和100.4%；完成高压输电线路3338.3km、通信线路591.67万m、广播电视线路478.75万m，分别是规划任务的101%、132.6%和109.1%；完成天然气管线190.82km，是规划任务的100%；完成文物保护项目1093处；库底清理以及干支流水文站、水位站和河道观测设施，航道设施，补偿汛后淹没影响涉及专项设施等任务也已完成。

（二）移民安置效果

三峡工程库区移民安置总体上实现了规划目标。移民搬迁安置、城（集）镇迁建、工矿企业处理以及专业设施复（改）建等各类移民项目都达到或超过了规划目标；移民搬迁后的居住条件、移民安置区基础设施和公共服务设施明显改善；移民生产扶持措施初见成效；城乡面貌焕然一新；库区专项设施实现跨越式发展；库区经济社会快速发展；移民收入水平逐步提高，社会总体和谐稳定。

1. 移民居住条件明显改善

一是城镇移民、农村移民人均住房面积分别达33.1m^2和42.12m^2，均高于移民搬迁前（城镇 25.2m^2、农村 28.3m^2）和湖北、重庆两省（直辖市）平均水平，城乡移民住房结构基本为砖混或框架，住房功能分区趋于合理；二是城镇移民全部饮用自来水，农村移民基本解决了饮水问题，自来水普及率达70%；三是城乡移民户已全部通电，城镇居民供电可靠率在 99.9%以上，农村居民供电可靠率在 99.5%以上，电价也由农网改造前的 0.8～1.5 元/(kW·h)减少到 0.55 元/(kW·h)；四是库区 20 个区（县）城区到移民安置乡镇道路通达率达 100%，乡镇到移民安置村道路通达率达 95%，农村移民到县城、集镇平均通勤时间较搬迁前缩短 35%，城镇移民安置小区内道路和多数农村移民集中安置点内道路基本实现硬化；五是移民户使用卫生厕所和清洁能源不断增多。

2. 移民安置区公共服务设施基本配套

一是城乡移民学校占地面积、校舍建筑面积是搬迁前的 3 倍左右，生均用地面积、生均校舍面积基本达到湖北省、重庆市和国家普通中小学校建设标准，生师比例达到 22∶1，库区“两基”[1] 人口覆盖率、小学适龄儿童入学率和完学率已接近 100%，适龄儿童初中入学率、初中毕业生升入高中阶段学校的比例分别为 98.7%和 91.8%。二是县城（城市）移民卫生机构占地面积、建筑面积、医院病床数均为搬迁前的 2 倍左右，二级、三级医院（占 48.5%）较搬迁前增加 11.7 个百分点。新建乡镇卫生院各类房屋面积较搬迁前扩大了1.7 倍，各项指标基本达到国家乡镇卫生院建设标准；完建村卫生室 1272 所，实现了移民安置区村村有卫生室的目标要求。三是 12 座迁建县城（城市）均已完成“图书馆、文化馆”两馆建设；规划移民乡镇文化站、村文化室均全部建成并配置了相关设施设备；库区城乡居民家庭广播覆盖率为 97%，电视覆盖率为 98%以上。

3. 移民生产扶持措施初见成效

国家对农村移民采取了一系列生产扶持措施，改善了移民的生产条件，拓宽了移民增收渠道。一是通过移土培肥及配套工程和大力发展柑橘产业等，改善耕园地质量，实施农业产业结构调整；二是实施农村移民技能培训，提高移民劳动技能，促进移民就业增收，2011 年移民劳动力转移就业率达 58%，较2006 年增加 17 个百分点；三是鼓励移民积极发展农民专业合作社，提高了移民的组织化程度和移民作为市场主体的地位，促进农民增收。同时，通过加强对自谋职业安置农村移民和部分企业破产关闭下岗职工的技能培训，获得了向

[1] “两基”为基本实施九年义务教育和基本扫除青壮年文盲的简称。

第二、第三产业转移就业的条件，从事房屋租赁、商业门面（摊位）经营或进入城镇企事业单位就业、外出务工等，实现就业。

4. 库区专项设施实现跨越式发展

库区交通、电力、邮电通信、广播电视等专项设施功能已恢复且较淹没前有了较大程度的改善，规模和等级也得到了提高。一是受淹交通设施的复建，沿江公路、高等级公路、跨长江大桥以及铁路、机场建设的顺利实施，初步形成了三峡库区水陆空立体综合交通运输体系；二是电网布局优化，逐步形成可靠的环状电网，区域电网运行可靠性和经济性提高；三是通过架设光缆、卫星地面站、开通程控电话并扩展了程控交换容量，多数地区已形成环路，使库区的邮电通信业从落后的“摇把子”时期一跃跨入现代化通信时代；四是因地制宜选用有线网络延伸覆盖、地面数字电视覆盖、MMDS数字多路微波传送和设立共用卫星地面接收设施等多种建设方式，形成无线、有线、卫星三位一体，互为补充、交叉服务的广播电视传输覆盖格局。

5. 移民收入水平逐步提高

2011年三峡库区农村移民人均纯收入6429元，与2010年相比增长23.2%。其中：2011年重庆库区农村移民人均纯收入增幅为24.6%，正逐步赶上重庆市农民人均纯收入增幅（22.8%）；2011年湖北库区农村移民人均纯收入增幅为15.9%，与湖北省农民人均纯收入增幅18.3%相比差距不断缩小。2011年农村移民人均纯收入与2008年相比，年均增长率为12.8%。2011年，三峡库区涉及12座淹没县城（城市）的县（区）城镇居民年人均可支配收入1.87万元，与2008年相比，年均增长率为6.83%。重庆库区城镇移民调查失业率从最高的20%逐年下降到7%左右。

6. 库区经济社会快速发展

一是库区综合实力得到较快提升。2011年三峡库区夷陵、秭归、兴山、巴东、巫山、巫溪、奉节、云阳、万州、开县、忠县、石柱、丰都、涪陵、武隆、长寿、渝北、巴南和江津等19县（区）地区生产总值达4440.69亿元，是2008年的1.87倍，年均增长率为23.2%，地方财政收入504.53亿元，是2008年的3倍，年均增长率为44.2%；二是城乡基础设施和公益设施明显改善，城乡面貌焕然一新；三是2011年第二、第三产业增加值占比提高到89%；四是城乡居民生活明显改善，2008—2011年期间，库区农民人均纯收入年均增长达到17.0%以上，城镇居民人均可支配收入年均增长达13.5%以上。

7. 库区社会总体和谐稳定

中央和库区、移民安置区各省级人民政府高度重视三峡工程移民工作，切实加强组织领导，狠抓责任落实，强化监督指导；各县级人民政府切实发挥工作主体、实施主体和责任主体的作用，坚持开发性移民方针，精心组织，全力推进移民安置规划实施；移民安置设计单位科学编制移民安置规划并根据实施情况及时优化方案，移民安置综合监理单位强化对全过程的监督评估；移民搬迁完成后，地方政府及时转入对移民的后期扶持并不断加大扶持力度；各省（自治区、直辖市）和各有关部门积极开展对三峡库区的对口支援工作，推动库区经济社会持续健康发展。总体上，三峡工程移民安置实现了规划目标，广大移民群众分享到了改革发展的成果，正朝着“基本生活有保障、劳动就业有着落、脱贫致富有盼头”的方向稳步发展，库区群众从内心深处感谢党和政府的关心，库区社会总体和谐稳定。

（三）2008年阶段性评估相关建议落实情况

1. 评估提出的问题和建议

2008年三峡工程移民论证及可行性研究结论阶段性评估报告中提出三峡库区主要存在5个方面的问题：一是库区耕地减少，部分后靠农村移民生产生活困难；二是库区产业发展基础差；三是城镇移民劳动力就业困难，社会保障问题突出；四是库区地质灾害隐患较多，支流水体富营养化现象严重；五是水库管理涉及面广、情况复杂，综合管理难度较大。评估建议：一是加快解决移民安置遗留的突出问题；二是建立健全库区经济社会快速发展的政策机制；三是大力开发旅游资源，营造库区强势旅游产业；四是实施以劳动力转移为主要途径的库区人口转移战略。

2. 评估建议落实情况

针对2008年阶段性评估提出的问题和建议，以及三峡工程试验性蓄水以来库区在移民安稳致富、生态环境建设与保护、地质灾害防治等方面存在的突出困难和问题，国务院三峡工程建设委员会办公室和湖北、重庆两省（直辖市）库区各级党委、政府高度重视，按照中央领导同志提出的“三峡移民工作要努力使库区群众基本生活有保障、劳动就业有着落、脱贫致富有盼头，同心同德建设和谐稳定的新库区”即“三有一新”的总体目标和移民安稳致富、地质灾害防治、生态环境建设与保护三大重点，科学编制并有序推进三峡后续工作实施规划，加快解决移民安置遗留的突出问题，大力开发库区旅游资源，稳步实施库区人口转移战略。

根据2008年8月国务院三峡工程建设委员会第十六次会议精神，国务院三峡工程建设委员会办公室组织有关部门，在湖北、重庆两省（直辖市）地方政府大力支持配合下编制完成了三峡后续工作总体规划，并于2011年经国务院第155次常务会议审议通过。总体规划包括移民安稳致富和促进库区社会经济发展、库区生态环境建设与保护、库区地质灾害防治、三峡工程运行对长江中下游重点影响处理、三峡工程综合管理能力建设和三峡工程综合效益拓展等6个方面，规划中央补助投资规模为1238亿元（直接费1108.77亿元，其他费及预备费129.23亿元）。所需资金从重大水利工程建设基金中安排，国家有关部委和湖北省、重庆市在此基础上，积极推进后续工作，编制完成了三峡库区后续工作实施规划（2011—2014年），并已于2011年、2012年开始实施三峡后续项目，取得了初步成效。

（1）加快解决移民安置遗留的突出问题。

一是加大移民后期扶持力度，认真落实好后期扶持基金和三峡库区基金政策。通过直补到人和项目扶持，解决了移民生产生活存在的突出困难和问题。据统计，三峡库区共开展了19个农村移民设施农业帮扶试点，10个城集镇重点移民小区特殊困难帮扶工作。二是通过改造中低产田、加强农田水利建设和移土培肥等措施，改善耕园地质量，进一步改善农村移民生产条件。三是切实推进移民就业及社会保障，养老保险政策对三峡库区移民已实现全覆盖，库区城镇没有就业能力、年龄偏大的移民困难人群已纳入困难扶助。特别是重庆库区出台了农转非移民养老保险政策，对农转非移民养老保险进行补助，解决了这部分移民的后顾之忧。四是加大地方财政资金的倾斜力度，库区地方政府进一步加大向三峡库区和移民安置区财政性资金倾斜，把移民工作纳入地方经济社会发展规划，统筹解决移民问题，湖北省组织宜昌等市、县、区下大力气，争取投资2.96亿元，切实解决了长期困扰的三峡坝区移民安置中的遗留问题。五是建立健全库区地质灾害监测预警系统和应急处置机制，库区地方政府通过积极实施二期、三期库区地质灾害防治工程治理工作，有效治理了对移民迁建城镇安全构成较大威胁的崩滑体，有效实施了避险搬迁，对不稳定岸坡进行了初步防护，建立了专业监测预警系统、群测群防监测预警系统和地质灾害应急处置机制，实施了有效的监测预警和应急处置，对保障移民群众生命财产安全以及库区重要基础设施的正常运行和长江航运的安全发挥了重要作用。

（2）大力开发旅游资源和发展旅游产业。

一是建成了一批知名旅游景区景点，接待能力显著增强，库区周边及长江沿线大旅游市场格局建设步伐不断加快，库区旅游持续向好。2011年三峡库区19县（区）旅游总收入达255亿元，是2008年2.79倍，年复合增长率为40.7%；重庆库区2011年接待游客人次，比上年增长45.3%；2008—2012年试验性蓄水期间，湖北宜昌市旅游人次累计8318万人次，年均增长率27.7%；三峡大坝旅游区游客接待数量累计达到705万人，年均增长率达到17.9%。二是加强消落区治理，湖北、重庆两省（直辖市）采取了“五控制”（禁止堆放填埋危险废弃物、禁止掩埋动物尸体、禁止引入动植物、禁止新改建排污口、禁止弃土弃渣）和防控“八乱”（乱搭乱建、乱倒乱堆、乱填乱挖、乱栽乱种）等措施，集中整治污染消落区的行为；2012年12月重庆市颁布了《重庆市三峡水库消落区管理暂行办法》，就消落区管理、保护和使用做了明确规定；重庆开县积极探索以桑树种植为主，多元化利用，并在不同区位配置其他适生植物的立体、生态经济功能健全的消落带复合生态经营模式，效果良好。三是加强生态环境建设与保护，三峡库区实施生态环境保护“7+1”试点示范项目25个（未含科研类项目），已完建22个，在建项目3个，完建项目实施效果良好，预期目标基本实现；地方政府持续对三峡水库水面漂浮物进行清理，已累计打捞101.07万t（不含坝区、重庆主城区）；加强饮用水源地保护，关闭污染企业147家、市政排污口50处，对45家排污不达标的企业进行了停产整顿；整治了水库网箱投饵养殖行为，共取缔水库网箱养殖91.04万m^2、网箱39649口，切实保护水库水质；此外，还通过生态恢复、生态廊道建设、污染防治等综合措施，提高水库生态系统的整体服务功能。

（3）积极促进库区劳动力转移。

加大培训力度，提高库区劳动力素质和能力，引导和帮助库区移民有序外出就业，通过劳动力转移带动库区人口转移。如重庆库区建成移民培训就业基地15个，发展国家级和市级重点中等职业学校32所，累计培训各类移民28.6万次，资助5.8万名移民接受中职学历教育，累计帮助移民“零就业”家庭9809户11743人实现了就业，培训培育移民创业带头人7014人、致富带头人4524名、劳务经纪人1004人，带动43296名移民就业。湖北省通过开展农业实用技术培训、库区县中职学校免费培训移民子女等方式，加强移民培训，开展劳务输出，促进移民就业和增收。

库区旅游业取得了较大的发展，劳务输出规模不断加大，带动了库区人口转移，但推进旅游业发展和人口转移战略的力度还需要进一步加大。据调查，库区三次产业比重从2008年的13.7∶46.9∶39.4调整为2011年的10.9∶55.1∶34.0，2008年以来库区一些县（区）三次产业中第三产业占比呈现出下降的趋势，库区旅游业发展潜力还未得到充分发挥，在带动库区经济社会发展方面贡献不足。2008年以来，三峡工程湖北库区人口密度变化不大，重庆库区巫山、巫溪、奉节、云阳、开县、忠县、石柱、丰都、武隆等9个县人口密度从2008年的205人/km^2减少到2011年的200人/km^2，人口转移取得一定成效。

三、试验性蓄水安全监测与防范工作情况

按照“中央统一领导，国务院有关部门监督指导，湖北省、重庆市具体负责”的三峡工程建设期水库运行维护管理体制，国务院三峡工程建设委员会办公室，湖北省、重庆市高度重视三峡工程试验性蓄水工作，加强协调指导和监督检查，库区各县（区）强化责任落实，建立健全工作机制，多方筹措资金，周密安排部署，狠抓措施落实，强化安全监测防范，及时对水库试验性蓄水运行对库周群众的影响进行了处理，保障了受影响群众的生命财产安全，确保了三峡工程试验性蓄水水库运行安全和库区社会稳定。

（一）加强组织领导，切实落实责任

1. 加强领导

国务院三峡工程建设委员会办公室在国务院三峡工程建设委员会领导下，每年都召开专题工作会议，研究部署试验性蓄水安全监测和防范工作。湖北、重庆两省（直辖市）人民政府都成立了由主管副省长（副市长）担任组长、政府副秘书长和移民局局长任副组长以及国土、交通、环保、水利、卫生、地震等部门组成的三峡水库管理领导小组，切实加强对三峡工程试验性蓄水工作的组织领导。库区各级党委、政府也由党委、政府主要领导任组长，成立相应机构加强对试验性蓄水工作安全监测与防范工作的领导。

2. 落实责任

湖北、重庆两省（直辖市）按照“分级负责、属地管理”和“谁主管、谁负责”的原则，将蓄水安全责任逐级细化分解，实施水库安全目标考核制，全面落实“以块为主、条块结合、上下衔接、左右协调、全面覆盖”的安全责任机制，严格执行行政首长负责制和部门行政一把手领导责任制，实行蓄水安全“一票否决”。

3. 强化宣传

库区各县区政府通过广播、电视、宣传车、印发公开信、发放安全明白卡、设置安全警示标志等方式，在库区广泛开展安全宣传，增强群众安全防范意识和自我保护能力；组织开展监测预警与应急抢险专业知识培训，举办安全监测预警及应急处置工作培训班、水库安全管理培训班，培训安全监测专兼职人员，进一步提升人员监测预警和应急抢险能力水平。

（二）建立健全机制，强化监测防范

1. 建立蓄水安全监测预警工作机制，强化监测预警

实行群测群防和专业监测相结合的工作机制，库区各级政府建立了县、乡、村、监测员四级群测群防监测预警网络，充分调动库区群众积极参与，对库岸变形、居住安全、饮水安全、消落区环境等开展监测。在群测群防监测预警网络基础上，对重点区域、重点安全隐患点组织开展专业监测，并组织、聘请技术专家驻守库区县（区），配合职能部门做好技术服务和指导工作。如湖北省在三峡库区 17 个乡镇 256 个村设立了 550 个地质灾害专业及群测群防监测站点，长期聘用 700 多名监测员进行巡查监测；在长江干流和 8 条一级支流设立了 17 个监测断面，在水华易发季节（3—10 月）每月开展“水华”预警监测和巡查。重庆市落实近 200 名专家和技术人员常年驻守开展专业监测，委托 16 支专业地勘队伍，以“两城七镇”为重点，开展地灾隐患监测预警；同时，落实 6210 名监测员和村社干部直接参与群测群防，全天候监测库区 2547 处地灾点，切实做到监测全覆盖。

2. 建立蓄水安全排查巡查工作机制，强化隐患排查

每年三峡工程试验性蓄水前，库区各级政府坚持开展“拉网式”大排查，一是检查各级政府、职能部门蓄水安全监测防范工作落实情况，查找不足、及时整改；二是对长江干支流两岸重点城集镇、人口密集区地质灾害隐患点、房屋、建筑物、临水道路、码头、港口、桥梁、航道设施、饮用水源等进行全面排查，摸清安全隐患点，落实处置与安全监测措施，确保不留安全死角。如重庆通过实施“五查五看”和“分段死守、重点盯防”，全面开展日常巡查排查，切实做到不留死角，及时消除安全隐患；三是严格执行蓄水安全应急值守，库区各级政府、职能部门建立了 24 小时值班制度，实行信息日报制度，重大事项、安全事故及时上报制度，确保发现及时、报告及时。

3. 建立蓄水安全信息发布制度，强化信息共享

湖北、重庆两省（直辖市）与三峡水库调度管理单位沟通信息，及时发布水位、水情信息。第一时间上报蓄水安全险情信息，使各级政府水库管理联席会议成员单位信息共享，及时互相通报蓄水安全相关信息，全面、详细掌握试验性蓄水安全监测与防范工作情况。一旦蓄水期间出现重大事项、安全事故等异常情况，发生特别重大险情时，县（区）政府通过电视台、电台、报刊、网络等媒体和手机短信等方式向社会发布，保障信息的通畅，第一时间让周边涉险群众周知。

（三）多方筹措资金，狠抓措施落实

1. 多方筹措资金

国务院三峡工程建设委员会办公室和湖北、重庆两省（直辖市）各级政府积极多渠道筹措安排蓄水应急处置专项资金。据初步统计，蓄水运行期间，共安排专项资金约11.63亿元。一是国务院三峡工程建设委员会办公室安排中央统筹移民资金6.6亿元，其中安排2008年试验性蓄水影响处理补偿补助投资5.3亿元，安排2008—2012年应急处置专项资金1.3亿元，用于蓄水安全监测防范工作及受影响应急处置经费；二是国家安排三峡后续工作资金2.59亿元，用于2009—2011年试验性蓄水影响处理补偿补助；三是两省（直辖市）安排三峡水库库区基金0.4亿元，主要用于水库漂浮垃圾清理日常作业经费和库区渡运补贴；四是库区县（区）使用移民包干资金和其他资金约2亿元，主要用于蓄水受影响人口搬迁安置补偿、周转过渡补助，蓄水安全监测防范经费、渡运补贴等方面。

2. 严格监督检查

国务院三峡工程建设委员会办公室和湖北、重庆两省（直辖市）每年组织巡查组，深入库区和移民安置区对蓄水安全监测防范工作开展巡查，督促指导做好蓄水安全监测和防范处理工作，安排专项补偿、补助资金，及时研究协调解决试验性蓄水运行出现的困难和问题。库区各县（区）人民政府建立了水库管理联席会议制度、水库安全管理联合执法制度，强化部门协作联动机制，加强安全防范，努力确保万无一失。

3. 强化应急处置

库区各县（区）政府都制定和完善了蓄水引起的地灾、交通、环保、防疫、移民稳定等各项应急处置预案，制定了详细的工作方案；注重军地结合、专业队伍与群众队伍相结合，成立了应急抢险救援队伍并适时充实完善，做好应急救援与装备保障，不定期组织开展联合应急演练，不断提高紧急状态下快速反应、协同作战和应急处置能力。

四、试验性蓄水对库区移民群众生产生活影响情况

三峡工程试验性蓄水以来，库区移民工程经受了蓄水的初步检验，运行总体安全，功能正常发挥。但是，三峡工程试验性蓄水也对库周移民群众生产生活带来一些影响，主要包括库岸再造（库岸坍塌与崩滑体变形，下同）和库区少数支流回水区发生水体富营养化、库区部分支流发生群众交通困难等影响。

（一）库岸再造及其影响情况

1. 库岸再造情况

据统计，三峡工程试验性蓄水期间（2008 年 9 月 28 日—2012 年 12 月 31 日，下同），库区共发生库岸坍塌 344 处、发生次数 381 次，其中 1 处连续 3 年发生坍塌，35 处连续 2 年发生坍塌，塌岸长约 54km，占三峡水库岸线总长 5711km 的 0.9%；库区发生崩滑体变形 342 处、发生变形 414 次，其中 1 处连续 3 年发生变形，70 处连续 2 年发生变形。2008—2012 年三峡水库库岸再造呈以下特点。

（1）库岸再造发生处数和规模总体呈逐年下降趋势。2008 年库岸坍塌、崩滑体变形共 504 处；2009 年库岸坍塌、崩滑体变形共 223 处，是 2008 年的 44%；2010 年库岸坍塌、崩滑体变形共 18 处，是 2008 年的 4%；2011 年库岸坍塌、崩滑体变形共 43 处，虽高于 2010 年，但也仅是 2008 年的 8%；2012 年试验性蓄水不满一个蓄水周期未纳入分析。分年库岸坍塌、崩滑体变形处数变化详见图 1。

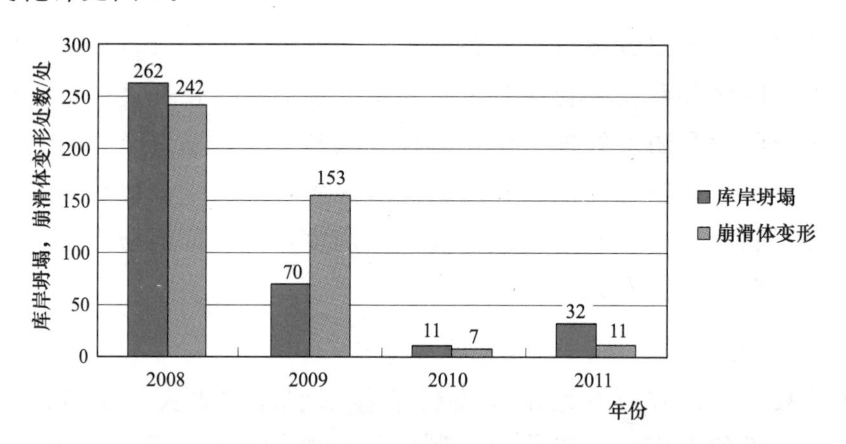

图 1　2008—2011 年三峡工程试验性蓄水库岸坍塌、崩滑体变形处数

其中：2008 年库岸坍塌面积 1616.06 亩、崩滑体变形面积 23982.50 亩，2009 年库岸坍塌面积 842.23 亩、崩滑体变形面积 16018.69 亩，是 2008 年的 52.12%、66.79%；2010 年库岸坍塌面积 184.58 亩、崩滑体变形面积 352.94 亩，是 2008 年的 11.42%、1.47%；2011 年库岸坍塌面积 49.84 亩、崩滑体变形面积 1272.38 亩，是 2008 年的 3.08%、5.31%。分年库岸坍塌、崩滑体变形规模变化详见图 2。

（2）崩滑体以局部变形为主，整体变形次之，少数失稳垮塌。2008—2012 年试验性蓄水，库区发生崩滑体变形 342 处中（不含历年重复发生处数），局部滑移、沉降的崩滑体 275 处，占总处数的 80.41%，变形区面积 26363.92

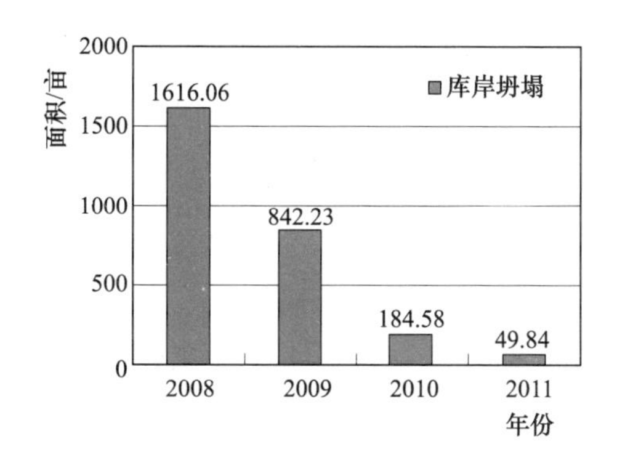

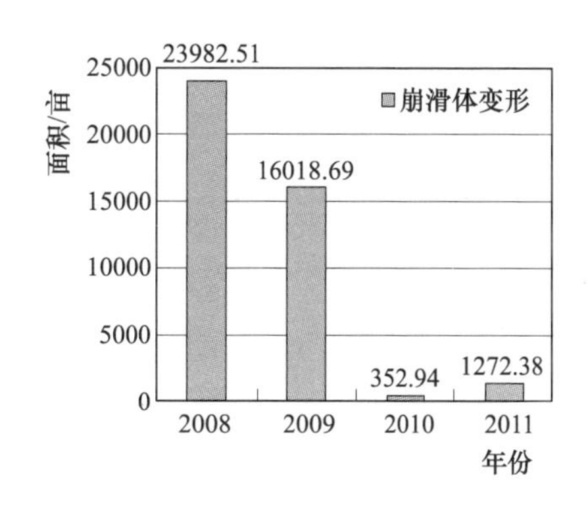

图 2　2008—2011 年试验性蓄水库岸坍塌、崩滑体变形规模

亩；整体变形的崩滑体 55 处，占总处数的 16.08%，变形区面积 4649.36 亩；失稳垮塌的崩滑体共 12 处，占总处数的 3.51%，垮塌面积 2117.70 亩，其中规模较大的有秭归县北泥儿湾滑坡、巫山县李家坡滑坡、奉节县土狗子洞滑坡体、曾家棚滑坡等。2008—2012 年试验性蓄水崩滑体变形程度对比见图 3。

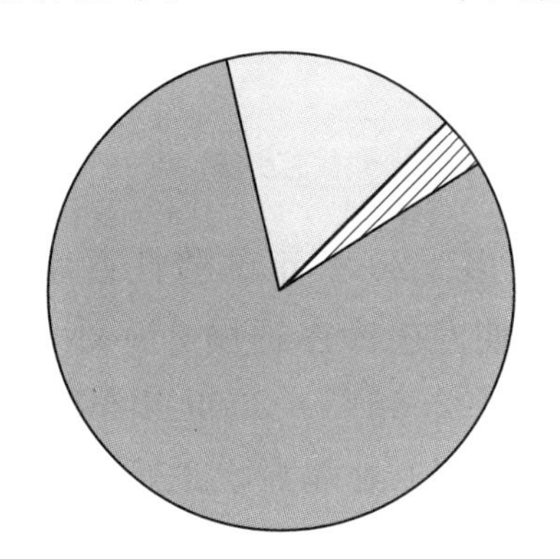

图 3　2008—2012 年试验性蓄水崩滑体变形程度对比图

（3）崩滑体变形多集中在干支流库中至库首段，库岸坍塌多出现在库尾段。主要原因是库中至库首段水位从 145～175m 涨落约 30m，且库岸地势陡峭、山体坡角大，受库水渗透和侵蚀影响，易出现崩滑体变形；干支流库尾段库周地势相对平缓，属砂土、粉质砂土库岸，土层堆积较厚，易出现库岸坍塌。

（4）库岸再造活动呈现高水位时段多，低水位时段少。如：2008 年试验性蓄水，库区发生库岸坍塌、崩滑体变形共 504 处，其中 10—11 月（坝前水位 165m 以上）发生库岸坍塌、崩滑体变形 374 处，占当年总处数的 74%；2010 年试验性蓄水，库区发生库岸坍塌、崩滑体变形共 18 处，其中 10—12 月发生 10 处，占当年总处数的 56%；2011 年试验性蓄水，库区发生坍岸、崩滑体变形共 43 处，其中 10—12 月发生塌岸、崩滑体变形 31 处，占当年总处数的 72%。2008 年、2010 年、2011 年试验性蓄水高水位与低水位时段库岸再造活动比例见图 4。

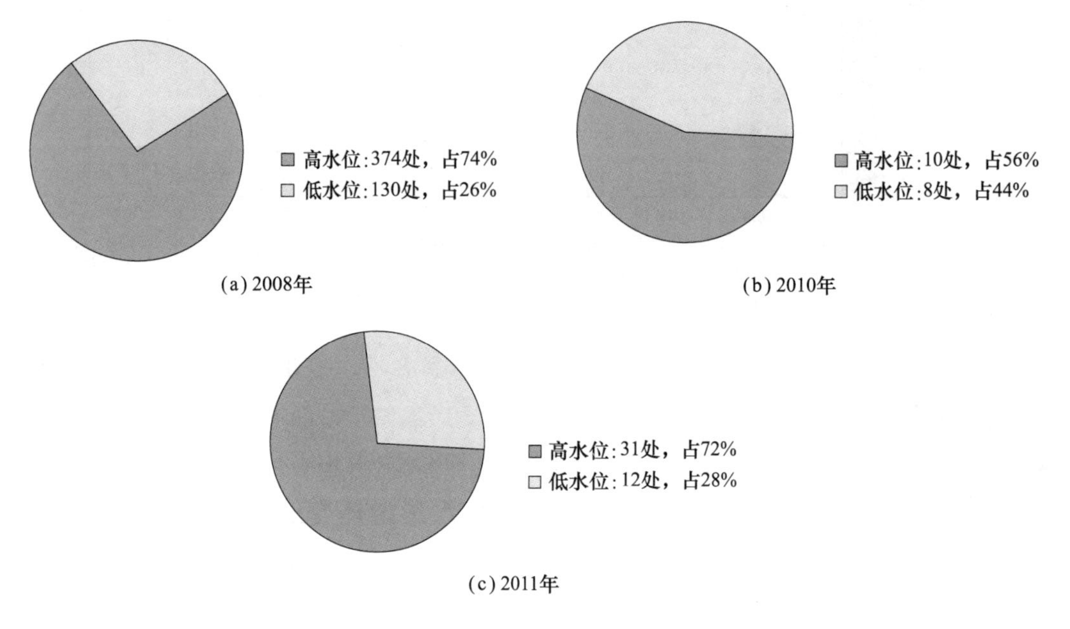

图 4　高水位与低水位库岸再造活动处数对比图

（5）涨水期库岸再造活动相对退水期多。2008 年试验性蓄水发生库岸坍塌 262 处、崩滑体变形 242 处，其中涨水期发生库岸坍塌 250 处、崩滑体变形 224 处，分别占当年发生处数的 95.41%、92.56%；2009 年试验性蓄水发生库岸坍塌 70 处、崩滑体变形 153 处，其中仅 1 处塌岸、2 处崩滑体变形发生在退水期间；2010 年试验性蓄水发生库岸坍塌 11 处、崩滑体变形 7 处，其中退水期仅发生库岸坍塌 2 处、崩滑体变形 1 处；2011 年试验性蓄水发生库岸坍塌 32 处、崩滑体变形 11 处，其中退水期发生塌岸 3 处、崩滑体变形 6 处。

（6）水库蓄水位快速抬高或降低的时段，发生坍岸、崩滑体变形情况相对较多。如 2008 年试验性蓄水涨水期 10 月底至 11 月，库水位急速抬高，日均涨幅 1m 以上，同时期库区共发生库岸坍塌、崩滑体变形共 374 处，占全年总数的 70%以上，而 2008 年 12 月—2009 年 1 月坝前水位缓慢下降，库区发生坍岸、崩滑体变形共 15 处，活动频率相对较低。2012 年 5 月 7 日至 5 月下旬，三峡水库实施减淤调度，坝前水位日均下降约 0.5m，半个月内库区发生崩滑体变形 3 处，其中有 1 处整体垮塌。

2. 库岸再造影响情况

库岸再造影响涉及库周群众居住安全、交通安全、饮水安全、其他专项设施运行安全和耕园地受损等 5 个方面。据统计，因库岸再造居住安全受影响人

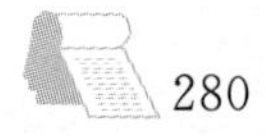

口 13230 人，受影响房屋 66.97 万 m^2，交通设施受损 293 处，饮水设施受损 15 处，电力、通信、广播等其他设施受损 138 处，耕园地毁损 2607 亩。

（1）居住安全受影响情况。

因库岸再造影响，涉及湖北、重庆两省（直辖市）20 县（区）、124 个乡镇、367 个行政村 13230 人（其中湖北省 2531 人，重庆市 10699 人），房屋 66.97 万 m^2。居住安全受影响呈以下特点。

一是居住安全受影响情况逐年减少。2008—2012 年三峡工程试验性蓄水居住安全受影响共避险撤离 13230 人、房屋面积 66.97m^2，其中 2008 年居住安全受影响避险应急撤离人口 5500 人、房屋面积 30.90 万 m^2，分别占 41.57%、46.14%；2009 年应急避险撤离人口 3744 人、房屋面积 16.94 万 m^2，分别占 28.30%、25.29%；2010 年应急避险撤离人口 3029 人、房屋面积 14.22 万 m^2，分别占 22.90%、21.23%；2011 年应急避险撤离人口 851 人、房屋面积 4.37 万 m^2，分别占 6.43%、6.53%。2012 年 9—12 月应急避险撤离人口 106 人、房屋面积 0.54 万 m^2，分别占 0.80%、0.81%。2008—2011 年避险撤离人口数量对比图见图 5。

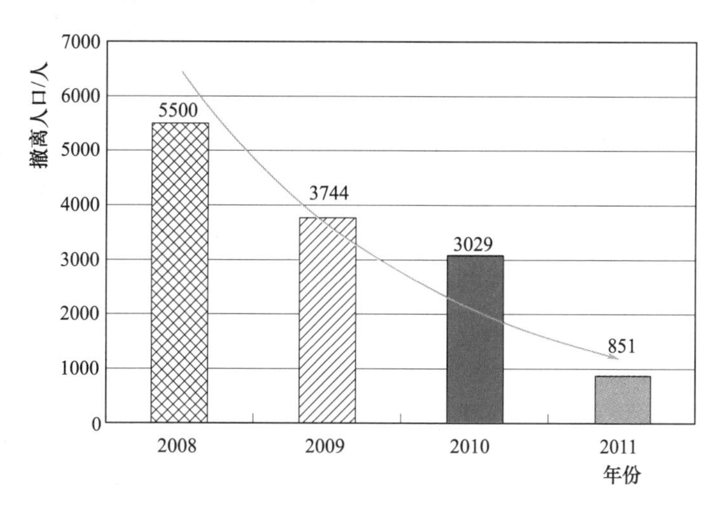

图 5　2008—2011 年避险撤离人口数量对比图

二是居住安全受影响人口多集中在农村区域，城镇受影响人口集中在回填区和未治理库岸。2008—2012 年试验性蓄水，库区应急避险撤离居住安全受影响人口和房屋中，其中农村居民 9920 人、房屋面积 46.30 万 m^2，分别占 75%、69%；城镇居民 3310 人（含工矿企业职工）、房屋面积 20.67 万 m^2，分别占 25%、31%，受影响的城镇居民主要集中在库岸回填区和未治理库岸，其中县城（城市）受影响人口 1325 人均发生在 2008—2010 年试验性蓄水期间，2011 年、2012 年蓄水期间未发现居住安全受影响问题（图 6）。

三是居住安全受影响的房屋大部分变形严重，失去安全居住功能。2008—2012年试验性蓄水居住安全受影响的人口和房屋中，房屋垮塌、严重变形失去安全居住功能的 61.70 万 m^2、涉及居住安全受影响人口 12042 人，分别占 92.13％、91.02％；房屋轻微变形或未变形，暂不影响安全居住功能的 5.27 万 m^2，涉及居住安全受影响人口 1188 人，分别占 7.87％、8.98％。

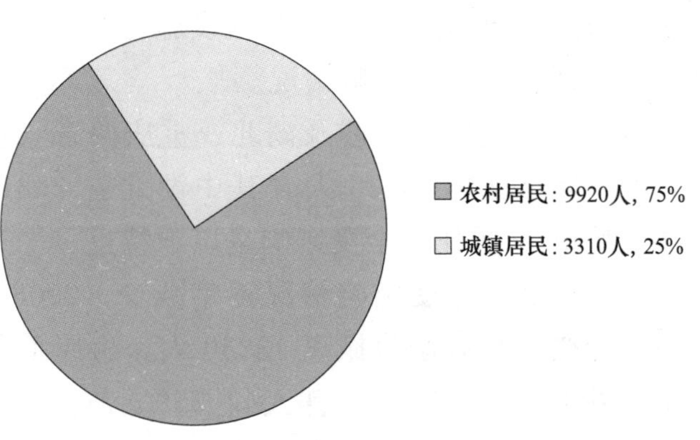

图 6　2008—2012 年避险撤离农村居民与城镇居民数量对比图

（2）交通安全受影响情况。

因库岸再造影响，交通设施受损 293 处（湖北 150 处、重庆 143 处），其中道路 242 处、62.51km，桥梁 8 处，码头 31 处，渡口停靠点 12 处。涉及湖北、重庆两省（直辖市）18 县（区）、80 个乡镇、149 个村的交通安全。交通设施受损呈以下特点。

一是交通设施受损的处数、规模逐年减少。受损交通道路 242 处、62.52km 中，2008 年受损 107 处，长 41.36km，分别占 44.21％、66.15％；2009 年受损道路 98 处、14.89km，分别占 40.50％、23.82％；2010 年受损道路 25 处、长 5.58km，分别占 10.33％、8.93％；2011 年受损道路 8 处、长 0.55km，分别占 3.31％、0.88％；2012 年受损道路 4 处、长 0.13km，分别占 1.65％、0.21％（图 7）。

受损桥梁 8 处中，2009 年受损 1 处，占 12.50％；2010 年受损 5 处，占 62.50％；2012 年受损 2 处，占 25.00％。

受损码头 31 处中，2008 年受损 28 处，占 90.32％；2009 年受损 2 处，占 6.45％；2011 年受损 1 处，占 3.23％。

受损人行渡口停靠点 12 处中，2008 年受损 7 处、占 58.33％，2010 年受损 5 处、占 41.67％。

二是受损交通设施，以局部垮塌或严重变形影响交通功能的为主。受损严重的道路 215 处、长 58.77km，分别占受损数量的 88.84％、94.02％；桥梁 8 处，占 100.00％；码头渡口 31 处，占 100.00％；停靠点 7 处，占 58.33％。其余为轻微变形、受损，对交通功能影响不大。

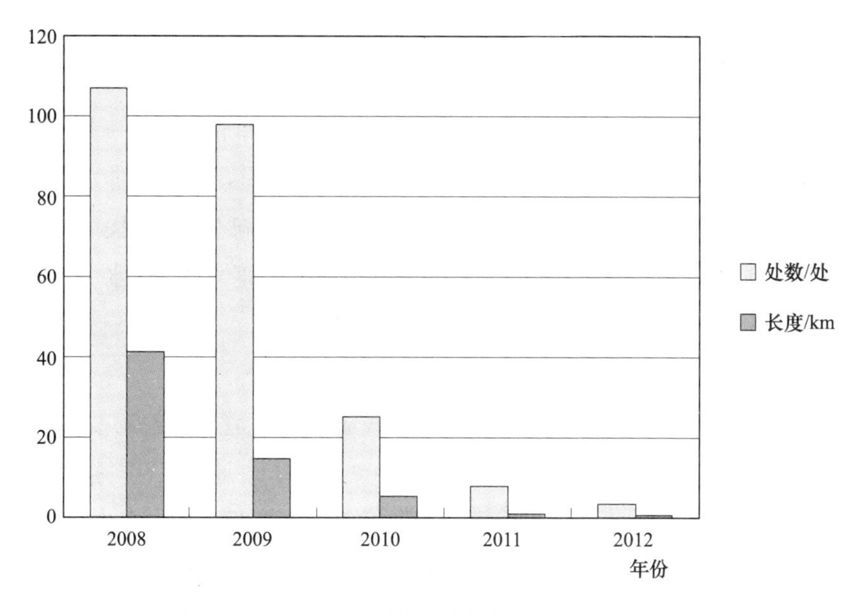

图 7 2008—2012 年受损道路处数、长度对比情况图

三是交通设施受损总体规模不大，影响范围小。三峡库区共复建交通道路5200多km，因库岸再造受损的道路62.52km，仅占1.2%，影响范围和程度不大。

（3）耕园地受影响情况。

因库岸再造损毁淹没线上耕园地2607.08亩（湖北库区489.85亩、重庆库区2117.23亩），涉及湖北、重庆两省（直辖市）19县（区）62个乡镇、161个村，其中，2008年毁损土地1984.11亩、2009年毁损土地160.03亩、2010年毁损土地230.10亩、2011年毁损土地228.83亩、2012年9—12月毁损土地4亩（图8）。耕园地毁损总体呈逐年下降趋势。

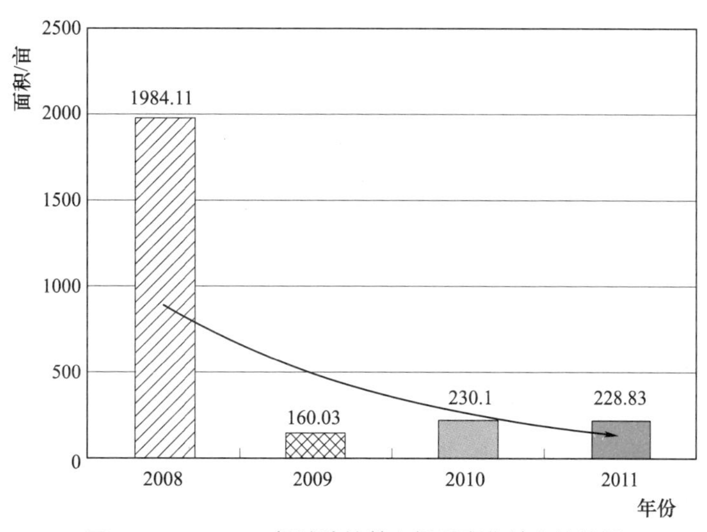

图 8 2008—2011 年试验性蓄水损毁有收益土地情况

(4) 饮水安全受影响情况。

因库岸再造影响，库区先后有15处供水设施受损，涉及10个县（区）11个乡镇、24个村。饮水安全受影响主要包括两种情况：一是部分城镇自来水厂取水设备未根据水位变化及时调整设备高程，造成抽水设备进水受淹；二是受库岸变形影响，沿江供水管道受损，影响少数居民饮水。如夷陵区太平溪集镇供水管局部断裂，涪陵自来水公司李渡水厂取水口防护设施受损等。

(5) 其他设施受影响情况。

因库岸再造影响，库区共有138处线路、管道等设施受损、受影响（湖北库区73处、重庆库区65处），其中，电力、通信、广播线路74处、93.93km，均严重受损变形，影响正常供电、通信；污水处理、航道设施、临水构筑物等其他设施64处，其中严重受损需修复处理的56处、轻微变形8处。涉及湖北、重庆两省（直辖市）16县（区）、76个乡镇、141个村。

线路、管道等设施受损呈逐年下降趋势。受损的电力、通信、广播线路2008年为70处、89.28km，占94.59%、95.05%；2009年为4处、4.65km，占5.41%、4.95%；2010—2012年试验性蓄水期间未出现该类问题。受损污水处理、航道设施、临水构筑物中，2008年为34处、占53.13%；2009年为15处、占23.44%；2010年为9处、占14.06%；2011年为5处、占7.81%；2012年为1处、占1.56%。

（二）库区少数支流回水区发生水体富营养化情况

三峡工程高水位（170m以上）运行时，受蓄水顶托水体流速变缓影响，水体自净能力减弱，局部地区水质阶段性下降7处，少数支流回水区局部库段、局部时段（每年10月至次年2月初）水体富营养化，其中部分发生水体富营养化的河段涉及饮用水源地取水点，特别是支流的部分集镇水厂处理工艺简单，农村区域安全水源地和供水设备配套不足，形成水质性缺水，造成部分人畜饮水困难。如2010年11月至12月中旬，巴东县平阳坝水域出现蓝藻水华；2011年10月底，巴南区五布河河口至以上河段约5km范围出现绿藻，木洞集镇自来水厂取水口水质下降；2011年12月初至2012年1月上旬，开县东河、南河，以及澎溪河支流肖家沟等局部水域水质下降，影响丰乐街道一处自来水厂取水点，镇安、金峰等乡镇11口线上水井因库水渗透导致井水水质下降；香溪河和神农溪两条支流受长江干流回水顶托，回水末端水体自净能力减弱呈富营养化，部分群众饮水安全受到影响。

（三）库区部分支流发生群众交通困难情况

一是2008—2012年试验性蓄水期间，因水位抬升、水面变宽、库汊延伸，造成支流周边部分群众过河耕作、物资运输、学生上学等出行受到影响，加大了生产生活成本；同时，水上交通工具也存在安全不达标等问题，给库周移民群众的生命财产安全留下隐患。二是2008年蓄水初期，部分跨支流的线路净空高度不能满足通航要求，主要包括电力线路19处、49.19km，通信线路19处、38.30km，广播线4处、3.90km。

（四）2008年首次试验性蓄水期间因移民工程未完工带来的影响

一是因库区少量永久性供水工程未完工、功能不配套，居民依赖的淹没线下饮水设施被淹没，造成少数居民饮水困难。如开县、长寿、南岸等3县（区）部分村组391口线下水井、4个线下抽水站受淹，线上饮水设施未完工，造成少数居民饮水困难；忠县县城临江自来水主管网加固工程和丰都县城南、北岸水源恢复工程在建，影响县城居民饮水。二是首次试验性蓄水期间，有89处淹没线下的交通设施受到影响。

（五）水库蓄水带来的其他影响

一是水库蓄水高水位运行时，干支流库尾受库水顶托、风浪、降雨、上游来水等因素综合影响，库区部分县（区）反映库尾一些土地征收线上的耕园地受库水浸润影响，局部时段土壤含水量高，影响农作物生长，耕种的农作物很多没有收成。如兴山县反映古夫镇受影响耕园地15.64亩受浸润影响耕种，深渡河村1组30多户群众多次上访要求补偿；开县等其他处于干支流库尾的县（区）也存在类似情况。二是耕园地临时淹没问题。2008年10月底至11月上旬，三峡工程在172m左右运行期间，受长江上游持续大范围降雨和上游大型水库泄洪影响，水库入库流量明显增大，造成三峡库区嘉陵江库尾和乌江库尾共有782.72亩土地临时被淹，共涉及重庆市渝北、武隆2县（区），6个乡镇20个村；2011年10月底至11月上旬，三峡水库坝前水位在174.99～175.10m间运行，因部分支流来水量超过5年一遇洪水，同时受库水顶托影响，局部时段水位超过土地征收线，共造成支流1756.91亩耕地临时受淹，共涉及湖北省、重庆市10县（区）、25个乡镇、80个村。

五、试验性蓄水对库区群众生产生活影响处理情况

国务院三峡工程建设委员会办公室和湖北、重庆两省（直辖市）库区各级

地方政府高度重视三峡工程试验性蓄水影响处理工作，妥善处理了试验性蓄水运行引起的库岸再造、库区少数支流回水区发生水体富营养化和库区部分支流发生群众交通困难等问题，保障了受影响群众的生命财产安全，维护了库区社会稳定，为三峡工程试验性蓄水安全创造了条件。

（一）库岸再造影响处理情况

1. 居住安全受影响处理情况

地方政府委托有资质的专业机构对居住安全受影响人口房屋开展了安全鉴定工作，对居住安全受影响的13230人分别采取避险撤离、搬迁安置、周转过渡、安全监测等方式进行了妥善安排。

（1）搬迁安置8292人（占影响人口的63%），还建房屋42.73万m^2。其中，湖北1618人，还建房屋8.95万m^2；重庆6674人，还建房屋33.78万m^2。按安置去向划分，农村后靠安置3808人，县城安置2533人，集镇安置1951人。按建房方式划分，采取自建和联户自建等方式安置3471人，采取购房、投亲靠友等一次性补偿方式安置4821人。这些影响人口参照三峡库区移民的搬迁补偿补助标准实施搬迁安置。居住区基础设施、公共服务设施基本配套。

（2）周转过渡安置3750人（占影响人口的28%），其中湖北698人、重庆3052人。这些影响人口与乡镇政府签订了周转过渡协议，主要采取自主租房、投亲靠友方式过渡，极少数人口由政府统一安排过渡，由当地政府定期发放过渡期租房补助、生活补助费。按周转过渡去向划分，农村后靠周转过渡1619人，城镇周转过渡2007人，出县（区）周转过渡124人。

（3）原址监测居住1188人（占影响人口的9%），其中湖北215人、重庆973人。这些影响人口在水库蓄水期短暂避险撤离或定期周转过渡后，已返回原址居住。为确保这部分居民的生命财产安全，各县（区）均落实了专业监测或群测群防监测措施，加强了安全宣传，发放了安全明白卡，制定了应急处置预案。

周转过渡安置和原址监测居住人口未完成搬迁安置主要原因是：随着三峡后续工作启动，水库蓄水影响人口列为后续工作地质灾害避险搬迁任务，而三峡后续工作地质灾害避险搬迁安置补偿、补助标准尚在研究中，不具备实施依据和条件；2012年度已经安排的175m试验性蓄水影响补偿补助项目尚在逐级落实之中。

2. 交通安全受影响处理情况

库区受损的293处交通设施中，地方政府通过工程措施对261处（占总量

的 89.08%）变形严重、功能受影响设施及时实施了修复处理，其中包括道路 215 段 58.77km、桥梁 8 处、码头渡口 31 处及停靠点 7 处，确保了群众出行安全；对 32 处（占总量的 10.92%）轻微变形、使用功能影响不大的设施，其中包括道路 27 处 3.74km、停靠点 5 处，实施了交通安全管制，落实了安全监测措施，设置了警示标识牌，保障了正常使用。

3. 耕园地受影响处理情况

库周受影响的 2607.08 亩耕园地中，2008 年损毁的 1839.15 亩耕园地已经用移民资金实施了补偿补助，补偿补助资金已兑付到村组；2009—2011 年试验性蓄水期间毁损的 767.93 亩耕地已纳入后续三峡工作 2012 年计划任务，补偿资金来源已落实，目前尚未兑现。

4. 饮水及其他设施受影响处理情况

（1）对于 15 处受蓄水影响的供水设施，有关县（区）已及时对受损供水设施全部实施了修复、加固处理，恢复了正常供水。

（2）对于 138 处受影响的电力、通信、广播电视、管道等设施，已进行了相应处理。其中，130 处（占总量的 94%）已妥善修复处理，特别是受损的电力、通信、广播设施，沿江污水收集管道、燃气管道等及时进行了修复处理、恢复功能；8 处（占总量的 6%）库岸护坡、堡坎、挡墙等沿岸构筑物轻微受损，在安全监测下使用，待变形稳定后，修复处理。

（二）库区少数支流回水区发生水体富营养化处理情况

库区各县（区）通过实施水面漂浮物清理、开展库区卫生环境整治和探索水华治理方法等一系列措施，努力解决水体富营养化问题。并通过药物消毒净化处理或从临近区域取水、购水等方式，解决受影响期间库区居民的饮水困难问题。

1. 清理水面漂浮垃圾，保护水库水质

试验性蓄水期间，湖北、重庆两省（直辖市）及库区县（区）政府积极筹措资金，加大漂浮物的打捞频率，基本保证了库区干支流水面清洁。据各县（区）市政环卫部门初步统计，库区各县（区）共清理水面漂浮物 101.07 万 t（不含坝区、重庆主城区），漂浮物经分选晒干后，运到 175m 线上进行了无害化处理。

2. 开展库区卫生环境整治，控制污染源

湖北、重庆两省（直辖市）采取了“五控制”和防控“八乱”等措施，集中整治污染消落区的行为。库区各区县政府严格控制水源保护区的污染源，清

理了库区工业污染源、市政排污口等，对污染源安装了在线监测或监控设备，关闭污染企业 147 家、市政排污口 50 处，对 45 家排污不达标的企业进行了停产整顿；整治了水库网箱投饵养殖行为，共取缔水库网箱养殖 91.04 万 m^2、网箱 39649 口，保护水库水质。

3. 研究水华治理方式

自 2007 年以来，三峡库区开展了支流水华应急处置和干支流增殖放流及监测等生态环境建设与保护试点示范工作，如实施了香溪河水华应急处置项目、小江流域水华应急处置项目、香溪河支流鱼类增殖放流示范推广项目等，探索通过生物处理方式改善水体环境，降低水华发生。特别是香溪河支流鱼类增殖放流示范项目自 2011 年实施以来，两年未发生水华现象，取得了较好的效果。

（三）库区部分支流群众交通困难处理情况

（1）对于水库蓄水后库汊延伸、水面变宽造成群众出行不便、出行交通工具安全不达标等问题，地方政府采取临时措施恢复和改善交通功能，每年设置临时性渡口 66～69 处，发放渡运补贴，检查渡运船只安全性能，对不符合安全标准的船只实施了改造，或开展渡口改造、渡改桥等工作，缓解了库区群众的出行困难问题。如蓄水期间湖北库区县（区）政府共增设 6 个义渡码头，每年投入 500 多万元免费渡运群众和学生过河、运输生产资料和物资。

（2）对于 2008 年发生的 42 处不满足通航净空要求的跨支流电力、广播、通信等线路问题，已于 2009 年全部拆除重建。

（3）主管部门对库区干支流桥梁净空进行了测量，完善了航道桥区、弯道、突嘴等重点部位设标工作，切实加强航道安全管理。

（四）2008 年首次蓄水期间因移民工程未完工带来的影响处理情况

一是对受影响的供水设施，在移民工程未完工期间，通过架设临时供水管道或供水车，解决居民在水库蓄水期间的用水问题；2009 年供水工程完工后，这些饮水困难问题已得到解决。二是对 89 处受影响交通设施，通过临时功能恢复措施满足了群众出行需要，2009 年其交通设施的复建工程已完建、功能已恢复；试验性蓄水期间，未发生一起蓄水影响交通安全事故。此外，对于 2008 年淹没线上临时淹没的耕园地 782.72 亩（嘉陵江、乌江库尾）已使用移民资金进行了补偿；2011 年水库部分支流临时淹没的 1756.91 亩耕园地，因受上游来水量超汛后 5 年一遇来水淹没标准，受淹时段未予补偿。

六、当前存在的困难和问题

三峡工程移民安置以及试验性蓄水运行对库区移民群众生产生活影响的处理工作，取得了很大的成绩，但也存在以下几个方面的问题需引起高度重视，抓紧研究解决。

（一）居住安全受影响人口中有4938人尚未完成永久搬迁安置，实行周转过渡和回原址监测居住

这部分影响人口涉及湖北、重庆两省（直辖市）19县（区）、82个乡镇、150个村，其中少数居民的房屋已垮塌，大部分房屋均出现不同程度的变形、裂缝，随着三峡水库运行，受库岸再造影响可能产生进一步的变形，存在安全隐患，特别是部分居民已周转过渡2～3年，生产发展受限，是潜在的不稳定因素。

（二）部分受蓄水影响的生产生活设施需进一步修复、加固和完善

三峡工程试验性蓄水期间，库区各级政府对受损、受影响的各类生产生活设施448处实施了处理、恢复了功能，对40处轻微变形、功能影响不大的项目实施了安全监测，基本满足库区群众生产、生活需要。但部分应急处理项目为简易处理，待沉降、变形稳定后，还需进一步修复或加固处理。

（三）土地浸润损失的补偿补助问题需尽快研究解决

水库蓄水高水位运行时，干支流库尾受库水顶托、风浪、降雨、上游来水等因素综合影响，库区部分县（区）反映一些土地征收线上的耕园地受库水浸润影响，局部时段土壤含水量高，影响农作物生长，耕种的农作物很多没有收成。该问题目前尚无统一的判定标准和补偿补助依据，未能得到妥善处理，库区受影响群众意见很大，需要尽快研究解决。

（四）部分桥梁存在船舶碰撞的安全隐患尚未消除

长江干流上部分跨江桥梁的桥墩未考虑防撞措施，影响桥梁安全，如万州、巴东长江大桥。

（五）库区部分集镇垃圾污水处理设施尚未正常运行

库区部分集镇垃圾处理和污水处理设施尚未形成良性运行维护机制，运行维护比较依赖国家投入，在“以补促提”和水污染防治规划项目专项补助政策到期以后，这些设施将因缺乏运行维护资金影响正常运行，一些设施设备将形成空置。

（六）水库安全运行维护与管理机制不完善

水库安全运行维护与管理涉及多个部门，目前三峡水库管理联席会议制度虽已启动，但部门联合执法工作机制不健全，联合执法能力有待提高；库区群策群防和专业监测及预警网络不健全；水库安全运行维护与管理资金来源未落实。

（七）移民安稳致富任务仍然繁重

目前，三峡工程库区农村移民人多地少的矛盾仍未得到有效解决；少部分城镇纯居民移民、占地移民和进城农村移民因第二、第三产业技能缺乏，安置小区（社区）区位偏僻，经营门面收益低，产业基础薄弱，居民收入增速缓慢；少数自谋职业安置农村移民因缺乏劳动技能，无生计门路，缺乏经济来源，安置不稳。营造三峡库区强势旅游产业和推进库区人口转移战略力度不够，影响了库区经济社会的可持续发展。

七、评估结论

（一）三峡工程库区移民安置总体上实现了规划目标

移民搬迁安置、城（集）镇迁建、工矿企业处理以及专业设施复（改）建等各类移民项目都达到或超过了规划目标；移民搬迁后的居住条件、生活环境以及移民安置区基础设施和公共服务设施明显改善；移民生产安置措施基本落实，生产扶持措施初见成效，移民收入水平逐步提高；库区移民工程经受住了试验性蓄水和自然灾害的考验，运行总体安全，功能正常发挥；库区经济社会快速发展，城乡面貌焕然一新，社会总体和谐稳定。

（二）三峡库区安全监测和防范工作为试验性蓄水提供了保障

国务院三峡工程建设委员会办公室、湖北省、重庆市高度重视三峡工程试验性蓄水工作，加强组织领导，及时协调指导和强化监督检查。库区各县（区）党委、政府切实落实责任，建立健全监测预警和应急处置机制，周密安排部署，科学应对，统筹协调各方力量及时对试验性蓄水对库区移民群众的影响进行了妥善处理，居住安全受影响群众未出现一起人员伤亡事故；干流水质总体保持在Ⅱ类标准，长江一级支流水质除局部地区局部时段水质下降外均保持在Ⅱ类或Ⅲ类标准，库区水质总体稳定和群众饮水安全，未出现大的突发公共卫生事件和疫情发生，有力地保障了受影响移民群众的生命财产安全和试验性蓄水的顺利进行。

（三）蓄水对库区移民群众生产生活的影响总体可控

由于移民安置规划要求移民搬迁至182.00m高程以上，实施了“两个调整”（农村移民外迁和工矿企业结构调整）和“两个防治”（水污染防治和地质灾害防治），并及时调整优化水库蓄水调度方案，三峡工程自2008年开展试验性蓄水运行以来，虽然对库区移民群众的生产生活造成了一定的影响，但总体上影响程度不大。2008年刚开始试验性蓄水时影响比较明显，但后几年呈现逐年下降的趋势。三峡工程库区地质条件复杂，水库蓄水运用后库岸再造将经历一个较长的过程，根据国内同类型水库库岸再造规律，其对库区移民群众生产生活的潜在影响将在较长时期存在。因地质灾害具有隐蔽性、突发性等显著特征，库区安全监测预警和防范任务较重。库区各级党委政府应高度重视，不断完善工作机制，加强监测防范，及时妥善处置蓄水影响问题。

（四）2008年阶段性评估建议正在逐步落实

2008年三峡工程可行性研究结论阶段性评估提出的建议得到了中央和地方政府的高度重视，正通过编制和实施三峡后续工作总体规划、继续推进对口支援和招商引资工作、加大水库移民后期扶持力度等措施，逐步落实加快解决移民遗留的突出问题、大力发展旅游业、推动库区人口转移战略等意见建议，并取得了初步成效。

八、建议

三峡工程移民安稳致富、地质灾害防治、生态环境建设与保护直接关系到库区长治久安和三峡工程安全运行与综合效益的发挥，是一项长期、艰巨而繁重的任务。库区各级党委、政府应高度重视，继续加强组织领导，及时协调解决移民和水库运行中出现的困难和问题，努力建设和谐稳定的新库区。

（一）加快完成三峡库区居住安全受蓄水影响人口的搬迁安置工作

居住安全受蓄水影响人口搬迁安置事关群众生命财产安全，早日完成搬迁安置有利于库区社会和谐稳定。建议国家有关部门抓紧研究完善三峡工程居住安全受蓄水影响人口的搬迁安置政策，保障水库蓄水受影响人口搬迁安置工作顺利进行。

（二）抓紧处理试验性蓄水对库区移民群众生产生活影响问题

一是抓紧解决库区移民群众饮水和交通安全问题。二是抓紧研究制定土地浸润和临时淹没损失补偿补助办法，妥善解决库区土地征收线以上耕园地受库水浸润影响问题和超标准洪水临时淹没损失问题。三是抓紧研究完善船舶通过方案和桥梁防撞、防护措施，加强航运安全管理，确保通航和桥梁安全。

（三）进一步加强水库蓄水安全监测防范和应急处置工作

三峡工程库区生态环境脆弱，地质灾害多发，根据国内同类型水库库岸再造规律，三峡工程水库库岸再造活动或将持续较长时间，水库蓄水安全监测防范工作依然繁重。建议：一是库区各级政府继续高度重视三峡工程水库蓄水运行安全监测防范工作，加强组织领导，落实工作责任。二是进一步健全群测群防和专业监测预警体系，完善应急处置预案。三是国务院有关主管部门和湖北省、重庆两省（直辖市）应抓紧研究落实三峡工程蓄水安全监测防范工作经费、蓄水影响应急处理经费和水库运行维护管理日常经费。四是加快三峡水库管理法规建设，推动依法治库。

（四）进一步加强三峡库区生态环境建设与保护

一是抓紧制定生态屏障区人口转移政策，加快三峡水库生态屏障区建设；二是继续推进水库消落带综合治理和常态化管理工作，及时推广三峡库区生态环境保护试点示范项目（如湖北香溪河、重庆小江增殖放流项目）的成功做法和经验；三是延长“以补促提”政策，落实三峡库区部分集镇垃圾处理和污水处理设备设施的运行维护资金；四是加快水华治理研究工作，积极探索通过生物处理方式改变水体环境，降低水华发生，保护水体水质。

（五）加强水库运行科学调度

根据三峡工程试验性蓄水库岸再造的特点，三峡水库水位快速抬升或下降时，库岸再造活动较强，易发生塌岸、崩滑体变形，造成库区居民房屋、生产生活设施、耕园地受损等情况。建议三峡工程运行管理单位加强水文长期预报，根据上游地区降雨和水库群建设情况，科学合理调度水库蓄水，保持蓄退水过程的平稳，避免因快速抬升、降低水位而加剧库岸再造，尽最大可能降低对库周群众生产生活的影响。

（六）加快《三峡后续工作总体规划》的实施进度

2011 年国务院批准了《三峡后续工作总体规划》，对库区移民安稳致富、地质灾害防治、生态环境保护作出了总体安排。建议国家有关部门和湖北、重庆两省（直辖市）人民政府加大投入力度，加快实施进度，特别是要优先安排

涉及移民和库区受蓄水影响群众的安全、生态和民生项目，及时妥善解决移民安置存在的突出问题和水库蓄水影响问题，促进库区移民安稳致富，保障三峡工程正常运行。

（七）切实推进库区旅游产业发展和人口转移战略的实施

营造库区强势旅游产业，实施库区人口转移战略是贯彻落实科学发展观的具体体现，是促进库区经济社会可持续发展的重要途径。建议：一是国家有关部门抓紧研究制定促进库区旅游产业发展措施、人口转移战略或吸引人口转移政策措施；二是湖北、重庆两省（直辖市）继续大力发展库区旅游产业，加大库区移民群众职业教育和劳动力技能培训投入，促进劳务输出，坚持不懈地推进库区人口转移战略的实施。

九、附表

附表 1　　三峡工程重庆库区统计数据

<table>
<tr><th colspan="3">指　标</th><th>2008 年</th><th>2009 年</th><th>2010 年</th><th>2011 年</th></tr>
<tr><td rowspan="7">地区生产总值</td><td colspan="2">15 县（区）地区生产总值/亿元</td><td>2159.22</td><td>2498.47</td><td>3088.98</td><td>3996.03</td></tr>
<tr><td rowspan="6">其中</td><td>第一产业</td><td>279.65</td><td>295.56</td><td>331.51</td><td>411.24</td></tr>
<tr><td>第二产业</td><td>1024.22</td><td>1215.79</td><td>1610.02</td><td>2203.83</td></tr>
<tr><td>第三产业</td><td>858.69</td><td>980.64</td><td>1147.45</td><td>1380.96</td></tr>
<tr><td>第一产业比重/%</td><td>13.0</td><td>11.8</td><td>10.7</td><td>10.3</td></tr>
<tr><td>第二产业比重/%</td><td>47.4</td><td>48.7</td><td>52.1</td><td>55.2</td></tr>
<tr><td>第三产业比重/%</td><td>39.8</td><td>39.2</td><td>37.1</td><td>34.6</td></tr>
<tr><td>旅游</td><td colspan="2">15 县（区）旅游总收入/亿元</td><td>72.37</td><td>104.57</td><td>169.22</td><td>222.20</td></tr>
<tr><td>财政</td><td colspan="2">15 县（区）地方财政收入/亿元</td><td>139.25</td><td>177.47</td><td>293.93</td><td>449.19</td></tr>
<tr><td rowspan="5">人口密度</td><td colspan="2">9 县年末总人口/万人</td><td>789.94</td><td>796.35</td><td>798.78</td><td>803.47</td></tr>
<tr><td colspan="2">9 县常住人口/万人</td><td>609.88</td><td>612.10</td><td>598.34</td><td>593.82</td></tr>
<tr><td colspan="2">9 县国土面积/km^2</td><td>29682</td><td>29682</td><td>29682</td><td>29682</td></tr>
<tr><td colspan="2">9 县人口密度(按年末总人口测算)/(人·km^{-2})</td><td>266</td><td>268</td><td>269</td><td>271</td></tr>
<tr><td colspan="2">9 县人口密度(按常住人口测算)/(人·km^{-2})</td><td>205</td><td>206</td><td>202</td><td>200</td></tr>
</table>

注　重庆库区 15 县（区）包括巫山、巫溪、奉节、云阳、万州、开县、忠县、石柱、丰都、涪陵、武隆、长寿、渝北、巴南、江津等县（区）。重庆库区 9 县是指巫山、巫溪、奉节、云阳、开县、忠县、石柱、丰都、武隆等县。

附表 2　　三峡工程湖北库区 4 县（区）统计数据

指　　标			2008 年	2009 年	2010 年	2011 年
地区生产总值	地区生产总值/亿元		216.28	268.56	328.55	444.65
	其中	第一产业	44.93	49.36	57.85	75.36
		第二产业	90.65	124.69	172.65	254.34
		第三产业	76.43	89.62	98.05	114.95
		第一产业比重/%	20.8	18.4	17.6	16.9
		第二产业比重/%	41.9	46.4	52.6	57.2
		第三产业比重/%	35.3	33.4	29.8	25.9
旅游	旅游总收入/亿元		19.25	21.83	27.22	32.99
财政	县（区）级地方财政收入/亿元		29.07	36.05	43.85	55.34
人口密度	年末总人口/万人		157.70	157.69	156.88	157.16
	常住人口/万人		149.96	150.05	149.02	147.79
	国土面积/km^2		11532	11532	11532	11532
	人口密度（按年末总人口测算）/（人·km^{-2}）		137	137	136	136
	人口密度（按常住人口测算）/（人·km^{-2}）		130	130	129	128

附件：

课题组成员名单

专　家　组

组　长： 敬正书　水利部原副部长，中国水利学会理事长

副组长： 唐传利　水利部水库移民开发局局长，教授级高级工程师

李赞堂　中国水利学会秘书长，教授级高级工程师

刘冬顺　水利部水库移民开发局副局长，研究员

成　员： 邓一章　国务院三峡办原司长

张华忠　长江工程监理咨询有限公司董事长，教授级高级工程师

周运祥　长江工程监理咨询有限公司总经理，教授级高级工程师

工　作　组

王俊海　水利部水库移民开发局处长，高级工程师

吕爱华　中国水利学会主任，教授级高级工程师

尹忠武　长江勘测规划设计研究院副总工程师，教授级高级工程师
潘尚兴　水利部水利水电规划设计总院移民环境处处长，教授级高级工程师
余　勇　长江工程监理咨询有限公司副总工程师，教授级高级工程师
范　敏　水利部水库移民开发局调研员，高级经济师
陆　煜　水利部水库移民开发局副处长，高级工程师
李军朝　长江工程监理咨询有限公司开县综合监理站长，高级工程师
刘晓东　水利部水库移民开发局副调研员，工程师
蓝希龙　水利部水库移民开发局主任科员，工程师
李　青　水利部水库移民开发局主任科员，工程师
张　鹤　长江工程监理咨询有限公司工程师
舒庆荣　长江工程监理咨询有限公司工程师
谭　虹　长江工程监理咨询有限公司工程师

报告七

经济和社会效益课题评估报告

三峡工程是开发和治理长江的关键性骨干工程，该工程控制了川江洪水、减轻了中下游洪水灾害，有效缓解了华中、华东和广东等地区用电紧张局面，改善了长江干流航运条件，开始较好地发挥防洪、发电、航运、水资源利用以及促进区域经济社会发展等巨大综合效益。

经济效益评估

一、防洪效益

长江上游巨大的洪水来量与中下游河道过流能力小的矛盾突出，在荆江河段尤为严重。1949 年新中国成立以后，经过几十年的长江防洪建设，长江中下游平原区初步形成了以堤防为基础，水库、蓄滞洪区等相配合的具有一定防洪能力的防洪体系。长江中下游干流主要河段防洪能力大致为：荆江河段依靠堤防可防御约 10 年一遇洪水（约 $60000m^3/s$），加上使用分蓄洪水可防御约 40 年一遇洪水；城陵矶河段依靠堤防约可防御 10～15 年一遇洪水，考虑比较理想使用分蓄洪区，可基本满足 1954 年型洪水的防洪需要；武汉河段依靠堤防约可防御 20～30 年一遇洪水，考虑上游该河段分蓄洪区比较理想地使用，可基本满足 1954 年实际洪水的防洪需要。

上游川江洪水是长江中下游洪水的主要来源，如 1931 年、1935 年、1949 年和 1954 年几场大洪水，宜昌 60 天洪量分别占荆江洪量的 95%、城陵矶洪量的61%～80%、汉口洪量的55%～76%，因此控制川江洪水对中下游防洪至关重要。三峡工程地理位置优越，能控制荆江河段以上洪水来量的95%以上、武汉以上洪水来量的2/3左右，特别是能够有效地控制上游各支流水库以下至三峡坝址约30万km^2暴雨区产生的洪水，因而是提高长江中下游特别是荆江河段防洪标准，保障两岸经济社会和人民生命财产安全的一项关键性工程措施。

2006年5月，三峡大坝全线达到设计高程185.00m。2008年汛前，泄水建筑物全部达到设计的泄水能力，三峡水库首次具备了投入正式防洪运用的条件。2008—2012年汛期经过了多场中小洪水调度检验，且2010年、2011年、2012年连续3年蓄水至175m水位，表明三峡工程的大坝、泄洪设施经受了设计条件的检验，三峡工程的防洪功能和效益得到了体现。

（一）有效削减洪水

2008—2012年长江汛期，三峡工程通过科学调度，利用防洪库容对发生的中小洪水进行拦蓄，充分发挥了削峰、错峰作用，有效避免了上游洪峰与中下游洪水叠加给沿岸人民造成的安全威胁，分别实现了避免或减缓荆江河段、鄱阳湖和城陵矶附近地区防汛压力的目标，有效缓解了长江中下游地区的防洪压力。

由2008—2012年三峡水库防洪调度统计成果（表1）可见，2009—2012年三峡水库累计拦蓄洪量768亿m^3，年最大洪水削峰率高达29.1%～42.9%，使荆江河段沙市水位控制在警戒水位以下，改善了中下游严峻的防洪形势。其中2010年、2012年三峡水库入库最大洪峰流量均超过了1998年三峡坝址处的最大洪峰流量，若无三峡工程，则将对荆江河段和城陵矶河段堤防的防洪安全构成危险。

表1　2008—2012年三峡水库防洪调度统计成果汇总表

年份	最大入库洪峰流量 /($m^3 \cdot s^{-1}$)	最大下泄流量 /($m^3 \cdot s^{-1}$)	削减洪峰流量 /($m^3 \cdot s^{-1}$)	削峰率 /%	总蓄洪量 /亿m^3	防洪效果
2008	41000	39000	2000	4.9		
2009	55000	39000	16000	29.1	56.5	降低沙市站水位2.4m，沙市站水位未超过警戒水位
2010	70000	40000	30000	42.9	264.3	最多降低沙市站水位约2.5m、城陵矶站水位约1m，沙市站未超过警戒水位

续表

年份	最大入库洪峰流量 /（$m^3 \cdot s^{-1}$）	最大下泄流量 /（$m^3 \cdot s^{-1}$）	削减洪峰流量 /（$m^3 \cdot s^{-1}$）	削峰率 /%	总蓄洪量 /亿 m^3	防洪效果
2011	46500	29100	17400	37.4	247.2	降低沙市、城陵矶站洪峰水位 5.5m、2.8m 左右。汛期沙市站水位未超过警戒水位
2012	71200	45800	25400	35.7	200.0	沙市站水位未超过警戒水位，城陵矶站水位未超过保证水位
合计					768	

以 2012 年为例，2012 年汛期三峡水库共经历了 4 次峰值 $50000m^3/s$ 以上的洪水过程，最大入库洪峰流量为 $71200m^3/s$，是三峡成库以来遭遇的最大洪峰。三峡水库共实施了 5 次防洪调度，最大削峰 $26200m^3/s$，削峰率达 40%，累计拦蓄洪水 200.0 亿 m^3。三峡水库充分发挥了拦洪错峰的作用，最大下泄流量 $45800m^3/s$，避免了荆南四河超过保证水位，控制下游沙市站水位未超过警戒水位，城陵矶站水位未超过保证水位，保证了长江中下游的防洪安全。2012 年三峡水库水位、出入库流量过程线见图 1。

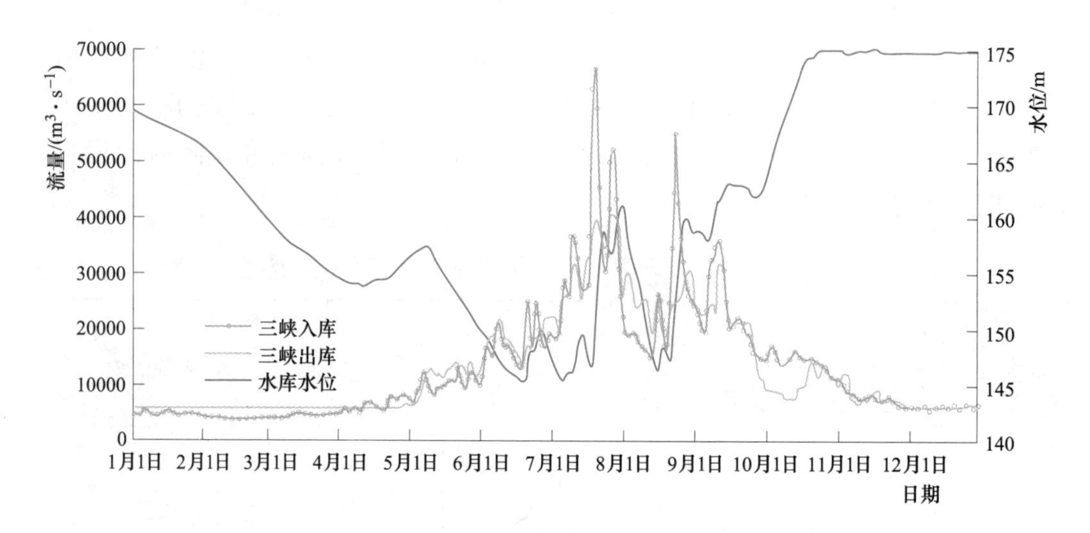

图 1　2012 年三峡水库水位、出入库流量过程线

（二）防洪效益显著

此次评估直接防洪效益按可避免的长江中下游地区洪水淹没耕地数（农村

部分）和受淹城镇人口数（城镇部分）分别乘以亩均综合损失指标（农村部分）和人均综合损失指标（城镇部分）估算。间接防洪效益按直接防洪效益的25%估算。经估算，由于2008年基本未拦蓄洪量，所以不产生防洪效益，2009—2012年防洪效益分别约为20亿元、130亿元、90亿元和120亿元，试验性蓄水期间累计产生防洪效益约360亿元。

1998年汛期长江上游先后出现8次洪峰并与中下游洪水遭遇，形成了全流域型大洪水，造成了巨大的经济损失。据灾后统计，1998年洪水造成淹没耕地350万亩，城镇受灾人口60.2万人，经济损失达787亿元。与1998年洪水相比，2010年和2012年入库洪峰流量超过1998年洪水洪峰流量（三峡坝址断面），洪量较1998年小（表2），三峡水库建成并正式投入防洪运用后，若重现1998年洪水，将可减少淹没耕地，减少城镇受灾人口，实现巨大防洪效益。

表2　　2010年与1998年洪水对比表

年　份	洪峰流量 /（$m^3 \cdot s^{-1}$）	洪量 /亿 m^3	总蓄洪量 /亿 m^3
2010	70000	430.8	264.3
2012	71200	806.1	200.0
1998	63300	1379.0	—

注　2010年、2012年为三峡水库入库流量，1998年为三峡坝址断面流量。

试验性蓄水期间干流堤防没有发生一处重大险情，稳定了中下游沿江的人心，产生了巨大的社会效益。三峡工程按荆江补偿调度方案，多年平均年减淹耕地面积为30.07万亩，减少城镇受灾人口数为2.8万人，多年平均年防洪效益为88亿元。工程防洪减灾效益显著。

二、发电效益

2008年10月底，三峡电站左右岸厂房26台单机容量为700MW的机组全部建成投产；地下电站第1台单机容量为700MW的机组于2011年4月投产，至2012年5月底，6台机组全部建成投产；加上先前建成的电源电站2台50MW机组，三峡电站总装机容量达到22500MW。试验性蓄水期间（2008—2012年）三峡电站机组顺利投产，同时2010年、2011年、2012年连续3年蓄水至正常蓄水位175m，达到了设计规模。此次是针对三峡工程总装机容量

22500MW 进行发电效益评估。

（一）发电效益巨大

2008 年汛末开始 175m 试验性蓄水运行至 2012 年已实施 5 年，2010 年、2011 年和 2012 年连续 3 年实现 175m 蓄水目标。2008—2012 年三峡水库实际调度运行的月平均水位变化过程情况见表 3 和图 2。

表 3　　2008—2012 年三峡水库月平均水位变化过程情况表　　单位：m

项目	1月	2月	3月	4月	5月	6月	7月	8月	9月	10月	11月	12月	全年
2008年	154.98	153.11	153.01	152.68	148.45	145.46	145.59	145.71	145.87	157.14	171.56	169.64	153.60
2009年	169.18	167.34	162.23	160.44	155.02	146.34	145.86	147.44	149.32	166.21	171.04	170.20	159.18
2010年	167.77	162.91	156.73	154.42	154.30	147.47	151.03	153.09	161.11	171.21	174.72	174.65	160.78
2011年	173.33	168.76	164.78	160.02	154.05	147.03	146.26	149.33	158.30	172.01	174.66	174.74	161.90
2012年	173.54	170.09	165.61	163.6	157.76	146.94	155.26	152.89	163.07	173.12	174.17	174.13	164.17

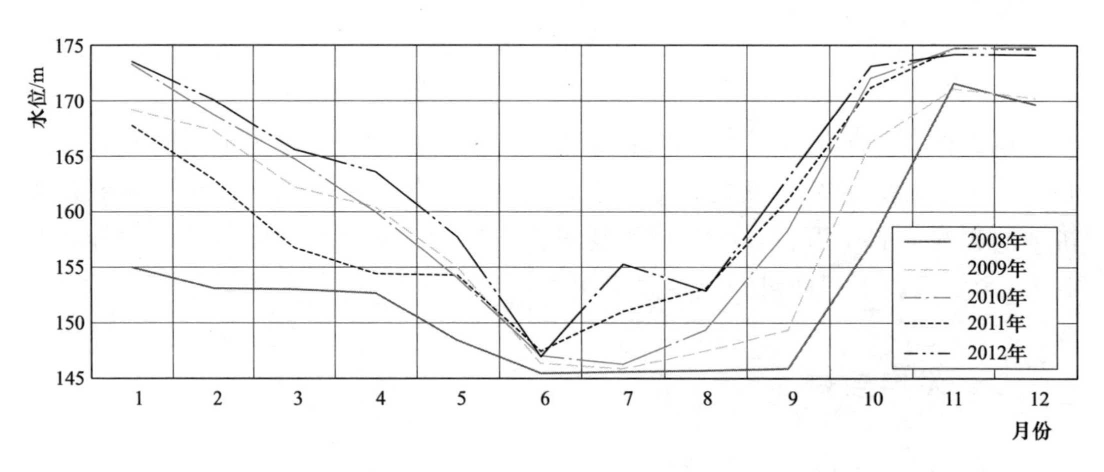

图 2　2008—2012 年三峡水库月平均水位变化过程图

2008—2012 年各年发电量分别为 808.12 亿 kW・h、798.53 亿 kW・h、843.70 亿 kW・h、782.93 亿 kW・h、981.07 亿 kW・h，三峡电站累计发电量为 4214.35 亿 kW・h，售电收入（税前）累积达到 932.6 亿元。三峡电站主要指标汇总见表 4，各月发电量情况见表 5。

表 4　　2008—2012 年三峡电站主要指标汇总表

项目	单位	2008 年	2009 年	2010 年	2011 年	2012 年	合计
平均入库流量	m^3/s	13600	12300	12900	10800	14200	—
平均库水位	m	153.6	159.18	160.78	161.9	164.17	—
平均水头	m	86.46	92.26	93.71	95.77	97.54	—
平均发电流量	m^3/s	12200	11600	11800	10700	13300	—
年发电量	亿 kW·h	808.12	798.53	843.70	782.93	981.07	4214.35
售电收入（税前）	亿元	176.1	177.4	187.0	173.4	218.7	932.6

注　表中数据由中国长江三峡集团公司提供。

表 5　　2008—2012 年三峡电站各月发电量情况表　　单位：亿 kW·h

项目	1月	2月	3月	4月	5月	6月	7月	8月	9月	10月	11月	12月	全年
2008 年	28.83	26.57	32.30	52.25	60.03	76.87	103.80	113.70	111.19	71.29	86.83	44.46	808.12
2009 年	38.15	38.75	38.31	49.89	87.26	71.48	114.93	127.43	87.59	57.44	47.59	39.71	798.53
2010 年	38.93	33.61	34.18	32.39	66.76	91.71	128.03	125.91	123.55	71.15	55.33	42.15	843.70
2011 年	50.60	37.96	45.22	48.41	53.75	83.22	101.05	103.43	77.59	58.91	79.48	43.31	782.93
2012 年	44.05	40.21	40.92	41.21	95.58	86.00	162.15	138.90	128.19	104.44	55.77	43.65	981.07
合计	200.56	177.10	190.93	224.15	363.38	409.28	609.96	609.37	528.11	363.23	325.00	213.28	4214.35

注　表中各月数据由中国长江三峡集团公司提供。

三峡电站设计年发电量，右岸地下电站投产前为 847 亿 kW·h，投产后为 882 亿 kW·h。试验性蓄水期间实际年发电量与设计年发电量相比，2008 年、2009 年、2010 年应与右岸地下电站投产前相比，2011 年和 2012 年应与右岸地下电站投产后相比。2008 年、2009 年、2011 年三峡电站年发电量分别为 808.12 亿 kW·h、798.53 亿 kW·h、782.93 亿 kW·h，较设计年发电量偏小。其原因：一是上述年份平均流量（分别为 $13600m^3/s$、$12300m^3/s$、$10800m^3/s$）较多年平均流量（$14300m^3/s$，下同）偏小，来水偏枯；二是全年库水位较低，年平均库水位仅 153.60～161.90m，年平均水头仅 86.46～95.77m；三是右岸地下电站前 4 台 700MW 机组分别于 2011 年 4 月、5 月、7 月、11 月投产，后两台 700MW 机组分别于 2012 年 2 月、5 月投产。

2010 年和 2012 年三峡电站发电量分别为 843.70 亿 kW·h、981.07 亿 kW·h，分别接近和超过相应的设计年发电量。上述两年平均流量分别为 $12900m^3/s$、$14200m^3/s$，分别小于和接近多年平均流量。电站多发电的主要原因是因为三峡电站在 2010 年、2012 年汛期采取了中小洪水调度等优化措施，水库水位抬高，增加了汛期发电量。

若三峡电站装机容量 22500MW 在 2011 年底已全部投产，根据 2012 年的入库径流并按该年实际实施的水库调度方式测算，2012 年三峡电站的发电量可达 985 亿 kW·h，因此，原设计的多年平均发电量 882 亿 kW·h 是有保证的。

2008—2012 年，三峡累计上网电量为 4169 亿 kW·h（另有电源电站上网电量 20.75 亿 kW·h），分别向华中电网（含重庆市）、华东电网、广东电网输送电量 1861.09 亿 kW·h、1598.21 亿 kW·h、709.70 亿 kW·h，分别占 44.64%、38.34%、17.02%。各年度三峡电站上网电量及三峡电能消纳情况见表 6。2011 年三峡工程向华中电网、华东电网、广东电网提供电量分别为 334.15 亿 kW·h、301.76 亿 kW·h、137.32 亿 kW·h，分别占各自全社会用电量的 4.8%、3.0%、3.1%。

表 6　　2008—2012 年三峡电站上网电量统计表

项目		2008 年	2009 年	2010 年	2011 年	2012 年	合计
上网电量 /（亿 kW·h）	华中电网	330.89	317.90	390.79	334.15	487.36	1861.09
	华东电网	328.66	322.45	306.51	301.76	338.83	1598.21
	广东电网	139.65	150.33	136.96	137.32	145.44	709.70
	小计	799.20	790.68	834.26	773.23	971.63	4169.00
	另：电源电站	4.20	3.07	4.40	5.01	4.07	20.75
所占比重 /%	华中电网	41.40	40.21	46.84	43.21	50.16	44.64
	华东电网	41.12	40.78	36.74	39.03	34.87	38.34
	广东电网	17.47	19.01	16.42	17.76	14.97	17.02

注　表中数据由中国长江三峡集团公司提供。

（二）节能减排效益显著

三峡电站的建设，将电力送往华中电网、华东电网和广东省的负荷中心，可以有效地替代火电装机容量，其替代率较高，节约了宝贵的煤炭资源，缓解了煤炭运输压力，也为我国节能减排工作作出了重大贡献。

2008—2012 年，三峡电站共发电量 4214.35 亿 kW·h，相当于替代标煤 1.409 亿 t，其中，2012 年发电 981.07 亿 kW·h，相当于替代标煤 2974 万 t，占当年全国一次能源消费总量的 0.82%，为我国调整能源结构，提高非化石能源消费占比，节约化石能源消费作出了重要贡献。同时，三峡电站在这 5 年的发电量与火电相比，除节约了 1.409 亿 t 标煤外，还减少了 3.14 亿 t CO_2、385.74 万 t SO_2 及 185.42 万 t 氮氧化合物的排放，减少的大量废水、废渣，保护环境效益显著。2003—2012 年三峡电站发电节能减排效益见表 7。

表 7　　2003—2012 年三峡电站发电节能减排效益表

年份	年发电量 /(亿 kW·h)	替代标煤 /亿 t	减少 CO_2 排放 /亿 t	减少 SO_2 排放 /万 t	减少氮氧化合物排放 /万 t
2008	808.12	0.284	0.61	76.32	36.69
2009	798.53	0.276	0.60	74.38	35.75
2010	843.70	0.288	0.62	76.95	36.99
2011	782.93	0.264	0.57	70.53	33.90
2012	981.07	0.297	0.74	87.56	42.09
累计	4214.35	1.409	3.14	385.74	185.42

注　各年度发电折算成标煤煤耗率数据来源于中国电力企业联合会发布《电力工业统计年报》(2008—2012 年)，CO_2、SO_2、氮氧化物等排放物的计算方法仍沿用上阶段评估方法。

三、航运效益

(一) 航运条件大幅改善

三峡工程建设前，重庆至宜昌江段落差 120.0m，有滩险 139 处，单行控制河段 46 处，重载货轮需绞滩的河段 25 处。三峡工程蓄水后，库区江面宽度由蓄水前 150～250m 变为 400～2000m；水深平均增加约 40m，100 多处主要滩险被淹没，绞滩站和助拖站全部撤销，26 处单行控制河段仅保留 1 处，涪陵以下“窄”、“弯”、“浅”、“险”的自然航行条件得到根本改善，川江全线实现全年昼夜通航。在 2010—2012 年实现蓄水至 175m 运行目标后，干流回水至江津猫儿沱，显著改善了三峡大坝至重庆段航道的航运条件，库区干流航道等级由建库前的Ⅲ级航道提高为Ⅰ级航道，重庆市航道平均水深由建库前的 2.2m 增加到 3.5～4.0m，航道单向通过能力由建库前的 1000 万 t 提高到 5000 万 t。库区航运条件大幅改善。

三峡工程下游从葛洲坝至武汉长约 635km 的航道，其中枝城以下至城陵矶约 339km 的荆江河段，是下游通航条件的控制河段，有浅滩 10 余处，枯水期航道维护水深为 2.9m。试验性蓄水期间三峡水库在枯水期动用一部分库容，为下游航道提供航运流量补偿，增加航道水深，改善通航条件。2008—2012 年三峡工程枯水期航运流量补偿情况见表 8。

由表 8 可知，为满足葛洲坝下游航道庙嘴站最低通航水位及下游生态用水需求，三峡枢纽在枯水期及时向下游补偿。2008—2012 年各年向下游补水量分别为 23.76 亿 m^3、71.64 亿 m^3、121.90 亿 m^3、160.38 亿 m^3、214.30 亿 m^3，补水天数分别为 58 天、125 天、107 天、127 天、166 天，年补水量和补水天数基本呈递增趋势；多年平均年补水量和补水天数分别为118.39亿m^3、117天。2011年补水期间三峡平均下泄流量6850m^3/s，葛洲坝下游航道庙嘴站平均水位39.86m，较航道允许最低水位提高近1m，从而有效地改善了下游通航水深和航运条件，缓解了枯水期长江中下游航道用水紧张的状况。

表8　　2008—2012年三峡工程枯水期航运流量补偿情况表

年份	补 水 时 段	补水总量/亿m^3	补水天数/d
2008	1月11日—2月24日、12月19—31日	23.76	58
2009	1月1—5日、1月18日—4月10日、11月25日—12月31日	71.64	125
2010	1月1日—4月11日、4月18—20日、12月29—31日	121.90	107
2011	1月1日—5月7日	160.38	127
2012	2011年12月28日—2012年6月10日	214.30	166
平均		118.39	117

注　表中数据由中国长江三峡集团公司提供。

（二）通过货运量快速增长

三峡工程蓄水运行后，库区通航条件得到显著改善，长江中下游的航运条件也有所提高，与此同时长江流域社会经济高速发展，因此长江航运事业得到高速发展。2008—2012年各年通过双线五级船闸的货物量分别为5370万t、6089万t、7880万t、10033万t、8611万t，枢纽通过货运量分别为6847万t、7426万t、8794万t、10997万t、9489万t，通过三峡枢纽的货运量持续高速增长（表9）。

表9　　2008—2012年三峡枢纽通航情况统计成果表

项　目	2008年	2009年	2010年	2011年	2012年	累计
运行闸次/闸次	8661	8082	9407	10347	9713	46210
通过船舶/万艘	5.5	5.2	5.8	5.6	4.4	26.5
通过货物/万t	5370	6089	7880	10033	8611	37983
通过旅客/万人次	85.5	74	50.8	40	24.4	274.7
翻坝转运旅客/万人次	—	2.7	—	—	22.5	25.2
翻坝转运货物/万t	1477	1337	914	964	878	5570
三峡枢纽通过旅客/万人次	85.5	76.7	50.8	40	46.9	299.9
三峡枢纽通过货物/万t	6847	7426	8794	10997	9489	43553

注　表中数据由中国长江三峡集团公司提供。

（三）运输安全明显提高

三峡水库蓄水后，由于航道条件的改善，实施船舶定线制和加强水上交通安全监管力度，三峡库区的船舶运输安全性显著提高。三峡库区 2008—2012 年事故指标统计情况见表 10。

三峡工程试验性蓄水期间，三峡库区年均水上交通事故件数、沉船数、死亡失踪人数、直接经济损失分别比蓄水前 2003—2007 年同比下降了 79.86%、83.85%、78.72%、47.22%。由此可见，三峡工程对三峡库区航运安全起到了重大的促进作用，库区航运安全效益明显提高。

表 10　　三峡库区事故指标统计情况表

年　份	事故/件	死亡/人	沉船/艘	直接经济损失/万元
2008	3	3	1	219.4
2009	4.5	5	4	294
2010	3	8	2	61
2011	2	1	2	330
2012	2	4	1	210
2008—2012 年多年平均	2.9	4.2	2	222.9
2003—2007 年多年平均	14.4	26	9.4	422.3
同比下降	79.86%	83.85%	78.72%	47.22%

注　以上数据来源于交通运输部长江航务管理局 2013 年 2 月编制的《三峡工程试验性蓄水航运工作阶段性总结》。

（四）运输成本显著降低

在三峡水库中小洪水调度的过程中，在保证防洪安全的前提下，通过合理调度，降低了两坝间的流量，提高了两坝间及中下游的通航能力。一方面积极创造条件减少停航，2008—2012 年汛期平均增加航运天数 26 天；另一方面，在洪水的间歇期或退水段，结合水文气象预报，积极与防汛部门沟通，适时调整三峡控泄流量，避免船舶滞留，2008—2012 年洪水期间累计疏散滞留船舶 2800 艘。

三峡水库建成后，库区水位变幅减小，流速降低，改善了库区航道水流条件，提高了船舶航行和作业安全度，船舶运输成本和油耗大为降低。据测算，库区船舶单位千瓦拖带能力由建库前的 1.5t 提高到目前的 4～7t，每千吨公里的平均油耗由蓄水前的 7.6kg 下降到 2009 年的 2.9kg，为航运的节能发挥起了重要作用，同时宜渝航线单位运输成本下降了 37%左右。

四、其他效益

（一）旅游效益

三峡工程建成后，三峡大坝旅游区也于1997年正式对外开发，现已被国家旅游局评为首批国家5A级旅游区，现有三峡展览馆、进坝园区、截流纪念园等5个园区，总占地面积共15.28km^2。旅游区以三峡工程为依托，全方位展示了工程文化和水利文化，为游客提供游览、科教、休闲、娱乐为一体的多功能服务，将现代工程、自然风光和人文景观有机结合，成为中外旅游的胜地。

受三峡工程坝区旅游的带动，宜昌市的旅游近年来也有着长足稳定的发展。宜昌市境内拥有三峡、葛洲坝等大型水电工程，三峡工程作为宜昌旅游的重要目的地，逢三峡工程开工、大江截流、大坝蓄水、船闸通航、泄洪等机会，宜昌旅游都会掀起高潮。此外，三峡工程的建设改善了宜昌及周边地区的交通、通信等基础设施条件，库区生态环境日益改善，这对提升宜昌、重庆等地区旅游竞争力，促进宜昌及周边旅游发展具有积极作用。

1. 三峡坝区旅游

2008—2012年三峡工程试验性蓄水期间，三峡大坝旅游区游客接待数量累计达到705万人，总体上呈现逐年增长态势，年均增长率达到17.9%，旅游收入累计约77956万元。逐年游客接待量和旅游收入见表11。

表11　　三峡坝区游客接待量及旅游收入情况

年份	2008	2009	2010	2011	2012	合计
接待量/万人	92	115	145	175	178	705
增长率/%		25.0	26.1	20.7	1.7	
旅游收入/万元	11659	13188	16611	18965	17533	77956
增长率/%		13.1	26.0	14.2	−7.6	

2. 宜昌市旅游

2008—2012年三峡工程试验性蓄水期间宜昌市旅游人次累计8318.81万人次，呈现逐年快速增长态势，年均增长率27.7%，其中三峡坝区接待人次累计705万人次，占宜昌市的8.5%；宜昌市旅游总收入超过589.29亿元，也呈现逐年增长态势，年均增长率32.5%，其中三峡坝区旅游收入累计约77956万元，占宜昌市的1.36%。2008—2012年入境旅游（国外游客以及港澳台游客）游客人次累计121.73万人次，旅游总收入累计18.72亿元，旅游人次和旅游总收入年均增长率达到10.3%和2.2%。宜昌市2008—2012年旅游情况见表12，入境旅游情况见表13。

表12 宜昌市2008—2012年旅游情况表

年份	游客人次/万人次	增长率/%	旅游总收入/亿元	增长率/%	旅游收入占GDP的比例/%
2008	992.25		65.09		6.3
2009	1214.7	22.4	78.5	20.6	6.3
2010	1542.23	27.0	104.04	32.5	6.7
2011	1930.29	25.2	141.28	35.8	6.6
2012	2639.34	36.7	200.38	41.8	6.6

注 资料来源于宜昌市旅游统计公告。

表13 宜昌市2008—2012年入境旅游（国外及港澳台地区）情况表

年份	游客人次/万人次	增长率/%	旅游总收入/亿元	增长率/%
2008	22.25		4.09	
2009	17.49	−21.4	2.55	−37.7
2010	23.23	32.8	3.7	45.1
2011	25.86	11.3	3.92	5.9
2012	32.9	27.2	4.46	13.8

注 资料来源于宜昌市旅游统计公告。

（二）养殖效益

三峡建坝后，在坝址上游形成了长达600km左右的带状水库，水面面积约10万hm^2，形成了大大小小的库湾汊上千处，其中面积在500亩以上的大中型库湾就有十余处，众多类型的湾汊是流速小于0.1m/s的微流区或相对静水区，这为发展水库渔业创造了有利条件[1]。目前，库区渔业已成为三峡库区今后发展的重点产业。2010年重庆市政府审议通过了《关于推进三峡库区天然生态渔场建设的意见》，规划到2015年，年产有机水产品3万t，渔业产值20亿元，带动涉鱼产业产值100亿元，实现10万农民和移民致富奔小康。

根据重庆市农业委员会介绍，自2010年重庆市政府审议通过三峡库区天

---

[1] 长江水利委员会，三峡工程技术丛书，《三峡工程综合利用与水库调度研究》，湖北科学技术出版社，1997年。

然生态渔场建设规划以来，两年已累计放流各类鱼苗6000余万尾，自2012年5月首捕以来，已销售280t，2013年预计可达600t左右生产能力❶。

从三峡库区部分县水产品产量（表14）来看，2008年以后库区各县水产品产量呈逐年增长趋势，2011年增长率达到19.8%，水产品产量达到5.9万t，三峡库区水产养殖效益较为明显。

表14　三峡库区部分区县水产品产量统计表　单位：t

项目	地区	2008年	2009年	2010年	2011年
重庆	涪陵区		12335	12843	16502
	万州区		13160	13925	16769
	丰都县		4084	4138	5071
	忠县		3987	3899	4813
	云阳县		2171	2252	2849
	奉节县		2079	1910	2364
	巫山县		458	462	567
湖北	夷陵区	6945	7541	8301	8591
	兴山县	169	190	219	215
	秭归	1097	1545	763	763
	巴东县	1165	964	1007	1045
合计		9376	48514	49719	59549

注　资料来源于《重庆市统计年鉴》。

（三）对促进区域经济发展的作用

1. 为受电区提供了大量廉价的电力

如前所述，2008—2012年，三峡累计上网电量为4169亿kW·h，输往华中、华东和广东省平均上网电价约为0.26元/(kW·h)，三峡电力输电价格平均为0.07元/(kW·h)，落地电价约为0.33元/(kW·h)，而受电地区火电平均标杆电价为0.47元/(kW·h)，三峡电比当地火电电价便宜0.14元/(kW·h)。大量的廉价水电将使许多工业产品，特别是大耗能产品的成本降低，从而提高其在国内外市场的竞争力。

2008年至2012年年底，三峡工程累计发电4214.35亿kW·h，对GDP的累计贡献约34643亿元，三峡工程缓解了受电地区电力供应紧张的局面，促

❶　三峡库区生态鱼养殖取得经济和生态效益双丰收，中央人民政府网站，重庆市农委副主任发言材料，2012-12-27。

进了这些地区经济的可持续发展。

2. 增加了库区和坝区财政收入

三峡电站在2008—2012年运营期内累计创造税收和其他财政收入共约340亿元。除上缴中央部分外，对地方税收的年均贡献超过26.5亿元。三峡电以及带来的税收为库区经济发展增加了动力，2008年以来，库区地方财政收入节节攀升，从2008年148.86亿元迅速增加到2011年474.35亿元，年均增速达到了47%。

3. 提高了长江航运能力

长江中下游流经六省一市，是沟通我国东、中、西部三大地区的运输大动脉。三峡工程建成后，正常蓄水位175m将使重庆九龙坡以下600km的航道得到改善，江面展开，滩险淹没，万吨级船队可实现汉渝直达时间约半年，大型客轮可以昼夜双向航行，运输成本大大降低，航行的安全性、可靠性均有显著提高。渝宜段船舶运输成本降低，进一步发挥航运优势，减轻铁路运输的压力，并为上游各支流的渠化和干支流联运提供了有利条件，可沟通铁路、公路、水运，逐步形成西南地区水陆交通运输网，有利于长江流域地区和西南地区的开发和对外交流。

4. 为长江中下游地区人民生活和经济发展提供了安全保障

三峡工程建成后，保护了长江中下游150万hm^2的耕地。2010年和2012年相继发生洪峰流量超过70000m^3/s的大洪水，经过三峡水库的调蓄，洪峰流量削减近40%，沙市站水位未超过警戒水位，城陵矶站水位未超过保证水位，保证了长江中下游的防洪安全，使长江中下游的经济社会和人民生命财产得到保护，为长江中下游地区经济发展提供安全保障。

5. 供水缓解了长江中下游地区用水紧张局面

供水是三峡工程的重要社会效益。随着三峡工程成功蓄至设计水位，其巨大的供水能力充分发挥。2011年底以来三峡工程已为下游补水逾50亿m^3，历年累计补水量相当于两个三峡防洪库容。2011年上半年，包括长江中下游地区遭遇50年一遇的持续干旱，三峡水库累计向下游补水200多亿m^3，平均增加下泄流量1520m^3/s，抬高长江中游干流水位0.7～1m，有效缓解了长江中下游生活、生产、生态用水紧张局面。干旱时，三峡工程对长江中下游地区补水，枯水期发电较天然情况增加了流量，有力地改善了长江中下游地区的用水条件。

工程投资和财务、经济评估

一、工程投资评估

（一）投资控制评估对象

三峡工程难度大，复杂问题多，从论证到建成经历了很长的时间跨度，工程建设期间经济社会环境变化大，因此投资进行了多次调整。此次投资控制评估基础为国务院三峡工程建设委员会1993年批准的《长江三峡水利枢纽初步设计报告（枢纽工程）》、2002年对输变电工程和2007年对移民工程的投资调整方案以及2004年批准的三峡地下电站工程设计概算投资。

经调整后批准的三峡工程（不包含地下电站工程）静态投资为1352.65亿元（1993年5月价格），详见表15。

表15　三峡工程批准设计概算及调整后批准概算投资　单位：亿元

投资情况 项目名称	枢纽工程	移民工程	输变电工程	静态投资合计
1993年批准设计概算	500.90	399.99	131.00	1031.89
调整后的批准概算	500.90	529.01	322.74	1352.65

按照静态控制、动态管理的原则，经测算的三峡工程（不包含地下电站工程）动态总投资为2628.4亿元（预计2009年建成价），其中枢纽工程和移民工程为2039.0亿元，输变电工程为589.4亿元，详见表16。

表16　三峡工程预测动态总投资　单位：亿元

<table>
<tr><th>项　目</th><th>静态投资</th><th>价　差</th><th>利　息</th><th>动态总投资</th></tr>
<tr><td>枢纽工程</td><td>500.90</td><td rowspan="2">611.0</td><td rowspan="2">398.09</td><td rowspan="2">2039.0</td></tr>
<tr><td>移民工程</td><td>529.01</td></tr>
<tr><td>输变电工程</td><td>322.74</td><td>189.9</td><td>76.76</td><td>589.4</td></tr>
<tr><td>合计</td><td>1352.65</td><td>800.9</td><td>474.85</td><td>2628.4</td></tr>
</table>

三峡地下电站工程于2004年批准开工建设，批准初步设计概算投资为69.97亿元（2004年价格，未计列建设期价差和利息）。

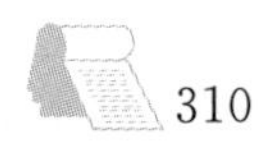

（二）投资控制分析评估[1]

1. 三峡工程实际投资完成情况

截至2012年年底，三峡移民工程、输变电工程和地下电站工程均已全部完成，枢纽工程除升船机工程外，其余工程也已基本完工。累计完成动态总投资（即按现价计的投资额）2109.62亿元，完成静态投资1395.52亿元。2013年至三峡工程全部竣工，预计动态总投资还将投入44.39亿元（包括不可预见风险投资4.33亿元），主要用于升船机工程未完建部分。

工程完工后，预计枢纽工程累计动态总投资为805.17亿元，移民工程927.40亿元，输变电工程354.73亿元，地下电站工程66.70亿元，合计为2154.00亿元。与三峡工程预测动态总投资2698.3亿元相比，可减少544.3亿元，减少率20.19%。其中静态投资减少14.74亿元，减少率1.04%。详见表17。

表17　　三峡工程实际投资完成情况汇总表　　单位：亿元

<table>
<tr><th colspan="2">主要指标</th><th colspan="2">枢纽工程
（1993年批准）</th><th colspan="2">移民工程
（2007年批准）</th><th colspan="2">输变电工程
（2002年批准）</th><th colspan="2">地下电站工程
（2004年批准）</th><th colspan="2">合计</th></tr>
<tr><td colspan="2">批准概算（静态投资）</td><td colspan="2">500.93</td><td colspan="2">529.01</td><td colspan="2">322.74</td><td colspan="2">69.97</td><td colspan="2">1422.65</td></tr>
<tr><td colspan="2">预测动态总投资</td><td colspan="2">1071.74</td><td colspan="2">967.20</td><td colspan="2">589.42</td><td colspan="2">69.97</td><td colspan="2">2698.33</td></tr>
<tr><td rowspan="2">截至2012年底累计完成投资</td><td>静态投资</td><td colspan="2">488.53</td><td colspan="2">530.03</td><td colspan="2">316.90</td><td colspan="2">60.06</td><td colspan="2">1395.52</td></tr>
<tr><td>总投资</td><td colspan="2">760.79</td><td colspan="2">927.40</td><td colspan="2">354.73</td><td colspan="2">66.70</td><td colspan="2">2109.62</td></tr>
<tr><td rowspan="2">2013年及以后预计投资</td><td>静态投资</td><td colspan="2">12.40</td><td colspan="2">—</td><td colspan="2">—</td><td colspan="2">—</td><td colspan="2">12.40</td></tr>
<tr><td>总投资</td><td colspan="2">44.39</td><td colspan="2">—</td><td colspan="2">—</td><td colspan="2">—</td><td colspan="2">44.39</td></tr>
<tr><td rowspan="2">工程全部竣工预计完成投资</td><td>静态投资</td><td colspan="2">500.92</td><td colspan="2">530.03</td><td colspan="2">316.9</td><td colspan="2">60.06</td><td colspan="2">1407.91</td></tr>
<tr><td>总投资</td><td colspan="2">805.17</td><td colspan="2">927.40</td><td colspan="2">354.73</td><td colspan="2">66.70</td><td colspan="2">2154.00</td></tr>
<tr><td rowspan="3">工程完工预计投资与批准概算差额</td><td rowspan="2">静态投资</td><td>差额</td><td>差额比例</td><td>差额</td><td>差额比例</td><td>差额</td><td>差额比例</td><td>差额</td><td>差额比例</td><td>差额</td><td>差额比例</td></tr>
<tr><td>-0.01</td><td>-0.01%</td><td>1.02</td><td>0.19%</td><td>-5.84</td><td>-1.81%</td><td>-9.91</td><td>-14.16%</td><td>-14.74</td><td>-1.04%</td></tr>
<tr><td>总投资</td><td>-266.57</td><td>-24.87%</td><td>-39.8</td><td>-4.11%</td><td>-234.69</td><td>-39.82%</td><td>-3.27</td><td>-4.67%</td><td>-544.33</td><td>-20.19%</td></tr>
</table>

注　差额数值＝实际完成投资－批准概算投资（或预测动态投资）；差额比例＝差额数值/批准概算投资（或预测动态投资）。

[1] 数据来源于中国长江三峡集团公司的《三峡工程投资完成情况分类工程对比表》和《三峡工程投资补充表》。

2. 投资评估结论

三峡工程总体投资实现良好控制。根据预测分析，至工程竣工时，工程静态投资较批准概算节省约5亿元（1993年价格，不包含地下电站工程），节省率约为0.4%；由于三峡工程施工高峰期正值国内物价指数低位稳定期，又提前一年并网发电，动态投资节省约540亿元，节省率约为20%。地下电站工程已完建，实际投资较批准概算节省约3亿元。

二、财务与经济评估

三峡工程财务与经济评估主要是通过调查、收集、整理和综合分析三峡工程实施以来的实际投资和运营资料，并在合理预测项目未来费用与效益的基础上，从财务与国民经济两方面评估三峡工程整体的经济性及抗风险能力。

（一）财务评估

财务评估主要是从企业的角度，分析三峡工程的赢利能力和贷款偿还能力。财务评估时，三峡工程的投资主要由三大部分组成：一是1993年开工建设的主体工程的投资，包括枢纽工程投资及水库移民投资；二是1996年开工建设的输变电工程的投资；三是2004年开工建设的地下电站的投资，包括右岸地下电站及左岸电源电站投资。三峡工程的收益则主要考虑发电收入及输变电工程输电收入两部分，至于防洪、航运等综合效益，由于没有直接的现金收入，财务评估时不考虑。其中，发电收入的来源包括左右岸电站发电收益（2003年7月首台机组投产，2008年10月26台机全部投产发电）、地下电站发电收益（2011年4月首台机组投产，2012年5月6台机全部投产发电）及电源电站（2台，共100MW，2006年建成投产）发电收益，以左右岸电站发电收益为主。输变电收益的来源：一是三峡电站电量过网收入；二是随着三峡电站投产运营及跨区电力交换的迅猛增加，河南南送电力、鄂湘交换电力等行为频繁，使三峡电网不仅实现了三峡电力外送，还承担着区间电网电力交换功能，从而产生部分非三峡电量过网收入。

1. 投资流程

三峡主体工程投资中，1993—2012年投资采用实际完成的投资，2013年及之后的投资采用中国长江三峡集团公司预测数据，另加入不可预见风险投资4.33亿元；输变电工程2007年已完成竣工决算，其投资采用1996—2008年输变电工程实际投资（表18）。

表 18　　三峡工程分年投资表　　单位：亿元

项　目	主体工程				输变电工程	地下电站	合计
	枢纽工程	移民投资	利息	小计			
1993 年及以前	13.0	7.1	0.47	20.5			20.5
1994	30.6	10.1	1.40	42.1			42.1
1995	41.2	20.0	5.62	66.8			66.8
1996	32.6	25.1	10.88	68.6	0.7		69.3
1997	37.0	26.0	14.05	77.1	4.9		82
1998	36.2	41.0	9.35	86.6	4.9		91.5
1999	48.6	47.7	14.08	110.3	9.5		119.8
2000	61.9	48.0	15.20	125.1	9.6		134.7
2001	56.1	62.4	18.73	137.2	56.6		193.8
2002	52.4	79.1	23.14	154.6	55.3		209.9
2003	57.9	32.5	22.76	113.2	70.0		183.2
2004	63.1	29.8	6.01	99.0	23.7	4.8	127.5
2005	32.3	46.8	3.75	82.9	55.4	2.5	140.8
2006	33.7	20.4	3.50	57.6	58.9	2.7	119.2
2007	26.1	10.6	2.51	39.3	4.9	7.4	51.6
2008	23.8	49.3	0	73.1	0.2	9.8	83.0
2009	8.6	229.7	0	238.3		8.7	247.0
2010	9.3	45.0	0	54.3		13.4	67.7
2011	9.0	26.2	1.49	36.6		12.2	48.8
2012	5.1			5.1		5.2	10.3
2013	18.2			18.2			18.2
2014	10.8			10.8			10.8
2015	6.5			6.5			6.5
2016	4.6			4.6			4.6
合计	718.6	856.8	152.9	1728.3	354.6	66.7	2149.6

注　主体工程及地下电站投资由中国长江三峡集团公司 2013 年 2 月提供；输变电工程投资来源于《三峡工程阶段性评估报告 综合卷》(2010 年)。另加入不可预见风险投资 4.33 亿元。

2. 工程收益

(1) 发电收益。2003—2012 年采用中国长江三峡集团公司提供的实际发电收益。2013 年及以后按上网电量乘以上网电价计算，其中，发电量按设计多年平均年发电量 882 亿 kW·h，扣除三峡工程自用电等，相应的上网电量按 876 亿 kW·h 计；上网电价采用 2012 年实际上网电价。

（2）输变电收益。输变电收入包括三峡电量过网收益及非三峡电量（76.6 亿 kW·h/a）过网收益，主要是三峡电量过网收益。两者过网电价均取 0.068 元/(kW·h)。

3. 成本

2012 年及之前发电和输变电成本采用中国长江三峡集团公司和国家电网公司提供的实际发生额，2013 年及以后成本按以下参数确定。

（1）发电成本。

1）折旧和摊销。自 2003 年机组投产发电开始计算，至 2028 年共 25 年枢纽和移民投资折旧及摊销完毕。

2）大修理费。修理费率取固定资产价值的 1%计算。

3）水资源费。以当年发电量为基数，征收标准为 0.003 元/(kW·h)。

4）库区基金和移民专项资金。库区基金和移民专项资金均按上网销售电量征收，库区基金征收标准为 0.008 元/(kW·h)，移民专项资金征收标准为 0.0005 元/(kW·h)。

5）管理成本。2003—2012 年采用实际发生额，2013 年及以后 8 亿元/a 计算。

6）其他运营成本。除去折旧、修理费、水资源费、移民专项资金及水库基金等之外的运营成本，按 10 亿元/a 考虑。

7）财务费用。2003—2012 年采用实际发生额，2013 年及以后按还款计划测算。

（2）输变电成本。以 2012 年成本为基准，每年按 5%增长，到固定资产更新年之后不再增长。

4. 税金及其他

（1）所得税。2012 年之前按实际发生额计算，2013 年起按 25%税率计提。

（2）增值税。分发电和输电两部分计算增值税。对主体工程发电部分，由于国家给予三峡的政策是超过 8%的增值税全额返还，因此，主体工程发电部分增值税按发电收入的 8%计提；对地下电站及输电部分，增值税仍按 17%的税率计提。

（3）城建税和教育费附加。城建税和教育费附加分别按 7%和 3%计提。

（4）计算期。项目计算期 61 年，其中项目建设期 11 年，项目经营期 50 年（包括边建设边经营 7 年）。

(5) 基准收益率。参考现行电力行业参数及上阶段评估报告，全部投资基准收益率取 7%。

5. 财务效益分析

试验性蓄水阶段（2008—2012 年）财务评估成果见表 19，整个计算期评估成果见表 20。

(1) 试验性蓄水阶段（2008—2012 年）财务效益分析。

三峡工程试验性蓄水阶段有关财务指标见表 19，由此可以看出，在这 5 年，三峡工程仅以枢纽工程的发电收入和输变电工程的输电收入（以下合并统称为电力收入）作为财务收益，每年都实现了盈利，5 年间三峡枢纽工程累计上网电量 4189.8 亿 kW·h，发电收入为 1091.3 亿元，实现净利润 211.5 亿元，当纳入输变电工程后，三峡工程试验性蓄水阶段实现净利润 273.1 亿元，财务效益十分可观。

表 19　　三峡工程试验性蓄水阶段主要财务指标

项目		2008 年	2009 年	2010 年	2011 年	2012 年	小计
枢纽工程	上网电量/(亿 kW·h)	803.4	793.8	838.7	778.2	975.7	4189.8
	售电收入含税/亿元	206.1	207.6	218.8	202.9	255.9	1091.3
	成本费用总额/亿元	107.6	114.2	138.6	118.8	130.6	609.8
	上缴税费/亿元	50.8	54.2	49.9	48.3	66.8	270.0
	净利润/亿元	47.7	39.2	30.2	35.9	58.5	211.5
输变电工程	过网电量/(亿 kW·h)	880.0	870.3	915.2	854.8	1052.3	4572.6
	过网收入含税/亿元	59.8	59.2	62.2	58.1	71.6	310.9
	成本费用/亿元	34.8	35.3	35.9	36.4	37.0	179.4
	上缴税费/亿元	13.6	13.5	13.9	13.3	15.4	69.7
	净利润/亿元	11.4	10.4	12.4	8.4	19.1	61.7
合计	收入（税前）/亿元	265.9	266.7	281.0	261.1	327.5	1402.2
	成本费用总额/亿元	142.4	149.5	174.5	155.2	167.6	789.2
	上缴税费/亿元	64.4	67.7	63.9	61.6	82.2	339.8
	净利润/亿元	59.1	49.5	42.6	44.3	77.6	273.1

注　枢纽工程指标根据中国长江三峡集团公司提供资料整理，输变电工程则根据过网电量及电价计算。

(2) 整个计算期总体财务指标分析。

以 61 年为计算期，评估测算的三峡工程的主要财务指标见表 20，由表 20 可知，三峡工程仅以电力收入作为财务收益，工程的全部投资内部收益率（所得税后）为7.37%，大于基础收益率7%，工程全部投资回收期为23.8年，财务净现值（所得税后）为51.1亿元，财务效益指标良好；工程贷款偿还年限为22年，较工程贷款协议和债券发行协议贷款偿还期40年短了18年，工程债务清偿能力强。

表20　　三峡工程财务效益评估指标

序号	项目	单位	数值
1	总投资	亿元	2149.7
2	计算期上网电量	亿kW·h	42174
3	电价（含过网电价）	元/(kW·h)	0.332
4	全部投资内部收益率（所得税后）	%	7.37
5	投资净现值（所得税后）	亿元	51.1
6	投资回收期（所得税后）	年	23.8

6. 财务风险分析

可能造成三峡工程财务风险的主要因素为工程的投资变化、发电量的变化、上网电价的变化、经营成本的变化，从此次评估的情况看，到2012年底三峡工程的投资已基本完成，未完的升船机等只需投资40余亿元，故工程总的投资不会有较大的变化；如前对三峡电站2012年发电量的分析，采用设计多年平均年发电量882亿kW·h以及上网电量876亿kW·h是有保证的，随着长江上游水电站水库的建设投运，三峡电站的发电量和上网电量还可能增加，从我国能源和电力的现状和未来发展趋势分析，三峡电站现行的上网电价下降的可能性不大，水电站的经营成本较低，它的变化对计算期的财务指标影响不大。因此评估分析认为三峡工程在目前所确定的属三峡工程投资范围内，不存在较大的财务风险。

7. 财务评估结论

评估表明，以电力收入作为工程的财务收益，三峡工程在经济上是合理的，并具有良好的经济效益，债务清偿能力强，在目前所确定的三峡工程投资范围内不存在大的财务风险。

（二）经济评估

国民经济评估是从国家整体角度，计算三峡工程的费用和效益，考察项目对国民经济的贡献，评估项目的经济合理性。三峡工程的综合效益有多个方面，评估时主要考虑防洪、发电和航运这三方面的效益。对于发电和航运而言，发电部分的投资及收益包括三峡主体工程及输变电工程两部分，而航运部分则考虑新增港口、船舶、航道整治配套工程的投资及收益。

1. 国民经济评估主要参数

（1）投资。

影子投资主要依据水电水利规划总院公布的《建筑及安装工程单价分年度、分项工程价格指数计算表》，由所投入的各种材料、机电设备、金属结构及其他材料的消耗数量乘以相应影子单价再加上经调整的其他费用所得，相应价格水平为2012年。

（2）效益。

1）防洪效益。三峡工程于2008年汛后开始试验性蓄水175m水位，此时开始防洪正常运用。经测算，三峡工程2009—2012年试验性蓄水期间各年防洪效益分别为20亿元、130亿元、90亿元、120亿元，累计产生防洪效益约360亿元左右，工程防洪减灾效益明显（表21）。三峡工程按荆江补偿调度方案多年平均减淹耕地面积为30.07万亩，多年平均减少城镇受灾人口数为2.8万人，在2012年价格水平下的多年平均防洪效益为88.24亿元。考虑洪灾损失年增长率为3%，2013年防洪效益估算为90.89亿元，2053年防洪效益估算为296.48亿元。

表21　　三峡电站防洪效益表　　单位：亿元

项目	建设期及运行初期		全面运行期						
	1993—2007年	2008年	2009年	2010年	2011年	2012年	2013年	…	2053年
防洪效益	0	0	20	130	90	120	90.89	…	296.48

2）发电效益。发电效益根据国家电网年终端供电量（以下简称终端供电量）乘以影子电价确定，其中终端供电量由发电量扣除厂用电及电网损耗所得。其中，2003—2012年发电量采用实际发生值，2013年及以后发电量采用设计值。综合分析三峡工程受电地区火电标杆电价后，影子电价取0.47元/(kW·h)（2012年价格水平）。

3）非三峡电量过网收益。按非三峡过网电量乘以过网电价计算。

4）航运效益。三峡工程航运效益包括对上游川江航运带来的效益和对中游荆江航运带来的效益，鉴于中游荆江航运的效益相对较小，采用有无对比法，即从有无项目对比所节省的运输费用、提高运输效率和提高航运质量3个方面计算三峡对上游川江航运带来的效益。经计算得到，计算期内三峡工程航运效益逐年增长，累计可达2240亿元左右，折算至1993年年初的累计效益约为240亿元。

（3）运行费用。

该部分的费用由三峡枢纽工程运行费用、电网运行费、航运运行费由相应财务数据扣除属于国内转移支付的税金、折旧及财务费用所得。经计算，计算期内三峡枢纽工程运行费用、电网运行费、航运运行费合计4544.57亿元，折算至1993年年初的累计费用为405.46亿元。

（4）设备更新费用。

设备更新费用主要包括水电站的机电设备和金属结构设备费、输变电工程更新改造费和船舶更新费用。经计算，计算期内三峡枢纽工程机电设备和金属结构设备费、输变电工程更新改造费和船舶更新费用分别折算至1993年年初的累计费用为138.86亿元、155.12亿元、118.90亿元。

（5）转移支付费用。

该部分费用包括偿还国外商行贷款和出口信贷时所需付利息。

2. 国民经济评估计算结果

经济内部收益率：10.1%；

经济净现值：1356亿元（社会折现率为7%）；

经济效益费用比：1.75（社会折现率为7%）。

国民经济评价表明，当采用标准社会折现率7%时，三峡工程经济净现值远远大于0，说明建设三峡工程对国民经济有利。此次评估三峡工程时仅考虑了工程防洪、发电、航运等3个方面效益。若考虑供水、旅游、养殖等方面效益，三峡工程国民经济评估各项指标将更优。此外，随着上游梯级陆续建成投产，三峡工程的发电效益将更好。若考虑该部分发电效益增量，三峡工程国民经济各项指标将更优。

社会影响和效益评估

一、地区财政收入情况分析

在试验性蓄水阶段，三峡地区财政收入高速增长。2007—2011年期间，三峡库区财政收入年均增长45.63%，超过重庆市平均增长水平（40.02%），明显高于全国和湖北省的平均增幅（分别为22.32%和24.30%），见表22。三峡库区试验性蓄水阶段的财政收入年均增长率比工程建设阶段高出27.25个百分点。

表 22　　2007—2011 年三峡地区财政收入　　单位：亿元

年份	湖北省	湖北库区	重庆市	重庆库区	全库区
2007	1115.47	20.65	788.56	93.00	113.65
2008	1338.75	29.07	963.34	139.25	168.32
2009	1541.55	36.05	1165.71	177.47	213.52
2010	1918.94	43.85	1990.59	293.93	337.78
2011	2639.81	55.34	2908.91	449.19	504.53

注　资料来源于历年《湖北统计年鉴》、《重庆统计年鉴》和《三峡库区移民统计资料汇编》。

二、就业水平及结构分析

（一）就业人数变化

2007—2011 年期间，库区就业人数年均增长 2.09%，高于全国、重庆市和湖北省的平均增幅（分别为 0.36%、−0.46%和 0.61%），见表 23。并且，库区在试验性蓄水阶段的就业人数年均增长率比工程建设阶段高 5.59 个百分点。

表 23　　2007—2011 年三峡地区就业人数　　单位：万人

年份	湖北省	湖北库区	重庆市	重庆库区	全库区
2007	3584.00	87.57	1620.86	710.64	798.21
2008	3607.00	89.20	1646.44	715.67	804.87
2009	3622.00	90.21	1668.83	727.38	817.59
2010	3645.00	91.33	1539.95	763.31	854.64
2011	3672.00	91.06	1585.16	775.69	866.75

注　2007—2009 年数据来自《三峡库区移民统计资料汇编》，2010 年和 2011 年数据来自各年《重庆统计年鉴》和《湖北统计年鉴》。由于重庆库区没有全社会从业人员总数这一指标，这里用重庆库区的城镇非私营单位职工人数与乡村从业人员数之和代替全社会从业人员总数这一指标。

（二）就业结构变化

2007—2011 年期间，湖北库区第一产业就业比例减少 7.12%，第二产业就业比例增加 4.86%，第三产业就业比例增加 2.27%，见表 24。

表 24　　2007—2011 年湖北库区三次产业就业结构　　%

年 份	湖北库区就业人数		
	第一产业	第二产业	第三产业
2007	49.59	13.96	36.44
2008	47.01	16.38	36.61
2009	47.51	16.27	36.22
2010	42.78	17.98	39.24
2011	42.47	18.82	38.71

注　资料来源于各年《湖北统计年鉴》。

三、居民收入与生活水平分析

（一）居民收入水平大幅提高，但库区区县间居民人均收入差距较大

试验性蓄水阶段，三峡库区城镇居民人均可支配收入年均增长 7.88%，接近全国、重庆市和湖北省的平均增长水平（分别为 8.42%、9.25%和 8.55%）；库区农村居民人均纯收入年均增长 13.88%，远超过全国、重庆市和湖北省的平均增长水平（分别为 9.60%、10.82%和 10.64%），见表 25。

表 25　　2007—2011 年三峡地区城镇和农村居民收入　　单位：元

年份	城镇居民人均可支配收入			农村居民人均纯收入		
	库区	湖北省	重庆市	库区	湖北省	重庆市
2007	11440.09	11485.00	12591.00	3346.36	3997.00	3509.00
2008	12354.40	12374.41	13606.06	3737.07	4380.06	3907.20
2009	13880.53	13569.80	15156.33	4214.13	4755.62	4309.48
2010	14049.65	14740.44	16349.06	4816.92	5353.15	—
2011	15449.58	15946.93	17932.76	5625.59	5986.83	5738.48

注　2007—2009 年数据来源于《三峡库区移民统计资料汇编》，2010 年和 2011 年数据来源于各年《湖北统计年鉴》和《重庆统计年鉴》。表中的数据是分别经过湖北省和重庆市消费者价格指数平减得到 2007 年价格水平下的各年人均收入数据，其中库区包含重庆、湖北两省（直辖市）的区（县），这里将两个库区人均收入分别平减再按照城镇和农村常住人口进行加权平均。

从收入绝对额的角度看，三峡库区区县间居民人均收入差距较大。渝北区、巴南区的城镇居民人均年收入超过湖北省和重庆市城镇居民平均收入水平，达到 16000 元以上，是收入较低的秭归县城镇居民的 2 倍；夷陵区、巴南区、江津区和长寿区的农村居民人均年收入超过湖北省和重庆市的平均水平，

是收入较低的秭归县农村居民的2倍[1]。

（二）人均住房面积普遍增加，消费水平显著提高，居民生活水平明显改善

在试验性蓄水阶段，三峡库区居民的人均住房面积普遍增加，住房条件总体得到一定程度的改善，但各区县的情况有所差异。以湖北库区的农村居民为例[2]，2007—2011年期间，湖北库区农村居民人均住房面积从43.5m^2，增加到2011年的47.15m^2，超过2011年全国和湖北省农村居民的平均水平（分别为36.24m^{2}和40.47m^2），见表26。

表26　2007—2011年湖北库区农村居民人均住房面积　单位：m^2

项　目	2007年	2008年	2009年	2010年	2011年
湖北省	38.0	39.0	40.1	40.99	44.24
湖北库区	43.5	42.0	43.8	40.60	47.15
夷陵区	49.1	43.9	46.6	37.10	56.85
巴东县	37.1	37.2	40.1	39.50	43.15
兴山县	44.8	44.8	46.1	46.40	48.29
秭归县	44.6	44.8	44.4	44.40	42.97

注　2007—2009年数据来自《三峡库区移民统计资料汇编》，2010年和2011年数据来自各年《湖北统计年鉴》。

在试验性蓄水阶段，三峡地区居民的消费水平显著提高。三峡库区城镇居民人均消费支出年均增长11.11%，超过全国和重庆市城镇居民消费支出的平均增长率（分别为7.29%和7.62%），接近湖北省平均水平（12.66%）；库区农村居民人均消费支出年均增长11.09%，超过全国农村居民消费支出平均增长率（7.77%），略低于湖北省和重庆市农村居民消费支出的平均增长率（分别为12.45%和12.33%），见表27。

---

[1] 将三峡库区分区县人均收入数据按照湖北省和重庆市消费者价格指数平减，得到的2007年价格水平的实际居民收入额，在此基础上计算增长率。

[2] 《三峡库区移民统计资料汇编》中的城镇居民居住面积按建筑面积统计，农村居民居住面积按使用面积统计，而《重庆统计年鉴》和《湖北统计年鉴》中无论城镇居民还是农村居民，居民的居住面积均按使用面积统计。此外，由于《重庆统计年鉴》中缺失2010年和2011年农村居民人均居住面积的数据，为保证分析的一致性和可比性，这里仅对湖北库区农村居民居住面积的变化进行比较分析。其中，2007—2009年的数据来源于《三峡库区移民统计资料汇编》，2010年和2011年数据来源于《湖北统计年鉴》。

表 27　2007—2011 年三峡地区居民人均消费支出　单位：元

年份	城镇居民人均消费性支出			农村居民人均消费性支出		
	库区	湖北省	重庆市	库区	湖北省	重庆市
2007	8408.63	8701.00	9890.00	2641.17	3090.00	2527.00
2008	8867.87	8916.27	10555.87	2831.85	3436.50	2732.01
2009	10353.87	9722.80	11686.99	3119.51	3518.31	3023.76
2010	—	12453.05	12435.24	3376.55	4202.11	3380.41
2011	—	13830.11	13260.50	4009.04	4906.28	3986.83

注　2007—2009 年的数据来自《三峡库区移民统计资料汇编》。2010 年和 2011 年的数据来自各年《湖北统计年鉴》和《重庆统计年鉴》。表中的数据是分别经过湖北省和重庆市消费者价格指数平减得到 2007 年价格水平下的各年人均支出数据。这里将两个库区人均支出分别平减再按照城镇和农村常住人口进行加权平均。由于重庆市库区在 2010 年和 2011 年没有统计城镇人均消费支出，故该项库区数据有两年缺项。

四、基础设施和公共服务设施变化分析

三峡工程建设以来，三峡库区的公路、港口码头、输变电工程、邮政通信、广播电视网络等基础设施，学校、医疗和文化等公共服务设施都得到较大的完善。

（一）库区基础设施变化

库区的固定资产投资规模持续增加。试验性蓄水阶段，湖北库区固定资产投资由 2007 年的 79.76 亿元增加到 2011 年的 299.6 亿元，年均实际增长 32.6%。重庆库区固定资产投资由 2007 年的 1257 亿元增加到 2011 年的 3149 亿元，年均实际增长 21%。[1]

库区受损设施得以复建和恢复。试验性蓄水期间，库区淹没线以上受损的交通设施中近 90%实施了加固修复，受损或受影响的线路、管道、饮水安全设施等也通过修复加固等措施得以恢复。

库区交通基础设施条件不断改善。试验性蓄水期间，三峡水运设施不断改善，重庆库区水域共新建渡口码头 362 座，新增渡船 239 艘，水运能力增强，综合利用效益增加。公路通车里程迅速增长，出行条件不断改善。2007 年，三峡库区公路通车里程为 73359km，2011 年增加到 82353km，年均增长率为 2.93%。目前库区已经形成水陆空并存的立体交通新格局。除重庆主城区外，

[1] 湖北和重庆库区固定资产投资增长率分别是运用湖北省、重庆市固定资产投资价格指数进行平均后计算所得。

万州和涪陵两个中等城市也形成了两个新的交通枢纽，其区域辐射力大为增强。三峡库区全社会货运量从2007年的17183万t，增加到2011年的28308万t，年均增长率为13.3%；全社会客运量从2007年的39810万人，增加到2011年的69420万人，年均增长率为14.9%。

电力、通信、广播电视等基础设施改善明显。三峡地区电网布局逐步优化，现代化通讯网络设施齐备，无线、有线、卫星三位一体的广播电视传输网络已建成。

（二）公共服务设施变化

试验性蓄水以来，三峡库区新建或扩建了一批学校、文化馆、图书馆和医疗诊所等设施，公共图书馆藏书量、卫生技术人员数和病床床位数均快速增长，当地教育、文化、医疗卫生和其他相关公共服务设施状况逐步改善，见表28。

表28　三峡库区部分公共服务设施指标情况

年份	公共图书馆藏书量/万册		卫生技术人员数/人		病床床位数/张	
	湖北	重庆	湖北	重庆	湖北	重庆
2007	33.37	213.72	4495	31392	2918	26311
2008	32.26	274.63	4405	32671	3329	30837
2009	33.92	287.61	4864	36654	3987	35988
2010	46.00	298.73	4588	42369	4091	401103
2011	46.90	315.31	5200	45499	4215	46522

注　数据来源于历年湖北省、重庆市的统计年鉴和公报。

五、移民安稳致富与发展分析

2009年底，初步设计阶段的移民搬迁安置规划任务如期完成，移民工程质量总体良好，移民生产条件逐步恢复，生活水平有所提高，库区社会总体稳定。

（一）移民收入与减贫分析

1. 城镇移民[1]人均可支配收入大幅增长，绝对贫困人口比例有所下降

城镇移民人均可支配收入大幅增长。2007—2011年间，三峡库区城镇移

[1] 城镇移民，是指1992年调查登记时，拥有私房或租住政府提供的廉租房，主要经营门面、出租房屋、摆摊设点和从事自由职业的城镇居民。

民人均可支配收入从3792元上升到7148元，若不考虑物价上涨因素，收入增长88.5%。从横向比较结果来看，2011年城镇移民人均可支配收入低于当地城镇居民，除兴山县、万州区和涪陵区外，城镇移民收入较上年增幅均高于当地城镇居民，见图3。

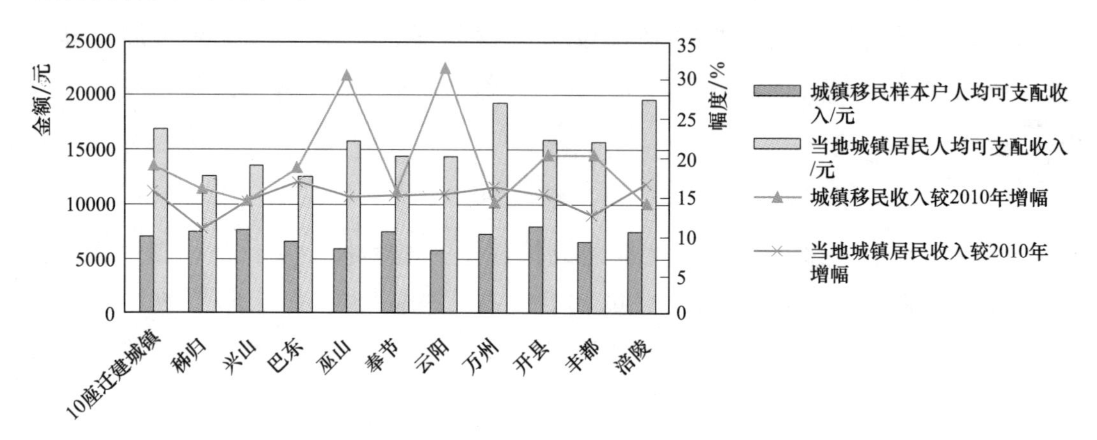

图3　2011年城镇移民收入与当地城镇居民人均可支配收入比较

注：数据来源于移民户监测报告。

城镇移民之间的收入差距较大，且有扩大的趋势。2011年城镇移民高、低收入户平均收入水平之间的差距约为8540元，城镇移民中、低收入户的收入增幅要小于中、高收入户的收入增幅，收入差距有扩大趋势，见表29。

表29　城镇移民高中低收入组人均可支配收入增幅比较

收入分组	2011年收入/元	2010年收入/元	增幅/%
三峡库区10座迁建城镇平均	7148	6007	19.0
低收入户	3696	3207	15.2
中低收入户	5413	4753	13.9
中收入户	6918	5851	18.2
中高收入户	8521	7108	19.9
高收入户	12236	9941	23.1

注　数据来源于《移民生产生活水平监测报告》。

城镇移民绝对贫困人口比例下降明显。以当地城镇居民最低生活保障标准为绝对贫困线，2007年城镇移民绝对贫困人口的比例高达17%，2011年下降为7.9%，2007—2011年间下降了9.1个百分点，降幅较为明显。

2. 农村移民[1]人均纯收入快速增加，收入差距较大

农村移民人均纯收入增长显著，但收入水平不高。2007—2011年期间，农村移民人均纯收入从3608元增加到6395元，若不考虑物价上涨因素，收入增长77.2%。从横向比较结果来看，农村移民收入水平低于全国、湖北省和重庆市的平均水平，2007—2011年农村移民收入增幅比同期全国、湖北省分别高8.7和4.7个百分点，较同期重庆市低5.7个百分点，见图4。

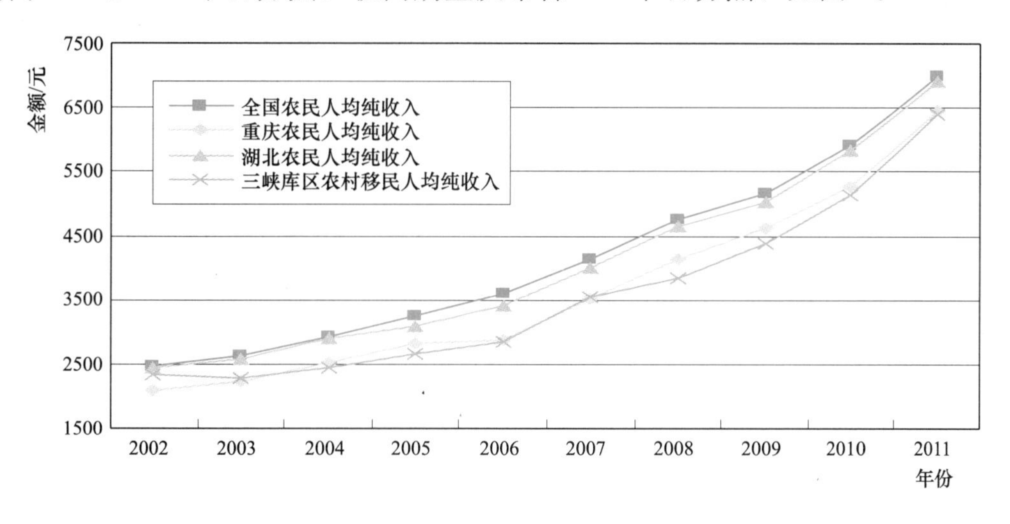

图4　农村移民人均纯收入与全国、湖北和重庆比较

注：资料来源于《三峡库区农村移民生产生活水平定点监测报告》。

农村移民之间的收入差距较大，且呈扩大的趋势。2011年农村移民高、低收入户平均收入水平之间的差距约为6944元，农村移民中、低收入户收入增幅要小于中、高收入户的收入增幅，收入差距也有扩大趋势，见表30。

表30　农村移民高中低收入组人均纯收入增幅比较

收入分组	2011年收入/元	2010年收入/元	增幅/%
低收入户	3488	3033	15.0
中低收入户	4941	4124	19.8
中收入户	6251	4974	25.7
中高收入户	7500	5800	29.3
高收入户	10432	8156	27.9

注　数据来源于《农村移民生产生活水平监测报告》。

[1] 农村移民，是指三峡水库156m水位涉及的12个区（县）［包括湖北库区兴山、夷陵、秭归、巴东等4个区县，以及重庆库区巫山、奉节、云阳、万州、开县、石柱、丰都、涪陵等8个区（县）］的后靠农村移民。

3. 城镇占地移民[1]人均可支配收入有所增加，绝对贫困人口比例大幅下降

城镇占地移民人均可支配收入逐年平缓增加。2007—2011 年间，三峡库区城镇占地移民样本户的人均可支配收入从 3582 元上升到 6255 元，若不考虑物价上涨因素，收入增长 74.6%。从横向比较结果（图 5）来看，城镇占地移民收入水平低于当地城镇居民；除巴东县和巫山县外，城镇占地移民的收入水平也低于城镇移民。除万州区外，城镇占地移民收入增幅高于当地城镇居民；除秭归、巫山、万州和开县外，城镇占地移民收入增幅高于城镇移民。

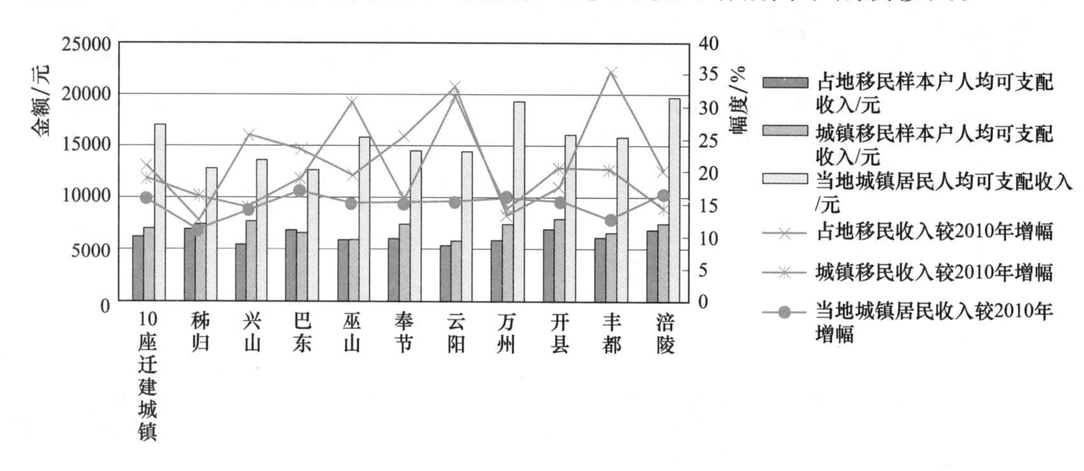

图 5　2011 年城镇占地移民与城镇移民、当地城镇居民人均可支配收入比较

注：数据来源于移民户监测报告。

城镇占地移民之间的收入差距相对较小。2011 年城镇占地移民高、低收入户平均收入水平之间的差距约为 6203 元（表 31）。与城镇移民高低收入户之间和农村移民高低收入户之间的差距相比，城镇占地移民之间的收入差距相对较小。

表 31　　城镇占地移民高中低收入组人均可支配收入增幅比较

收入分组	2011 年收入/元	2010 年收入/元	增幅/%
低收入户	3604	3113	15.8
中低收入户	5153	4070	26.6
中收入户	6171	4912	25.6
中高收入户	7225	6211	16.3
高收入户	9807	7616	28.8

注　数据来源于《移民生产生活水平监测报告》。

[1] 城镇占地移民，是指三峡水库淹没城镇因迁建需要征用耕园地影响涉及的人口。

城镇占地移民绝对贫困人口比例大幅下降。以当地城镇居民最低生活保障标准为绝对贫困线，2007年，城镇占地移民户中41.5%处于绝对贫困线以下，2011年绝对贫困人口比例降为5.4%。2007—2011年间下降了约36.1个百分点，降幅十分明显。

（二）移民就业情况分析

1. 城镇移民就业能力相对较弱，就业率不高

2007—2011年，城镇移民就业率呈现先下降后上升的趋势。2011年，城镇移民劳动力就业率约为72.8%，较2007年增加0.3个百分点。城镇移民文化素质相对较低、年龄偏大、技能缺乏，就业能力相对较弱。

2. 农村移民劳动力转移就业效果明显，促进了移民增收

2011年，农村移民劳动力从事第二、第三产业的占62.8%，较2007年增加13.5个百分点；2011年从事第二、第三产业的劳动力人均收入约为第一产业劳动力收入的2倍多。

3. 城镇占地移民就业结构转型艰难，就业率不高

2011年城镇占地移民就业率为73.2%，较2007年下降1.1个百分点。库区各区县虽然加大了对城镇占地移民的职业教育和技能培训力度，城镇占地移民的文化素质和第二、第三产业劳动技能有所提高，但城镇占地移民就业转型艰难的基本现状未得到根本改变。

（三）移民社会保障情况分析

城镇移民社会保障水平有所提升，低保对象已实现应保尽保。2011年，城镇移民参加养老保险、医疗保险的比例分别为20.9%、80.9%，分别较2010年增加3.3和0.89个百分点；享受低保的比例约占40.3%，已实现应保尽保。

农村移民社会保障水平显著提升，社会保障体系逐步完善。2011年，农村移民参加医疗保险和养老保险的比例分别为97.5%和25.7%，分别较2010年增加6.1%和13.6%；纳入低保的比例为9.8%，较2010年增加0.8个百分点。

城镇占地移民低保覆盖面进一步扩大，基本生活得到保障。2011年，城镇占地移民参加医疗保险和养老保险的比例分别为84%和25%，分别较2010年增加10个和3个百分点；纳入低保的比例占39%，低保对象也实现应保尽保。

（四）移民生产安置与生产扶持情况分析

1. 移民生产安置条件基本落实，生产条件逐步改善

农村移民生产条件逐步改善。2011年，农业和兼业安置移民人均拥有承

包耕园地面积 0.73 亩，较安置前减少 20%。移民耕种的土地中，园地面积占 42.4%，较 2010 年增加 2.1 个百分点；参加农民专业合作社的农村移民 17.8%，较 2010 年增加 2.8 个百分点；农村移民人均生产性投入 1029 元，较 2010 年增加 8.5%。

2. 生产扶持措施得力，农村移民生产水平逐步恢复

近年来，国家采取了后扶现金直补等一系列措施，提高移民生产安置质量，扶持移民发展生产，加快库区产业发展，尽可能减轻移民受影响程度，移民生产水平正逐步恢复。

评估结论及建议

一、经济效益评估结论

（一）防洪作用效益显著

2008—2012 年长江发生的中小洪水，其中 2010 年和 2012 年的最大入库洪峰流量超过 70000m^3/s，通过三峡水库科学调度，利用防洪库容对发生的中小洪水进行拦蓄，尽可能地发挥削峰、错峰作用，累计拦蓄洪量 768 亿 m^3，年最大洪水削峰率高达 29.1%～42.9%，有效降低了长江中下游干流的水位，使荆江河段沙市水位控制在警戒水位以下、城陵矶水位未超过保证水位，有效缓解了中下游地区的防洪压力，避免了一部分洲滩民垸被扒口行洪，防止了洪水可能造成的灾害，节省了大量防汛经费，减少了防汛人员上堤人次和时间，为人民生活和经济发展提供了安全保障，三峡工程的防洪效益得到了体现。2008—2012 年试验性蓄水期间，三峡工程累计产生防洪效益约 770 亿元。

（二）发电效益全面发挥

2008 年 10 月底，三峡电站左岸、右岸厂房 26 台单机容量为 700MW 的机组建成投产。2012 年 5 月底，三峡电站总装机容量达到了 22500MW。2008—2012 年，三峡电站累计发电量为 4214.35 亿 kW・h，实现售电收入 932.6 亿元，该发电量相当于节省标准煤 1.409 亿 t，减少二氧化碳排放量 3.14 亿 t，减少二氧化硫排放量 385.74 万 t，减少氮氧化物排放量 185.42 万 t，减少了大量废水、废渣，减轻了环境污染。三峡工程在试验性蓄水阶段已全面发挥发电效益，为我国提供了大量的廉价电量，为我国调整能源结构，提高非化石能源

占比，节约化石能源作出了重要贡献，2012 年三峡电站发电 981.07 亿 kW·h，可替代标煤 2974 万 t，占该年度全国一次能源消费总量的 0.82%，为我国节能减排发挥了重要作用。

（三）航运效益得到体现

2010—2012 年实现 175m 蓄水目标后，三峡大坝至重庆段航道等级由建库前的Ⅲ级航道提高为Ⅰ级航道，航道单向通过能力由建库前的 1000 万 t 提高到 5000 万 t；同时有效地改善了下游通航水深和航运条件，缓解了枯水期长江中下游航道用水紧张的状况。库区及下游航运条件大幅改善，促进了长江运力的快速增长。

2011 年三峡下行过坝货运量增为 4954 万 t，上行货运量达 5534 万 t，提前 19 年达到并超过设计货运量（原论证预测 2030 年为 5000 万 t）。三峡水库蓄水后，库区的船舶运输安全性显著提高，船舶运输成本和油耗也明显降低，为上游地区的经济发展提供了良好的基础条件。

（四）带动了当地旅游业和养殖业的发展

三峡工程的建设对宜昌和三峡旅游起到了积极促进作用。2008—2012 年三峡工程试验性蓄水期间，三峡大坝旅游区游客接待数量累计达到 705 万人，总体上呈现逐年增长态势。三峡蓄水至 175m 后，水库水面面积约 10.84 万 hm^2，为发展水库渔业创造了有利条件。三峡库区部分县水产品产量来看，2008 年以后库区各县水产品产量逐年增长，养殖效益显著。

（五）促进区域经济发展

三峡工程试验性蓄水为我国长江中下游地区经济发展提供安全保障，通过推动区域电网互联，促进华中电网丰水期电能合理利用，提高了水电比重，有力地调整了国家电力供应结构，发展了清洁能源和低碳经济，节能减排，减轻了对大气环境的污染。

三峡工程试验性蓄水增强了长江中下游地区的防洪能力，减少洪灾损失，同时发挥出对下游的供水效益，改善了长江流域的航运条件。三峡电站为库区增加了财政收入，提高了廉价电力供给量，是地区发展的有力保障，而且带动了相关产业快速增长。三峡电力输送到华中、华东和南方电网，有效地降低了受电地区的用电成本，提高企业竞争力，促进了区域经济发展。

（六）项目投资控制良好

三峡工程静态投资可以控制在批准概算范围内，动态投资较预测投资大幅减少。工程前期工作扎实、细致，影响工程建设各个方面的因素研究较为全面，工程建设进展顺利，施工质量良好，没有增加额外较大的设计变更或临时工程措施，为静态投资的有效控制奠定了基础。工程建设期间，国内宏观经济环境良好，施工高峰期正值国内物价指数低位稳定期，工程建设期实际发生的价差少于预期。充分发挥社会主义制度的优越性，运用政府行为建立三峡基金，有力地支持库区移民工作，为工程创造了十分有利的资金和社会环境，资本金来源充足稳定，工期保证率高，并实现了提前一年并网发电，提前产生发电效益，降低了工程资金成本，使建设期利息较批准概算利息有所减少。建立了科学合理的建设管理模式，为三峡工程总体投资实现良好控制提供了制度保障。

（七）经济财务指标优良

经济评估结果表明，三峡工程经济内部收益率为10.1%，大于现行社会折现率7%，经济净现值远大于零，经济效益费用比大于1，国民经济效益良好。此次评估三峡工程时仅考虑了工程防洪、发电、航运等3个方面效益，若考虑供水、旅游、养殖等方面效益，三峡工程国民经济评估各项指标将更优。

财务评估结果表明，仅以电力收入作为财务收益，三峡工程在经济上是合理的，试验性蓄水阶段，每年都实现盈利，工程全部投资内部收益率（所得税后）为7.37%，大于基础收益率，财务净现值（所得税后）为51.1亿元，工程全部投资回收期为23.8年，财务投资效益指标良好；工程贷款偿还年限为22年，债务偿还能力强，在目前所确定的属三峡工程投资范围内不存在较大的财务风险。

二、社会影响和效益评估结论

（一）三峡地区财政收入大幅增长，就业结构逐渐优化

试验性蓄水阶段，三峡库区财政收入年均增长45.63%，增长幅度远高于工程建设阶段，超过了重庆市的增长水平，明显高于全国和湖北省的平均增幅。

试验性蓄水阶段，三峡库区就业人数年均增长2.09%。高于全国、湖北省和重庆市的增幅。库区第二产业就业人数比重上升较快，第三产业就业比重缓慢增加，第一产业就业比重大幅下降。

（二）居民收入水平大幅提高，居民生活水平显著提高

试验性蓄水阶段，三峡库区城镇居民人均可支配收入（年均增长7.88%）和农村居民人均纯收入（年均增长13.88%）增长明显，特别是农村居民人均纯收入增幅超过全国、湖北省和重庆市的平均增长水平。三峡库区各区县间人

均居民收入的绝对额差距较大。

三峡库区居民的人均住房面积普遍增加，居民消费支出快速增长，居民生活水平显著提高。

（三）基础设施和公共服务设施不断完善

试验性蓄水阶段，三峡地区固定资产投资规模持续增加，库区交通、电力、邮政通信、广播电视网络等基础设施和学校、医疗、文化等公共服务设施得到进一步的完善，库区受损设施得以复建和恢复。

（四）移民收入提高，社会保障水平提升，生产条件逐步改善

城镇移民和城镇占地移民人均可支配收入大幅增长，绝对贫困人口比例有所下降；农村移民人均纯收入快速增加，但收入水平不高；移民之间的收入差距较大，且有扩大的趋势。城镇移民和城镇占地移民就业能力相对较弱，就业率不高，农村移民劳动力转移就业效果明显。移民社会保障水平有所提升，低保覆盖面进一步扩大，基本生活得到保障。生产扶持措施得力，农村移民生产条件逐步改善，生活水平逐步提高。

（五）三峡库区移民工作取得阶段性成果，但距离“移民安稳致富”目标还有一定差距

目前库区的发展还存在一些突出的问题：一是三峡库区经济基础薄弱，经济发展水平整体偏低，支柱产业尚未形成产业链，市场竞争力较弱；二是人多地少矛盾突出，部分后靠农村移民耕地资源严重不足且质量不高；三是城镇失业率高，移民劳动力就业困难，尤其是迁建企业的下岗职工、进城农村移民就业转移难度大，社会保障问题突出；四是库区内部各区县出现了地区发展不平衡和收入差距有所扩大的趋势。

移民搬迁和安置中存在的这些问题与经济结构调整、社会转型中的各种矛盾交织，关系到库区的发展和稳定，也关系到三峡工程长期安全运行，因此要尽快落实后续工作，建立完善的机制和政策，加大扶持力度，加快转变经济发展方式，促进和谐稳定的新库区建设。

三、建议

（一）进一步优化三峡水库调度方案

进一步优化三峡水库调度运行方式，在不增加防洪风险的前提下，开展汛期限制水位动态管理、增加通航能力等研究工作，着力解决好三峡工程防洪、发电、航运之间的水库调度矛盾。同时需考虑三峡上游大中型水库蓄水时序，

以及长江流域水库群联合运用调度，以使三峡工程在防洪、发电、航运、供水等方面发挥更好的综合效益。

（二）建立流域梯级调度体系

在三峡工程上游的金沙江、大渡河、雅砻江等河流上陆续建成的多座大中型水电站及其龙头水库，与三峡水库一起形成了长江流域空前规模的水库群，其庞大的调节库容提供了优化调度长江水资源的基础。建立长江流域梯级水库统一调度体系，有利于解决全流域防洪、发电、航运的矛盾，以及上、下游水库蓄放水矛盾，有利于防洪、发电、航运整体效益有效发挥和全流域水资源的更好调配。

（三）加快落实后续工作，加大帮扶力度，切实解决移民安置中遗留的突出问题

在三峡后续工作规划实施中，要加大对农村移民中、低收入群体的帮扶和教育培训力度，提高其家庭劳动力文化素质和劳动技能，增强移民就业的市场竞争力；进一步完善公共服务设施，优化库区移民安置区商贸服务业布局、完善配套功能；通过税收优惠和低息贷款等措施，鼓励移民自主创业，支持符合规定条件的中小企业吸纳移民就业；积极引导和帮助移民有序外出就业，通过劳动力转移带动库区的人口转移；扩大移民的社会保障覆盖面，切实解决库区困难群众的社会保障问题。

（四）统筹规划建立长效机制，促进库区城乡统筹发展与和谐稳定，使库区移民共享三峡工程带来的综合效益

要积极研究和制定扶持三峡地区经济社会发展的政策措施，完善三峡库区移民安稳致富和库区发展的长远规划；要通过调整土地、改造中低产田、加强水利建设、移土培肥及配套工程等措施，改善农村移民的生产条件；要继续加大库区的对口支援力度，充分发挥库区产业基金、就业培训的优惠政策，发展劳动密集型企业，增加移民就业渠道；要继续加强移民后期生产扶持力度，通过对重点项目的资金和技术支持，促进库区高效农业和第二、第三产业进一步发展，培育支柱产业，促进产业结构调整，提高库区经济发展水平。

参考文献

[1] 廖鸿志，沈华中.2010年三峡水库防洪调度与经济效益初步分析［J］.中国防汛抗旱，2010（5）：4－6.

[2] 长江水利委员会．三峡工程综合利用与水库调度研究［M］．武汉：湖北科学技术出版社，1997.
[3] 陶冶，彭侃．三峡库区生态鱼养殖取得经济和生态效益双丰收［EB/OL］．［2012-12-27］．http：//money.163.com/12/1227/17/8JOF7IVR00253B0H.html.
[4] 重庆市统计局．2012重庆市统计年鉴［M］．北京：中国统计出版社，2012.
[5] 中国工程院．三峡工程阶段性评估报告 综合卷［M］．北京：中国水利水电出版社，2010.
[6] 湖北省统计局．2012湖北统计年鉴［M］．北京：中国统计出版社，2012.

附件：

课题组成员名单

专 家 组

组　长： 傅志寰　原铁道部部长，中国工程院院士
成　员： 陆佑楣　中国长江三峡集团公司原总经理，中国工程院院士
张超然　中国长江三峡集团公司总工程师，中国工程院院士
晏志勇　中国电力建设集团有限公司总经理，教授级高级工程师

工 作 组

成　员： 钱钢粮　中国水电工程顾问集团公司副总工程师，教授级高级工程师
李　平　中国社会科学院数量经济与技术经济研究所所长，研究员
郭建欣　水电水利规划设计总院副总工程师，教授级高级工程师
王宏伟　中国社会科学院数量经济与技术经济研究所室主任，研究员
赵太平　中国电力建设集团有限公司处长，教授级高级工程师
朱方亮　中国水电顾问集团中南勘测设计研究院高级工程师
祁　进　中国水电顾问集团中南勘测设计研究院高级工程师
严秉忠　中国水电工程顾问集团公司高级工程师
吴瑜燕　中国水电顾问集团华东勘测设计研究院，博士，高级工程师
刘建翠　中国社会科学院数量经济与技术经济研究所助理研究员

张艳芳　中国社会科学院工业经济研究所助理研究员
赵　宋　中国水电顾问集团中南勘测设计研究院工程师
曹　曦　水电水利规划设计总院工程师
韩　冬　中国水电工程顾问集团公司，博士，工程师
叶　睿　中国水电工程顾问集团公司助理工程师
田　野　中国社会科学院研究生院博士研究生
项怡之　中国水电顾问集团华东勘测设计研究院硕士研究生
张　静　中国社会科学院研究生院硕士研究生